Die

Gleichrichterschaltungen

Ihre Berechnung und Arbeitsweise

von

Dr.-Ing. Walter Schilling

München und Berlin 1938

Verlag von R. Oldenbourg

Druck von R. Oldenbourg, München
Printed in Germany

Meinem Vater

Vorwort.

Das vorliegende Buch schließt sich an folgende Arbeiten an, in denen zuerst eine umfassendere Berechnung der Gleichrichterschaltungen durchgeführt wird:

1. W. Dällenbach und J. Gerecke, Die Strom- und Spannungsverhältnisse der Großgleichrichter. Arch. El., 14. Bd., S. 171, 1924, 15. Bd., S. 490, 1925. An dieser Arbeit war H. Meyer-Delius maßgebend beteiligt.
2. D. C. Prince und F. B. Vogdes, Quecksilberdampfgleichrichter 1927, dtsche. Ausgabe 1931 bei R. Oldenbourg, München und Berlin.
3. K. Müller-Lübeck und E. Uhlmann, Die Strom- und Spannungsverhältnisse der gittergesteuerten Gleichrichter. Arch. El., 27. Bd., S. 347, 1933.

Es ergab sich als übersichtlichste Behandlungsmethode, praktische Schaltungen auf Ersatzschaltungen zurückzuführen und zusammengesetzte Stromvorgänge in Einzelvorgänge zu zerlegen.

Dabei wurde möglichst auf mathematische Entwicklungen verzichtet zugunsten graphischer Konstruktion. Diese hat auch den Vorzug, daß sie in engem Zusammenhang mit dem oszillographischen Bild steht, das den besten experimentellen Einblick in die Wirkungsweise der Schaltungen gibt. Es wird dem Leser genügen, das Ergebnis rechnerischer Behandlung in Betriebskennlinien vorzufinden, wenn der Ansatz dazu gegeben ist.

Der Verfasser hofft dadurch die Tradition des ausgezeichneten Buches von Prince und Vogdes aus dem Jahre 1927 weiterzuführen, das, abgesehen von der Theorie der Gefäße, die ungesteuerten Gleichrichterschaltungen behandelt, während das vorliegende Buch entsprechend der fortgeschrittenen Entwicklung gesteuerte und ungesteuerte Gleichrichterschaltungen enthält.

Den Ausgang bilden die ersten beiden Kapitel über die gesteuerten Einphasenschaltungen, deren Wirkungsweise leicht zu übersehen ist. Dann folgt ein Kapitel über die wechselstromtechnischen Grundlagen der Mehrphasenschaltungen. Im Mittelpunkt der Mehrphasengleichrichterschaltungen steht der Transformator, und dabei kann die gleiche Transformatorschaltung in sonst verschiedenen Gleichrichterschaltungen vorkommen. Daher wird eine Betrachtung der Stromverteilung im Gleichrichtertransformator der Behandlung besonderer Schaltungen vorangeschickt. Es werden ein- und zweiphasige Transformatorschaltungen untersucht und die drei- und sechsphasigen Schaltungen, die in der VDE-Vorschrift 0555 »Regeln für die Bewertung und Prüfung von Stromrichtern«, aufgeführt sind.

Die dann folgenden drei Kapitel über die Gleichrichterschaltungen mit gewollt lastabhängiger Spannung, die praktisch als ungesteuerte Gleichrichter mit Vordrossel ausgeführt werden, nehmen einen größeren Raum ein, als ihrem Anwendungsgebiet, der Stromversorgung von Bogenlampen und der Ladung von Akkumulatoren, entspricht. Diese Schaltungen sind aber theoretisch reizvoll, und ihre nähere Theorie bereitet auch das Verständnis für das folgende, umfangreichste Kapitel vor, über die Gleichrichterschaltungen mit möglichst lastunabhängig einstellbarer Spannung, die zur Stromversorgung von Gleichstromverbrauchern dienen, wie Gleichstromnetze, Gleichstrombahnen, chemische Betriebe, Gleichstromantriebe usw.

Jede der beiden Schaltungsgruppen läßt Voraussetzungen zu, die die Behandlung vereinfachen. So können im ersten Falle die inneren Transformatorwiderstände gegenüber der Vordrossel vernachlässigt und im zweiten Falle eine reine Gleichstromabgabe bzw. eine große Kathodendrossel angenommen werden.

Um Raum für die Hauptfragen zu gewinnen, wurde auf eine Reihe von Sonderfragen verzichtet. Auch wurden die mannigfachen Zwölfphasenschaltungen, die in der zweiten Gruppe vorkommen, am Schluß nur kurz behandelt, zumal diese Schaltungen gegenüber der behandelten Doppeldreiphasenschaltung nichts grundsätzlich Neues bieten.

An Hand der Zeitschriftenliteratur wird der Leser leicht zum Verständnis des Fehlenden kommen, auf Grund des gewonnenen Einblicks in die Grundfragen.

Die Gleichrichterschaltungen bilden den praktisch wichtigsten Teil des Gesamtgebietes der Stromrichterschaltungen. Der Verfasser beabsichtigt die übrigen Stromrichterschaltungen, die Wechselrichter- und Umrichterschaltungen, in einem weiteren Buche zu behandeln.

Neben dem Wunsch, dem Berechnungsingenieur zu dienen, hofft der Verfasser gezeigt zu haben, daß die Theorie der Stromrichterschaltungen hervorragend geeignet ist, die Theorie der Wechselströme zu vertiefen und damit an den Hochschulen einen Platz beanspruchen darf.

Der Verfasser dankt Herrn Dr. J. v. Issendorff, Herrn Dipl.-Ing. L. Filberich und ganz besonders Herrn Dipl.-Ing. H. Adler für viele wertvolle Ratschläge bei Abfassung des Manuskriptes. Dem Leiter des Siemens-Röhren-Werkes, Herrn Dr. H. Kerschbaum, dankt der Verfasser für das dem werdenden Buch entgegengebrachte Verständnis und für seine Förderung.

Finkenkrug, im Dezember 1937.

W. Schilling.

Inhaltsverzeichnis.

Einleitung.

Wir setzen bei Behandlung der Schaltungen ein Stromrichtergefäß mit bestimmten elektrotechnischen Eigenschaften voraus. Für Glühkathodenstromrichter und Stromrichter mit Quecksilberkathode sind das folgende:

1. Ein Stromrichtergefäß hat eine Kathode und kann ein oder mehrere Anoden haben. Der Stromdurchgang ist nur in einer Richtung möglich, elektrotechnisch positiv von Anode zu Kathode.
2. Der Beginn des Stromdurchganges (Zündung des Anodenstromes, Zündzeitpunkt) liegt im Bereich positiver Anodenspannung und kann durch Gittersteuerung festgelegt sein (gesteuerter Stromrichter) oder fällt mit dem Beginn positiver Anodenspannung zusammen (ungesteuerter Stromrichter).
3. Das Ende des Stromdurchganges (Löschung des Anodenstromes) liegt für gesteuerte und ungesteuerte Stromrichter bei dem durch äußere Schaltelemente oder durch das Zünden in folgenden Anodenzweigen erzwungenen Nulldurchgang des Anodenstromes (Stromdurchgangszeit, Brennzeit).
4. Der Strom kann innerhalb der Stromdurchgangszeit einen beliebigen zeitlichen Verlauf haben, sofern er nur dauernd positiv bleibt. Die Spannung am Stromrichter (Anode gegen Kathode) wird dabei als annähernd konstant vorausgesetzt und hat den Charakter einer Gegenspannung.

Das Stromrichtergefäß für eine bestimmte Schaltung wird auf Grund seiner zulässigen elektrischen Beanspruchung[1]) ausgewählt. Diese besteht in folgendem:

1. Durch das Gitter kann der Stromdurchgang nur bis zu einer bestimmten positiven Anodenspannung verhindert werden (höchstzulässige Vorsperrspannung).
2. Nur bis zu einer bestimmten negativen Anodenspannung kann der Stromdurchgang in negativer Richtung verhindert werden (höchstzulässige Rücksperrspannung).

[1] Die Gittersteuerschaltung setzen wir als gegeben voraus.

3. Das Stromrichtergefäß (einanodig oder mehranodig) kann nur eine bestimmte Verlustleistung tragen. Diese Leistung wird bei Annahme konstanter Spannung in der Brennzeit durch das Produkt dieser Spannung mit dem mittleren Strom je Anode mal Anodenzahl gebildet (höchstzulässiger mittlerer Strom je Anode).
4. Für Glühkathodenrohre gilt insbesondere noch, daß die Kathode nur einen bestimmten höchsten Augenblickswert des Stromes tragen kann (höchstzulässiger Spitzenwert des Stromes).

Das Wesen des Stromrichtergefäßes, im vorgegebenen Zündzeitpunkt oder bei Beginn positiver Anodenspannung zu zünden und im Nulldurchgang des Stromes den Strom zu unterbrechen, läßt es als einen Schalter besonderer Eigenart erscheinen. Hinzu kommt noch, daß dieser Schalter meist sozusagen periodisch betätigt wird, im Rhythmus der Netzfrequenz, um den von Stromrichtern ausgelösten Schaltvorgängen einen besonderen Verlauf zu geben[1]).

Wir wollen, ehe wir die Behandlung der Schaltungen beginnen, die verwendete Bezeichnungsweise und die Schreibweise der Gleichungen festlegen (vgl. S. 261.).

Mit kleinen Buchstaben werden elektrische Größen, mit großen Buchstaben die Schaltelemente bezeichnet:

u Spannung,	R ohmscher Widerstand,
i Strom,	L Induktivität,
l Leistung,	C Kapazität,
φ Verschiebungswinkel,	ωL induktiver Widerstand,
ψ magnetischer Fluß.	$\frac{1}{\omega C}$ kapazitiver Widerstand,
	M magnetischer Widerstand,

Die Stelle, an der die elektrische Größe auftritt oder das Schaltelement liegt, wird durch Zahlen im Index bezeichnet. Es gelten:

Für die Netzzweige

0 bzw. 01 02 03 für die einzelnen Phasen,

für die primären Wicklungszweige des Transformators

1 bzw. 11 12 13 für die einzelnen Phasen,

für die sekundären Wicklungszweige des Transformators

2 bzw. 21 22 23 für die einzelnen Phasen,
24 25 26 » » » »

[1]) Der Trockengleichrichter hat die Eigenschaften eines ungesteuerten Stromrichters; nur ist seine Spannung bei Stromdurchgang nicht konstant, sondern stromabhängig. Trotzdem kann weitgehend die Theorie der Schaltungen für ungesteuerte Stromrichter auch auf Schaltungen mit Trockengleichrichtern angewendet werden. Der Einfluß des inneren Widerstandes des Trockengleichrichters muß besonders berücksichtigt werden.

für den Kathodenzweig

3 bzw. 31 32 33 für einzelne Teile[1]).

Elektrische Größen, die nur einen Zahlenindex dieser Art tragen, sind Augenblickswerte. Zeitlich unabhängige Mittelwerte, Effektivwerte und Höchstwerte dieser Größen werden durch einen kleinen Buchstaben im Index gekennzeichnet:

m arithmetischer Mittelwert (innerhalb einer Periode), Gleichanteil,
e quadratischer Mittelwert, Effektivwert,
h Höchstwert,
t Tiefstwert,
b Mittelwert in der Brennzeit.

Besondere Betriebszustände werden durch große Buchstaben im Index hervorgehoben:

L Leerlauf, *K* Kurzschluß } vom Standpunkt des Verbrauchers,
C Kurzschluß der Kathode gegen den Sternpunkt des Transformators, *G* über die Gegenspannung.
V Kurzschluß der verketteten Spannung des Transformators,
A Kurzschluß einzelner Anodenzweige, die durch Zahlen dahinter in Klammern angegeben sind. Sind keine Zahlen angegeben, so handelt es sich bei den Zwei- bzw. Drei- und Sechsphasenschaltungen um einen Kurzschluß zweier bzw. dreier zu einem Zwei- bzw. Dreiphasensystem gehörenden Anodenzweige wie bei der normalen Messung der Kurzschlußspannung von Transformatoren.

Außerdem werden obere Indizes ′ und ″ noch gebraucht, um 1. im Primärstrom von Transformatoren zwischen Magnetisierungsstrom und durch Belastung bedingten Strom (übertragenen Strom) zu unterscheiden, 2. um den bei Kurzschluß der Anoden entstehenden sekundären (erster Index 2) Einschalt**wechsel**strom vom Einschalt**gleich**strom bzw. Einschaltgegenstrom zu trennen. Strom oder Spannungswerte in Klammern bedeuten die Grund- oder eine der Oberschwingungen, deren Ordnungszahl der Zahlenindex außerhalb der Klammer angibt.

Ferner kommen noch folgende Bezeichnungen vor:

f Frequenz,	ω Kreisfrequenz,
t Zeit,	α Zündverzögerungswinkel,
z Zündwinkel,	*ü* Umschaltzeit, Ablösungszeit aufeinander folgender Anodenströme,
β Brenndauer,	
S Windungszahl,	*P* Phasenzahl.

[1]) Der Leser gewöhne sich die Zahlen **einzeln** zu lesen, nicht als zweistellige Zahl.

Die mit u bezeichnete Spannung wird nur als treibende Spannung (eingeprägte elektromotorische Kraft) aufgefaßt. Alle aufgestellten Spannungsgleichungen beruhen auf dem ersten Kirchhoffschen Gesetz: Für einen geschlossenen Umlauf ist die Summe der Spannungsabfälle gleich der Summe der treibenden Spannungen. Das ergibt beispielsweise für den Primärkreis nach Abb. 1 die Gleichung:

$$(R_0 + R_1)\, i_1 + \omega\,(L_0 + L_1)\,\frac{d\,i_1}{d\,\omega t} + (R_2 + R_3)\, i_2 + \omega L_2\,\frac{d\,i_2}{d\,\omega t} = u_0.$$

Die linksstehenden Spannungsabfälle sind in der Gleichung positiv zu rechnen beim Umlauf im Sinne der festgelegten Stromrichtung und die rechtsstehenden treibenden Spannungen, wenn sie im Sinne des Spannungspfeiles durchlaufen werden. Wir können nun neben der

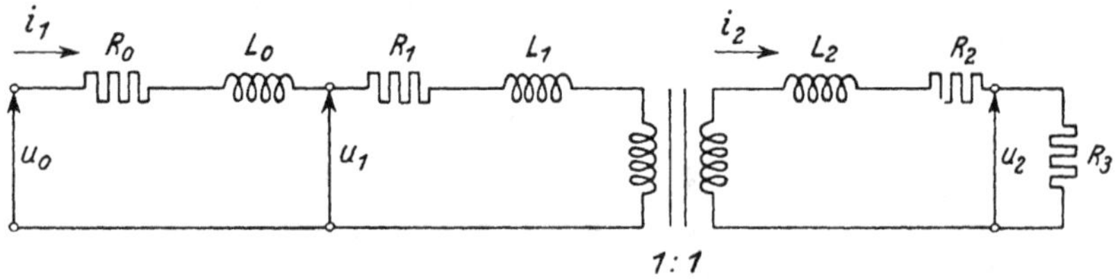

Abb. 1. Schaltungsschema zur Veranschaulichung der Bezeichnungsweise.

Netzspannung auch andere treibende Spannungen in die Schaltung einführen, indem wir irgendwo einen Schnitt legen, beispielsweise auf der Sekundärseite und die um den Spannungsabfall bis dahin verminderte Netzspannung als neue treibende Spannung auffassen. Wir erhalten dann die Gleichungen:

$$R_3\, i_2 = u_2$$
$$u_2 = u_0 - (R_0 + R_1)\, i_1 - \omega\,(L_0 + L_1)\,\frac{d\,i_1}{d\,\omega t} - R_2\, i_2 - \omega L_2\,\frac{d\,i_2}{d\,\omega t}.$$

Wenn wir im folgenden von Spannungen schlechthin sprechen, meinen wir nur treibende Spannungen in diesem Sinne. Solche Gleichungen wie die zweite hier, die nicht mehr eindeutig eingeprägte elektromotorische Kräfte auf die rechte Seite und Spannungsabfälle auf die linke Seite stellen, sind elektrotechnisch gebräuchlich, führen aber häufig zu Unklarheiten in bezug auf die Vorzeichen. (Streng genommen ist auch die Netzspannung keine eingeprägte elektromotorische Kraft, sondern auch um innere Spannungsabfälle im Generator vermindert.) Wir wollen daher grundsätzlich solche als treibende Spannungen aufgefaßten, verminderten Spannungen durch Ausgangsgleichungen festlegen, in denen die treibenden Spannungen rechts erscheinen; also für unser Beispiel schreiben wir an Stelle der letzten Gleichung:

$$(R_0 + R_1)\, i_1 + \omega\,(L_0 + L_1)\,\frac{d\,i_1}{d\,\omega t} + R_2\, i_2 + \omega L_2\,\frac{d\,i_2}{d\,\omega t} = -\,u_2 + u_0.$$

Natürlich können bei Umformungen dann außerdem Gleichungen von der vorletzten Art entstehen.

Für die Ströme gilt das zweite Kirchhoffsche Gesetz. Die Summe aller in einem Knotenpunkt zufließenden Ströme ist Null. Das Vorzeichen der Ströme ist dabei positiv oder negativ, je nachdem ob der Pfeil zum Knotenpunkt hinführt oder fortweist.

Alle Gleichungen, nach denen der zeitliche Verlauf der Ströme und Spannungen graphisch dargestellt werden soll und Gleichungen zur Berechnung der Mittel- oder Effektivwerte usw., werden auf die Form dimensionsloser Gleichungen zwischen Verhältniswerten gebracht. So ist eine allgemein gültige Darstellung des zeitlichen Verlaufes der Verhältniswerte oder ihrer Abhängigkeit voneinander möglich. Dabei wird zur Bildung des Verhältniswertes ein Strom oder eine Spannung gewählt, die in der praktischen Schaltung konstant sind, der Kurzschlußstrom oder die Leerlaufspannung, so daß die darauf bezogenen Ströme bzw. Spannungen ein Maß für die wirklichen Ströme bzw. Spannungen abgeben. In diesem Falle sprechen wir auch von den auf solche Festwerte bezogenen Strömen bzw. Spannungen als von Strömen bzw. Spannungen schlechthin. Außerdem erscheinen in den Kurvenblättern noch Stromwerte, wie der Spitzenwert i_h oder der Effektivwert i_e, die auf den Mittelwert des Stromes i_m bezogen sind, der sich betriebsmäßig auch ändert. Derartige Verhältniswerte geben kein Maß mehr für das Verhalten des betreffenden Stromwertes und sind im Text als »verhältnismäßige« (abgekürzt vhg.) Werte bezeichnet.

I. Teil. Einphasige Schaltungen.

A. Der gesteuerte Einwegstromrichter.

1. Belastung mit ohmschem Widerstand.

Die einfachste Stromrichterschaltung ist die, in der ein ohmscher Widerstand, z. B. ein elektrischer Widerstandsofen, über einen einanodigen Stromrichter nach Abb. 2, links, an einer Wechselspannung u_2 angeschlossen ist. Solange der Stromrichter durch negative Gitter-

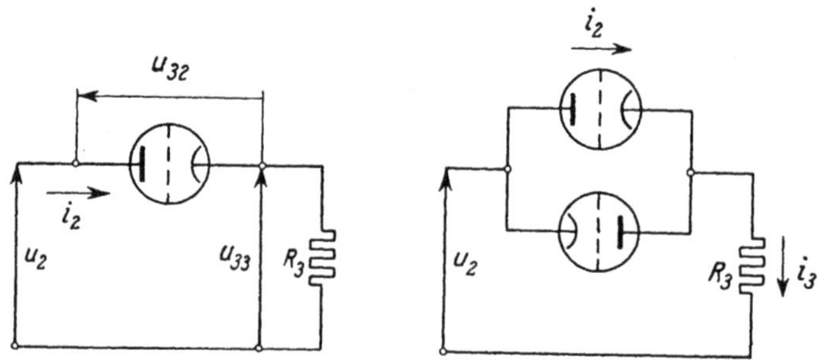

Abb. 2. Einphasige Stromrichterschaltung bei ohmscher Belastung.

spannung gesperrt ist, fließt kein Strom, und am Stromrichter liegt die Spannung $u_{32} = u_2$. Diese Spannung sei mit Sinusverlauf angenommen. $u_2 = u_{2e} \cdot \sqrt{2} \cdot \sin \omega t$. Der Stromrichter hat also sowohl in der Vorwärtsrichtung als auch in der Rückwärtsrichtung den Höchstwert dieser Spannung zu sperren.

Zu jedem Zeitpunkt innerhalb der für den Stromrichter positiven Halbwelle der treibenden Spannung kann der Stromdurchgang vom Gitter her freigegeben werden durch einen der negativen Gittersperrspannung überlagerten periodischen positiven Spannungsstoß im gewünschten Zündzeitpunkt $\omega t = z$. Wenn wir die Brennspannung des Stromrichters vernachlässigen, gilt für den Strom nach Abb. 2, links, die Gleichung:

$$R_3\, i_2 = u_2 = \sqrt{2}\, u_{2e} \sin \omega t$$

bzw.
$$\frac{i_2}{\left(\frac{u_{2e}}{R_3}\right)} = \sqrt{2} \sin \omega t, \text{ für } \omega t > z,\ u_{32b} = 0 \quad . \quad . \quad . \quad . \quad . \quad (1)$$

wenn wir den Anodenkurzschlußstrom $\frac{u_{2e}}{R_3}$, als Verhältniswert wählen. Im Zündzeitpunkt wird die Spannung u_2 an den Widerstand geschaltet, der Strom springt auf den durch Spannung und Widerstand gegebenen Wert:

$$(i_2)_{\omega t = z} = \frac{\sqrt{2}\, u_{2e}}{R_3} \sin z \quad . \; . \; . \; . \; . \; . \; . \; . \; . \; . \quad (2)$$

an und verläuft spannungsproportional; im Nulldurchgang bei $\omega t = \pi$ bricht der Strom ab, um in der folgenden Periode wieder neu zu beginnen.

Abb. 3 veranschaulicht uns den Stromverlauf im Oszillogramm. Oben ist die treibende Spannung, in der Mitte die Spannung hinter dem Stromrichter, u_{33}, und die Spannung an diesem, u_{32}, unten der Strom i_2 und die Spannung am Widerstand, übereinstimmend mit u_{33}, aufgenommen.

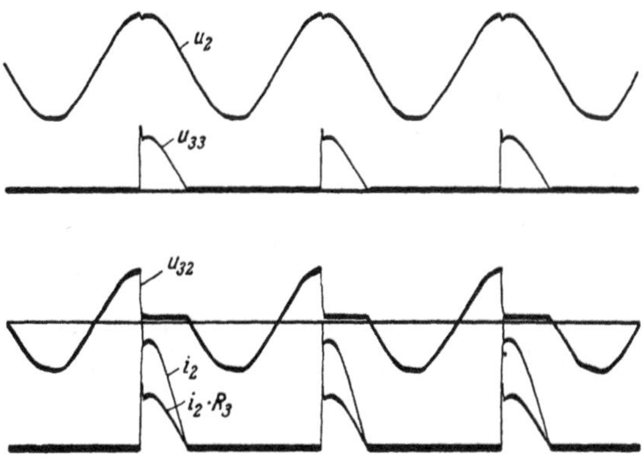

Abb. 3. Strom und Spannungen in einer einphasigen Stromrichterschaltung bei ohmscher Belastung.

Die Stromführungsdauer β ist:

$$\beta = \pi - z \quad . \; . \; . \quad (3)$$

Die Veränderung der Stromführungsdauer geschieht durch Verschiebung des Zündzeitpunktes. Wie sich dabei der Mittelwert i_{2m} und Effektivwert i_{2e} des Stromes ändern, zeigt uns Kurvenblatt 1; diese Werte gewinnen wir durch Auswertung der Gleichung (1):

$$\frac{i_{2m}}{\left(\frac{u_{2e}}{R_3}\right)} = \frac{1}{2\pi} \int_z^{z+\beta} \sqrt{2} \sin \omega t \, d\omega t \quad \text{und}$$

$$\frac{i_{2e}}{\left(\frac{u_{2e}}{R_3}\right)} = \sqrt{\frac{1}{2\pi} \int_z^{z+\beta} (\sqrt{2} \sin \omega t)^2 \, d\omega t} \qquad (4)$$

Der Spitzenwert des Stromes tritt im Zündzeitpunkt auf, wenn $z > 90^0$ ist, und liegt bei $\omega t = 90^0$ für $z < 90^0$. Blatt 1 zeigt ihn im Verhältnis zum Mittelwert. Für den Verbraucher z. B. einen Widerstandsofen ist der Effektivwert des Stromes wichtig, für den Stromrichter vorwiegend der Mittelwert und der Spitzenwert.

Für den Zündwinkel $z = 0$ hat der Strom den Verlauf einer Sinushalbwelle. Daher sind die Anfangswerte der Kurven:

$$z = 0, \quad \frac{i_{2m}}{\left(\frac{u_{2e}}{R_3}\right)} = \frac{\sqrt{2}}{\pi}, \quad \frac{i_{2e}}{\left(\frac{u_{2e}}{R_3}\right)} = \frac{1}{\sqrt{2}}, \quad \frac{i_{2h}}{\left(\frac{u_{2e}}{R_3}\right)} = \sqrt{2} \quad . \; . \; . \; (5)$$

Schaltet man zu dem ersten Stromrichter einen zweiten entgegengesetzt parallel, wie Abb. 2, rechts, zeigt, so können für den Verbraucher die Stromführungspausen des ersten Stromrichters durch eine entgegengesetzte Stromhalbwelle gleichen Verlaufes bei entsprechend gleicher Steuerung ausgefüllt werden. Alle bisher abgeleiteten Stromwerte gelten dann unverändert für den Strom i_2 über einen Stromrichter. Der Mittelwert des Stromes über den Verbraucher ist Null, $i_{3m} = 0$, der Effektivwert: $i_{3e} = \sqrt{2}\, i_{2e}$.

Die Brennspannung des Stromrichters berücksichtigen wir im zweiten Kapitel.

2. Belastung mit induktivem oder ohmschem und induktivem Widerstand.

Ganz anders liegen die Verhältnisse, wenn wir an Stelle des ohmschen Widerstandes nach Abb. 4, links, einen induktiven Widerstand über

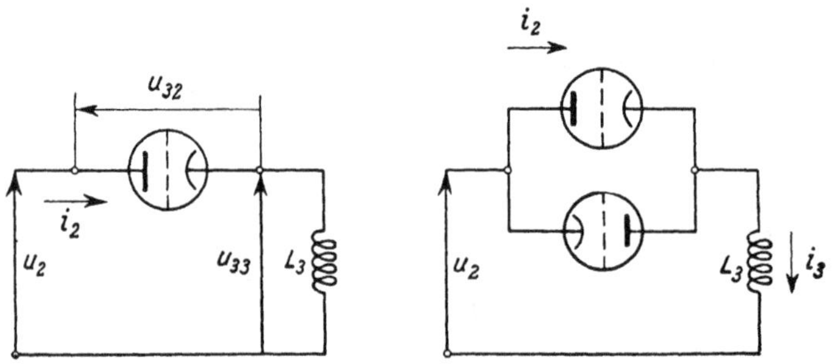

Abb. 4. Einphasige Stromrichterschaltung bei induktiver Belastung.

den Stromrichter an eine Wechselspannung anschließen. Die Spannungen vor der Zündung sind die gleichen. Nach erfolgter Zündung wird zwar auch die Spannung plötzlich an den induktiven Widerstand geschaltet, der Strom steigt aber allmählich an. Für diesen gilt die Gleichung:

$$\omega L_3 \frac{d\, i_2}{d\, \omega t} = \sqrt{2}\, u_{2e} \sin \omega t, \quad \omega t > z, \quad u_{32b} = 0 \quad . \; . \; . \; . \; . \; (6)$$

mit der Lösung:

$$\frac{i_2}{\left(\frac{u_{2e}}{\omega L_3}\right)} = \int\limits_z^{\omega t} \sqrt{2} \sin \omega t \; d\, \omega t = \sqrt{2}\, (\cos z - \cos \omega t) \quad . \; . \; . \; . \; (7)$$

Danach steigt der Strom vom Nullwert so lange an, als die Spannung positiv ist, erreicht bei deren Nulldurchgang seinen Höchstwert und fällt ab, wenn diese negativ wird, bis er im Nulldurchgang abbricht. Die bis zum Höchstwert des Stromes »aufgeladene« Drossel treibt beim »Entladen« den Strom in gleicher für den Stromrichter positiver Richtung entgegen der treibenden Spannung. Die Stromführungsdauer liegt dabei symmetrisch zum Nulldurchgang der treibenden Spannung bei $\omega t = \pi$ und hat daher den Wert:

$$\beta = 2(\pi - z) \quad . \quad . \quad (8)$$

Dies zeigt uns das Oszillogramm der Abb. 5 oben für den gleichen Zündwinkel wie in Abb. 3 und unten für einen kleineren. Wieder ist oben die treibende Spannung u_2, darunter die Spannung hinter dem Stromrichter u_{33}, die Spannung an diesem u_{32}, und unten Spannungsabfall und Strom der Drossel i_3 geschrieben. (Praktisch muß die Drosselspannung bei Abnahme des Stromes auch noch den Brennspannungsabfall des Stromrichters überwinden, wodurch die Stromführungsdauer verkürzt wird.)

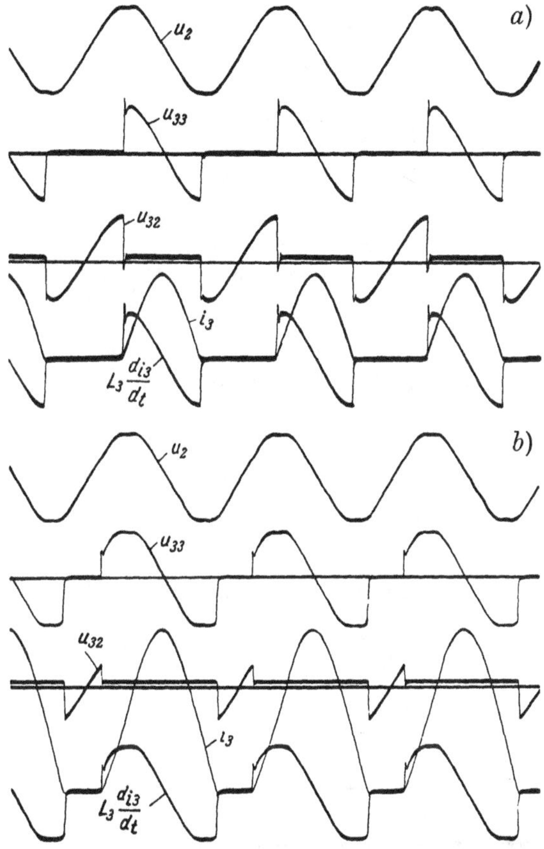

Abb. 5. Strom und Spannungen in einer einphasigen Stromrichterschaltung bei induktiver Belastung und verschiedenen Zündwinkeln.

Wir können nun aus der Stromgleichung Mittelwert, Effektivwert und Spitzenwert des Stromes berechnen, deren Verlauf abhängig vom Zündwinkel uns Blatt 2 zeigt.

Auch in dieser Schaltung können wir nach Abb. 4, rechts, dem einen Stromrichter einen zweiten umgekehrt parallel schalten. Dann gelten die Werte in Blatt 2 für einen Stromrichter.

Wenn wir nun nach Abb. 6 dem induktiven Widerstand einen ohmschen vorschalten, so nimmt, wie das Oszillogramm Abb. 7 zeigt, die Stromführungsdauer und der Höchstwert ab, da jetzt während der Aufladung der Induktivität ein Teil der Spannung am Widerstand abfällt und bei der Entladung die Spannung an der Induktivität den Spannungsabfall am Widerstand mit überwinden muß. Der Stromverlauf ist die erste Halbwelle des Einschaltvorganges einer Wechselspannung auf einen ohmisch-induktiven Verbraucher und folgt aus der Gleichung:

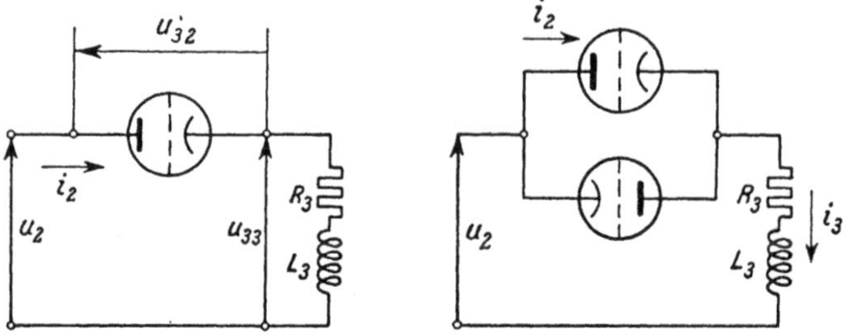

Abb. 6. Einphasige Stromrichterschaltung bei ohmscher und induktiver Belastung.

$$\omega L_3 \frac{d i_2}{d \omega t} + R_3 i_2 = \sqrt{2}\, u_{2e} \sin \omega t \quad \ldots \ldots \quad (9)$$

mit der Lösung:

$$i_2 = \frac{\sqrt{2} u_{2e}}{\sqrt{R_3^2 + (\omega L_3)^2}} \left[\sin(\omega t - \varphi) - \sin(z - \varphi)\, e^{-\frac{R_3}{\omega L_3}(\omega t - z)} \right]$$

$$\operatorname{tg} \varphi = \frac{\omega L_3}{R_3} \quad \ldots \ldots \ldots \ldots \quad (10)$$

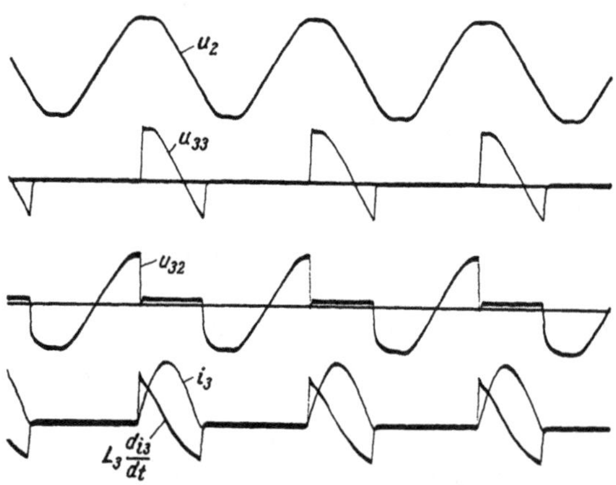

Abb. 7. Strom und Spannung in einer einphasigen Stromrichterschaltung bei ohmscher und induktiver Belastung.

Der Strom setzt sich zusammen aus dem um φ phasenverschobenen eingeschwungenen Strom und dem nach einer e-Funktion abklingenden Ausgleichsglied. Der Verlauf der ersten Halbwelle ist daher ein um das Ausgleichsglied verschobener Ausschnitt aus dem eingeschwungenen Stromverlauf. Die Stromführungsdauer β ergibt sich durch Nullsetzen der Gl. (10) für $\omega t = \beta + z$

$$0 = \sin(z + \beta - \varphi) - \sin(z - \varphi)\, e^{-\frac{R_3}{\omega L_3}\beta} \quad \ldots \ldots \quad (11)$$

Diese Gleichung ist nur nach dem Zündwinkel z auflösbar; man muß daher von der Stromführungsdauer ausgehen, dazu den Zündwinkel berechnen und damit die weiteren Stromwerte, ausgehend von Gl. (10). Das Ergebnis zeigt Blatt 2 und 3. In Blatt 2 ist der mittlere Strom für verschiedene Widerstandsverhältnisse gestrichelt angegeben. Die untere Grenzkurve gilt für rein ohmschen Widerstand nach Blatt 1. Für den Zündwinkel $z = 0$, d. h. für den ungesteuerten Stromrichter gibt Blatt 3 das Verhalten aller Stromwerte abhängig vom Widerstandsverhältnis $\frac{\omega L_3}{R_3}$ an. Die Hauptänderung der Stromwerte liegt im Bereich $1 < \frac{\omega L_3}{R_3} < 10$, darüber hinaus liegen schon praktisch die Werte der reinen Induktivität vor.

Die Kennlinien von Blatt 2 gelten auch für den einzelnen Stromrichter einer Doppelwegschaltung, wenn man die Einschränkung des Zündwinkels beachtet: $\varphi < z < \pi$. Der Zündwinkel kann nur bis auf den natürlichen Phasenwinkel verringert werden[1]). Dabei fließt über jeden Stromrichter die entsprechende Halbwelle des ungesteuerten Wechselstromes bzw. Anodenkurzschlußstromes. Für diese Sinushalbwelle gilt:

$$i_{2m} = \frac{\sqrt{2}\, u_{2e}}{\sqrt{R_3^2 + (\omega L_3)^2}} \cdot \frac{1}{\pi} = 0{,}45 \frac{u_{2e}}{\sqrt{R_3^2 + (\omega L_3)^2}} \quad . \; . \; . \; (12)$$

Dementsprechend schneiden die Kennlinien in Blatt 2 beim jeweiligen zum Widerstandsverhältnis $\left(\frac{\omega L_3}{R_3}\right)$ zugehörigen Zündwinkel $z = \varphi$, den Wert 0,45 und gelten bis zu diesem Wert auch für die Doppelwegschaltung.

Blatt 4 zeigt abschließend den Effektivwert des Stromes über den Verbraucher, und zwar für die Doppelwegschaltung. Zur Berechnung hat man wie bisher von der Brenndauer und dem zugehörigen Zündwinkel auszugehen.

Die Grenzkurven sind wieder übereinstimmend mit Blatt 1 und 2. Der Charakter dieser Kennlinien für den Strom ist für alle Widerstandsverhältnisse gleich. Bei Beurteilung der Kennlinien müssen wir bedenken, daß die Leistung des Widerstandsverbrauchers mit dem Quadrat des Stromes abnimmt.

---

[1]) Was eintritt bei Verringerung des Zündwinkels unter den Phasenwinkel hängt von der Art der Steuerung ab. Dabei muß beachtet werden, daß jeder Stromrichter nur zünden kann, wenn der andere stromlos ist. Geschieht die Steuerung mit zeitlich schmalen positiven Spannungsstößen, so setzt einer der Stromrichter aus. Wird dagegen mit zeitlich breiten positiven Spannungshalbwellen gesteuert, so bleibt der Zündwinkel beim natürlichen Phasenwinkel stehen. Beim Einschalten rückt in diesem Falle der Zündwinkel auf den natürlichen Phasenwinkel vor.

Eine induktiv-ohmsche Belastung stellt z. B. eine Widerstandsschweißmaschine dar, die über gegengeschaltete Stromrichter geschaltet und geregelt werden soll.

B. Der gesteuerte Einweggleichrichter bei Gegenspannungsbelastung.

1. Anodenspannung und Gleichrichterspannung.

Die einfachste Gleichrichterschaltung ist die, in der ein Gleichstromverbraucher z. B. eine Akkumulatorenbatterie oder ein Gleichstrommotor über einem ohmschen oder induktiven Vorwiderstand und einen einanodigen Stromrichter an eine Wechselspannung nach Abb. 8 angeschlossen ist. Der Gleichstromverbraucher sei gekennzeichnet durch eine innere Gegenspannung und einen inneren Widerstand. Die Gegenspannung setzen wir für einen bestimmten Betriebszustand als zeitlich unveränderlich voraus. Der innere Widerstand kann rein ohmisch sein (Akkumulatorenbatterie) oder ohmisch und induktiv (Gleichstrommotor) und allein oder zusammen mit einem zusätzlichen Vorwiderstand den Strom begrenzen. Solange der Stromrichter durch negative Steuerspannung gesperrt ist und kein Strom fließt, liegt am Stromrichter eine Anodenspannung u_{32}, die nach Abb. 8 die Differenz der treibenden Spannung u_2 mit der konstanten Gegenspannung u_{31m} ist:

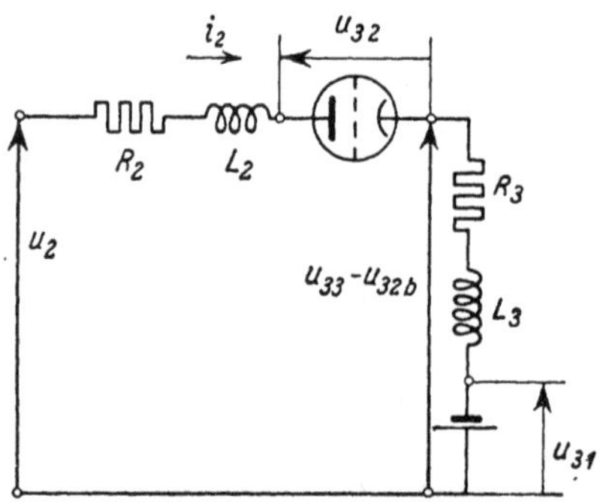

Abb. 8. Einphasige Gleichrichterschaltung bei Gegenspannungsbelastung mit induktiver und ohmscher Strombegrenzung.

$$0 = u_2 - u_{32} - u_{31m} \text{ bzw. } u_{32} = u_2 - u_{31m} \quad \ldots \quad (13)$$

Eine Zündung des Stromrichters ist nur im Bereich positiver Anodenspannung möglich, in dem die Anodenspannung mindestens die Brennspannung u_{32b} überwiegt:

$$u_{32} \geqq u_{32b} \text{ bzw. } u_2 \geqq u_{31m} + u_{32b} \quad \ldots \quad (14)$$

Wenn wir $u_2 = \sqrt{2}\, u_{2e} \sin \omega t$ setzen, können wir dafür auch schreiben:

$$\sqrt{2} \sin \omega t \geqq \frac{u_{31m} + u_{32b}}{u_{2e}} \quad \ldots \quad (15)$$

und haben damit eine allgemein gültige Darstellung des möglichen Zündbereiches, den uns Abb. 9 veranschaulichen soll. Bezeichnen wir die Zeitwerte, die zu den Schnittpunkten S_1 und S_2 der Geraden im Abstand $\frac{u_{31m} + u_{32b}}{u_{2e}}$ von der Abszisse gehören mit γ_1 und γ_2, so können wir für den möglichen Zündwinkel z anschreiben:

$$\gamma_1 \leq z \leq \gamma_2 \quad \text{. . . . . (16)}$$

Dabei ist:

$$\sqrt{2} \sin \gamma_1 = \frac{u_{31m} + u_{32b}}{u_{2e}} \text{ und } \gamma_2 = \pi - \gamma_1 \quad \text{. . . . (17)}$$

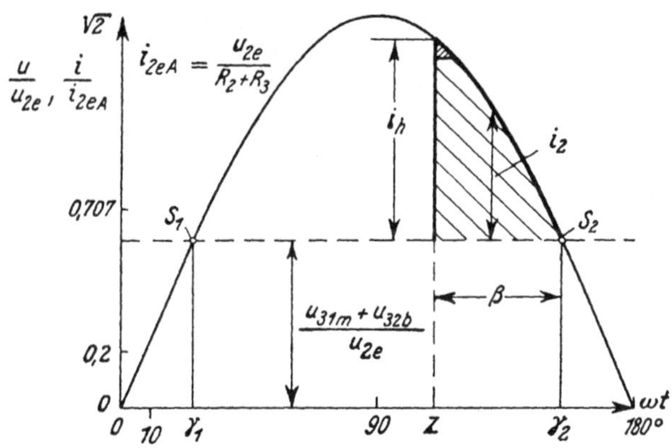

Abb. 9. Der Strom in der einphasigen Gleichrichterschaltung mit ohmscher Strombegrenzung.

Während ohne Gegenspannung der ganze Bereich der positiven Halbwelle der treibenden Wechselspannung zur Zündung möglich ist, nimmt der Bereich von beiden Seiten mit steigender Gegenspannung ab, um bei $\frac{u_{31m} + u_{32b}}{u_{2e}} = \sqrt{2}$ zu Null zusammenzuschrumpfen. Zum Beginn positiver Anodenspannung in S_1 gehört der Zündwinkel des ungesteuerten Gleichrichters $z = \gamma_1$.

Innerhalb des möglichen Bereiches kann zu jedem gewünschten Zeitpunkt die Zündung des Stromrichters durch Gittersteuerung freigegeben werden. Es wird dann die treibende Spannung über die Widerstände auf die Gegenspannung geschaltet. Beim ersten Nulldurchgang des entsprechenden Einschaltstromes bricht der Strom ab, um in der folgenden Periode wieder neu eingeschaltet zu werden. Die Spannung am Ausgang der eigentlichen Gleichrichterschaltung, die Spannung zwischen Kathode und unterem Pol der Spannungsquelle hat dabei folgenden Verlauf: Während des Stromdurchganges ist sie gleich der treibenden Spannung u_2 abzüglich der Spannungsabfälle an R_2 und ωL_2 und der Brennspannung u_{32} oder gleich der Gegenspannung u_{31} zuzüglich der Spannungsabfälle an R_3 und ωL_3. In den Zeitabschnitten ohne Stromdurchgang verläuft sie dagegen wie die Gegenspannung u_{31}.

Wenn wir die Brennspannung mit der Gegenspannung zusammenfassen, also dem Verbraucher zurechnen, entsteht zwischen Kathode und unterem Pol der Spannungsquelle eine Spannung, die wir als innere Gleichrichterspannung u_{33} bezeichnen. Diese Spannung würde ein Gleichrichter ohne Brennspannung liefern Die meßbare Gleichrichterspannung ist dann um die Brennspannung kleiner, d. h. $u_{33} - u_{32b}$. Für diese Spannung besteht die Beziehung:

$$R_3\, i_{3m} = (u_{33m} - u_{32b}) - u_{31m} \quad \ldots \ldots \quad (18)$$

Diese Gleichung besagt, daß der Gleichspannungsabfall des Stromes am Widerstand im Kathoden- bzw. Verbraucherzweig gleich der mittleren Gleichrichterspannung abzüglich der erhöhten Gegenspannung ist. An dem induktiven Widerstand kann kein Gleichspannungsabfall auftreten, weil der Strom innerhalb der Brenndauer β von Null ausgeht und wieder auf Null zurückgeht.

$$\frac{1}{2\pi}\int\limits_{z}^{z+\beta} L_3 \frac{d\, i_3}{d\, t}\, d\,\omega t = \frac{1}{2\pi}\,\omega L_3\,[i_{3\,z+\beta} - i_{3\,z}] = 0 \quad \ldots \quad (19)$$

Die Gleichung (18) können wir entweder nach dem mittleren Strom oder der mittleren Gleichrichterspannung auflösen und sehen daraus, daß wir entweder den Strom bestimmen können und dann die Gleichrichterspannung berechnen oder umgekehrt. Bei den Einphasenschaltungen ist die Bestimmung des mittleren Stromes die erste, und die Gleichrichterspannung eine abgeleitete Größe. Für den zeitlichen Verlauf des bei Zündung des Stromrichters einsetzenden Anodenstromes gilt die Gleichung:

$$\begin{aligned}(R_2 + R_3)\, i_2 + \omega\,(L_2 + L_3)\frac{d\, i_2}{d\,\omega t} &= u_2 - u_{31\,m} - u_{32\,b} \\ &= \sqrt{2}\, u_{2e} \sin\omega t - u_{31\,m} - u_{32\,b} \quad \ldots \quad (20)\end{aligned}$$

Es handelt sich um das Einschalten der Spannung $u_2 - (u_{31\,m} + u_{32b})$ auf die ohmisch-induktiven Widerstände, und wir können den Einschaltvorgang zerlegen in den der Wechselspannung u_2 auf die Widerstände bei kurzgeschlossen gedachter Gegenspannung sowie den der Gegenspannung $u_{31\,m} + u_{32\,b}$ auf die gleichen Widerstände bei kurzgeschlossener Wechselspannung. Diese Zerlegung wird uns besonders bei den Mehrphasenschaltungen von Nutzen sein, deshalb sei sie schon hier durchgeführt. Wir bezeichnen den Einschaltwechselstrom mit i'_2 und den Einschaltgegenstrom mit i_2'' und erhalten die Gleichungen:

$$\begin{aligned}&i_2 = i_2' + i_2'' \\ &(R_2 + R_3)\, i_2' + (\omega L_2 + \omega L_3)\frac{d\, i_2'}{d\,\omega t} = \sqrt{2}\, u_{2e} \sin\omega t \\ &(R_2 + R_3)\, i_2'' + (\omega L_2 + \omega L_3)\frac{d\, i_2''}{d\,\omega t} = -(u_{31\,m} + u_{32b}) \quad \ldots \quad (21)\end{aligned}$$

Für den Gesamtstrom gilt, daß er am Ende der Brenndauer zu Null wird; die Einzelströme werden entgegengesetzt gleich.

Wir wollen die weitere Berechnung durchführen unter der vereinfachenden Voraussetzung, daß entweder die induktiven Widerstände gegenüber den ohmschen oder umgekehrt vernachlässigt werden können.

2. Strombegrenzung mit ohmschem oder induktivem Widerstand.

Wenn nur ohmscher Widerstand vorhanden ist, vereinfachen sich die Gleichungen für die Einschaltströme:

$$(R_2 + R_3)\, i_2' = \sqrt{2}\, u_{2e} \sin \omega t,$$
$$(R_2 + R_3)\, i_2'' = -(u_{31m} + u_{32b}) \quad (22)$$

Abb. 10 zeigt uns für einen Zündwinkel $z = 30^0$ diese Ströme und den Gesamtstrom. Der Einschaltwechselstrom steigt im Zündzeitpunkt auf den dem Augenblickswert der Wechselspannung und dem Widerstand zugehörigen Wert $\frac{\sqrt{2}\, u_{2e} \cdot \sin z}{R_2 + R_3}$ und verläuft spannungsproportional. Der Einschaltgegenstrom ist zeitlich konstant. Der Gesamtstrom ist die Summe beider und bricht im Nulldurchgang ab. Wir beziehen die Ströme auf den Anodenkurzschlußstrom $i_{2eA} = \frac{u_{2e}}{R_2 + R_3}$ und erhalten dann:

$$\frac{i_2'}{i_{2eA}} = \sqrt{2} \sin \omega t, \quad \frac{i_2''}{i_{2eA}} = -\frac{u_{31m} + u_{32b}}{u_{2e}}$$
$$\frac{i_2}{i_{2eA}} = \sqrt{2} \sin \omega t - \frac{u_{31m} + u_{32b}}{u_{2e}},$$
$$i_{2eA} = \frac{u_{2e}}{R_2 + R_3} \quad \ldots\ldots\ldots \quad (23)$$

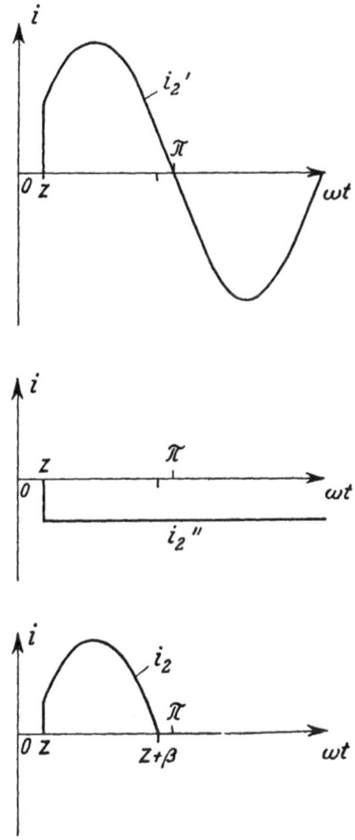

Abb. 10. Zusammensetzung des Stromes i_2 in der einphasigen Gleichrichterschaltung mit ohmscher Strombegrenzung aus Einschaltwechselstrom i'_2 und Einschaltgegenstrom i''_2.

In dieser Form sind die Ströme nur abhängig vom Zündwinkel und der auf u_{2e} bezogenen Gegenspannung.

Der Stromverlauf ist graphisch gegeben in Abb. 9 durch den Abstand der Sinuslinie von der Geraden, die den Abstand $\frac{u_{31m} + u_{32b}}{u_{2e}}$ von der Abszisse hat, wobei $z < \omega t < z + \beta$ und die Stromführungsdauer $\beta = \gamma_2 - z = \pi - \gamma_1 - z$ ist. Dieser Verlauf ist in Abb. 9 für $z = 110^0$

stark hervorgehoben. Wie sich der Stromverlauf mit der verhältnismäßigen Gegenspannung $\frac{u_{31\,m} + u_{32\,b}}{u_{2\,e}}$ und mit dem Zündwinkel ändert, übersehen wir, wenn wir in Abb. 9 die horizontale Abstandslinie und die durch den Zündwinkel gehende Senkrechte in Gedanken verschieben.

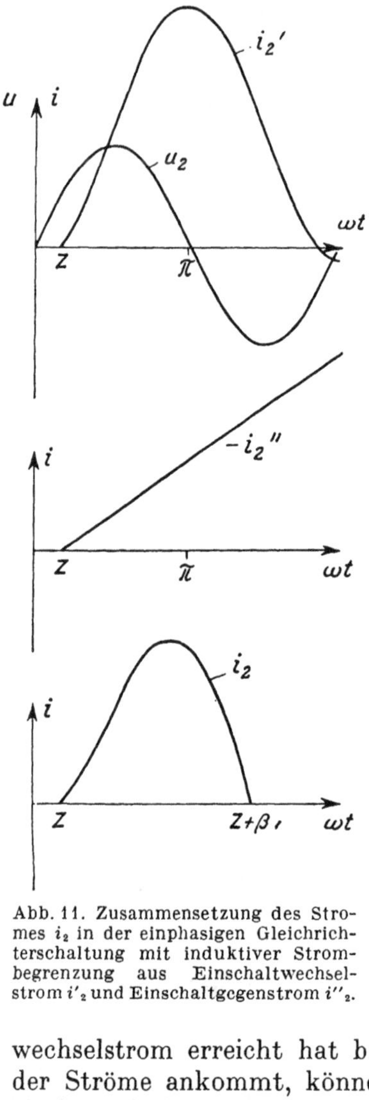

Abb. 11. Zusammensetzung des Stromes i_2 in der einphasigen Gleichrichterschaltung mit induktiver Strombegrenzung aus Einschaltwechselstrom i'_2 und Einschaltgegenstrom i''_2.

Wir wollen weiter den Stromverlauf bei rein induktivem Widerstand untersuchen. Für die Einschaltströme gelten die Gleichungen:

$$(\omega L_2 + \omega L_3)\frac{d\,i_2'}{d\,\omega\,t} = \sqrt{2}\,u_{2\,e}\sin\omega\,t \text{ und}$$

$$(\omega L_2 + \omega L_3)\frac{d\,i_2''}{d\,\omega\,t} = -(u_{31\,m} + u_{32\,b})$$

mit den Lösungen:

$$i_2' = \frac{1}{\omega L_2 + \omega L_3}\int_z^{\omega t}\sqrt{2}\,u_{2\,e}\sin\omega\,t\,d\omega t$$

$$= \frac{u_{2\,e}}{\omega L_2 + \omega L_3}(-\sqrt{2}\cos\omega t + \sqrt{2}\cos z)$$

$$i_2'' = \frac{1}{\omega L_2 + \omega L_3}\int_z^{\omega t} -(u_{31\,m} + u_{32\,b})\,d\,\omega\,t$$

$$= -\frac{u_{31\,m} + u_{32\,b}}{\omega L_2 + \omega L_3}(\omega t - z)\,. \quad . \quad . \quad . \quad (24)$$

Der Einschaltwechselstrom hat den Verlauf einer negativen Kosinuslinie, die soweit ins Positive verschoben ist, daß der Strom im Zündzeitpunkt mit Null beginnt. Das veranschaulicht uns Abb. 11 wieder für $z = 30^0$. Der Einschaltgegenstrom stellt eine im Zündzeitpunkt beginnende Gerade dar, die ins Negative abfällt. In Abb. 11 ist diese Gerade ins Positive gezeichnet; dann ist der Gesamtstrom darunter die Differenz beider Ströme. Dieser bricht ab, wenn der ins positive gezeichnete Gegenstrom den Einschaltwechselstrom erreicht hat bzw. schneidet. Da es nur auf die Differenz der Ströme ankommt, können wir auch den Einschaltwechselstrom als stationären Strom zeichnen und den Gegenstrom auf diesem im Zündzeitpunkt beginnen lassen. Dann läßt sich die Änderung des Stromes für einen bestimmten Zündwinkel mit steigender Gegenspannung, wie

Abb. 12 zeigt, als Drehung der Gegenstromgeraden um den Anfangspunkt darstellen. Das ist in Abb. 12 für $z_{\mathrm{I}} = 30^0$ und für $z_{\mathrm{II}} = 150^0$ gezeigt. Die jeweiligen Gesamtströme als Differenz der Einschaltströme sind unten gezeichnet. Dabei sind die Ströme wieder auf den Anodenkurzschlußstrom bezogen:

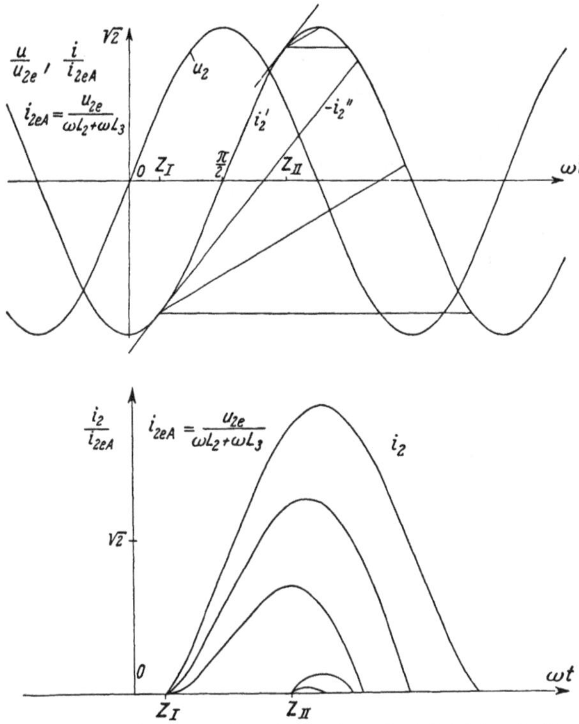

Abb. 12. Der Strom in der einphasigen Gleichrichterschaltung mit induktiver Strombegrenzung bei zwei Zündwinkeln ($z_I = 30°$ und $z_{II} = 150°$) und verschiedenen Gegenspannungen.

$$\frac{i_2'}{\left(\dfrac{u_{2e}}{\omega L_2 + \omega L_3}\right)} = -\sqrt{2}\cos\omega t + \sqrt{2}\cos z$$

$$\frac{i_2''}{\left(\dfrac{u_{2e}}{\omega L_2 + \omega L_3}\right)} = -\frac{u_{31m} + u_{32b}}{u_{2e}}(\omega t - z) \quad . \; . \; . \; . \; . \; (25)$$

Abb. 9 hatte uns gezeigt, daß die Gegenspannung immer so weit gesteigert werden kann, bis gerade der Beginn positiver Anodenspannung bzw. der Schnittpunkt der $\frac{u_{31m} + u_{32b}}{u_{2e}}$-Geraden mit der $\sqrt{2}$ sin ωt-Kurve im Zündzeitpunkt eintritt, d. h. $\frac{u_{31m} + u_{32b}}{u_{2e}} = \sqrt{2}$ sin z wird. Entsprechend steigt die Neigung der Gegenstromgeraden von der Nullage so weit, bis diese im Zündzeitpunkt tangential zum Einschaltwechselstrom verläuft. Denn die Bedingung dafür:

$$\frac{d\,i_2'}{d\,\omega t} = -\frac{d\,i_2''}{d\,\omega t}$$

führt auch auf die Gleichung:

$$\frac{u_{31\,m} + u_{32\,b}}{u_{2\,e}} = \sqrt{2}\sin z \quad \ldots\ldots\ldots \quad (26)$$

Abb. 12 zeigt uns nun weiter:

Für Zündwinkel $z > 90^0$ wird der Gesamtstrom bei steigender Gegenspannung schließlich mit tangential verlaufender Gegenstromgeraden Null, für $z < 90^0$ erhalten wir dagegen als Grenzstrom den des ungesteuerten Gleichrichters.

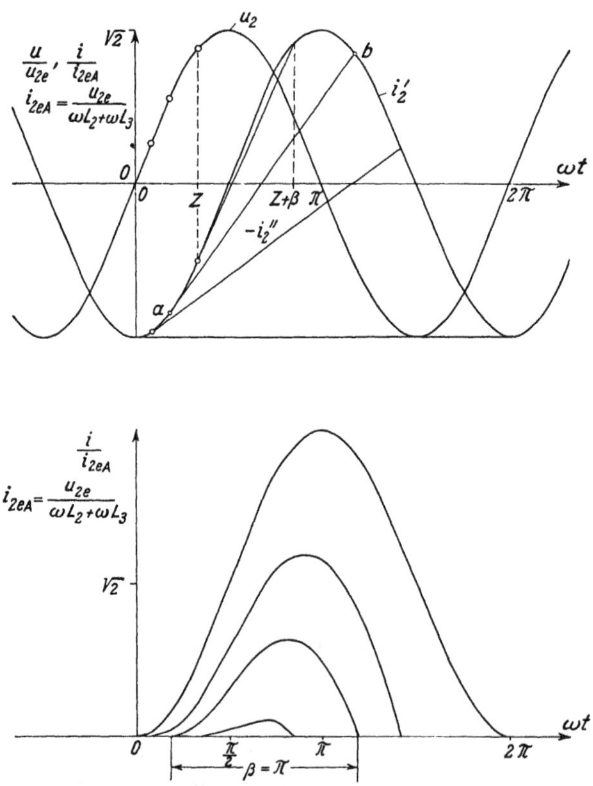

Abb. 13. Der Strom in der einphasigen ungesteuerten Gleichrichterschaltung bei verschiedenen Gegenspannungen.

Abb. 13 zeigt die Stromverhältnisse des ungesteuerten Gleichrichters bei tangential verlaufender Gegenstromgeraden nochmal gesondert.

Auf der Kurve der treibenden Spannung u_2 sind die Schnittpunkte mit der jeweiligen Gegenspannung vermerkt, die den Zündwinkel festlegen. Mit der Gegenspannung und dem Zündwinkel ist auch Anfangspunkt und Neigung der Gegenstromgeraden festgelegt. Den Gesamtstromverlauf sehen wir unten. Der größte Strom wird für $z = 0$ erreicht und durch die vollständig ins positive verschobene $-\sqrt{2}\cos\omega t$-Kurve gebildet.

Um die Stromführungsdauer β zu bestimmen, gehen wir zweckmäßig von der Gleichung für den Gesamtstrom i_2 aus:

$$(\omega L_2 + \omega L_3)\frac{d\,i_2}{d\,\omega t} = \sqrt{2}\,u_{2e}\sin\omega t - (u_{31\,m} + u_{32\,b}) \quad . \; . \; (27)$$

mit der Lösung:

$$i_2 = \int\limits_{z}^{z+\omega t}\left[\sqrt{2}\,u_{2e}\sin\omega t - (u_{31\,m} + u_{32\,b})\right]d\,\omega t \cdot \frac{1}{\omega L_2 + \omega L_3} \quad . \; (28)$$

Am Ende der Stromführungsdauer im Zeitpunkt $z + \beta$ bricht der Strom im Nulldurchgang ab:

$$0 = \int\limits_{z}^{z+\beta}\left[\sqrt{2}\,u_{2e}\sin\omega t - (u_{31\,m} + u_{32\,b})\right]d\,\omega t$$

$$\text{bzw. } 0 = \int\limits_{z}^{z+\beta}\left[\sqrt{2}\sin\omega t - \frac{u_{31\,m} + u_{32\,b}}{u_{2e}}\right]d\,\omega t \quad . \; . \; . \; . \; . \; . \; (29)$$

Diese Gleichung veranschaulicht uns Abb. 14 unten im Vergleich zu den Verhältnissen bei rein ohmschem Begrenzungswiderstand Abb. 14, oben. In Abb. 14 ist die treibende Spannung u_2, die Gegenspannung $u_{31\,m} + u_{32\,b}$, die Gleichrichterspannung u_{33} und deren Mittelwert $u_{33\,m}$ für den Fall, daß $R_2 = 0$ und $\omega L_2 = 0$ sind. Bei rein ohmschem Widerstand reicht die Stromführungsdauer vom Zündwinkel nur bis zum Schnittpunkt von $\frac{u_2}{u_{2e}}$ mit der Geraden im Abstand $\frac{u_{31\,m} + u_{32\,b}}{u_{2e}}$ von der Abszisse. Bei rein induktivem Widerstand wird die Stromführungsdauer β über diesen Schnittpunkt hinaus verlängert. Der Strom steigt an, solange die Spannung an der Induktivität $u_2 - (u_{31\,m} + u_{32\,b})$ positiv ist, hat bei deren Nulldurchgang seinen Höchstwert und fällt auf Null ab solange, bis die negative Spannungszeitfläche die Positive erreicht hat. Das ist der Inhalt der letzten Gleichung der in Abb. 14 unten durch die Gleichheit der gestrichelten Flächen veranschaulicht wird. Damit ist auch gegeben, daß die Spannung am induktiven Widerstand eine reine Wechselspannung wird.

Die gestrichelte Linie stellt den Mittelwert der stark ausgezogenen Gleichrichterspannung dar. Dieser Wert liegt bei rein ohmschem Widerstand über der Gegenspannung, während er bei rein induktivem Widerstand mit dieser übereinstimmt.

Schließlich seien in Abb. 15 die Stromspannungsverhältnisse bei ohmschem und rein induktivem Widerstand noch in drei Oszillogrammen gezeigt. Wir sehen oben die treibende Spannung u_2, darunter die Gleichrichterspannung u_{33} und die Stromrichterspannung u_{32}, unten den Strom

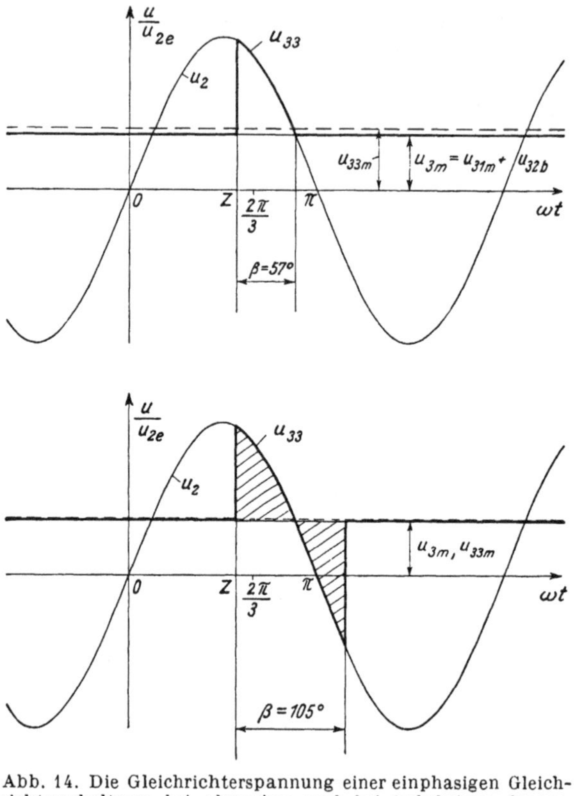

Abb. 14. Die Gleichrichterspannung einer einphasigen Gleichrichterschaltung bei ohmscher und bei induktiver Strombegrenzung.

i_3 und die Spannung am Widerstand oder an der Induktivität. Abb. 15 oben gilt für ohmschen Widerstand und $z = 90^0$, Abb. 15 mitte und unten für induktiven Widerstand und $z = 90^0$ sowie für volle Aussteuerung. Diese Oszillogramme sind zu vergleichen mit denen in Abb. 3 und 5, die die gleichen Verhältnisse ohne Gegenspannung zeigen.

Nachdem so der Stromverlauf grundsätzlich geklärt ist, können wir die Stromführungsdauer, den mittleren Strom, den Höchstwert und den effektiven Strom im Verhältnis zum mittleren Strom, die Brenndauer und die Leistung berechnen. Das Ergebnis zeigen die Blätter 5 und 6 für ohmschen Widerstand und 7 bis 10 für induktiven. Die Stromführungsdauer ist bei ohmschem Widerstand mit $\beta = \gamma_2 - z$ durch Gl. (17) gegeben, bei induktivem Widerstand zeigen Blatt 7 ihren Verlauf für verschiedene konstant gehaltene Zündwinkel abhängig von der Gegenspannung. Dies Blatt ist durch Auswertung von Gl. 29 gewonnen. Die einzelnen Kennlinien endigen auf der für den ungesteuerten Gleichrichter. Blatt 5 und 8 zeigt den mittleren Strom, den man durch Integration der Gl. (23) bzw. (28) gewinnt. Blatt 6 und 9 zeigen den Spitzenwert des Stromes im Verhältnis zum Mittelwert. Die Grenzkurven gelten wieder in allen Fällen für den ungesteuerten Gleichrichter. Bei ohmschem Widerstand ist der Spitzenwert durch Gl. (23) gegeben mit $\omega t = z$ für $z \geq 90^0$ und $\omega t = 90^0$ für $z \leq 90^0$, bei induktivem Widerstand durch Gl. (28) mit $\omega t = \pi -$

$$\arcsin \frac{u_{31\,m} + u_{32\,b}}{u_{2\,e}\sqrt{2}}.$$

Blatt 6 und 9 enthalten außerdem unten den Verlauf des effektiven Stromes für den voll ausgesteuerten bzw. ungesteuerten Gleichrichter. Schließlich zeigt Blatt 10 den Verlauf der Gleich-

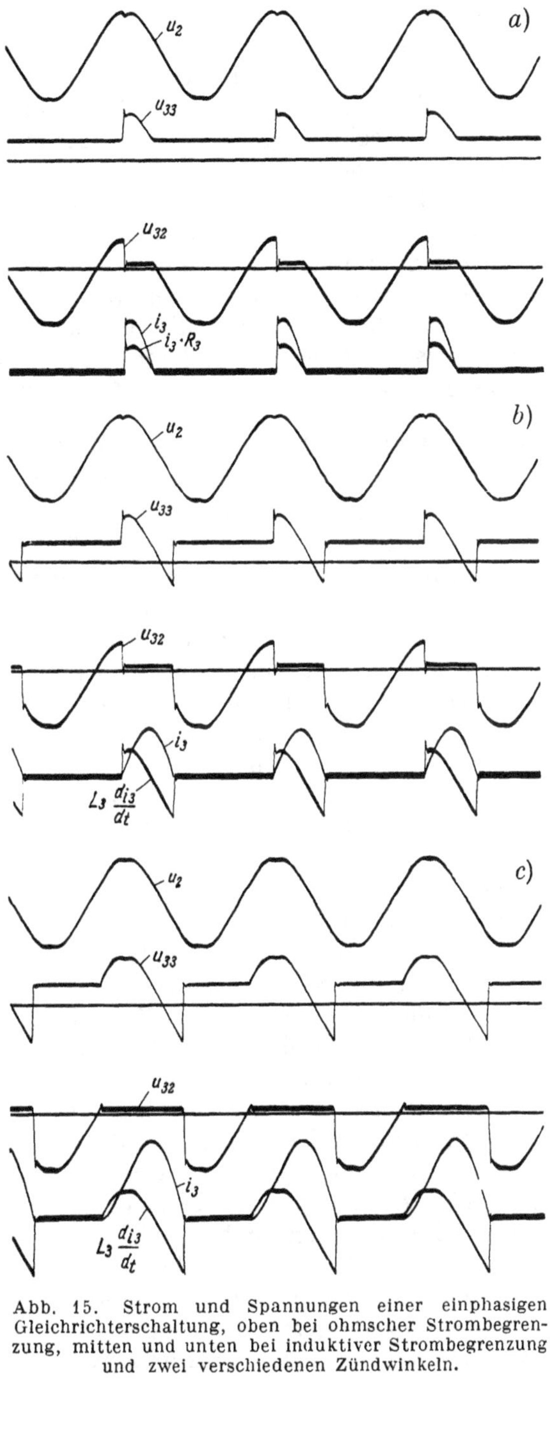

Abb. 15. Strom und Spannungen einer einphasigen Gleichrichterschaltung, oben bei ohmscher Strombegrenzung, mitten und unten bei induktiver Strombegrenzung und zwei verschiedenen Zündwinkeln.

leistung $i_{2m} \cdot u_{3m}$ im Verhältnis zur Kurzschlußleistung und jeweiligen Scheinleistung $i_{2e}\, u_{2e}$ in Abhängigkeit von der Gegenspannung bei induktivem Widerstand für den voll ausgesteuerten Gleichrichter. Diese Kurven dienen zur vollständigen Berechnung und Beurteilung einphasiger Gleichrichterschaltungen, wie im letzten Abschnitt an einem Anwendungsbeispiel gezeigt wird.

Wir haben bisher einen unmittelbaren Anschluß der Stromrichterschaltung an eine Wechselspannungsquelle vorausgesetzt. Um in der Wahl der Spannung frei zu sein, können wir einen Anschlußtransformator zwischenschalten. Dann gelten alle bisher berechneten Stromwerte für den Sekundärkreis, wobei die Verlustwiderstände des Transformators dem Vorwiderstand zuzurechnen sind. Der Primärstrom muß dagegen gesondert berechnet werden. Seinen Verlauf zeigt uns Kapitel D.

3. Die Mehrphasenschaltung als Zusammenfassung phasenverschoben arbeitender Einphasenschaltungen.

Die Einphasengleichrichterschaltung zeigt recht ungünstige Stromverhältnisse: Im Falle induktiven Widerstandes zeigt der Strom einen Spitzenwert, der das 2 bis 3fache, und einen Effektivwert, der das 1,2- bis 1,5fache des Gleichstrommittelwertes ist. Das bedeutet eine schlechte Ausnutzung des Verbrauchers. Auch die Ausnutzung des Anschlußtransformators ist gering. Für die sekundäre Wicklung muß die Scheinleistung das 2 bis 3fache der Gleichleistung des Verbrauchers sein. (Die Ausnutzung der primären Wicklung ist infolge des zusätzlichen einseitigen Magnetisierungsstromes (vgl. S. 55) noch schlechter.) Die primäre Blindleistung und der Oberwellengehalt des Stromes ist hoch. Und schließlich ist der starke Abfall der Spannung bei steigendem Strom zu bedenken. Alle diese Umstände beschränken die Anwendung der einanodigen Gleichrichterschaltung auf kleine Leistungen und Sonderfälle.

Die folgenden Kapitel werden uns zeigen, daß in den Mehrphasenschaltungen die Stromverhältnisse wesentlich günstiger sind.

Die einfachste Form der Mehrphasenschaltungen, die wir im Anschluß an die Einphasenschaltung unmittelbar verstehen können, ist die, in der einem Gleichstromverbraucher mit Gegenspannung phasenverschobene Einphasenstromstöße zugeführt werden. Wir gehen dabei aus von Einwegschaltungen, bei denen der Begrenzungswiderstand vor den Anoden liegt, d. h. der innere Widerstand der Verbraucher (Abb. 8 R_3 und ωL_3) zu vernachlässigen ist. Dann beeinflussen sich die einzelnen Einwegzweige nicht, und der Stromverlauf in jedem der Zweige ist der uns aus dem vorigen Abschnitt bekannte. Abb. 16 veranschaulicht uns die Entstehung einer Zweiphasenschaltung auf diese Weise. Wir sehen links zwei getrennte Einphasenschaltungen mit einem induktiven Widerstand vor jedem Stromrichter. Die Stromstöße werden zwei

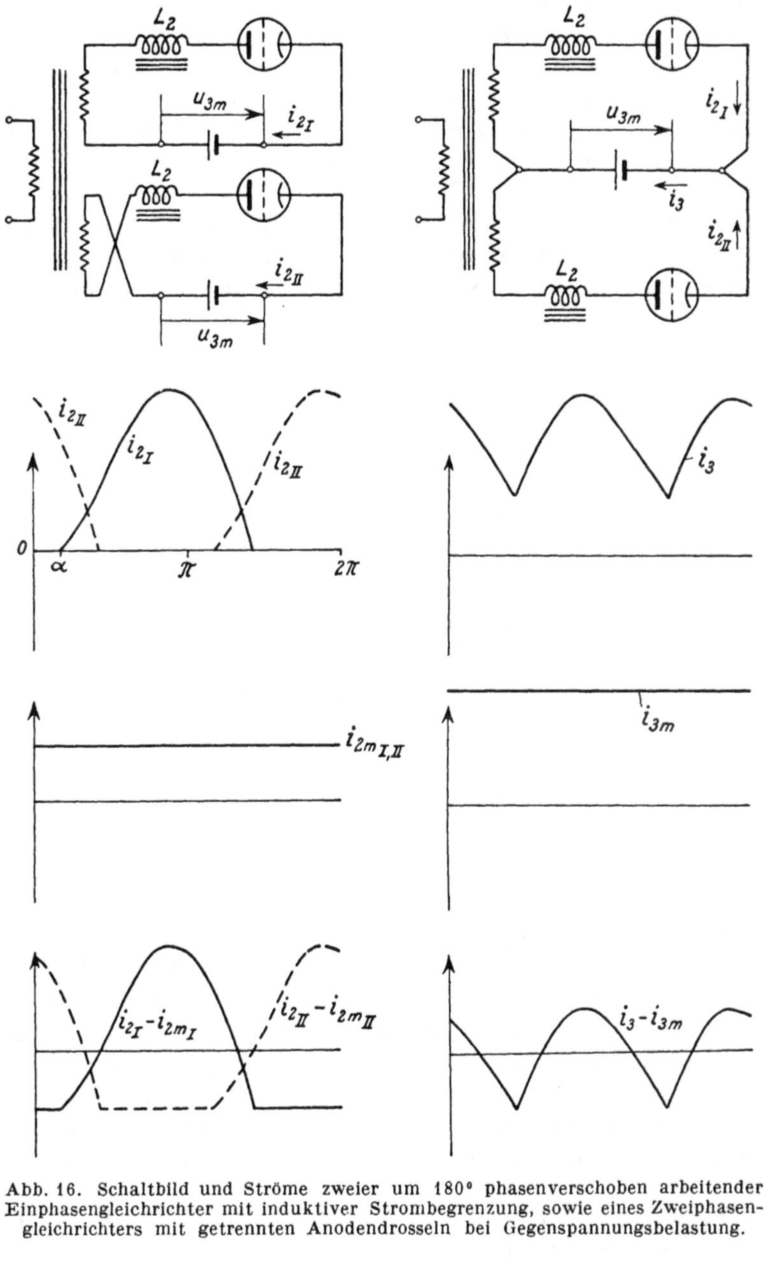

Abb. 16. Schaltbild und Ströme zweier um 180° phasenverschoben arbeitender Einphasengleichrichter mit induktiver Strombegrenzung, sowie eines Zweiphasengleichrichters mit getrennten Anodendrosseln bei Gegenspannungsbelastung.

Sekundärwicklungen des gleichen Transformators entnommen und sind darunter gezeichnet, übereinstimmend mit dem Strom i_2 in Abb. 11. Sie lassen sich in einen Gleichstrom- und einen Wechselstromanteil zerlegen, den Abb. 16 links unten zeigt. Wenn die getrennten Verbraucher gleiche Gegenspannung haben, so lassen sie sich zu einem Verbraucher zusammenfassen, über den beide Stromstöße gleichzeitig geführt werden, wie Abb. 16 rechts zeigt. Die Einzelströme können sich nur über den Spannungsabfall am inneren Widerstand beeinflussen, was wir vernachlässigen wollen. Die Summe der Einzelstromstöße bilden den gezeichneten Verbraucherstrom. Die Gleichstromanteile der Einzelströme summieren sich dabei zum doppelten gemeinsamen Gleichstromanteil. Die Grundfrequenz des Wechselstromanteiles der Einzelströme stimmt mit der Netzfrequenz überein, außerdem sind Ober-

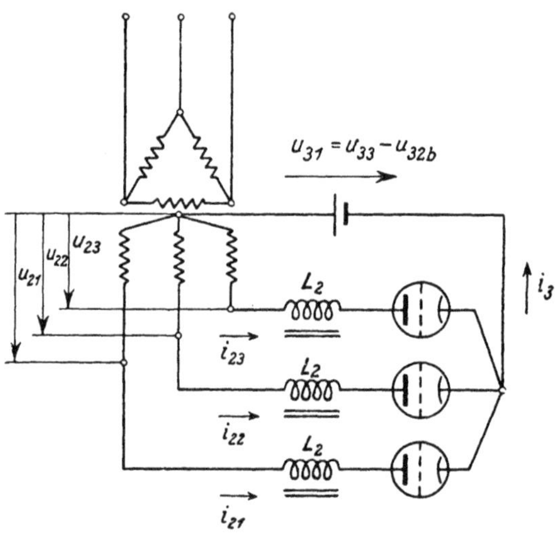

Abb. 17. Schaltbild eines Dreiphasengleichrichters mit getrennten Anodendrosseln bei Gegenspannungsbelastung.

schwingungen enthalten, deren Frequenzen ganzzahlige Vielfache der Netzfrequenz sind. Im gemeinsamen Strom fehlt im Wechselstromanteil die Netzfrequenz und alle ungradzahligen Oberschwingungen; diese sind in den Einzelstromstößen gerade um 180° gegeneinander verschoben und heben sich bei der Summation auf. Alle gradzahligen Oberschwingungen haben dagegen gleiche Phasenlage und erscheinen daher im gemeinsamen Strom mit doppelter Größe. Ihre Höhe ist aber im einzelnen Stromstoß bereits so klein, daß die Aufhebung hauptsächlich der Grundschwingung genügt, um den überlagerten Wechselstrom im gemeinsamen Kathodenstrom, den Abb. 16 rechts unten zeigt, wesentlich herabzusetzen.

Ebenso können wir nach der Schaltung Abb. 17 drei um 120° verschobene Einzelstromstöße über den gleichen Verbraucher schicken. Der gemeinsame Kathodenstrom enthält dann den dreifachen Gleichanteil und einen Wechselstromanteil mit der Grundfrequenz 3f, und nur Oberschwingungen mit den Frequenzen 2 (3f), 3 (3f) ... Alle übrigen heben sich auf, weil immer 3 um je 120^0 gegeneinander verschoben sind.

Da die Kathoden der Einzelstromrichter miteinander verbunden sind, können sie auch zu einer gemeinsamen Kathode zusammengefaßt und die Schaltung mit einem Mehranodengefäß ausgerüstet werden.

Die Einzelstromstöße in einer P-phasigen Schaltung dieser Art können je nach der Höhe der Gegenspannung und dem Zündwinkel eine Stromführungsdauer haben, die kleiner oder größer als $\frac{2\pi}{P}$ ist. Wenn sie kleiner ist, besteht ein stromloser Zeitabschnitt zwischen ihnen, der gemeinsame Kathodenstrom ist lückenhaft. Wenn sie größer ist, überdecken sich die Einzelstromstöße teilweise, der Kathodenstrom ist lückenlos.

Wir haben damit eine Mehrphasenschaltung kennengelernt, deren Wesen in der Übereinanderlagerung phasenverschobener Einzelstromstöße im gleichen Verbraucher besteht. Es gelten für jeden einzelnen Anodenstrom die Kennlinien der Einphasenschaltung des vorigen Kapitels. Der Kathodenstrom zeigt aber ein wesentlich günstigeres Verhältnis von überlagertem Wechselstrom zu Gleichstromanteil.

Die Kennlinie für den mittleren Anodenstrom in der Einphasenschaltung gilt auch für den mittleren gemeinsamen Strom, dessen Gleichanteil das Pfache des Gleichanteiles der Einzelstromstöße ist. In Blatt 11 sind die Kennlinien für den ungesteuerten Einphasengleichrichter mit anodenseitiger Induktivität nochmals zusammengefaßt, wie sie für Mehrphasenschaltungen mit getrennten Anodendrosseln Verwendung finden können.

II. Teil. Mehrphasige Schaltungen.

C. Wechselstromtechnische Grundlagen.

1. Die Strom- und Spannungsverteilung in mehrphasigen Drosseln bei unsymmetrischem Anschluß.

Die Konstruktion des Anodenstromes der Gleichrichterschaltungen mit verketteten Anodendrosseln verlangt eine genaue Kenntnis der Spannungs- und Stromverteilung in mehrphasigen Drosseln. Wir setzen für diesen Abschnitt ein Mehrphasenspannungssystem als gegeben voraus, das durch die Sekundärseite eines mehrphasigen Transformators dargestellt sei und denken uns die Drossel über Schalter nach Abb. 18, 19 und 20 an den Transformator angeschlossen. Diese Schalter stellen die Anodenzweige und den Kathodenzweig der Gleichrichtergefäße dar und wir untersuchen die Spannungs- und Stromverteilung bei solchen durch die Schalter hergestellten Verbindungen, die auch durch die Anodenzweige eines Gleichrichters hergestellt werden, wie die späteren Kapitel zeigen.

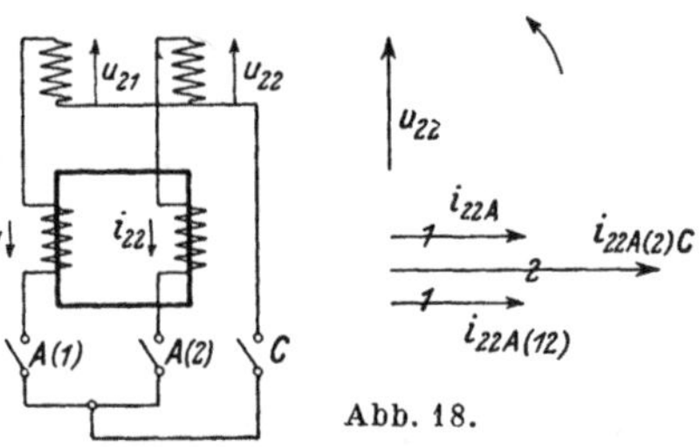

Abb. 18.

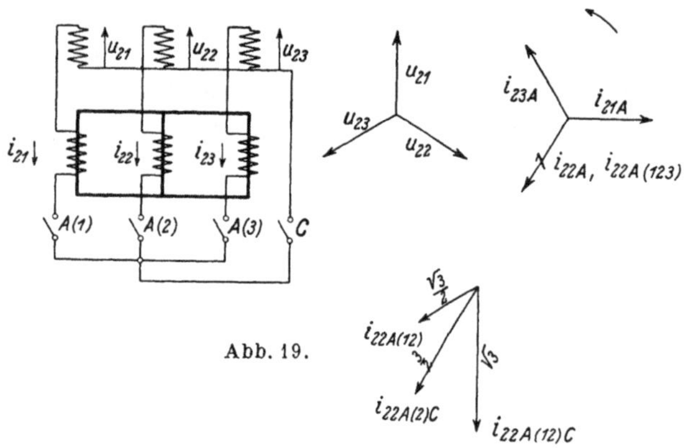

Abb. 19.

Abb. 18 und 19. Schaltbild einer zwei- und dreiphasigen Sekundärdrossel und Vektordiagramm der Ströme bei verschiedenartigem Anschluß an Wechselspannung.

Für die Spannungsverteilung an einer mehrphasigen Drossel mit Wicklungen gleicher Windungszahl gilt: Die Summe der Spannungen muß Null sein, weil die Summe der magnetischen Flüsse Null ist. Das ist der Fall, wenn eine mehrphasige Drossel allseitig an ein symmetrisches Mehrphasensystem gelegt wird, für das die Summe der Spannungen Null ist. Sind aber bei der Zweiphasendrossel eine Wicklung und bei der

Dreiphasendrossel eine oder höchstens zwei Wicklungen an beliebige Spannungen angeschlossen, dann liegen die zweite und dritte Wicklung in der Spannung fest. Aus dieser Bedingung ergibt sich die Spannungsverteilung unmittelbar, wie die Beispiele zeigen.

Um zu einer gegebenen Spannungsverteilung und damit Flußverteilung die Stromverteilung leicht bestimmen zu können, sei die Abhängigkeit des Flusses vom Strom allgemein berechnet. Wenn wir den magnetischen Widerstand je Schenkel, den wir hauptsächlich im Luftspalt liegend voraussetzen, mit M bezeichnen und die Amperewindungen $i \cdot S$ jedes Schenkels einer Zwei- oder Dreiphasendrossel nach Abb. 18 und 19 als magnetomotorische Kräfte ansetzen, können wir die Berechnung der Flußverteilung wie die Berechnung der Stromverteilung in parallel geschalteten Stromzweigen mit gleichen Widerständen und verschiedenen Spannungsquellen durchführen. Wir finden dann für den Fluß ψ in den Schenkeln der Zweiphasendrossel:

$$\psi_1 = \frac{S\,(i_{21} - i_{22})}{2\,M}, \quad \psi_2 = \frac{S\,(i_{22} - i_{21})}{2\,M} \quad \dots\dots \quad (30)$$

und für den Fluß in der Dreiphasendrossel:

$$\psi_1 = \frac{S\,(2\,i_{21} - i_{22} - i_{23})}{3\,M}, \quad \psi_2 = \frac{S\,(2\,i_{22} - i_{21} - i_{23})}{3\,M},$$

$$\psi_3 = \frac{S\,(2\,i_{23} - i_{21} - i_{22})}{3\,M} \quad \dots \quad (31)$$

Diese Gleichungen zeigen uns, in welcher Weise der Fluß in dem einen Schenkel von den Amperewindungen auf allen Schenkeln mitbestimmt wird. Wenn die Drosseln allseitig angeschlossen sind (in Abb. 18 und 19 $A(1)$, $A(2)$ bzw. $A(1)$, $A(2)$, $A(3)$ geschlossen), dann ist die Summe der Ströme Null. Und es gilt, wenn wir diesen Fall vorgreifend mit Anodenkurzschluß bezeichnen und den Strömen den Index A geben:

$$i_{21\,A} + i_{22\,A} = 0$$

$$i_{21\,A} + i_{22\,A} + i_{23\,A} = 0 \quad \dots\dots\dots \quad (32)$$

Mit diesen Gleichungen ergibt sich aus den allgemeinen Gleichungen für die Flüsse:

$$\psi_{1A} = \frac{S\,i_{21\,A}}{M}, \quad \psi_{2A} = \frac{S\,i_{22\,A}}{M}, \quad \psi_{3A} = \frac{S\,i_{23\,A}}{M} \quad \dots \quad (33)$$

Bei allseitigem Anschluß liegen an den Drosselwicklungen die Phasenspannungen u_{21} und u_{22} bzw. u_{21}, u_{22} und u_{23}, die gleich dem Spannungsabfall sind, der durch die Flußänderung hervorgerufen wird:

$$S \cdot \frac{d\,\psi_{1\,A}}{d\,t} = \frac{\omega\,S^2}{M}\,\frac{d\,i_{21\,A}}{d\,\omega\,t} = \omega\,L_2\,\frac{d\,i_{21\,A}}{d\,\omega\,t} = u_{21}$$

$$\omega\,L_2\,\frac{d\,i_{22\,A}}{d\,\omega\,t} = u_{22}, \quad \omega\,L_2\,\frac{d\,i_{23\,A}}{d\,\omega\,t} = u_{23} \quad \dots\dots \quad (34)$$

Bei allseitigem Anschluß bilden die Ströme i_{21A}, i_{22A}, i_{23A} ein symmetrisches Mehrphasensystem, ihre Effektivwerte sind untereinander gleich.

Wenn nun die Drosseln nicht allseitig angeschlossen sind, sich aber die Spannungen an jedem Schenkel aus den Spannungen u_{21}, u_{22} und u_{23} des symmetrischen Mehrphasensystems ableiten lassen, so lassen sich auch die Ströme auf die Anodenkurzschlußströme i_{21A}, i_{22A}, i_{23A} zurückführen, die wir als gegeben voraussetzen. Aus den allgemeinen Gleichungen für die Flüsse ergeben sich dann bei der Dreiphasendrossel Spannungsgleichungen dieser Art:

$$S \cdot \frac{d\psi_1}{dt} = \frac{\omega S^2}{3M} \frac{d(2i_{21} - i_{22} - i_{23})}{d\omega t} = \frac{\omega L_2}{3} \frac{d(2i_{21} - i_{22} - i_{23})}{d\omega t} =$$

$$= a_1 u_{21} + b_1 u_{22} + c_1 u_{23} = a_1 \omega L_2 \frac{d i_{21A}}{d\omega t} + b_1 \omega L_2 \frac{d i_{22A}}{d\omega t} +$$

$$+ c_1 \omega L_2 \frac{d i_{23A}}{d\omega t}, \quad (35)$$

die wir in einfache Stromgleichungen überführen können:

$$\frac{2i_{21} - i_{22} - i_{23}}{3} = a_1 i_{21A} + b_1 i_{22A} + c_1 i_{23A}$$

$$\frac{2i_{22} - i_{21} - i_{23}}{3} = a_2 i_{21A} + b_2 i_{22A} + c_2 i_{23A}$$

$$\frac{2i_{23} - i_{21} - i_{22}}{3} = a_3 i_{21A} + b_3 i_{22A} + c_3 i_{23A} \quad . \; . \; . \; (36)$$

Hierin sind a_1, a_2, a_3, b_1 . . . . Zahlenwerte, die angeben, aus welchen Bruchteilen bzw. Vielfachen der Spannungen u_{21}, u_{22}, u_{23} sich die Spannungen der einzelnen Wicklungen zusammensetzen.

Für die Zweiphasendrossel lauten die entsprechenden Gleichungen:

$$\frac{i_{21} - i_{22}}{2} = a_1 i_{21A} + b_1 i_{22A}$$

$$\frac{i_{22} - i_{21}}{2} = a_2 i_{21A} + b_2 i_{22A} \quad . \; . \; . \; (37)$$

Diese Gleichungen ergeben zusammen mit den Stromgleichungen auf Grund des Kirchhoffschen Gesetzes in jedem Falle die gesuchte Stromverteilung.

Wir wollen uns das an den für das Folgende wichtigen Beispielen veranschaulichen:

A. 1. Eine Zweiphasendrossel nach Abb. 18 sei mit der rechten Wicklung angeschlossen (A (2), C eingeschaltet); der Spannungsabfall an dieser Wicklung ist gleich u_{22}, während an der linken Wicklung, da der gemeinsame Fluß diese in umgekehrter Richtung durchsetzt, der Spannungsabfall $u_{21} = - u_{22}$ liegt. Die Stromgleichungen heißen hier:

$$i_{21} = 0, \quad i_{22} = i_{22\,A\,(2)\,C}, \quad \frac{i_{22} - i_{21}}{2} = \frac{i_{22\,A\,(2)\,C}}{2} = i_{22\,A}$$

$$\text{bzw. } i_{22\,A\,(2)\,C} = 2\, i_{22\,A} \quad \ldots\ldots\ldots\ldots \quad (38)$$

Der Index A (2) C bedeutet: Anode (2) kurzgeschlossen, Kathode mit Sternpunkt verbunden, um die später verwendete Bezeichnungsweise hier schon einzuführen. Das Ergebnis besagt, daß der Strom bei einseitigem Anschluß der Drossel auf den doppelten Anodenkurzschlußstrom ansteigen muß, da die Amperewindungen der einen Wicklung sowohl den magnetischen Spannungsabfall des eigenen Schenkels als auch den der anderen überwinden müssen. Spannung und Fluß sind genau so groß wie bei allseitigem Anschluß.

2. Da es bei allseitigem Anschluß gleichgültig ist, ob die Kathodenverbindung zum Sternpunkt besteht oder nicht, so ergibt sich für den Fall, daß beide Wicklungen angeschlossen sind, ohne daß die Kathodenverbindung besteht (A (1), A (2) eingelegt):

$$i_{22\,A\,(12)} = i_{22\,A\,(12)\,C} = i_{22\,A} \quad \ldots\ldots\ldots\ldots \quad (39)$$

B. Bei der Dreiphasendrossel bestehen außer dem allseitigen Anschluß folgende verschiedene Anschlußmöglichkeiten (vgl. Abb. 19).

1. Es sei nur an Wicklung 2 die Spannung u_{22} gelegt (A (2), C ein), dann teilt sich der zur Spannung u_{22} gehörende magnetische Fluß $\psi_{2\,A}$ des mittleren Schenkels auf die beiden äußeren Schenkel auf und entsprechend tritt hier $-\frac{u_{22}}{2}$ als Spannungsabfall auf.

Es gelten die Stromgleichungen:

$$i_{21} = i_{23} = 0, \quad i_{22} = i_{22\,A\,(2)\,C}$$

$$\frac{2\, i_{22}}{3} = \frac{2\, i_{22\,A\,(2)\,C}}{3} = i_{22\,A} \quad \text{bzw. } i_{22\,A\,(2)\,C} = \frac{3}{2}\, i_{22\,A} \quad \ldots \quad (40)$$

Das Ergebnis besagt, daß die Amperewindungen des mittleren Schenkels außer dem magnetischen Spannungsabfall auch den halb so großen Spannungsabfall der äußeren Schenkel überwinden müssen.

2. Es sei an Wicklung 1 und 2 die Spannung u_{21} und u_{22} (A (1), A (2), C ein) angelegt, dann summieren sich im dritten Schenkel die u_{21} und u_{22} entsprechenden Flüsse $\psi_{1\,A}$ und $\psi_{2\,A}$, und hier erscheint der Fluß $\psi_{3\,A\,(12)\,C} = -(\psi_{1\,A} + \psi_{2\,A})$ und damit als Spannungsabfall die Spannung u_{23}. Es gelten die Stromgleichungen:

$$i_{23} = 0, \quad i_{21} = i_{21\,A\,(12)\,C}, \quad i_{22} = i_{22\,A\,(12)\,C}$$

$$\frac{2\, i_{21} - i_{22}}{3} = \frac{2\, i_{21\,A\,(12)\,C} - i_{22\,A\,(12)\,C}}{3} = i_{21\,A}$$

$$\frac{2\, i_{22\,A\,(12)\,C} - i_{21\,A\,(12)\,C}}{3} = i_{22\,A} \quad \ldots \quad (41)$$

Mit der Lösung:

$$\dot{i}_{21\,A\,(12)\,C} = \dot{i}_{22\,A} + 2\,\dot{i}_{21\,A} = \dot{i}_{21\,A} - \dot{i}_{23\,A}$$
$$\dot{i}_{22\,A\,(12)\,C} = \dot{i}_{21\,A} + 2\,\dot{i}_{22\,A} = \dot{i}_{22\,A} - \dot{i}_{23\,A} \quad \ldots\ldots \quad (42)$$

Diese Lösung besagt, daß der Fluß sich verteilt wie bei allseitigem Anschluß, daß aber die Amperewindungen der beiden angeschlossenen Schenkel den magnetischen Spannungsabfall des freien Schenkels, den dieser bei allseitigem Anschluß hat, mit überwinden müssen. Wenn nur Wicklung 2 und 3 angeschlossen sind, heißen die Lösungen sinngemäß:

$$\dot{i}_{22\,A\,(23)\,C} = \dot{i}_{22\,A} - \dot{i}_{21\,A}$$
$$\dot{i}_{23\,A\,(23)\,C} = \dot{i}_{23\,A} - \dot{i}_{21\,A} \quad \ldots\ldots\ldots \quad (43)$$

3. Es sei Wicklung 2 und 1 angeschlossen, ohne daß die Nullpunktverbindung besteht (*A* (2), *A* (1) ein). Dann teilt sich die verkettete Spannung $u_{22} - u_{21}$ auf beide Wicklungen auf, so daß an Wicklung eins $\frac{u_{21} - u_{22}}{2}$ und an zwei $\frac{u_{22} - u_{21}}{2}$ liegen. Der magnetische Fluß schließt sich über die beiden angeschlossenen Schenkel, die dritte Wicklung ist ohne Spannung. Es ergeben sich folgende Stromgleichungen:

$$\dot{i}_{23} = 0, \quad \dot{i}_{22} = -\dot{i}_{21} = \dot{i}_{22\,A\,(12)}$$
$$\frac{2\,\dot{i}_{22} - \dot{i}_{21}}{3} = \dot{i}_{22\,A\,(12)} = \frac{\dot{i}_{22\,A} - \dot{i}_{21\,A}}{2}$$
$$\dot{i}_{21\,A\,(12)} = \frac{\dot{i}_{21\,A} - \dot{i}_{22\,A}}{2} \quad \ldots\ldots \quad (44)$$

Die Ströme bei allseitigem Anschluß und die Ströme über die Anode 2 in den betrachteten Fällen sind in Abb. 19 vektoriell dargestellt.

C. Die sechsphasige Drossel nach Abb. 20 läßt noch eine Reihe weiterer Schaltmöglichkeiten zu, von denen wir die später gebrauchten auswählen. Wir definieren als allseitigen Anschluß hier auch allseitigen dreiphasigen Anschluß der Drossel (*A* (1), *A* (2), *A* (3) ein).

1. Es sei an Wicklung 4 und 2 die Spannung u_{24} und u_{22} gelegt (*A* (4), *A* (2), *C* ein), das entspricht für die dreiphasige Drossel dem Fall, daß an Wicklung 2 und 3 die Spannungen u_{22} und u_{23} gelegt sind, da $u_{24} = -u_{23}$ und Wicklung 4 umgekehrt geschaltet ist wie 3. Übereinstimmend mit Gl. (43) erhalten wir für die Ströme:

$$\dot{i}_{22\,A\,(24)\,C} = \dot{i}_{22\,A} - \dot{i}_{21\,A}$$
$$\dot{i}_{24\,A\,(24)\,C} = -\dot{i}_{23\,A} + \dot{i}_{21\,A} \quad \ldots\ldots\ldots \quad (45)$$

2. Es seien Wicklung 4 und 2 angeschlossen, ohne daß die Nullpunktverbindung besteht (*A* (4), *A* (2) ein). Dann liegt die Spannung $u_{22} - u_{24} = u_{22} + u_{23}$ an der Reihenschaltung von Wicklung 2 und 4 in der Weise, daß Wicklung 2 den Spannungsabfall $\frac{u_{22} - u_{24}}{2}$ und Wicklung 4

$\frac{u_{24} - u_{22}}{2}$ aufnimmt. Da Wicklung 4 umgekehrt wie 2 geschaltet ist, durchsetzt beide Wicklungen der gleiche Fluß, und der freie Schenkel führt den doppelten Fluß in umgekehrter Richtung. Die Wicklung 5 nimmt also den Spannungsabfall $-2\,\frac{u_{24} - u_{22}}{2} = u_{25}$ an. Bei Aufstellung der Stromgleichungen müssen wir beachten, daß bei der sechs-

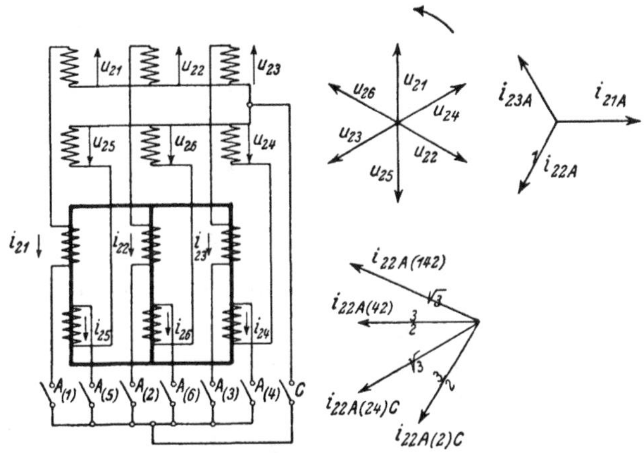

Abb. 20. Schaltbild einer sechsphasigen Sekundärdrossel und Vektordiagramm der Ströme bei verschiedenartigem Anschluß Wechselspannung.

phasigen Drossel an Stelle von $i_{21}: i_{21} - i_{25}$, an Stelle von $i_{22}: i_{22} - i_{26}$ und an Stelle von $i_{23}: i_{23} - i_{24}$ einzusetzen ist. Es ergeben sich folgende Stromgleichungen:

$$i_{21} = 0,\quad i_{25} = 0,\quad i_{26} = 0,\quad i_{23} = 0,\quad i_{22} = -\,i_{24} = i_{22\,A\,(42)}$$

$$\frac{2\,i_{22} + i_{24}}{3} = \frac{i_{22\,A\,(42)}}{3} = \frac{i_{22\,A} + i_{23\,A}}{2}$$

$$\text{bzw. } i_{22\,A\,(42)} = -\frac{3}{2}\,i_{21\,A}$$

$$i_{24\,A\,(42)} = +\frac{3}{2}\,i_{21\,A} \quad \ldots\ldots\ldots\ldots (46)$$

Dieses Ergebnis besagt, daß die Amperewindungen der angeschlossenen Wicklungen den 3/2fachen magnetischen Spannungsabfall des freien Schenkels zu überwinden haben. Der freie Schenkel führt den Fluß wie bei allseitigem Anschluß, der sich auf die beiden anderen Schenkel zu gleichen Teilen aufteilt. Bei Anschluß der zweiten und fünften Wicklung ergibt sich entsprechend:

$$i_{22\,A\,(25)} = -\frac{3}{2}\,i_{23\,A} \quad \ldots\ldots\ldots\ldots (47)$$

3. Es seien Wicklung 1, 4 und 2 angeschlossen, ohne daß die Nullpunktverbindung besteht (A (1), A (4), A (2) ein). Die Wicklungen nehmen dann den Spannungsabfall u_{21}, u_{24} und u_{22} an, wie bei allseitigem dreiphasigen Anschluß. Für die Ströme ergeben sich folgende Gleichungen:

$$i_{25} = 0, \quad i_{26} = 0, \quad i_{23} = 0, \quad i_{21} + i_{22} + i_{24} = 0$$

$$i_{21} = i_{21\,A\,(142)}$$

$$i_{22} = i_{22\,A\,(142)}$$

$$i_{24} = i_{24\,A\,(142)}$$

$$\frac{2\,i_{22} - i_{21} + i_{24}}{3} = i_{22\,A}$$

$$\frac{2\,i_{21} - i_{22} + i_{24}}{3} = i_{21\,A}$$

$$\frac{-2\,i_{24} - i_{21} - i_{22}}{3} = i_{23\,A} \quad \ldots \ldots \quad (48)$$

Aus diesen Gleichungen ergibt sich für die drei Ströme in diesem Falle:

$$i_{21\,A\,(142)} = i_{21\,A} + 2\,i_{23\,A}$$

$$i_{22\,A\,(142)} = i_{22\,A} + 2\,i_{23\,A}$$

$$i_{24\,A\,(142)} = -3\,i_{23\,A} \quad \ldots \ldots \quad (49)$$

Wir sehen, daß, trotzdem alle Wicklungen den Spannungsabfall wie bei allseitigem dreiphasigen Anschluß aufweisen, jede von ihnen gegenüber den Strömen bei allseitigem dreiphasigen Anschluß einen Überschuß von 2 $i_{23\,A}$ aufweisen. Dies bedeutet einen auf allen Schenkeln gleichen Amperewindungsüberschuß, der sich gegenseitig aufhebt und keinen magnetischen Fluß bewirkt.

Wenn die Wicklungen 4, 2, 5 oder 2, 5, 3 angeschlossen sind ohne Nullpunktsverbindung, ergeben sich in gleicher Weise die Ströme:

$$i_{22\,A\,(425)} = 3\,i_{22\,A}$$

$$i_{22\,A\,(253)} = i_{22\,A} + 2\,i_{21\,A} \quad \ldots \ldots \quad (50)$$

4. Schließlich ist noch ein Fall zu behandeln, der bei den Doppeldreiphasenschaltungen vorkommt, daß zwei Wicklungen des einen Systems z. B. 1 und 2 und zwei des anderen Systems, z. B. 4 und 6, angeschlossen sind ohne Nullpunktsverbindung und bei getrenntem Sternpunkt der beiden Systeme (A (1), A (2), A (4), A (6) ein). Dann führen alle drei Schenkel die gleichen magnetischen Flüsse wie bei allseitigem dreiphasigen Anschluß, und die Wicklungen die entsprechenden Phasenspannungen. Für die Ströme gelten die Gleichungen:

$$i_{25} = 0, \quad i_{23} = 0, \quad i_{21} = -i_{22}, \quad i_{24} = -i_{26}$$

$$i_{21} = i_{21\,A\,(12,46)}$$

$$i_{22} = i_{22\,A\,(12,46)}$$

$$i_{24} = i_{24\,A\,(12,46)}$$

$$i_{26} = i_{26\,A\,(12,46)}$$

$$\frac{2\,i_{21} - i_{22} + i_{26} + i_{24}}{3} = i_{21\,A}$$

$$\frac{-2\,i_{24} - i_{21} - i_{22} + i_{26}}{3} = i_{23\,A}$$

$$\frac{2\,(i_{22} - i_{26}) - i_{21} + i_{24}}{3} = i_{22\,A} \quad . \quad (51)$$

Aus diesen Gleichungen ergibt sich:

$$i_{22\,A\,(12,46)} = -\,i_{21\,A\,(12,46)} = -\,i_{21\,A}$$

$$i_{24\,A\,(12,46)} = -\,i_{26\,A\,(12,46)} = -\,i_{23\,A} \quad \ldots\ldots \quad (52)$$

Dies Ergebnis besagt, daß die Wicklungen auf den äußeren Schenkeln, die allein auf diesen Schenkeln stromführend sind, den gleichen Strom wie bei allseitigem dreiphasigen Anschluß führen, während die beiden Wicklungen auf dem mittleren Schenkel zusammen auch die Amperewindungen, die bei allseitigem Anschluß eine Wicklung trägt, aufweisen. Entsprechend ergibt sich an Hand von Abb. 20

$$i_{22\,A\,(12,45)} = i_{22\,A}$$

$$i_{22\,A\,(23,45)} = i_{22\,A}$$

$$i_{22\,A\,(23,56)} = -\,i_{23\,A} \quad \ldots\ldots\ldots \quad (53)$$

In Abb. 20 sind die Ströme in den drei ersten Fällen über die Anode 2 vektoriell dargestellt.

Wenn wir die Induktivität einer Mehrphasendrossel definieren als die Induktivität ωL_2 je Wicklung bei allseitigem Anschluß an ein symmetrisches Mehrphasensystem, so ist der Effektivwert der zugehörigen Ströme, auf die wir alle Ströme zurückgeführt haben, gegeben durch:

$$i_{2e\,A} = \frac{u_{2e}}{\omega L_2} \quad \ldots\ldots\ldots\ldots \quad (54)$$

Zu diesem Effektivwert werden die in den nachfolgenden Kapiteln berechneten Anodenströme ins Verhältnis gesetzt. In den Vektordiagrammen ist $i_{2e\,A} = 1$ gesetzt, und die Zahlen an den Vektoren geben das Verhältnis des effektiven Stromes zu $i_{2e\,A}$ an.

D. Im Anschluß an die Überlegungen über die Spannungs- und Stromverteilung beim Anschalten an Wechselspannungen ist es leicht, auch die Verhältnisse beim Einschalten der Gegenspannung auf einzelne Zweige einer Mehrphasen-Drossel zu übersehen. Dabei kann der Transformator kurzgeschlossen gedacht werden, so daß schematisch die Schaltungen nach Abb. 21 vorliegen, wobei die späteren Anodenzweige wieder durch Schalter ersetzt sind. Wir wollen den Gegenstrom in den einzelnen Fällen auch auf den Anodenkurzschlußstrom zurückführen.

1. Wird die Gegenspannung[1]) u_{3m} an eine Seite einer zweiphasigen Drossel gelegt, deren Induktivität bei beiderseitigem Anschluß je Wicklung ωL_2 ist, so ergibt sich ein Strom:

$$i_{22\,A\,(2)\,G} = 2\frac{u_{3m}}{\omega L_2}\omega t = 2\frac{u_{2e}}{\omega L_2}\frac{u_{3m}}{u_{2e}}\omega t = 2\,i_{2e\,A}\frac{u_{3m}}{u_{2e}}\omega t \quad . \quad (55)$$

Der Index G bedeutet, daß es sich um das Anschalten der Gegenspannung handelt. Der Faktor 2 besagt, daß die Amperewindungen der einen Wicklung den magnetischen Spannungsabfall beider Schenkel überwinden muß.

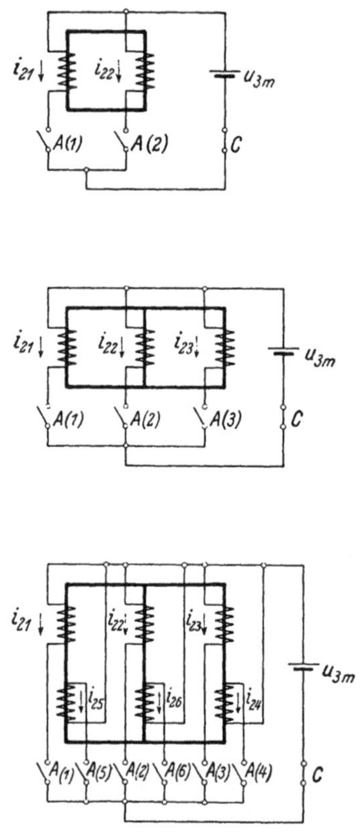

Abb. 21. Schaltbild einer zwei-, drei- und sechsphasigen Sekundärdrossel, auf die eine Gegenspannung geschaltet wird.

2. Wird die Gegenspannung an eine Wicklung einer dreiphasigen Drossel geschaltet, deren Induktivität je Wicklung bei dreiphasigem Anschluß ωL_2 beträgt, so ergibt sich ein Strom:

$$i_{22\,A\,(2)\,G} = \frac{3}{2}\frac{u_{3m}}{\omega L_2}\omega t = \frac{3}{2}i_{2e\,A}\frac{u_{3m}}{u_{2e}}\omega t \quad . \quad (56)$$

In diesem Falle teilt sich der magnetische Fluß, der die angeschlossene Wicklung durchsetzt, auf die beiden freien Schenkel auf, so daß die Amperewindungen der angeschlossenen Wicklung den $\frac{3}{2}$fachen magnetischen Spannungsabfall zu überwinden haben.

3. Wird die Gegenspannung an zwei Wicklungen einer Dreiphasendrossel gleichzeitig geschaltet, so ergibt sich ein Strom:

$$i_{22\,(12)\,G} = i_{22\,A\,(23)\,G} = 3\frac{u_{3m}}{\omega L_2}\omega t$$

$$= 3\,i_{2e\,A}\frac{u_{3m}}{u_{2e}}\omega t \quad . \quad (57)$$

In diesem Falle haben die Amperewindungen jedes Schenkels den eignen magnetischen Spannungsabfall und den doppelten des freien Schenkels zu überwinden.

4. Wird die Gegenspannung an zwei Wicklungen einer Sechsphasendrossel geschaltet, die nicht auf dem gleichen Schenkel liegen und entgegengesetzt geschaltet sind, so ergibt sich ein Strom:

$$i_{22\,A\,(42)\,G} = i_{22\,A\,(25)\,G} = \frac{u_{3m}}{\omega L_2}\omega t = i_{2e\,A}\frac{u_{3m}}{u_{2e}}\omega t \quad . \quad . \quad . \quad (58)$$

[1]) Eigentliche Gegenspannung $u_{31\,m}$ zuzüglich Brennspannung $u_{32\,b}$.

In diesem Falle schließt sich der magnetische Fluß über die angeschlossenen Schenkel; die Amperewindungen der beiden angeschlossenen Wicklungen haben nur den magnetischen Spannungsabfall des eigenen Schenkels zu überwinden.

Wir wollen abschließend unsere Überlegungen noch nutzbar machen für die Berechnung der Typenleistung von verketteten Anoden- oder Primärdrosseln in Gleichrichterschaltungen. Wir gehen dazu aus von der Typenleistung der Einphasendrossel. Wir haben im ersten und zweiten Kapitel gesehen, daß Drosseln in Einphasenstromrichterschaltungen mit nicht sinusförmigen Strömen belastet sind, deren Effektivwert die Verluste in der Drosselwicklung und deren Höchstwert die höchstmagnetische Beanspruchung kennzeichnen. Wenn wir als Typenleistung der Drossel die Leistung eines Einphasentransformators mit gleichen Wicklungsverlusten und gleicher magnetischer Beanspruchung bezeichnen, ergibt sich als Einphasentrafo-Typenleistung

$$= \frac{u_{1e} \cdot i_{1e} + u_{2e} i_{2e}}{2} \qquad (59)$$

als Einphasendrossel-Typenleistung

$$= \frac{i_e \left(\frac{i_h \omega L}{\sqrt{2}} \right)}{2} \quad \ldots\ldots\ldots\ldots \quad (60)$$

Die Drossel hat nur eine Wicklung, die den effektiven Strom i_e führt. Wenn an die Drossel eine sinusförmige Spannung u_e gelegt wird, so ergibt sich ein sinusförmiger Strom mit dem Höchstwert $\frac{\sqrt{2}\, u_e}{\omega L}$; setzen wir diesen gleich dem im Gleichrichterbetrieb auftretenden höchsten Strom i_h, so erhalten wir in $u_e = \frac{i_h \omega L}{\sqrt{2}}$ die Ersatzsinusspannung, die gleichen höchsten Strom und damit gleichen höchsten magnetischen Fluß im Drosselkern bewirkt, wie im Gleichrichterbetrieb. (Der Strom der Einphasendrossel im Gleichrichterbetrieb ist häufig halbwellenartig, so daß eine Magnetisierung nur in einer Richtung erfolgt, dann kann man praktisch die magnetische Beanspruchung höher wählen, denn die Ersatzsinusspannung setzt Magnetisierung in beiden Richtungen voraus.)

Bei Berechnung der Typenleistung von Mehrphasendrosseln müssen wir sinngemäß an Stelle des höchsten Stromes, den Höchstwert des Ausdruckes setzen, den wir oben als bestimmend für den Fluß in einem Schenkel fanden. Dabei können wir voraussetzen, daß die Mehrphasendrosseln in Gleichrichterschaltungen in allen Wicklungen gleichen nur phasenverschobenen Strom führen und daß der höchste Fluß in allen

Schenkeln gleich ist. Wir nehmen hier die später berechneten Ströme als bekannt an. So ergibt sich mit Gl. (30) für die Typenleistung der Zweiphasendrossel (der erste Index 2 ist im Strom fortgelassen, da die Gleichungen ebensogut für Primärdrosseln mit erstem Index 1 gelten):

$$\frac{2\, i_{2e} \frac{\left(\frac{i_1 - i_2}{2}\right)_h \cdot \omega L}{\sqrt{2}}}{2} = \frac{i_e (i_1 - i_2)_h \cdot \omega L}{2\sqrt{2}} \quad \ldots \ldots (61)$$

Weiter ergibt sich mit Gl. (31) für die Typenleistung der Dreiphasendrossel:

$$\frac{3\, i_e \frac{(2\, i_2 - i_1 - i_3)_h}{3 \cdot \sqrt{2}}\, \omega L}{2} = \frac{i_e (2\, i_2 - i_1 - i_3)_h \cdot \omega L}{2\sqrt{2}} \quad \ldots (62)$$

Die Gleichung gilt auch für die Typenleistung der Sechsphasendrosseln, wenn wir i_2 durch $i_{22} - i_{26}$, i_1 durch $i_{21} - i_{25}$ und i_3 durch $i_{23} - i_{24}$ sowie i_{2e} durch $2\, i_{22e}$ ersetzen. (Bei der Mehrphasendrossel tritt eine Ummagnetisierung des Kernes ein, denn der für die Magnetisierung maßgebende Strom ist ein Wechselstrom.)

Handelt es sich um eine Primärdrossel bei primärer Sternschaltung, so ist die Summe der Ströme $i_{11} + i_{12} + i_{13} = 0$ und die Gleichung 62 nimmt die einfache Form an:

$$\frac{i_{1e} (3 i_{12} - i_{11} - i_{12} - i_{13})_h \cdot \omega L_1}{2\sqrt{2}} = \frac{i_{1e} \cdot 3\, (i_{12})_h \cdot \omega L_1}{2\sqrt{2}}$$

Will man die Ersatzsinusspannung messen, so schließt man einen Gleichspannungsmesser über einen Trockengleichrichter an die Drosselwicklung an. Man mißt dann zunächst den halben Mittelwert der positiven Halbwelle der Drosselspannung $\frac{u_m +}{2}$. Eine sinusförmige Spannung, die den gleichen Mittelwert der positiven Halbwelle hat, bewirkt gleichen magnetischen Fluß. Zwischen Effektivwert dieser Ersatzsinusspannung u_e und dem Meßwert besteht dann die Beziehung:

$$\frac{2}{\pi} \sqrt{2} \cdot u_e = 2 \left(\frac{u_m +}{2}\right)$$

$$u_e = \frac{\pi}{\sqrt{2}} \left(\frac{u_m +}{2}\right)$$

Sind die Ströme i_1, i_2 und i_3 Anodenströme i_{21}, i_{22} und i_{23}, deren Summe i_3 ergeben, so können wir die Gleichungen auch in anderer Form schreiben:

Typenleistung der verketteten dreiphasigen Anodendrossel

$$= \frac{3\, i_{2e} \left(i_{22} - \frac{i_3}{3}\right)_h \cdot \omega L_2}{2\sqrt{2}} \quad . \quad . \quad . \quad . \quad . \quad . \quad . \quad . \quad (63)$$

Diese Form ist besonders dann von Vorteil, wenn bei großer Kathodendrossel i_3 ein reiner Gleichstrom, i_{3m}, ist.

Eine genauere Berechnung der Typenleistung geht von der Bedingung aus, daß die Ersatzsinusspannung so gewählt werden muß, daß die Eisenverluste bei Übergang auf die tatsächliche Drosselspannung sich nicht ändern. Eine solche Berechnung wird für die Saugdrossel auf S. 213 ff. durchgeführt, die eine Spannung dreifacher Netzfrequenz hat. Die Eisenverluste setzen sich aus Hysteresis- und Wirbelstromverlusten zusammen, wobei die Hysteresisverluste bei Netzfrequenz 2,5 bis 7 mal größer sind als die Wirbelstromverluste. Nun hängen die Hysteresisverluste bei konstanter Frequenz nur von der maximalen Induktion ab, während die Wirbelstromverluste von Induktion und Formfaktor der Spannung (Effektivwert durch Mittelwert der positiven Halbwelle der Drosselspannung) abhängen. Da bei Netzfrequenz die Hysteresisverluste ausschlaggebend sind, genügt es, die Ersatzsinusspannung so anzugeben, daß sie dieselbe maximale Induktion wie die Drosselspannung bzw. der Drosselstrom ergibt.

2. Allgemeine Bedingungen für die Stromverteilung in Transformatoren bei unsymmetrischer Belastung.

Zur Bestimmung der Stromverteilung in einzelnen Gleichrichtertransformatorschaltungen ist es notwendig, die Bedingungen zu kennen, unter denen die Stromverteilung im Ein- und Mehrphasentransformator steht. Wir nehmen dabei an, daß uns die Sekundärströme gegeben sind, die später berechnet werden, und fragen nach dem Primärstrom. Hierfür ist es zweckmäßig, das Ersatzschaltbild des Transformators zu benutzen.

Das Ersatzschaltbild des Einphasentransformators entsteht nach Abb. 22 dadurch, daß wir die Wicklungen auf das Übersetzungsverhältnis 1 : 1 bringen und die primären und sekundären ohmschen Widerstände und Streuinduktivitäten absondern, so daß in der Mitte ein idealer Transformator ohne innere Widerstände übrigbleibt, dessen Wicklungen vollständig miteinander magnetisch verkettet sind. An diesen Wicklungen entsteht die innere Spannung des Transformators durch die Änderung des gemeinsamen Flusses. Dieser Fluß verläuft aber nur zum Teil vollständig im Eisen. Ein anderer Teil des Flusses, der auch beide Wicklungen umfaßt, schließt sich vorwiegend von Joch zu Joch über die Luft und wird als Jochstreufluß bezeichnet. Beide Teile des Flusses werden erregt von der Differenz des Primärstromes mit dem Sekundärstrom, und ihnen entsprechend erscheint im endgültigen Ersatzschaltbild Abb. 22 rechts eine Eisen- und eine Luft-Magnetisierungsinduktivität. (Das gilt zunächst für den Manteltransformator, der nur einen Schenkel besitzt. Beim Einphasenkerntransformator ist auch der zweite Schenkel bewickelt, und dessen Wicklung mit der des ersten in Reihe oder parallel geschaltet. Das ändert aber grundsätzlich nichts am Ersatzschaltbild.)

Wir können nun den gleichen Übergang vom wirklichen zum Ersatzschaltbild bei jedem Schenkel eines Mehrphasentransformators durchführen und kommen dann für den Zweiphasen- und Dreiphasen-

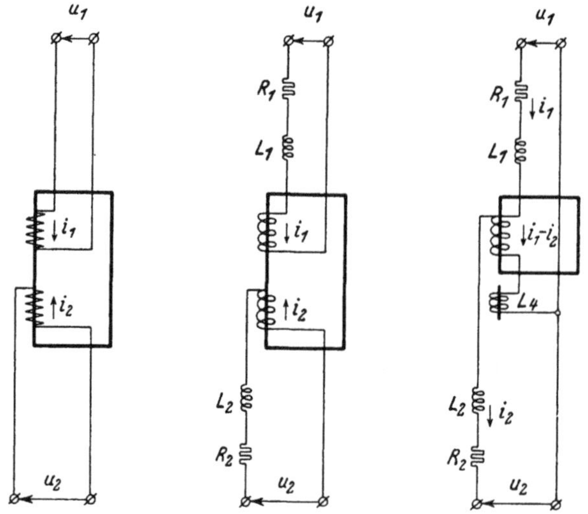

Abb. 22. Entstehung des Ersatzschaltbildes beim Einphasenmanteltransformator.

kerntransformator zu den Ersatzschaltbildern nach Abb. 23. Dabei sind die sekundären ohmschen und induktiven Widerstände fortgelassen; wir rechnen sie dem Belastungszweig zu und wollen ja hier den Belastungsstrom als gegeben voraussetzen. Außerdem können wir uns, wenn mehrere Sekundärwicklungen auf einem Schenkel vorhanden sind, diese zu einer Wicklung zusammengefaßt denken, die die Summe der Sekundärströme der einzelnen Sekundärwicklungen führt, die wieder auf gleiche Windungszahl umgerechnet sind.

Für die Stromverteilung im Mehrphasentransformator, insbesondere bei der Art der Belastung im Gleichrichterbetrieb, ist zu beachten, daß die Eiseninduktivitäten der einzelnen Schenkel untereinander verkettet sind und daher andere Magnetisierungsbedingungen stellen als die unverketteten Jochstreuinduktivitäten. Wir sprechen daher im folgenden von verketteten und unverketteten Magnetisierungsinduktivitäten.

(Den sekundär-zweiphasigen Transformator mit primär einphasigem Anschluß rechnen wir als zweiphasigen Transformator.)

Den Ersatzschaltbildern der Mehrphasentransformatoren ist primäre Sternschaltung zugrunde gelegt, in der nur die verketteten Spannungen vom Netz bestimmt werden. Bei primärer Dreieckschaltung bzw. Parallelschaltung (allgemeine Ringschaltung) wird jeder Wicklung für sich vom Netz eine Spannung aufgezwungen. Wir können das im Ersatzschaltbild dadurch herstellen, daß wir den Sternpunkt mit dem Nullpunkt eines Netzes uns verbunden denken, dessen Phasenspannungen gleich den verketteten Spannungen des wirklichen Netzes sind. Das heißt also; die primäre Ringschaltung ist gleichwertig der primären Sternschaltung mit angeschlossenem Nullpunkt. Diese Feststellung vereinfacht die Ersatzbilder.

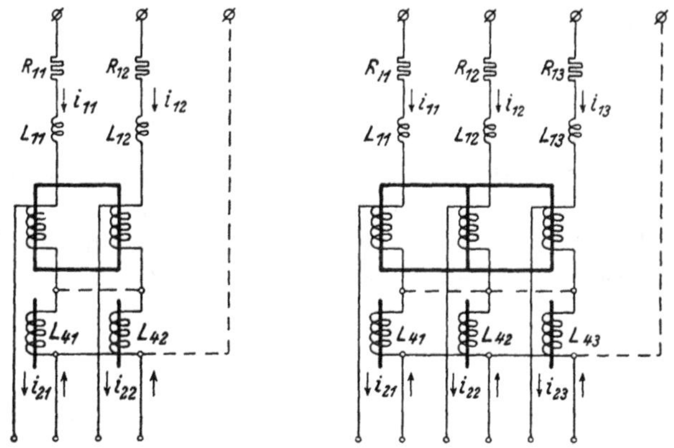

Abb. 23. Ersatzschaltbild des Zwei- und Dreiphasenkerntransformators.

Um die Stromverteilung in Transformatoren bei sekundärer Belastung zu übersehen, ist es zweckmäßig, im Primärstrom den Magnetisierungsstrom auszusondern; wir geben diesem Strom den Index ″. Es bleibt dann ein Anteil im Strom übrig, den wir »übertragenen Strom« nennen und durch den oberen Index ′ kennzeichnen wollen. Dieser Anteil rührt nur von den sekundären Strömen her und muß durch diese vollständig bestimmt sein und soll definitionsgemäß zusammen mit diesen keinen Spannungsabfall in den Magnetisierungszweigen hervorrufen. Beim Einphasentransformator nach Abb. 22 ist diese Zerlegung einfach durchzuführen. Im Magnetisierungszweig ist die Differenz der Ströme $i_1 - i_2$ wirksam, und wenn wir den Magnetisierungsstrom i_1'' aussondern, muß für den Rest gelten:

$$i_1 = i_1' + i_1'', \quad i_1' - i_2 = 0 \text{ bzw. } i_1' = i_2 \quad . \quad . \quad . \quad . \quad . \quad (64)$$

In diesem Fall ist der übertragene Strom gleich dem Sekundärstrom. Für den Magnetisierungsstrom gilt dann die Magnetisierungsgleichung:

$$\omega S_4 \frac{d\psi_4}{d\omega t} \cdot 10^{-8} + \omega L_4 \frac{d i_1''}{d\omega t} = u_1 - \left(R_1 + \omega L_1 \frac{d}{d\omega t}\right)(i_1' + i_1'') \quad (65)$$

Dabei stellt das erste Glied die Spannung an der Eiseninduktivität dar. Der Magnetisierungsstrom ändert sich danach bei Belastung gegenüber Leerlauf infolge des Spannungsabfalles, den der übertragene Strom hervorruft. Wenn nun der Sekundärstrom und damit der übertragene Strom einen Gleichanteil und übertragenen Wechselanteil enthält, so können wir die Magnetisierungsgleichung in eine für die Gleichanteile und eine für die Wechselanteile geltende zerlegen:

$$R_1 (i_{1m}' + i_{1m}'') = 0$$

$$\omega S_4 \frac{d\psi_4}{d\omega t} \cdot 10^{-8} + \omega L_4 \frac{d i_1''}{d\omega t} = u_1 - \omega L_1 \frac{d(i_1' + i_1'')}{d\omega t} -$$

$$- R_1 [(i_1' - i_{1m}') + (i_1'' - i_{1m}'')] \quad (66)$$

Diese Gleichung zeigt uns unmittelbar:

Weil die Magnetisierungsinduktivitäten keinen Gleichspannungsabfall haben können, und die Netzspannung eine reine Wechselspannung ist, wird im Magnetisierungsstrom in diesem Falle ein Gleichstromanteil auftreten, der dem des übertragenen Stromes entgegengesetzt gleich ist. Das führt aber zu einer Sättigung des Eisenkernes und einer Verzerrung des Wechselstromanteiles, wie uns das folgende Kapitel zeigen wird.

Wir haben für die Mehrphasendrossel aus Gl. (30) und (31) die Stromausdrücke entnommen, die für die Magnetisierung jedes Schenkels maßgebend sind. Wir können diese Ausdrücke hier für die verketteten Induktivitäten nach Abb. 23 übernehmen[1]), wir müssen nur beachten, daß hier jeweilig die Differenz der Ströme bzw. der entsprechenden Amperewindungen auf jedem Schenkel wirksam ist. Zur Bestimmung des übertragenen Stromanteiles müssen nun die maßgebenden Stromausdrücke nach Gl. (30) und (31) nach Aussonderung des Magnetisierungsstromes Null gesetzt werden. Das ergibt für den Zweiphasentransformator:

$$\frac{(i_{11}' - i_{21}) - (i_{12}' - i_{22})}{2} = 0, \quad \frac{(i_{12}' - i_{22}) - (i_{11}' - i_{21})}{2} = 0$$

$$\text{bzw. } i_{11}' - i_{21} = i_{12}' - i_{22}$$

und entsprechend für den Dreiphasentransformator:

[1]) Dabei wird die Unsymmetrie des Dreiphasentransformators vernachlässigt, die darin besteht, daß der Eisenweg bis Mitte Joch für den mittleren Kern kürzer ist und damit der magnetische Widerstand kleiner als bei den äußeren Kernen.

$$i_{11} = i_{11}' + i_{11}'', \quad i_{12} = i_{12}' + i_{12}'', \quad i_{13} = i_{13}' + i_{13}''$$

$$\frac{2\,(i_{11}' - i_{21}) - (i_{12}' - i_{22}) - (i_{13}' - i_{23})}{3} = 0$$

$$\frac{2\,(i_{12}' - i_{22}) - (i_{13}' - i_{23}) - (i_{11}' - i_{21})}{3} = 0$$

$$\frac{2\,(i_{13}' - i_{23}) - (i_{11}' - i_{21}) - (i_{12}' - i_{23})}{3} = 0$$

$$\text{bzw. } i_{11}' - i_{21} = i_{12}' - i_{22} = i_{13}' - i_{23} \quad \ldots\ldots \quad (67)$$

Diese Gleichungen, die einen gleichen Amperewindungsüberschuß für alle Schenkel zulassen, schließen eine magnetisierende Wirkung der übertragenen Ströme zusammen mit den Sekundärströmen auf die verketteten Induktivitäten aus, es bleibt aber die Wirkung auf die unverketteten Induktivitäten. Diese werden von der Differenz der Ströme $i_{11}' - i_{21}$, $i_{12}' - i_{22}$ und $i_{13}' - i_{23}$ erregt. Nun zeigt uns Abb. 23 für die Sternschaltung: Da zur Aufstellung der Magnetisierungsgleichungen beim Umlauf über die Magnetisierungszweige und die verkettete Netzspannung immer zwei unverkettete Induktivitäten[1]) in umgekehrter Richtung durchlaufen werden, fallen auf Grund der Gl. (67) die Spannungsabfälle an den unverketteten Induktivitäten heraus. Die Gl. (67) genügt also für die Sternschaltung, um jeden Einfluß der übertragenen und sekundären Ströme auf die Magnetisierungszweige auszuschalten. Für die Sternschaltung kommt noch die Sternpunktgleichung hinzu:

$$i_{11}' + i_{12}' = 0 \text{ bzw. } i_{11}' + i_{12}' + i_{13}' = 0 \quad \ldots\ldots \quad (68)$$

und führt dann mit Gl. (67) für die Sternschaltung für die übertragenen Ströme zu den Gleichungen:

$$i_{11}' = \frac{i_{21} - i_{22}}{2}, \quad i_{12}' = \frac{i_{22} - i_{21}}{2}$$

$$i_{11}' = \frac{2\,i_{21} - i_{22} - i_{23}}{3}$$

$$i_{12}' = \frac{2\,i_{22} - i_{23} - i_{21}}{3}$$

$$i_{13}' = \frac{2\,i_{23} - i_{21} - i_{22}}{3} \quad \ldots\ldots\ldots \quad (69)$$

Diese Gleichungen führen für den Fall normaler Belastung des Transformators mit $i_{21} + i_{22} + i_{23} = 0$ auch auf die normale Gleichheit von übertragenem Strom und Sekundärstrom je Schenkel. Nur in diesem Fall verschwindet auch der nach Gl. (67) auf allen Schenkeln gleiche Amperewindungsüberschuß.

---

[1]) Dabei wird vorausgesetzt, daß der Jochstreufluß für alle Schenkel gleich ist und damit die entsprechenden Induktivitäten gleich sind.

Bei der Dreieckschaltung genügt die Gl. (67) nicht, um den Einfluß von übertragenen Strom und sekundären Strom auf die Magnetisierungszweige auszuschalten. Hier erfolgt bei Aufstellung der Magnetisierungsgleichungen (nach Abb. 23 mit angeschlossenem Nullpunkt) der Umlauf nur über einen Magnetisierungszweig und die Netzspannung, und es bleibt ein Spannungsabfall an den unverketteten Magnetisierungsinduktivitäten übrig. Um diese auszuschließen muß gelten:

$$i'_{11} = i_{21}, \quad i'_{12} = i_{22}, \quad i'_{13} = i_{23} \quad \ldots \ldots \ldots \quad (70)$$

wodurch die Gl. (67) mit erfüllt ist. Bei der Dreieckschaltung entsteht danach kein Amperewindungsüberschuß je Schenkel, der vom übertragenen Strom und Sekundärstrom herrührt.

Zu den so bestimmten übertragenen Strömen kommt primär noch der Magnetisierungsstrom hinzu. Dabei ist es zweckmäßig, die Veränderung des Magnetisierungsstromes gegenüber dem Leerlaufstrom zu betrachten. Die Umbildung des Magnetisierungsstromes ist die Folge der primären Spannungsabfälle des übertragenen Stromes, die durch den Magnetisierungsstrom so ausgeglichen werden, daß den Bedingungen, die die Magnetisierungsinduktivitäten stellen, genügt wird. Diese Bedingungen sind bei Mehrphasentransformatoren folgende:

1. Es kann im eingeschwungenen Zustand, wie beim Einphasentransformator, kein Gleichspannungsabfall an den Magnetisierungsinduktivitäten liegen. Das bedeutet, daß Magnetisierungs-Ausgleichsgleichströme entstehen, falls die übertragenen Ströme einen Gleichanteil enthalten und einen Gleichspannungsabfall an den primären ohmschen Widerständen verursachen. Nun ist die Belastung der mehrphasigen Gleichrichtertransformatoren immer so verteilt, wie wir sehen werden, daß bei primärer Sternschaltung kein Gleichanteil im übertragenen Strom auftritt und bei primärer Ringschaltung der gegebenenfalls auftretende Gleichanteil des übertragenen Stroms in allen Phasen gleich ist. Daher haben wir im Gleichrichterbetrieb bei Sternschaltung keinen Ausgleichsgleichstrom zu erwarten, und bei Ringschaltung ist er in allen Magnetisierungszweigen gleich:

$$\begin{aligned} i''_{11m} R_1 &= -\, i'_{11m} R_1 \\ i''_{12m} R_1 &= -\, i'_{12m} R_1 \\ i''_{13m} R_1 &= -\, i'_{13m} R_1 \end{aligned}$$

$$i'_{11m} = i'_{12m} = i'_{13m} \quad \ldots \ldots \ldots \ldots \quad (71)$$

und hebt gerade den Gleichspannungsabfall des übertragenen Stromes auf. Ein gleicher Gleichstrom über beide oder die drei Magnetisierungszweige in Abb. 23 hat keine Sättigung der verketteten Magnetisierungsinduktivitäten zur Folge, da sich die Amperewindungen der einzelnen Schenkel gegenseitig aufheben.

Wir werden später im Einschaltoszillogramm die Entstehung des Ausgleichstromes über die Magnetisierungsinduktivitäten kennenlernen.

2. Die Summe der Wechselspannungen an den verketteten Magnetisierungsinduktivitäten muß Null sein, weil die Summe der magnetischen Flüsse Null ist.

Da in der Sternschaltung die Summe der übertragenen Ströme Null ist, so ist auch die Summe der Wechselspannungsabfälle an den primären Widerständen Null. Die Netzspannungen werden um diese Spannungsabfälle erniedrigt, und entsprechend nimmt der Magnetisierungsstrom ab, was wir vernachlässigen können. In diesem Zusammenhang sei nur noch auf folgendes aufmerksam gemacht. Beim unbelasteten Transformator hat der primäre Sternpunkt keinen Spannungsunterschied gegenüber dem Nullpunkt des Netzes. Bei Belastung sind nun die Ströme über die Magnetisierungszweige gleich und erzeugen einen gleichen Wechselspannungsabfall an den unverketteten Magnetisierungsinduktivitäten. Um diesen Spannungsabfall weicht der Sternpunkt bei Belastung von dem des Netzes ab, wenn wir von dem geringen Spannungsabfall des Magnetisierungsstromes an den unverketteten Induktivitäten absehen.

Bei primärer Ringschaltung folgt aus dieser Bedingung für die Spannungen an den verketteten Induktivitäten, daß die Summe der Wechselspannungsabfälle an den primären ohmisch-induktiven Widerständen und an den unverketteten Magnetisierungsinduktivitäten Null werden muß, weil die Summe der Netzspannungen Null ist. Daher entsteht ein Wechselausgleichsstrom in den Magnetisierungszweigen, falls die Summe der primären Spannungsabfälle der übertragenen Ströme nicht Null ist. Dieser Ausgleichsstrom ist in allen drei Zweigen gleich, und damit heben sich seine magnetischen Wirkungen auf allen Schenkeln der verketteten Induktivitäten gegenseitig auf. Dieser Strom folgt aus den Gleichungen:

$$(i_{11}'')_n = (i_{12}'')_n = -\frac{\left(R_{11} + n\,\omega\,L_{11}\frac{d}{d\,n\,\omega\,t}\right)(i_{11}' + i_{12}')_n}{2\left(R_{11} + n\,\omega\,L_{11}\frac{d}{d\,n\,\omega\,t} + n\,\omega\,L_4\frac{d}{d\,n\,\omega\,t}\right)}$$

$$(i_{11}'')_n = (i_{12}'')_n = (i_{13}'')_n = -\frac{\left(R_{11} + n\,\omega\,L_{11}\frac{d}{d\,n\,\omega\,t}\right)(i_{11}' + i_{12}' + i_{13}')_n}{3\left(R_{11} + n\,\omega\,L_{11}\frac{d}{d\,n\,\omega\,t} + n\,\omega\,L_4\frac{d}{d\,n\,\omega\,t}\right)} \qquad (72)$$

wenn wir mit $n\,\omega\,L_4$ den induktiven Widerstand der unverketteten Induktivitäten bezeichnen. Der Faktor n bei ω deutet an, daß, falls die Summe der übertragenen Ströme Oberschwingungen mit der Ordnungszahl n enthält, für jede eine solche Gleichung gilt. Man sieht, daß dieser Ausgleichswechselstrom um so kleiner ist, je größer der Widerstand der unverketteten Induktivitäten gegenüber den primären Widerständen ist. Häufig kann auch hier der Ausgleichswechselstrom vernachlässigt werden. Außerdem tritt noch eine Abnahme des eigentlichen Magnetisierungsstromes auf infolge der primären Spannungsabfälle, die wir vernachlässigen können.

Zusammenfassend ergibt sich für die praktische Bestimmung der Stromverteilung im Mehrphasengleichrichtertransformator:

Bei primärer Sternschaltung übernimmt jede Primärwicklung $1/2$ bzw. $2/3$ der Summe der zugehörigen Sekundärströme und je — $1/2$ bzw. — $1/3$ der Summe der nicht zugehörigen Sekundärströme. Der Magnetisierungsstrom des Transformators ist annähernd gleich dem Leerlaufstrom.

Bei primärer Ringschaltung übernimmt jede Primärwicklung die Summe der zugehörigen Sekundärströme. Wenn diese einen gleichen

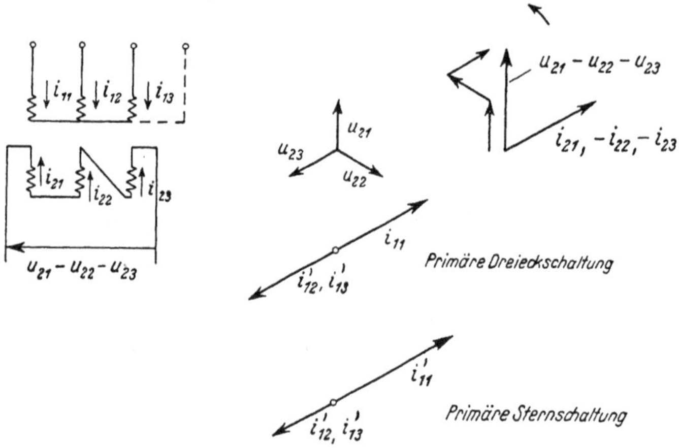

Abb. 24. Schaltbild und Vektordiagramm der Ströme für einen Dreiphasentransformator mit sekundärer V-Schaltung[1]).

Gleichstromanteil haben, entsteht außerdem ein Magnetisierungsausgleichsgleichstrom, der in allen Wicklungen gleich ist, den übertragenen Strom zu einem reinen Wechselstrom ergänzt, aber keine Sättigung des Eisenkernes hervorruft. Außerdem entsteht ein Ausgleichswechselstrom, der um so kleiner ist, je größer der Widerstand der Jochstreuinduktivitäten gegenüber den primären Widerständen ist. Der eigentliche Magnetisierungsstrom ist annähernd gleich dem Leerlaufstrom.

Wir wollen abschließend ein Beispiel aus der Wechselstromtechnik behandeln. Ein Dreiphasentransformator sei nach Abb. 24 sekundär so geschaltet, daß alle drei Phasenspannungen eine Einphasenspannung u doppelter Größe bilden, die mit u_{21} in Phase ist. Diese im Vektordiagramm, rechts, gezeigte Spannung sei mit einem Strom i beliebiger

[1]) Statt i_{11} muß i_{11}' gesetzt werden.

Phasenlage belastet. Dann ergibt sich bei primärer Sternschaltung die Stromverteilung:

$$\text{mit } u = u_{21} - u_{22} - u_{23}$$
$$i_{21} = i, \quad i_{22} = -i, \quad i_{23} = -i$$
$$i'_{11} = \frac{2}{3}i + \frac{1}{3}i + \frac{1}{3}i = \frac{4}{3}i, \quad i'_{12} = -\frac{2}{3}i, \quad i'_{13} = -\frac{2}{3}i \quad . \quad . \quad (73)$$

und bei primärer Dreieckschaltung:

$$\text{mit } u = u_{21} - u_{22} - u_{23}$$
$$i_{21} = i, \quad i_{22} = -i, \quad i_{23} = -i$$
$$i'_{11} = i, \quad i'_{12} = -i, \quad i'_{13} = -i \quad . \quad . \quad . \quad . \quad . \quad . \quad . \quad (74)$$

Die Ströme sind in Abb. 24 vektoriell dargestellt. Bei primärer Sternschaltung ist die Summe der Spannungsabfälle der übertragenen Ströme Null, so daß der Magnetisierungsstrom sich nur wenig ändert. Bei primärer Dreieckschaltung dagegen ist das nicht der Fall. Hier entsteht zunächst ein Ausgleichsmagnetisierungsstrom, der die Summe der Spannungsabfälle der überlagerten Ströme zu Null ergänzt, und aus der Gleichung (72) folgt:

Ausgleichsanteile:

$$(i''_{11}) = (i''_{12}) = (i''_{13})$$
$$0 = 3\,(i''_{11})\left(R_1 + \omega L_1 \frac{d}{d\,\omega t} + \omega L_4 \frac{d}{d\,\omega t}\right) - i\left(R_1 + \omega L_1 \frac{d}{d\,\omega t}\right) \quad (75)$$

Dieser Anteil ist um so kleiner, je größer ωL_4 gegenüber ωL_1 ist. Die unter Berücksichtigung dieses Ausgleichsanteiles entstehenden primären Spannungsabfälle bestimmen dann die Veränderung des Leerlaufmagnetisierungsstromes.

D. Die Stromverteilung in Gleichrichtertransformatoren.

In der Einphasenschaltung hat der Anschlußtransformator nur die Aufgabe, die Netzspannung auf die der gewünschten Gleichrichterspannung zugehörige Wechselspannung zu wandeln. In der Mehrphasenschaltung dient der Transformator darüber hinaus auch dazu, die Phasenzahl auf der Sekundärseite zu erhöhen und einen Nullpunkt zu bilden. Dabei kommen in allen Gleichrichterschaltungen die gleichen Transformatorgrundschaltungen vor, ganz abgesehen von der besonderen Eigenart der Schaltung und Form des Anodenstromes. Dieses Kapitel behandelt daher allgemein die Stromverteilung im Gleichrichtertransformator bei gegebenem Anodenstrom und ermöglicht, in der Untersuchung besonderer Mehrphasen-Gleichrichterschaltungen in den folgenden Kapiteln uns auf die Bestimmung des Anodenstromes zu beschränken.

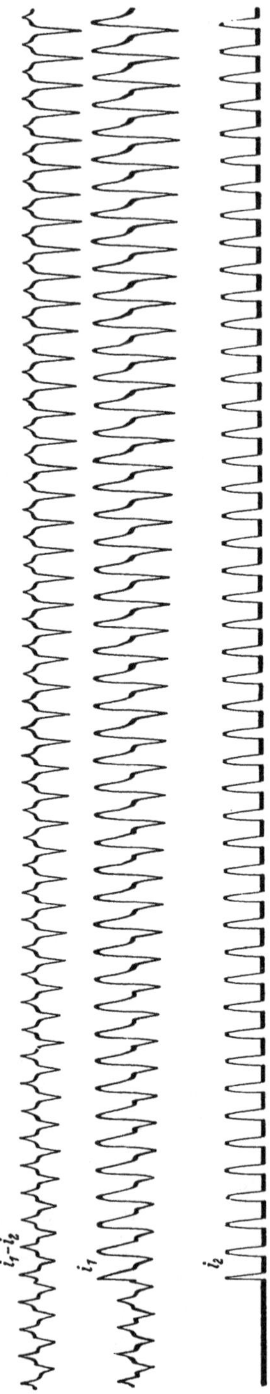

Abb. 25. Einschaltvorgang bei Erstzündung des Stromrichters in der Schaltung nach Abb. 26, oben primärer Magnetisierungsstrom, mitten Primärstrom, unten Sekundärstrom.

Wir gehen von der Stromverteilung bei Belastung einer sekundären Phasenspannung mit Wechselstrom aus. Jeder einzelne Anodenzweig stellt ja den Belastungszweig einer Sekundärspannung dar, wobei allerdings der Anodenstrom einen Gleichstromanteil enthält. Die Übertragung der Anodenströme auf die Primärseite geschieht wie die der Wechselströme. Wir betrachten dann den gesamten übertragenen Primärstrom und gegebenenfalls die primären Ausgleichsströme.

Mehrphasentransformatoren in Gleichrichterschaltungen haben sekundär einen Sternpunkt und können in einfacher Sternschaltung oder Zickzackschaltung ausgeführt werden. Primär ist eine Sternschaltung oder eine Parallel- bzw. Dreieckschaltung (allgemeine Ringschaltung) möglich. Aus der Verbindung dieser primären und sekundären Schaltungen ergeben sich die möglichen zwei-, drei- und sechsphasigen Transformatorgrundschaltungen. Wir folgen für die Drei- und Sechsphasenschaltungen der Aufstellung in der VDE-Vorschrift 0555: »Regeln für die Bewertung und Prüfung von Stromrichtern«. Dabei setzen wir ein Übersetzungsverhältnis 1 : 1 aller Wicklungen zueinander voraus (in VDE 0555 ist 1 : 1 als Übersetzungsverhältnis der sekundären zur primären Phasenspannung gewählt), um unmittelbar vom wirklichen Schaltbild auf das Ersatzschaltbild übergehen zu können.

Der Anschaulichkeit halber nehmen wir einen rein ohmschen Kathodenzweigwiderstand an und vernachlässigen demgegenüber die Transformatorwiderstände. Die Form des Anodenstromes ist dann unmittelbar zu übersehen. Es sei aber betont, daß alle Betrachtungen grundsätzlich unabhängig von dieser Form des Anodenstromes sind.

1. Der Einphasengleichrichtertransformator.

Wir stellen uns vor, daß ein Einphasentransformator sekundär über einen ungesteuerten Stromrichter mit einem ohmschen Widerstand belastet wird, dann erhalten wir, abgesehen vom Spannungsabfall an den inneren Widerständen des Transformators als sekundären Strom eine Sinushalbwelle, und die gleiche Form hat auch der übertragene Strom. Der vorige Abschnitt hat uns gezeigt, daß dann der Magnetisierungsstrom einen Gleichstromanteil haben muß, der den des übertragenen Stromes aufhebt. Wir wollen uns dies an einem Einschaltoszillogramm in Abb. 25 veranschaulichen. Infolge der hohen Induktivität des Magnetisierungszweiges wird die Umbildung des Magnetisierungsstromes langsam vor sich gehen, und wir erhalten zuerst zusätzlich zum Leerlaufmagnetisierungsstrom nur den übertragenen Primärstrom. Um den Magnetisierungstrom $i_1 - i_2$ bei einem Einphasentransformator gesondert oszillographieren zu können, wurde die Schaltung der Abb. 26 angewandt. Hier wird bei einem Transformator mit dem Übersetzungsverhältnis 1 : 1 der Sekundärstrom mit dem Primärstrom über die gleiche Oszillographenschleife geführt, so daß aus dem Primärstrom der übertragene Anteil herausfällt und nur der Magnetisierungsstrom übrigbleibt. Dieser Strom ist im Oszillogramm oben gezeichnet, in der Mitte ist der gesamte Primärstrom und unten der Sekundärstrom aufgenommen. Wir sehen vor dem Einschalten links den normalen Magnetisierungsstrom des Transformators mit ausgeprägter dritter Oberschwingung fließen. Primärstrom und Magnetisierungsstrom sind gleich, der Sekundärstrom ist Null. Nach dem Einschalten erscheint sekundär der Belastungsstrom als Sinushalbwelle und verändert sich über den Einschaltvorgang nicht erkennbar. Im Primärstrom erscheint gleichzeitig der übertragene Strom, der sich dem zunächst unverändert weiter fließenden Magnetisierungsstrom überlagert. Im weiteren Verlauf des Einschaltvorganges bildet sich aber im Magnetisierungsstrom ein Gleichstromanteil aus, und zugleich wird der Magnetisierungsstrom verzerrt. Der Gleichanteil hebt schließlich den des übertragenen Stromes auf, so daß der Primärstrom ein reiner Wechselstrom wird.

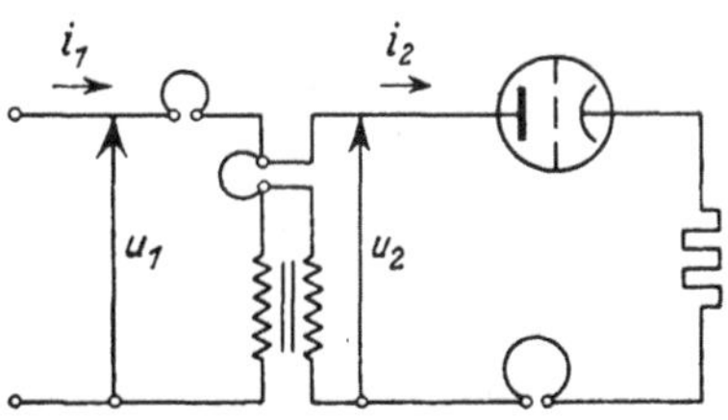

Abb. 26. Schaltung zur Aufnahme des Oszillogrammes in Abb. 25.

Die Entstehung des unsymmetrischen Magnetisierungsstromes ist die Folge eines sich ausbildenden Gleichanteiles im magnetischen Fluß ψ_4. Die allgemeine Gl. (65) für die Bestimmung des Magnetisierungsstromes gilt auch während des Einschaltvorganges. Wenn wir sie nach dem magnetischen Fluß auflösen, erhalten wir

$$\frac{d\psi_4}{d\omega t} = \frac{10^8}{\omega S_4}\left[u_1 - R_1 i_1' - \omega L_1 \frac{d i_1'}{d\omega t} - R_1 i_1'' - \omega L_1 \frac{d i_1''}{d\omega t} - \omega L_4 \frac{d i_1''}{d\omega t}\right] \quad \ldots (76)$$

Durch Integration läßt sich aus dieser Gleichung die mittlere Zunahme des magnetischen Flusses innerhalb einer Periode, von einem beliebigen Zeitpunkt ab gerechnet, bestimmen:

$$\frac{1}{2\pi}\left[(\psi_4)_{\omega t+2\pi}-(\psi_4)_{\omega t}\right]=\frac{10^8}{\omega S_4}\left[-R_1 i'_{1m}-\frac{\omega L_1}{2\pi}\left(i'_{1\,\omega t+2\pi}-i'_{1\,\omega t}\right)\right.$$
$$\left.-R_1 i''_{1m}-\frac{\omega L_1+\omega L_4}{2\pi}\left(i''_{1\,\omega t+2\pi}-i''_{1\,\omega t}\right)\right] \quad . \; . \; . \; . \; . \quad (77)$$

Die Netzspannung liefert keinen Beitrag zum mittleren Flußanstieg, da ihr Mittelwert über eine volle Periode Null ist.

Diese Gleichung zeigt uns deutlich die Entstehung des negativen Gleichflusses als Folge eines Gleichspannungsabfalls des übertragenen Stromes an den primären Verlustwiderständen. Da bei den großen Zeitkonstanten des Einschaltvorganges der Strom nach einer Periode nur wenig verändert ist, der Sekundärstrom und damit der übertragene Strom überhaupt nur als Folge eines veränderten primären Spannungsabfalles, so sind das erste und dritte Glied für den Flußanstieg maßgebend. Diese geben den mittleren Spannungsabfall des übertragenen Stromes und des Magnetisierungsstromes am primären ohmschen Verlustwiderstand wieder. Da der zeitliche Verlauf des übertragenen Stromes über den ganzen Einschaltvorgang nahezu gleich bleibt, so ist auch der Mittelwert nahezu konstant. Anders ist es dagegen mit dem Magnetisierungsstrom. Wenn wir eine Periode zu Beginn des Einschaltvorganges herausgreifen, so ist sein Mittelwert gering. Es überwiegt daher zu Beginn der mittlere Spannungsabfall des übertragenen Stromes und bewirkt eine relativ große, mittlere Flußverschiebung innerhalb jeder Periode ins Negative. Die Folge dieser Flußverschiebung ist aber ein ins Negative verschobener Magnetisierungsstrom mit steigendem negativen Mittelwert innerhalb einer Periode. Greifen wir daher eine Periode im weiteren Verlauf des Einschaltvorganges heraus, dann ist die mittlere Flußverschiebung nur noch gering, um am Ende Null zu werden, da der mittlere Spannungsabfall des Magnetisierungsstromes den des übertragenen Stromes ausgleicht.

Während für den mittleren Flußanstieg innerhalb einer Periode der Spannungsabfall des übertragenen Stromes an dem primären ohmschen Verlustwiderstand ausschlaggebend ist, wird der zeitliche Flußverlauf innerhalb einer Periode durch die Wechselspannung des Netzes bestimmt, und die Verlustspannungsabfälle haben nur geringen Einfluß, wie beim Transformator unter normalen Bedingungen auch. D. h. der zeitliche Flußverlauf ist am Ende nahezu ein einem Gleichfluß überlagerter sinusförmiger Fluß. Daraus ergibt sich die Möglichkeit, den Magnetisierungsstrom graphisch zu gewinnen. Bei der Konstruktion des normalen Magnetisierungsstromes aus der magnetischen Kennlinie des Transformators zu einem sinusförmig verlaufenden Fluß wird der

Verlauf des Stromes ermittelt. Daraus gewinnen wir den symmetrischen Magnetisierungsstrom, den uns das Oszillogramm vorm Einschalten zeigt. Überlagert man nun dem sinusförmigen Leerlauffluß einen negativen Gleichfluß, so wird der aus der Kennlinie ermittelte Strom ins Negative verzerrt. Wir haben nun einfach den sinusförmigen Leerlauffluß soweit ins Negative zu verschieben, daß der negative Mittelwert des Magnetisierungsstromes den des übertragenen Stromes erreicht. Dadurch ist die Flußverschiebung begrenzt. Bei hochgesättigten Transformatoren genügt infolge der Krümmung der Magnetisierungskennlinie eine sehr kleine Flußverschiebung, um einen solchen einseitig negativen Magnetisierungsstrom zu erreichen.

Hätten wir einen reinen Lufttransformator mit geradliniger Magnetisierungskennlinie, so würde die Flußverschiebung sich im Magnetisierungsstrom nur als Überlagerung eines Gleichanteiles über den Leerlaufmagnetisierungsstrom in Höhe des übertragenen Stromes auswirken. Dann würde der Primärstrom den Verlauf des Wechselanteils des übertragenen Stromes haben mit überlagertem Leerlaufmagnetisierungsstrom.

Die Oszillogramme sind zwar für ohmsche Belastung des Transformators über den Stromrichter aufgenommen, aber die Überlegungen, die uns zum Verständnis des Primärstromverlaufes führten, enthalten diese Voraussetzung nicht. Daher können wir die Ergebnisse verallgemeinern: In einem Einphasentransformator, dessen Sekundärstrom einen Gleichanteil und überlagerten Wechselanteil enthält, bildet sich primär ein unsymmetrischer Magnetisierungsstrom mit Gleichstromanteil aus, der den Gleichanteil des übertragenen Stromes ausgleicht, so daß der Primärstrom ein reiner Wechselstrom wird. Der übertragene Strom ist beim Windungsverhältnis 1 : 1 gleich dem Sekundärstrom.

Wir wenden uns nun dem Mehrphasengleichrichtertransformator zu und nehmen wieder als Beispiel einen ungesteuerten Gleichrichter mit ohmscher Belastung an. Die dabei entstehenden Anodenströme sind einfach zu übersehen, wenn wir die inneren Widerstände des Transformators vernachlässigen. Beim Zweiphasengleichrichter nach Abb. 27, 28, 29 und 33, 34 besteht der Anodenstrom aus den positiven Halbwellen der Ströme $\frac{u_{21}}{R_3}$ und $\frac{u_{22}}{R_3}$, wenn u_{21} und u_{22} die sekundären Phasenspannungen und R_3 der Kathodenzweigwiderstand sind. Jeder Anodenzweig arbeitet in Einphasenbetriebsweise, die Anodenströme sind um 180^0 gegeneinander verschoben und der vorhergehende Anodenstrom ist gerade zu Null geworden, wenn der folgende beginnt. Bei den Drei- und Sechsphasenschaltungen nach Abb. 35—41 zündet die folgende Anode, solange die vorhergehende noch Strom führt, im Schnittpunkt der aufeinanderfolgenden Phasenspannungen bzw. im Nulldurchgang der Differenz der Phasenspannungen, die vor der Zündung als Anodenspannung der folgenden Anode auftritt (vgl. S. 151 ff.). Wir nehmen hier vereinfachend an, daß dann der Kathodenstrom sprunghaft von der einen Anode auf die andere übergeht und erhalten dann Anodenströme, die durch einen Ausschnitt aus den Strömen $\frac{u_{21}}{R_3}$, $\frac{u_{22}}{R_3}$ usw. gebildet werden, der von einem bis zum anderen Schnittpunkt der Phasenspannungen reicht (abgesehen von der Doppeldreiphasenschaltung, die gesondert betrachtet wird).

2. Die Stromverteilung im Zweiphasengleichrichtertransformator.

Zweiphasengleichrichtertransformatoren können als Mantel- oder Kerntransformator ausgeführt werden mit primär einphasigem An-

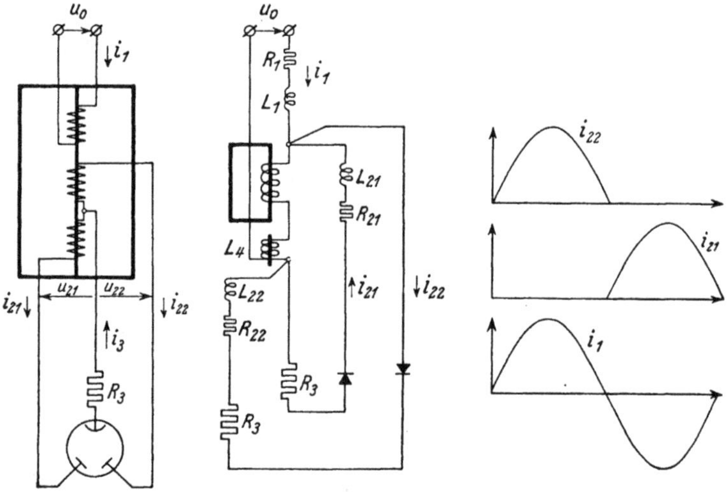

Abb. 27. Schaltbild, Ersatzschaltbild und Stromverteilung des ungesteuerten Zweiphasengleichrichters mit Manteltransformator bei ohmscher Belastung.

schluß. Abb. 27 zeigt Schaltbild und Ersatzschaltbild der Schaltung mit Manteltransformator sowie die Stromverteilung bei ohmscher Gleichrichterbelastung. Beim Manteltransformator ist der übertragene Primärstrom gleich der Summe der Sekundärströme. Der übertragene Primärstrom enthält keinen Gleichanteil, es herrscht vollständiges Amperewindungsgleichgewicht, und es entsteht kein Ausgleichsstrom. Der Magnetisierungsstrom geht lediglich entsprechend dem primären Spannungsabfall zurück. Im Ersatzschaltbild muß die sekundäre Sternpunktverbindung aufgehoben werden. Wir sehen, daß sich der Belastungskreis schließt, ohne über die Magnetisierungsinduktivitäten zu gehen.

Für den Zweiphasenkerntransformator ergeben sich die vier Schaltungsmöglichkeiten, die Abb. 28, 29, 33 und 34 zeigen. Auf die Stromverteilung können wir die für Kerntransformatoren aufgestellten Gesichtspunkte anwenden. In der Stern-Sternschaltung überträgt sich jeder Sekundärstrom je zur Hälfte auf die beiden Primärwicklungen; unter Beachtung des in Abb. 28 gezeichneten Richtungssinnes ergibt sich, wenn nur die rechte Sekundärphase belastet ist:

$$i_{11} = -i_{12}, \quad i_{21} = 0, \quad i'_{12} = \frac{i_{22}}{2}, \quad i'_{11} = -\frac{i_{22}}{2} \quad . \quad (78)$$

Über den geschlossenen magnetischen Umlauf ist die Summe aus übertragenen Strömen und den Sekundärströmen bzw. die der entsprechenden Amperewindungen Null:

$$i'_{12} - i_{22} - i'_{11} = 0 \quad . \quad . \quad . \quad (79)$$

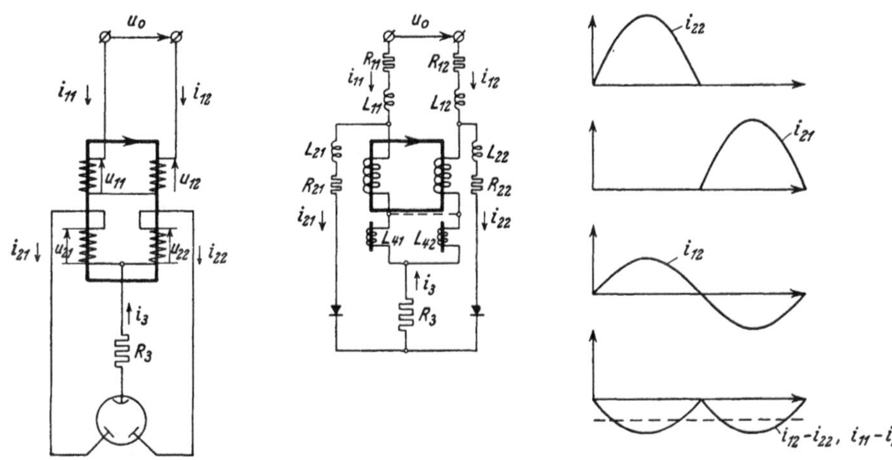

Abb. 28. Schaltbild, Ersatzschaltbild und Stromverteilung des ungesteuerten Zweiphasengleichrichters mit Kerntransformator in Stern-Sternschaltung bei ohmscher Belastung.

Es bleibt aber auf jedem Schenkel ein Amperewindungsüberschuß entsprechend $\frac{-i_{22}}{2}$ übrig. Im Ersatzschaltbild zeigt sich das, indem jeder der Magnetisierungszweige den Strom $\frac{-i_{22}}{2}$ führt. Die unverketteten Magnetisierungsinduktivitäten können parallel geschaltet gedacht werden. Das Ersatzschaltbild zeigt uns, daß diese Induktivitäten den Charakter einer Vorschaltinduktivität für den einphasigen sekundären Belastungskreis haben. Bei Gleichrichterbelastung haben diese Induktivitäten die Wirkung einer Kathodenzweigdrossel. Wir können also in diesem Falle nur dann mit Sinushalbwellen als Anodenströme rechnen, wenn der ohmsche Kathodenzweigwiderstand groß ist gegenüber der halben unverketteten Magnetisierungsinduktivität. Dies vorausgesetzt, ergibt bei Gleichrichterbelastung die Stromverteilung Abb. 28 rechts. Die unterste Kurve zeigt die Differenz der Ströme eines Schenkels, die sich aus einem Gleichanteil und überlagertem Wechselanteil doppelter Frequenz zusammensetzt. Der Primärstrom ist ein reiner Wechselstrom, es entsteht kein Ausgleichsstrom.

Daß die Differenz der Ströme eines Schenkels bei der Stern-Sternschaltung einen Wechselanteil enthält bzw. daß die unverketteten

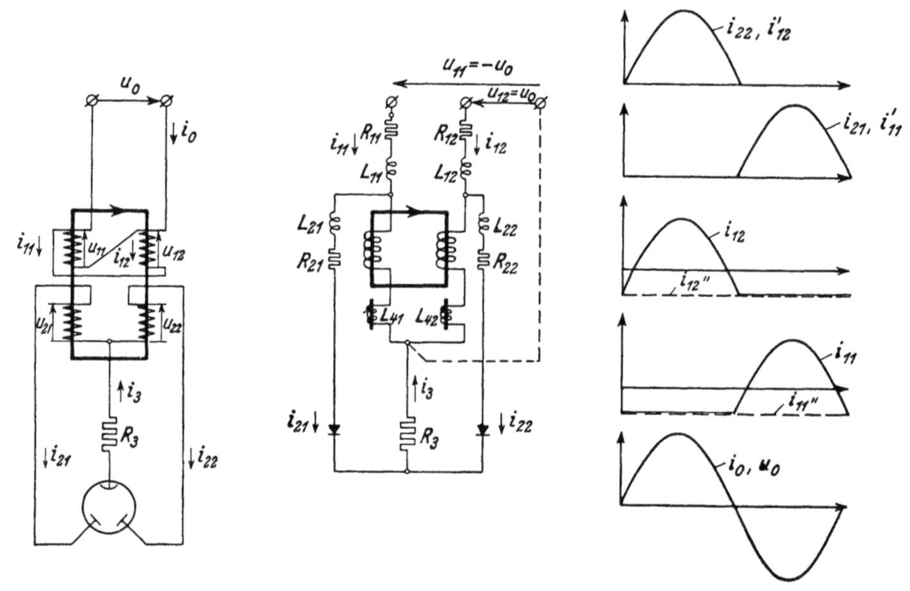

Abb. 29. Schaltbild, Ersatzschaltbild und Stromverteilung des ungesteuerten Zweiphasengleichrichters mit Kerntransformator in Ring-Sternschaltung bei ohmscher Belastung.

Magnetisierungsinduktivitäten die Wirkung einer Kathodendrossel haben ergibt den Hauptunterschied dieser Schaltung zur Ring-Sternschaltung nach Abb. 29. Das Ersatzschaltbild stimmt mit dem von Abb. 28 überein, nur daß der Sternpunkt angeschlossen ist. Wenn wir den Transformator sekundär rechts einseitig mit Wechselstrom belasten, so sind die übertragenen Ströme:

$$i_{21} = 0, \quad i'_{11} = 0, \quad i'_{12} = i_{22} \quad . \; . \; . \; . \; . \; . \; . \; . \quad (80)$$

Das Ersatzschaltbild zeigt uns, daß der Spannungsabfall des übertragenen Stromes i_{12}' an den rechten primären Widerständen die Spannung an den rechten Magnetisierungsinduktivitäten erniedrigt. Infolgedessen entsteht in beiden Magnetisierungszweigen ein Ausgleichsstrom, der der Gl. (72) genügen muß, wenn die Summe der Spannungsabfälle beider Zweige Null werden soll. Wenn wir in dieser Gleichung die Jochstreuinduktivitäten groß gegenüber den primären Verlustwiderständen ansehen, erhalten wir für den Fall einseitiger Wechselstrombelastung die Ausgleichsanteile:

$$i_{11}'' = i_{12}'' \approx -\frac{\left(R_{12} + \omega L_{12} \frac{d}{d\omega t}\right) i_{12}'}{2\,\omega L_4 \frac{d}{d\omega t}} \quad \ldots\ldots \quad (81)$$

Der Spannungsabfall des Ausgleichsstromes liegt nach Abb. 29 hauptsächlich an den unverketteten Induktivitäten und bewirkt, daß die Spannung an den verketteten Induktivitäten gegenüber rechts u_0 bzw. links $-u_0$ verringert wird, um:

$$\left(R_{11} + \omega L_{11} \frac{d}{d\omega t}\right) i_{12}' + \omega L_4 \frac{d\, i_{12}''}{d\omega t} = \frac{1}{2}\left(R_{11} + \omega L_{11} \frac{d}{d\omega t}\right) i_{12}'$$

$$\text{bzw. } \omega L_4 \frac{d\, i_{11}''}{d\omega t} = -\frac{1}{2}\left(R_{11} + \omega L_{11} \frac{d}{d\omega t}\right) i_{12}' \quad \ldots\ldots \quad (82)$$

Bei Gleichrichterbelastung sind die Sekundärströme und damit die übertragenen Ströme Sinushalbwellen. Zunächst entsteht daher ein Ausgleichsgleichstrom, der den Gleichanteil der übertragenen Ströme aufhebt:

$$i_{11}' = i_{21}, \quad i_{12}' = i_{22} \qquad i_{11\,m}'' = -\,i_{21\,m}$$
$$i_{12\,m}'' = -\,i_{22\,m} \quad \ldots\ldots \quad (83)$$

Außerdem entsteht ein Ausgleichswechselstrom, der sich nicht so einfach berechnen läßt, wie bei Belastung des Transformators mit sinusförmigem Wechselstrom, weil die vom übertragenen Strom herrührenden primären Wechselspannungsabfälle Grund- und Oberschwingungen enthalten. Für jede einzelne der Schwingungen mit der Frequenz $n\omega$ gilt eine Gl. (72) entsprechende Gleichung für die Summe der Wechselspannungsabfälle:

$$(i_{11}'')_n = (i_{12}'')_n \approx - \frac{\left(R_{11} + n\omega L_{11} \frac{d}{d\, n\omega t}\right)(i_{11}')_n + \left(R_{12} + n\omega L_{12} \frac{d}{d\, n\omega t}\right)(i_{12}')_n}{2\, n\omega L_4 \frac{d}{d\, n\omega t}} \quad (84)$$

Nun erhält die Summe der übertragenen Ströme, wie wir aus Abb. 29 rechts sehen, die Netzfrequenz nicht mehr. Die Summe der übertragenen Ströme ist nämlich in diesem Falle gleich dem Kathodenstrom, der aus zwei anschließenden Sinushalbwellen besteht. Dieser hat einen Gleichanteil und überlagerten Wechselanteil, dessen Grundfrequenz gleich der doppelten Netzfrequenz ist. Daraus folgt, daß auch der Wechselausgleichsstrom eine Grundschwingung doppelter Netzfrequenz enthält. Im allgemeinen ist dieser Strom zu vernachlässigen. Nur bei hohen primären ohmschen Widerständen bei kleinen Transformatoren kann er eine Bedeutung haben.

Wir wollen uns die Stromverhältnisse noch in einigen Einschaltoszillogrammen ansehen. Der Verlauf der Einschaltströme ist deshalb für die oszillographische Untersuchung besonders geeignet, wie uns schon Abb. 25 für den Einphasentransformator zeigte, weil beim Einschalten der Belastung zum Leerlaufmagnetisierungsstrom zuerst nur der übertragene Stromanteil hinzukommt. Der Ausgleichsmagnetisierungsstrom bildet sich als Folge der primären Spannungsabfälle gegebenenfalls verzögert aus.

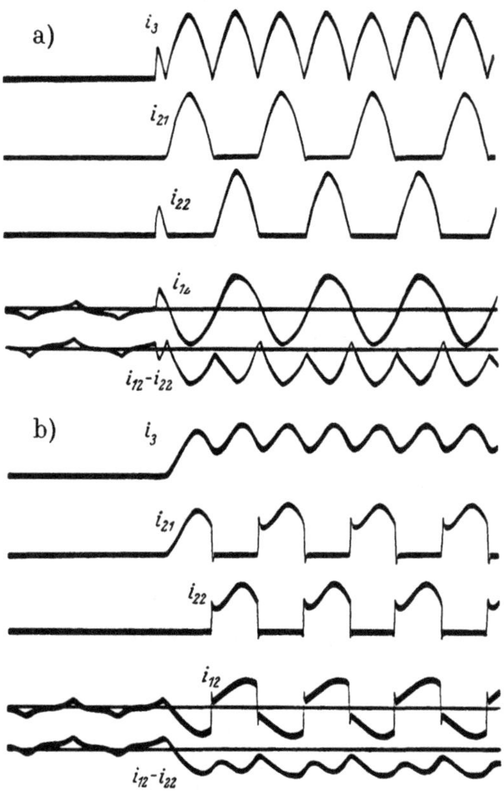

Abb. 30. Einschaltvorgang der Ströme beim Einschalten des Belastungswiderstandes in der Schaltung nach Abb. 28.

Die Oszillogramme wurden aufgenommen an einem Zweiphasenkerntransformator mit dem Übersetzungsverhältnis 1 : 1 aller Wicklungen zueinander.

Um die Restamperewindungen eines Schenkels aufzunehmen wurden die Ströme der Primär- und Sekundärwicklung über die gleiche Oszillographenschleife geführt. (Beim Einphasentransformator ergibt sich dabei der primäre Magnetisierungsstrom, wie wir auf S. 55 gesehen haben. Beim Mehrphasentransformator ergibt sich nur dann der Magnetisierungsstrom, wenn der übertragene Strom mit dem Sekundärstrom Amperewindungsgleichgewicht je Schenkel aufweist. Das ist in der Stern-Sternschaltung nicht der Fall.)

Abb. 30a zeigt das Einschalten des Belastungswiderstandes bei Stern-Sternschaltung des Transformators nach Abb. 28. Wir sehen oben den Kathodenstrom, darunter die beiden Anodenströme. Unter dem zweiten Anodenstrom ist der zum gleichen Schenkel gehörende Primärstrom, der zugleich der Primärstrom des anderen Schenkels ist, gezeichnet. Dieser setzt sich aus $1/2$ des Anodenstromes des eignen

Schenkels und — ½ des anderen Schenkels zusammen. Die der Differenz von Primärstrom und Sekundärstrom entsprechenden Restamperewindungen einschließlich Magnetisierungsstrom zeigt die unterste Kurve. Vor dem Einschalten, links, sind die Sekundärströme Null und der Primärstrom sowie der Reststrom gleich dem Magnetisierungsstrom. Nach dem Einschalten entsteht sofort der Primärstrom, wie er sich aus Leerlaufmagnetisierungsstrom und überlagerten Anteilen zusammensetzt. Ein Ausgleichsmagnetisierungsstrom entsteht nicht. In dem Verlaufe des Reststromes unten sehen wir den Einfluß des Magnetisierungsstromes in der Ungleichheit der Spitzen. Die Spitzen des Leerlaufmagneti-

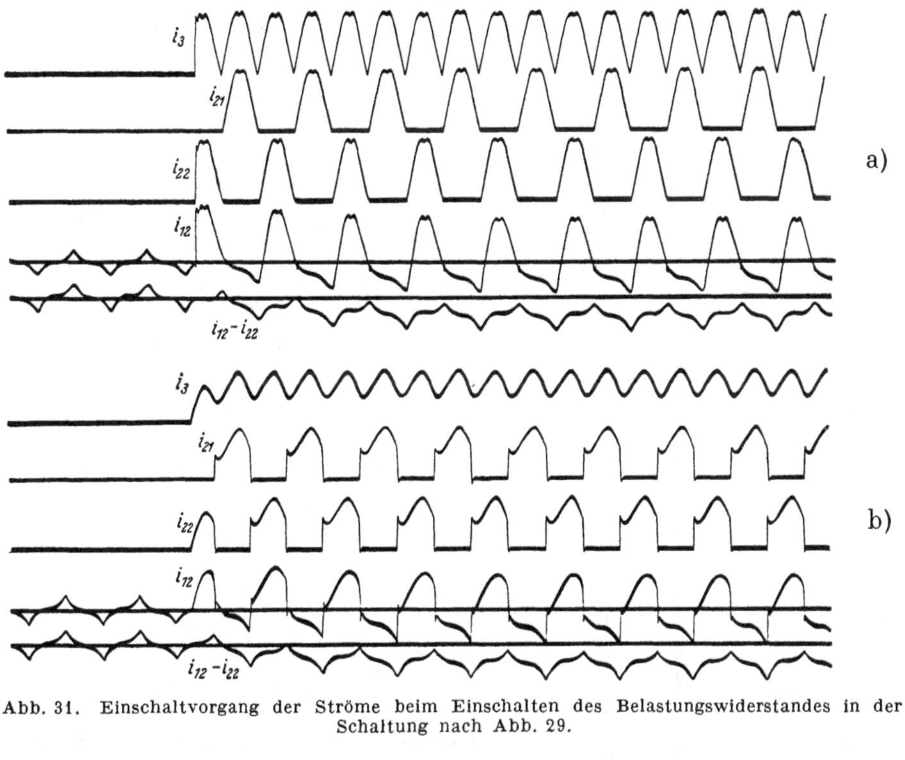

Abb. 31. Einschaltvorgang der Ströme beim Einschalten des Belastungswiderstandes in der Schaltung nach Abb. 29.

sierungsstromes links fallen zeitlich mit denen der Restamperewindungen, die von der Belastung herrühren, zusammen, und zwar so, daß diese abwechselnd erhöht und erniedrigt werden. Darin besteht der Unterschied zu Abb. 28, worin wir den Magnetisierungsstrom vernachlässigten.

Abb. 30b zeigt uns grundsätzlich die gleichen Stromverhältnisse für einen anderen Anodenstromverlauf. Es ist hier zusätzlich eine Kathodendrossel eingeschaltet.

Abb. 31 zeigt uns die Vorgänge bei primärer Ring- bzw. Parallelschaltung nach Abb. 29. Wir sehen wieder den Kathodenstrom oben, darunter die beiden Anodenströme, und unten Primärstrom und Reststrom. Vor dem Einschalten sind diese gleich dem Leerlaufmagnetisierungsstrom. Nach dem Einschalten ist der Primärstrom zunächst gleich dem Sekundärstrom (übertragener Anteil) zusätzlich des Leerlaufmagnetisierungsstromes. Er enthält infolgedessen zuerst auch einen Gleichstromanteil. Allmählich bildet sich ein Ausgleichsgleichstrom, der den übertragenen Strom zu einem reinen Wechselstrom ergänzt. Das sehen wir deutlich im Reststrom unten, der hier den Magnetisierungsstrom darstellt, da der übertragene Strom mit dem Sekundärstrom Amperewindungsgleichgewicht je Schenkel aufweist. Der Magnetisierungsstrom zeigt einen ansteigenden Gleichstromanteil. Der Primärstrom der anderen Wicklung zeigt den gleichen Verlauf nur um eine Halbperiode verschoben. Die Gleichanteile im Magnetisierungsstrom heben sich in ihrer Wirkung gegenseitig auf. Daher bleibt der Wechselanteil des Magnetisierungsstromes unverändert. (Wir sehen eine geringe Erhöhung der negativen Spitzen im Oszillogramm, weil die Aufhebung nicht vollkommen ist.) Das Oszillogramm der Abb. 32a zeigt uns im Gegensatz dazu, daß eine Sättigung auftritt, sowie nicht beide

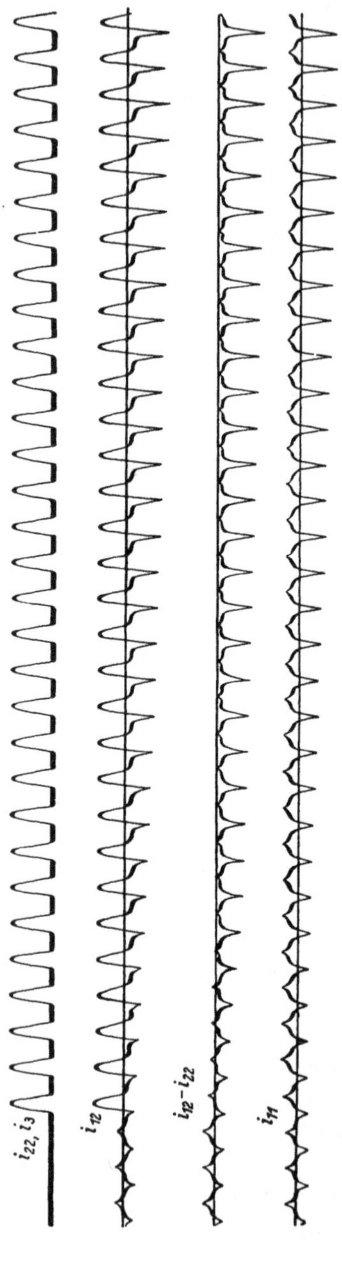

Abb. 32a.

Abb. 32b.

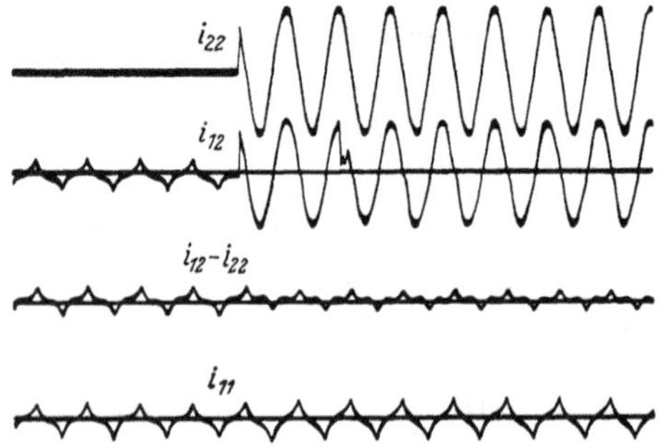

Abb. 32. Einschaltvorgang der Ströme eines Zweiphasentransformators in Ring-Sternschaltung bei einphasigem sekundärem Einschalten ohmscher Belastung
a) über einen einanodigen Stromrichter,
b) unmittelbar.

Schenkel sekundär gleiche Anodenströme führen. Hier ist nur eine Anode angeschlossen, deren Strom wir oben sehen. Der zugehörige Primärstrom und Magnetisierungsstrom zeigen die Ausbildung hoher negativer Spitzen, wie wir es beim Einphasentransformator kennenlernten; hier kommt also der Transformator in Sättigung. Unten ist der Strom über die andere Primärwicklung aufgenommen, der uns zeigt, daß die andere Wicklung nur den Wechselanteil des Magnetisierungsstromes aufnimmt. Der Gleichanteil im Magnetisierungsstrom wird nur von d e r Primärwicklung geführt, deren zugehörige Sekundärwicklung belastet ist. Um den Ausgleichswechselstrom zu zeigen, der hier nicht deutlich zu erkennen ist, wurde die Anode kurzgeschlossen und der Transformator sekundär einseitig mit Wechselstrom belastet. Abb. 32b zeigt, daß dadurch der eine Magnetisierungsstrom verkleinert und der andere vergrößert wird. Da der Transformator in diesem Fall vorwiegend ohmsche Verlustwiderstände hat ($\omega L \ll R$), läuft der Ausgleichswechselstrom dem übertragenen Strom um 90° nach, wie uns Gl. (84) erkennen läßt. Dieser Strom ist daher in Phase mit der Grundwelle des Magnetisierungsstromes und setzt auf der belasteten Seite diesen herab und auf der unbelasteten Seite herauf.

Schließlich zeigt uns Abb. 31 b auch für die primäre Parallelschaltung,

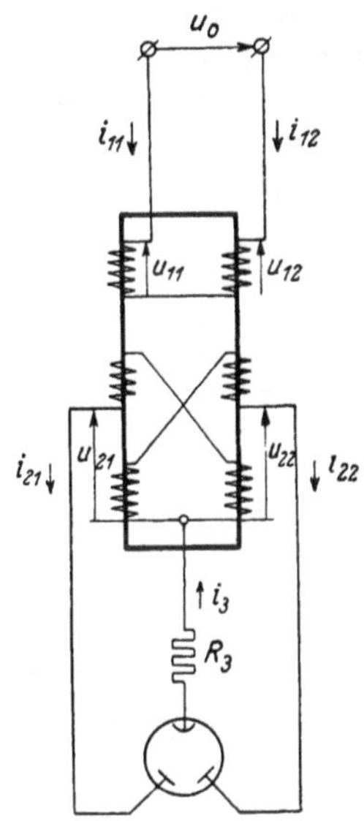

Abb. 33.

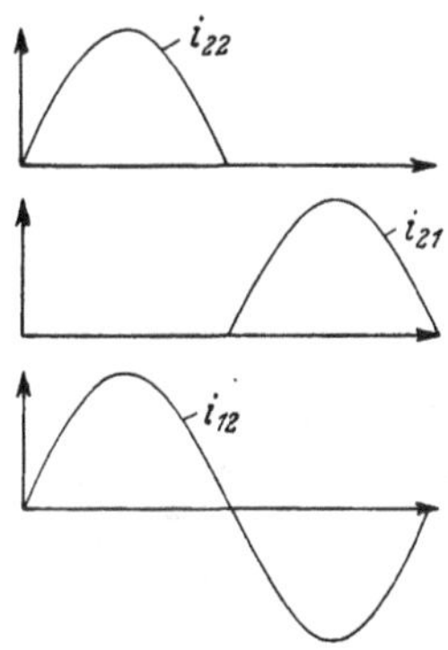

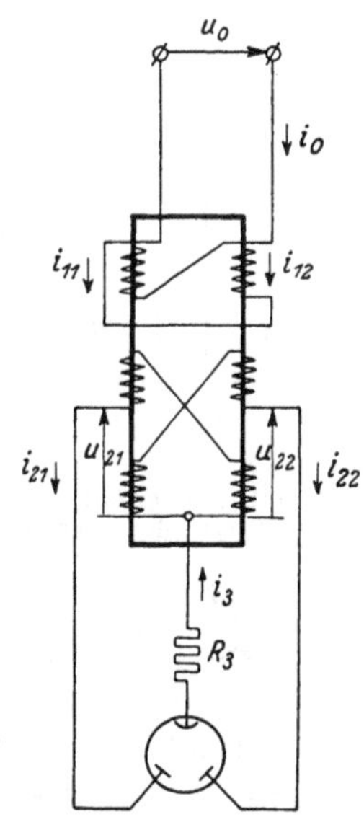

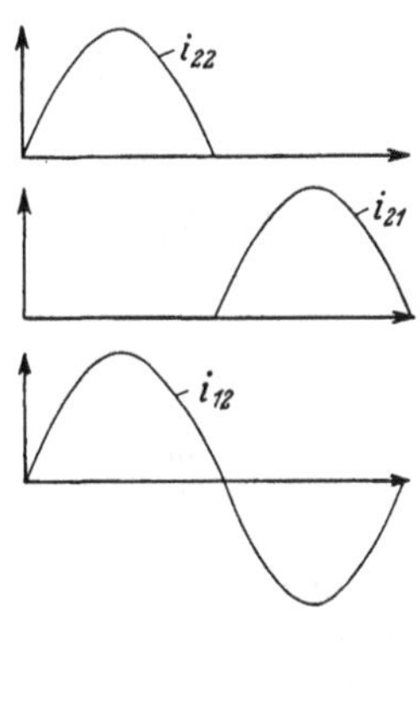

Abb 34.

Abb. 33 und 34. Schaltbild und Stromverteilung des ungesteuerten Zweiphasengleichrichters mit Kerntransformator in Stern-Zickzack- und Ring-Zickzackschaltung bei ohmscher Belastung.

daß bei anderem Sekundärstromverlauf sich grundsätzlich die gleiche Stromverteilung einstellt.

Bei den Zickzackschaltungen nach Abb. 33 und 34 werden auch bei Belastung nur einer sekundären Sternspannung immer beide Schenkel gleichmäßig belastet. Daher bietet hier die gezeichnete Stromverteilung keine Besonderheiten. Der gesamte Primärstrom ist gleich der Summe der zum gleichen Schenkel gehörenden Sekundärströme.

3. Die Stromverteilung im Drei- und Sechsphasengleichrichtertransformator.

Bei den Dreiphasenschaltungen beschränken wir uns auf die Kerntransformatoren als gebräuchlichste Form des Dreiphasentransformators. Die den Zweiphasenschaltungen nach 28 und 29 entsprechenden Drei-

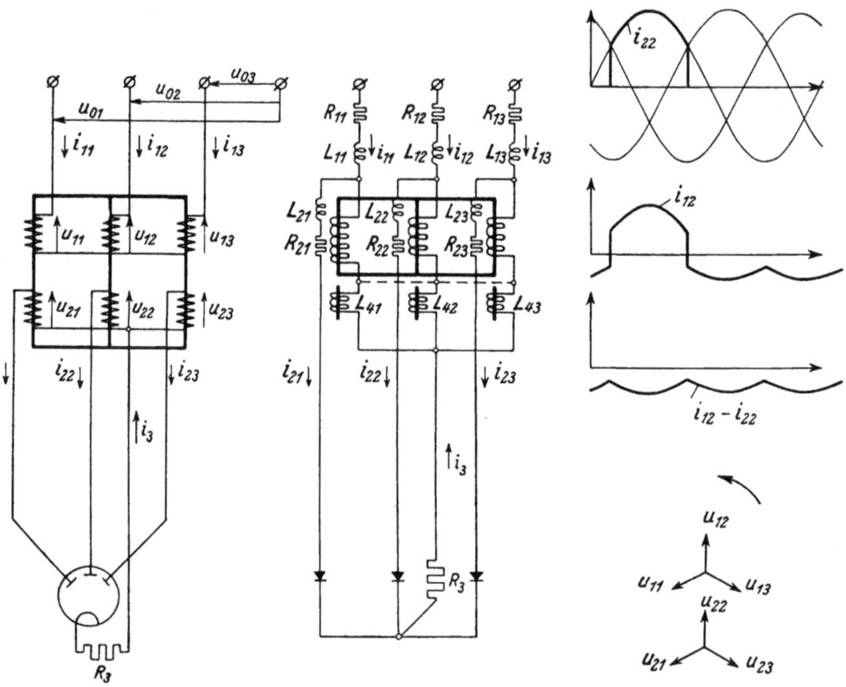

Abb. 35. Schaltbild, Ersatzschaltbild und Stromverteilung des ungesteuerten Dreiphasengleichrichters mit Kerntransformator in Stern-Sternschaltung bei ohmscher Belastung.

phasenschaltungen in Abb. 35 und 36 zeigen auch eine entsprechende Stromverteilung. In der Stern-Sternschaltung nach Abb. 35 ist der übertragene Anteil des Primärstromes $+ {}^2/_3$ des zugehörigen Sekundärstromes und je $-{}^1/_3$ des der anderen Schenkel. Ein Ausgleichsstrom entsteht nicht. Abb. 35 rechts zeigt die Stromverteilung, wenn wir wieder annehmen, daß der ohmsche Kathodenzweigwiderstand groß gegenüber dem induktiven Widerstand der unverketteten Magnetisierungsinduktivitäten ist. Das Ersatzschaltbild zeigt uns auch hier, daß diese die Wirkung einer Kathodenzweigdrossel haben. In Abb. 35 rechts ist die Differenz von Primär- und Sekundärstrom gezeichnet, der ein Amperewindungsüberschuß entspricht bzw. ein Jochstreufluß und damit ein

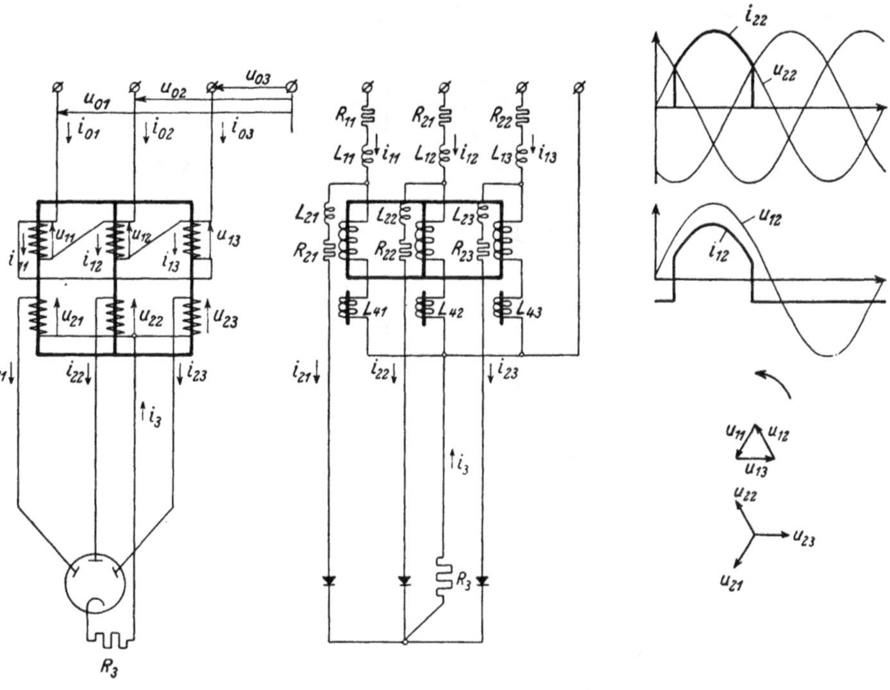

Abb. 36. Schaltbild, Ersatzschaltbild und Stromverteilung des ungesteuerten Dreiphasengleichrichters mit Kerntransformator in Ring-Sternschaltung bei ohmscher Belastung.

Wechselspannungsabfall an den unverketteten Induktivitäten zugehört. Um diesen Spannungsabfall weicht der primäre Sternpunkt vom Nullpunkt des Netzes ab. Wichtig ist noch, festzustellen, daß, obwohl dieser Spannungsabfall die sekundäre Phasenspannung verzerrt, er keinen Einfluß auf den Zündzeitpunkt der Anoden des ungesteuerten Gleichrichters hat, weil er in der verketteten Sekundärspannung nicht erscheint.

In der Dreiecks-Sternschaltung nach Abb. 36 ist der übertragene Strom gleich dem Sekundärstrom, und der Ausgleichsstrom bei Gleichrichterbelastung praktisch ein reiner Gleichstrom, der den übertragenen Strom zu einem reinen Wechselstrom ergänzt. Der meist zu vernachlässigende Wechselausgleichsstrom würde hier eine Grundschwingung dreifacher Netzfrequenz enthalten, ebenso wie die Summe der Anodenströme bzw. der Kathodenstrom. Der Ausgleichsgleichstrom erscheint bei der Dreiecksschaltung im Netzstrom nicht; jeder Netzstrom wird aus der Differenz zweier Primärströme gebildet, die keinen Ausgleichsstrom enthält. Jeder Schenkel hat einen Amperewindungsüberschuß, entsprechend dem Ausgleichsgleichstrom, der auf allen Schenkeln gleich ist, keine magnetische Sättigung hervorruft und keinen Spannungsabfall an den unverketteten Induktivitäten hat.

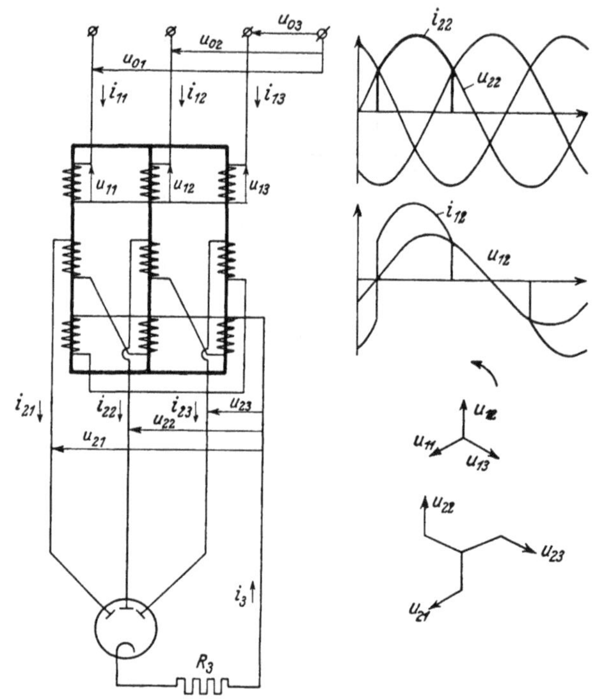

Abb. 37. Schaltbild und Stromverteilung des ungesteuerten Dreiphasengleichrichters mit Kerntransformator in Stern-Zickzackschaltung bei ohmscher Belastung.

Bei sekundärer Zickzackschaltung, die Abb. 37 für primäre Sternschaltung zeigt, werden bei einphasiger Wechselstrombelastung immer zwei Schenkel belastet. Wenn wir nach der allgemeinen Regel dabei den Strom auf die Primärseite übertragen, so setzt sieh dieser zusammen aus $^2/_3$ des zugehörigen Sekundärstromes und — $^1/_3$ des gleichen Stromes, der die Wicklung eines anderen Schenkels in umgekehrter Richtung durchfließt. So ergibt sich, daß der gesamte Primärstrom gleich $^1/_3 + ^2/_3$ des Sekundärstromes, d. h. gleich dessen vollem Wert ist. Da bei Gleichrichterbelastung beide Sekundärwicklungen jedes Schenkels belastet werden mit Strömen in entgegengesetzter Richtung, so ist der Primärstrom ein reiner Wechselstrom, und es besteht vollständiges Amperewindungsgleichgewicht für jeden Schenkel.

Von großer praktischer Bedeutung ist die Doppeldreiphasenschaltung, die uns Abb. 38 für primäre Sternschaltung zeigt. In dieser Schaltung werden zwei phasenverschobene Dreiphasengleichrichter parallelgeschaltet über eine sogenannte Saugdrossel oder einen Saugtransformator.

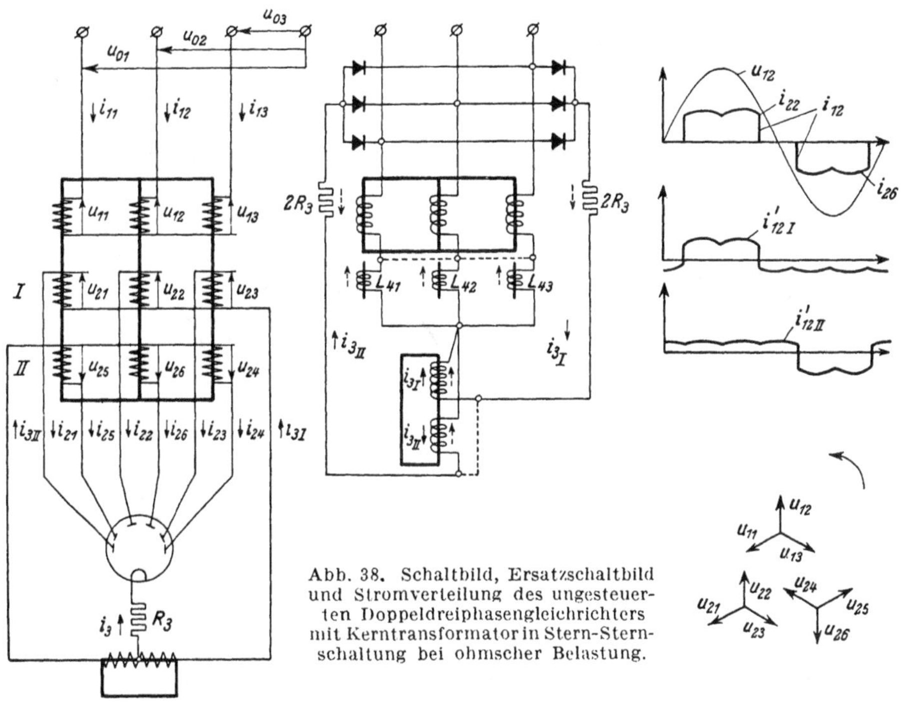

Abb. 38. Schaltbild, Ersatzschaltbild und Stromverteilung des ungesteuerten Doppeldreiphasengleichrichters mit Kerntransformator in Stern-Stern-schaltung bei ohmscher Belastung.

In Abb. 39 sind die beiden Dreiphasengleichrichterspannungen, die um 60° gegeneinander verschoben sind, und das Schema der Parallelschaltung wiedergegeben. Wir können uns jede der Gleichrichterspannungen $u_{33\,\mathrm{I}}$ und $u_{33\,\mathrm{II}}$ zerlegt denken in eine Gleichspannung $u_{33\,m}$ und überlagerte Wechselspannung $(u_{33\,\mathrm{I}} - u_{33m})$, $(u_{33\,\mathrm{II}} - u_{33m})$, wobei die Gleichspannungen gleich sind. Da an der Saugdrossel kein Gleichspannungsabfall auftritt, liegen die Gleichspannungen auch als gemeinsame Gleichspannung am Verbraucherwiderstand R_3. Wir können uns die beiden phasenverschobenen Wechselspannungen als in einem Sternpunkt verbunden denken, so daß eine verkettete Spannung gebildet wird, an der der Saugtransformator liegt. Zwischen Mitte Saugtransformator und Sternpunkt, d. h. am Widerstand tritt dann die halbe Summe beider

Wechselspannungen auf. So entsteht der in Abb. 39 gestrichelte Verlauf der Spannung am Widerstand R_3 mit dem strichpunktierten Mittelwert. Die überlagerte Wechselspannung ist ersichtlich kleiner als die jedes Dreiphasensystems. Jede der Wechselspannungen besteht ja aus einer Grundschwingung dreifacher Netzfrequenz und Oberschwingungen $n \times 3$facher Netzfrequenz. Da die Phasenverschiebung 60^0 bezogen

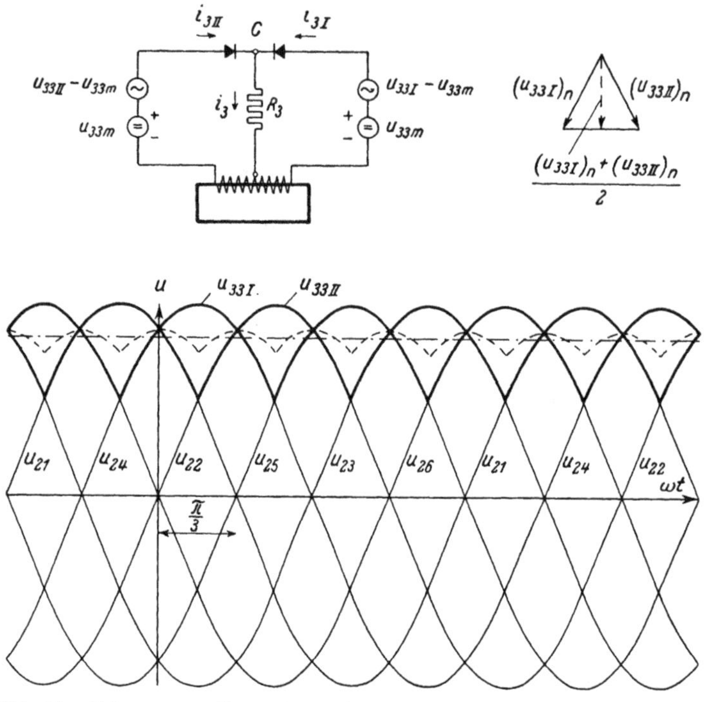

Abb. 39. Schema zur Veranschaulichung der Wirkungsweise der Doppeldreiphasenschaltung.

auf die Netzfrequenz beträgt, so sind die Grundschwingungen um $3 \cdot 60 = 180^0$ und die Oberschwingungen um 180^0 oder 360^0 gegeneinander verschoben. Für jede der Schwingungen gilt ein Vektordiagramm nach Art der Abb. 39 oben rechts. Daraus ergibt sich aber, daß die um 180^0 verschobenen Oberschwingungen keinen Anteil an der Bildung der Spannung an R_3 haben, während die um 360^0 verschobenen in voller Höhe auftreten.

Insbesondere erscheint daher die Grundschwingung 3facher Netzfrequenz in der Spannung an R_3 nicht, sondern diese enthält nur Schwingungen mit geradzahligen Vielfachen der 3fachen Netzfrequenz. Umgekehrt tragen zur Bildung der verketteten Spannung und damit der Spannung am Saugtransformator nur die um 180^0 verschobenen Schwingungen bei. Von der verketteten Spannung und damit von beiden Wechselspannungen wird der Magnetisierungsstrom des Saugtransformators geliefert. Der Wechselstrom über R_3 teilt sich zu gleichen Teilen auf beide Systeme auf, die Saugdrossel stellt sozusagen keinen induktiven Widerstand für diesen dar, da sich die Amperewindungen beider Seiten gegenseitig aufheben.

Die Voraussetzung unserer Betrachtung ist, daß der Magnetisierungsstrom und der halbe Wechselstrom über R_3 zu keinem Zeitpunkt den Gleichstrom jedes Systemes auslöscht, d. h. daß der Saugdrosselstrom lückenlos verläuft.

Wenn wir große Induktivität der Saugdrossel und damit einen vernachlässigbaren Magnetisierungsstrom annehmen, ist also der Strom jedes Systems die Hälfte des gemeinsamen Stromes über R_3. Und damit ist der Anodenstrom der Ausschnitt aus diesem Strom innerhalb der Stromführungsdauer. So gewinnen wir für ohmschen Widerstand im gemeinsamen Zweig, wo der gemeinsame Strom mit der Spannung in Abb. 39 unten übereinstimmt, bspw. die Anodenströme in Abb. 38, rechts, die zu zwei auf dem gleichen Schenkel liegenden Wicklungen gehören. Dabei ist der Strom des zweiten Systems nach Abb. 38 negativ gezeichnet. Aus der Übertragung dieser Ströme und den anderen übertragenen Strömen des gleichen Systems ergeben sich genau wie beim Dreiphasengleichrichter in Abb. 35 gezeigt, die Primärströme jedes Systems $i_{12\,\mathrm{I}}$ und $i_{12\,\mathrm{II}}$ in Abb. 38 rechts, die zum gleichen Schenkel gehören. Diese bilden ohne Ausgleichsstrom den gesamten Primärstrom, dessen Halbwellen mit denen der beiden Anodenströme übereinstimmen $i_{12} = i_{22} - i_{26}$. Diese Übereinstimmung ist unabhängig von der rein ohmschen Belastung, beruht aber auf der Voraussetzung hoher Induktivität der Saugdrossel, und damit 6facher Netzfrequenz als Grundfrequenz des Wechselanteiles des Gesamtstromes jedes Systemes. Unter dieser Voraussetzung besteht dann auch Amperewindungsgleichgewicht je Schenkel, und die Jochstreuinduktivitäten sind ohne Bedeutung. Bei nicht sehr hoher Induktivität der Saugdrossel unterstützen die Jochstreuinduktivitäten deren Wirkungen, was uns das Ersatzschaltbild Abb. 38 Mitte veranschaulicht. Es entsteht durch Trennung der beiden Dreiphasengleichrichterkreise unter Beibehaltung der magnetischen Kopplung über die Saugdrossel. Dabei erhalten die Einzelkreise an Stelle des gemeinsamen Widerstandes je einen gesonderten Widerstand doppelter Größe, und im zweiten Kreise kehren wir die Durchlaßrichtung der Stromrichter bzw. Anoden um und wechseln die Anschlüsse jeder Wicklung. So können wir im Ersatzschaltbild die Sekundärwicklungen mit den Primärwicklungen zusammenfassen, wobei aus Übersichtsgründen die Verlustwiderstände fortgelassen sind. Im Unterschied zur wirklichen Schaltung fließt in der Ersatzschaltung der Magnetisierungsstrom des Saugtransformators auch über die hier getrennten Widerstände. Im übrigen zeigt die Stromverteilung der Ersatzschaltung alle Merkmale der Ausgangsschaltung. Wir können in der Ersatzschaltung die Jochstreuinduktivitäten über die gestrichelte Linie verbinden und ebenso die beiden Saugdrosselwicklungen und erkennen dann die grundsätzlich gleiche Wirkung beider Induktivitäten. Das bedeutet auch folgendes: Ohne Saugdrossel hätten wir eine Sechsweg-Sechsphasenschaltung mit primärer und sekundärer Sternschaltung (wie sie uns Abb. 40 für primäre Dreieckschaltung wiedergibt). In dieser Schaltung werden also die Jochstreuinduktivitäten die Wirkung einer Saugdrossel haben und eine Doppeldreiphasenbetriebsweise erzwingen. Diese wird erst bei einem solchen Gleichstrom erreicht, bei dem lückenloser Gleichstrom in jedem System für sich möglich ist (der Gesamtgleichstrom ist von vornherein bei ohmschem Kathodenzweigwiderstand ohne Gegenspannung lückenlos). Bei der verhältnismäßig geringen Jochstreuinduktivität und damit hohen Werten des Magnetisierungsstromes setzt u. U. der Doppeldreiphasenbetrieb erst bei großer Belastung ein. Da die mittlere Gleichrichterspannung des Sechsphasengleichrichters höher liegt als die des Dreiphasengleichrichters, bedeutet der Übergang von der einen zur anderen Betriebsweise einen starken Spannungsabfall mit der Belastung. Aus diesem Grunde ist die Stern-Stern-Sechsphasenschaltung ungebräuchlich. Die Doppeldreiphasenschaltung mit Saugdrossel zeigt diesen Spannungsabfall auch, aber nur in der Nähe des Leerlaufs, da je nach der Größe der Saugdrossel bereits bei kleinen Strömen die Doppeldreiphasenbetriebsweise erreicht wird. Darauf geht das letzte Kapitel näher ein. Bei primärer Dreieckschaltung ist der Primärstromverlauf in der Doppeldreiphasenschaltung der gleiche. Die Anodenströme werden nur übertragen auf die auf dem gleichen Schenkel liegenden Primärwicklungen, und so ergibt sich unmittelbar

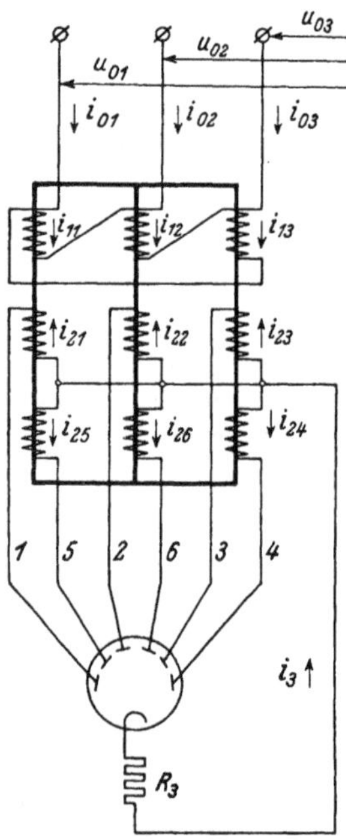

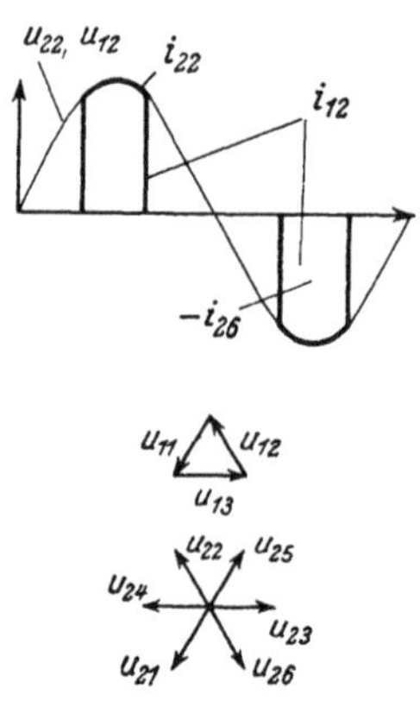

Abb. 40.

Abb. 40 und 41. Schaltbild und Stromverteilung des ungesteuerten Sechsphasengleichrichters mit Kerntransformator in Ring-Stern- und Stern-Gabelschaltung bei ohmscher Belastung.

der Strom i_{12} in Abb. 38. Die Doppeldreiphasenschaltungen haben gegenüber den Sechsphasenschaltungen in Abb. 40 und 41 den Vorteil der größeren Stromführungsdauer des Dreiphasensystems, wobei die am Verbraucher wirksame Gleichrichterspannung doch nur die Welligkeit der Sehsphasenschaltung hat.

Abb. 40 und 41 zeigen uns abschließend die Stromverteilung der beiden gebräuchlichen Sechsphasenschaltungen mit primärer Dreieck- und sekundärer Sternschaltung sowie mit primärer Stern- und sekundärer

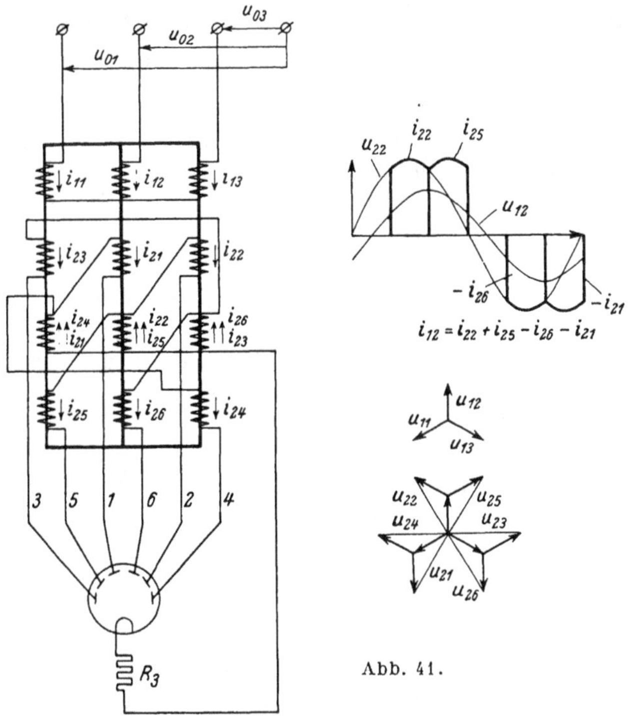

Abb. 41.

Gabelschaltung. In beiden Fällen setzt sich der Primärstrom aus den übertragenen Strömen, ohne daß Ausgleichsströme entstehen, unmittelbar zusammen. Es besteht für jeden Schenkel Amperewindungsgleichgewicht, so daß auch die Jochstreuinduktivitäten ohne Bedeutung sind.

Wir haben uns die Stromverteilung in Gleichrichtertransformatoren veranschaulicht für den Fall rein ohmschen Kathodenzweigwiderstandes. Dabei bauten wir auf den allgemeinen Überlegungen über die Stromverteilung in Zwei- und Dreiphasenkerntransformatoren auf, die keinerlei Voraussetzungen über den besonderen Verlauf des Sekundärstromes enthielten. Daher können wir den Zusammenhang von Primärstrom und Sekundärstrom, den uns die Bilder 27—41 zeigen, verallgemeinern.

Die Ergebnisse enthält nochmal zusammengefaßt Zahlentafel 1 für den Primärstrom in der zweiten Primärwicklung als Beispiel für die anderen Primärströme. Nach diesen Beziehungen können wir ganz allgemein für irgendeinen uns bekannten Anodenstrom den Primärstrom bestimmen. Die einzige Voraussetzung, die unserer Überlegung dabei zugrunde lag, ist die einer gleichmäßigen Belastung aller sekundären Phasenspannungen mit gleichen nur phasenverschobenen Anoden- bzw. Sekundärströmen. Diese Bedingung ist in Gleichrichterschaltungen normalerweise erfüllt.

E. Der ungesteuerte Gleichrichter mit verketteten Anodendrosseln (Sekundärdrossel) bei Gegenspannungsbelastung.

Die Stromverhältnisse der ungesteuerten Gleichrichter mit verketteten Anodendrosseln und einem Verbraucher mit Gegenspannungscharakter und vernachlässigbarem inneren Widerstand, die der Gegenstand dieses Kapitels sind, weichen von denen der Schaltungen mit getrennten Anodendrosseln bzw. der Einphasenschaltung aus zwei Gründen ab.

1. Es ergeben sich in diesen Schaltungen andere Zündspannungsverhältnisse und damit Zündwinkel. Der Spannungsverlauf der zu zündenden Anode wird vom Spannungsabfall der zugehörigen Drosselwicklung mitbestimmt, der infolge der Verkettung von dem Spannungsabfall in den anderen stromführenden Anodenzweigen abhängt.

2. Wir können zwar auch bei diesen Schaltungen den Anodenstromverlauf aus der Differenz eines Einschaltwechselstromes und Einschaltgegenstromes konstruieren, beide sind aber infolge der Verkettung abhängig von den über die anderen Anoden gleichzeitig fließenden Strömen.

1. Der zweiphasige ungesteuerte Gleichrichter mit Sekundärdrossel.

Die Zweiphasenschaltung mit Sekundärdrossel (bei primärer Parallelschaltung und sekundärer Reihenschaltung des Transformators) zeigt Abb. 42. Da die Zündung der Anoden im Abstand π erfolgt und bei hoher Gegenspannung die Brenndauer des Anodenstromes kleiner als π ist, so unterscheidet sich zunächst die Betriebsweise des einzelnen Anodenzweiges nicht von der des Einphasengleichrichters. Die Zündung setzt beim Schnittpunkt der Phasenspannung mit der Gegenspannung ein und erfolgt, nachdem die vorhergehende Anode bereits verlöscht ist. Der Kathodenstrom ist lückenhaft. Für die Stromführungsdauer gilt die Grenzkurve des ungesteuerten Gleichrichters aus Kurvenblatt 7. Wenn im Kathodenzweig kein Widerstand vorhanden ist, sondern nur eine Gegenspannung $u_{31\,m}$, der die Brennspannung $u_{32\,b}$ zugerechnet wird, so ist deren Summe gleich der mittleren inneren Gleichrichterspannung $u_{33\,m}$. Daher kann im Folgenden anstelle von $u_{31m} + u_{32b}$ die Bezeichnung u_{33m} treten. Wenn nun mit abnehmender Gegenspannung die Stromführungsdauer β den Wert π erreicht hat — wir entnehmen aus Kurvenblatt 7 dazu den Wert $\frac{u_{33m}}{u_{2e}} = 0{,}76$ für die Gegenspannung —, so müßte bei weiterem Wachsen von β eine Zündung der folgenden Anode möglich sein, solange die vorhergehende noch Strom führt. Wir können leicht feststellen, daß das nicht der Fall ist. Verfolgen wir an Hand von Abb. 42 die Anodenspannung der rechten, zweiten Anode, wenn die linke, erste, Strom führt. An der linken Wicklung der Drossel liegt ein Spannungsabfall, der gleich der Differenz der sekundären Phasenspannung mit der Gegenspannung $u_{21} - u_{33m}$ ist. Diese erscheint als Spannungsabfall mit umgekehrten Vorzeichen auf der rechten Drosselseite. Damit folgt die Spannung an der rechten Anode aus der Gleichung:

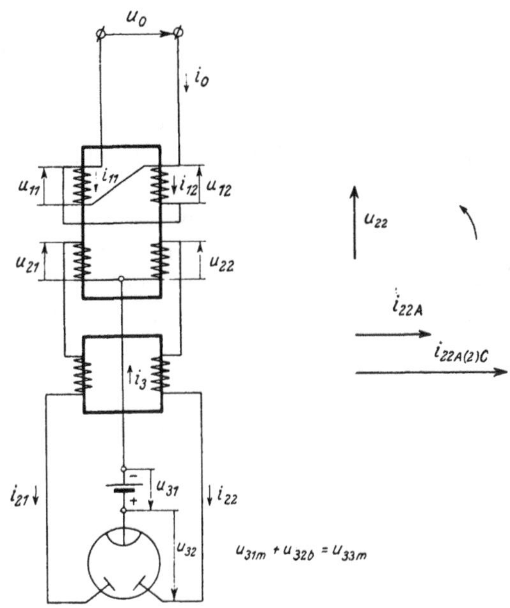

Abb. 42. Schaltbild und Vektordiagramm der Umschaltströme des ungesteuerten Zweiphasengleichrichters mit Sekundärdrossel bei Gegenspannungsbelastung.

$$-(u_{21} - u_{33\,m}) = u_{22} - u_{\text{Anode}\,2} - u_{33\,m}$$

$$u_{\text{Anode}\,2} = -2\,u_{33\,m} \quad \ldots\ldots\ldots\ldots \quad (85)$$

Die folgende Anode erhält also die doppelte negative Gegenspannung als Anodenspannung solange die vorhergehende Strom führt und kann also erst dann zünden, wenn diese die Stromführung beendet hat. Somit kann die Stromführungsdauer nicht über π hinauswachsen. Es stellt sich vielmehr mit weiter abnehmender Gegenspannung eine solche Zündverzögerung ein, daß gerade die Stromführungsdauer π erreicht wird. Die Betriebsweise des einzelnen Anodenzweiges stimmt mit der des gesteuerten Einphasengleichrichters überein, der so gesteuert wird, daß die Stromführungsdauer bei jeder Gegenspannung stets π wird. Wir erhalten also für die Betriebsweise des Zweiphasengleichrichters mit abnehmender Gegenspannung zwei Bereiche

1. Bereich lückenhaften Kathodenstroms $1{,}414 \geq \frac{u_{33\,m}}{u_{2\,e}} \geq 0{,}76$. Jede Anode arbeitet im ungesteuerten Einphasenbetrieb, die Zündung

setzt beim Schnittpunkt der Phasenspannung mit der Gegenspannung ein, die Stromführungsdauer β ist kleiner als π.

2. Bereich lückenlosen Kathodenstroms $0{,}76 \geq \frac{u_{33\,m}}{u_{2\,e}} \geq 0$. Jede Anode arbeitet im gesteuerten Einphasenbetrieb. Die Zündung ist so weit verzögert, daß $\beta = \pi$ wird.

Da immer nur eine Anode Strom führt, ist für den Verlauf des Anodenstromes Einschaltwechselstrom und Einschaltgegenstrom beim Einschalten einer Anode bestimmend, genau wie beim Einphasengleichrichter. Der Einschaltwechselstrom unterscheidet sich vom eingeschwungenen Wechselstrom nur durch das konstante Ausgleichsglied, das die Bedingung erfüllt, daß der Strom im Zündzeitpunkt mit Null beginnt. Auf S. 37 fanden wir für den eingeschwungenen Wechselstrom bei Kurzschluß der 2. Anode

$$i_{22\,A\,(2)\,C} = 2\,i_{22\,A} = -2\sqrt{2}\,i_{2\,e\,A}\cos\omega t \quad \ldots\ldots \quad (86)$$

und somit ergibt sich für den Einschaltwechselstrom

$$i'_{22} = -2\sqrt{2}\,i_{2\,e\,A}(\cos\omega t - \cos z) \quad \ldots\ldots\ldots \quad (87)$$

Für den Einschaltgegenstrom, der auch im Zündzeitpunkt mit Null beginnt, ergab sich auf S. 42:

$$i''_{22} = -2\,i_{2\,e\,A}\left(\frac{u_{33\,m}}{u_{2\,e}}\right)(\omega t - z) \quad \ldots\ldots\ldots \quad (88)$$

Wenn wir beide Ströme auf $i_{2\,e\,A}$ beziehen, erhalten wir also:

$$\frac{i'_{22}}{i_{2\,e\,A}} = 2\sqrt{2}\,(-\cos\omega t + \cos z), \qquad \frac{i''_{22}}{i_{2\,e\,A}} = -2\,\frac{u_{33\,m}}{u_{2\,e}}\,(\omega t - z) \quad (89)$$

Die Summe beider Ströme ergibt den Anodenstromverlauf, der mit Null beginnt. In der graphischen Konstruktion zeichnen wir wieder den Einschaltwechselstrom als stationären Strom und lassen den Gegenstrom im Zündzeitpunkt auf dem Einschaltwechselstrom beginnen und rechnen ihn positiv bzw. zeichnen ihn ansteigend, so daß die Differenz der Ströme den Anodenstromverlauf ergibt.

Für den ersten Bereich stimmt die Konstruktion des Anodenstromes mit der des ungesteuerten Gleichrichters nach Abb. 13 überein. (Wir haben nur zu beachten, daß hier die Ausdrücke für die Einschaltströme den Faktor 2 aufweisen, infolge der Festlegung des Kurzschlußstromes. Das bedeutet doppelten Ordinatenmaßstab.) Ausgehend von dem Strom mit der Stromführungsdauer $\beta = \pi$ und dem Zündwinkel $z = 33^0$ in Abb. 13, der hier den Strom am Ende des lückenhaften Bereiches darstellt, zeigt Abb. 43 die Konstruktion des Stromes im Bereich lückenlosen Kathodenstroms. Man geht von einem bestimmten Zündwinkel aus und wählt die Neigung der Gegenstromgeraden so, daß die Brenndauer π wird; so erhält man als Differenz der Ströme die unten gezeichneten Anodenströme. Aus dem Anstieg der Gegenstromgeraden innerhalb der Stromführungsdauer, der nach Gl. (89) $\frac{2\,u_{33\,m}}{u_{2\,e}}\,\pi$ ist, ergibt sich die zugehörige Gegenspannung $\frac{u_{33\,m}}{u_{2\,e}}$. Der Zündwinkel steigt schließlich wieder auf $z = 90^0$ an.

An die graphische Konstruktion schließt sich die Berechnung von Mittelwert, Effektivwert und Höchstwert des Anodenstromes, die Kurvenblatt 12 abhängig von der Gegenspannung enthält. Wir können

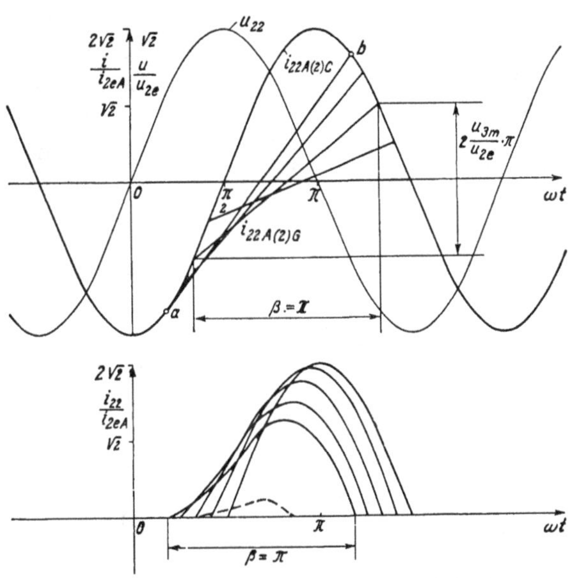

Abb. 43. Anodenstrom des Zweiphasengleichrichters nach Abb. 42 bei abnehmender Gegenspannung.

diesen Zusammenhang auch dem Kennlinienfeld des Einphasengleichrichters entnehmen. Im lückenhaften Bereich gelten die Grenzkurven in Kurvenblatt 8 und 9. Die Stromführungsdauer folgt der Grenzkurve in Kurvenblatt 7 bis $\frac{u_{33\,m}}{u_{2\,e}} = 0{,}76$ und ist dann für den lückenlosen Bereich konstant. Wenn wir in Kurvenblatt 7 die Schnittpunkte der entsprechenden Geraden $\beta = 180^0$ mit den für einen bestimmten Zündwinkel geltenden Kennlinien nach Kurvenblatt 8 und 9 übertragen, so ergeben sich die gestrichelten Kennlinien, die mit den Kennlinien in Kurvenblatt 12 übereinstimmen bis auf den Faktor 2. An den gestrichelten Kennlinien sehen wir anschaulich den Einfluß der Verkettung der Anodendrosseln auf den Kurzschlußstrom, denn ohne Verkettung hat ja die Zweiphasenschaltung die gleiche Kennlinie wie die Einphasenschaltung.

2. Der dreiphasige ungesteuerte Gleichrichter mit Sekundärdrossel.

Wir wollen nunmehr in gleicher Weise die Stromverhältnisse der Dreiphasenschaltung mit Sekundärdrossel untersuchen. Wir gehen wieder aus von den Zündspannungsverhältnissen, bestimmen die Brenndauer der Anoden, das Brenndauerschema, und setzen dann den Anodenstrom aus Wechselstrom und Gegenstrom zusammen, die entsprechend den Anschlüssen der Drossel gegeben sind, wie sie durch die gleichzeitig stromführenden Anoden geschaffen werden. Dabei wählen wir als Beispiel den Stromverlauf über die mittlere Anode *2* in Abb. 44.

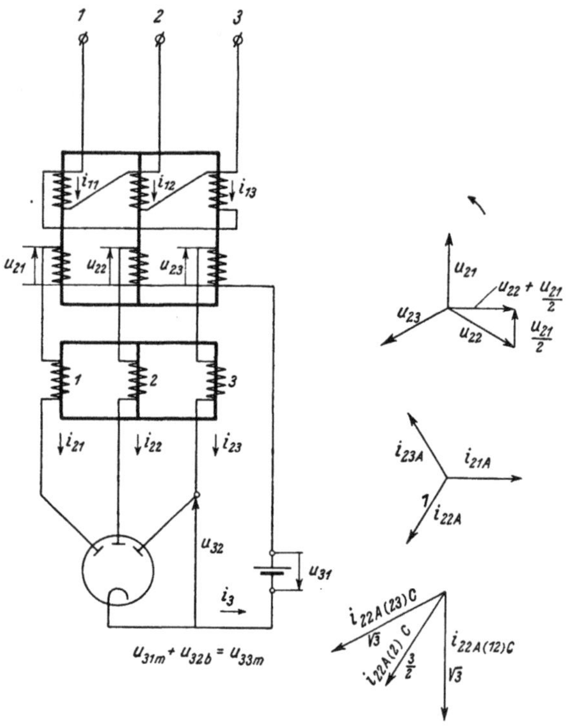

Abb. 44. Schaltbild und Vektordiagramm der Umschaltströme des ungesteuerten Dreiphasengleichrichters mit Sekundärdrossel bei Gegenspannungsbelastung.

Bei hoher Gegenspannung bis zu einer Stromführungsdauer von $\beta = \frac{2\pi}{3}$ setzt die Zündung wie in der Einwegschaltung ohne Steuerung beim Schnittpunkt der Phasenspannung mit der Gegenspannung ein. Der Strom im Kathodenzweig ist lückenhaft, die verkettete Anodendrossel wird immer nur mit einer Wicklung eingeschaltet und hat die Wirkung einer getrennten Anodendrossel.

Nach Kurvenblatt 7 wird die Stromführungsdauer $\beta = \frac{2\pi}{3}$ bei einer verhältnismäßigen Gegenspannung $\frac{u_{33\,m}}{u_{2\,e}} = 1{,}1$ erreicht. Bei weiterer Abnahme der Gegenspannung bleibt β bei diesem Wert zunächst stehen, die Einphasenbetriebsweise der einzelnen Anoden wird beibehalten. Denn zunächst kann die folgende Anode nur zünden, wenn die vorhergehende keinen Strom mehr führt. Es stellt sich eine solche Zündverzögerung ein, daß gerade $\beta = \frac{2\pi}{3}$ in Einphasenbetriebsweise erreicht wird.

Genau wie für die Ströme können wir auch für die Anodenspannung vor der Zündung den von der Wechselspannung herrührenden Teil getrennt von dem von der Gegenspannung kommenden betrachten. Wenn Anode *1* Strom führt, liegt an der belasteten Drosselwicklung *1* die Phasenspannung u_{21} und die Gegenspannung $-u_{33m}$ als Spannungsabfall. Beide erscheinen infolge der Aufteilung des magnetischen Flusses mit umgekehrten Vorzeichen und in halber Höhe als Spannungsabfall auf den unbelasteten Wicklungen *2* und *3*. Daraus ergeben sich für die Anodenspannung der Anode *2* die beiden Anteile:

$$-\frac{u_{21}}{2} = u_{22} - u'_{\text{Anode}\,2} \qquad \text{bzw.} \quad u'_{\text{Anode}\,2} = u_{22} + \frac{u_{21}}{2}$$

$$+\frac{u_{33\,m}}{2} = -u_{33\,m} - u''_{\text{Anode}\,2} \quad \text{bzw.} \quad u''_{\text{Anode}\,2} = -\frac{3}{2}\,u_{33\,m} \quad . \quad . \quad (90)$$

Der von der Wechselspannung herrührende Teil ist vektoriell in Abb. 44 oben dargestellt und die positive Halbwelle in Abb. 45, oben, gestrichelt in ihrem zeitlichen Verlauf gegenüber der Phasenspannung u_{22}. Das Vektordiagramm zeigt uns, daß diese Spannung um 30^0 gegenüber u_{22} voreilt und $\frac{\sqrt{3}}{2}$ von deren Höhe hat:

$$u_{22} + \frac{u_{21}}{2} = \frac{\sqrt{3}}{2}\sqrt{2}\,u_{2\,e}\sin(\omega t + 30^0) \quad . \quad . \quad . \quad . \quad . \quad . \quad (91)$$

Eine Zündung der folgenden Anode, solange die vorhergehende noch Strom führt, ist also erst möglich, wenn die Gegenspannung so weit herabgesetzt ist, daß ihr $\frac{3}{2}$facher Wert unter dem Höchstwert dieses Wechselspannungsteiles liegt, d. h. wenn

$$\sqrt{2}\,\frac{\sqrt{3}}{2}\,u_{2\,e} \geq \frac{3}{2}\,u_{33\,m} \quad \text{bzw.} \quad \frac{u_{33\,m}}{u_{2\,e}} \leq 0{,}815 \quad . \quad . \quad . \quad . \quad . \quad (92)$$

Die Stromführungsdauer bleibt also im Gebiet $1{,}1 \geq \frac{u_{33\,m}}{u_{2\,e}} \geq 0{,}815$ bei $\frac{2\pi}{3}$ stehen.

Bei weiterem Sinken der Gegenspannung steigt β über den Wert $\frac{2\pi}{3}$ hinaus an. Der Zündwinkel ist durch den Schnittpunkt der gestrichelten Wechselspannungshalbwelle in Abb. 45 mit der 3/2 fachen Gegenspannung gegeben. Es setzt eine Betriebsweise ein, bei der Anode *2* am Anfang mit der Anode *1*, am Ende mit der Anode *3* gleichzeitig, und in der Mitte allein den Strom führt. Die Stromführungsdauer kann nur auf den Wert $\frac{4\pi}{3}$ ansteigen, d. h. es können höchstens zwei Anoden gleichzeitig Strom führen, weil während dessen die dritte Anode negative Anodenspannung erhält. Führt die dritte und erste Anode gleichzeitig Strom, so liegt an den beiden entsprechenden Wicklungen der Drossel die Differenz der zugehörigen Phasenspannung mit der Gegenspannung. Die diesen Spannungsabfällen zugehörigen magnetischen Flüsse summieren sich in dem unbelasteten mittleren Schenkel und erzeugen an dessen Wicklung einen Spannungsabfall, der die negative Summe der anderen Spannungsabfälle ist. Somit folgt für die Anodenspannung der zweiten Anode:

$$-u_{23} - u_{21} + 2\,u_{33\,m} = u_{22} - u_{33\,m} - u_{\text{Anode}\,2\,A\,(13)}$$

$$\text{bzw. } u_{\text{Anode}\,2\,A\,(13)} = -3\,u_{33\,m} \quad \ldots\ldots\ldots \quad (93)$$

d. h. die zweite Anode hat die dreifache Gegenspannung als negative Anodenspannung und kann erst dann zünden, wenn die Anode 3 die Stromführung beendet hat. Dann springt die Wechsel-Anodenspannung auf den in Abb. 45 gestrichelt gezeichneten Wechselspannungsanteil. der die 3/2fache Gegenspannung überwiegen muß.

Gegenüber dem Schnittpunkt dieser beiden Spannungen ist nach Erreichen von $\beta = \frac{4\pi}{3}$, was bei $\frac{u_{33\,m}}{u_{2\,e}} = 0{,}45$ (s. S. 86) geschieht, bei weiterem Absinken der Gegenspannung die Zündung wieder so weit verzögert, daß $\beta = \frac{4\pi}{3}$ bis zum vollständigen Kurzschluß erhalten bleibt. Das wird im folgenden noch im graphischen Bild veranschaulicht. Zusammenfassend ergeben sich für die Betriebsweise der Dreiphasenschaltung mit abnehmender Gegenspannung folgende Bereiche:

1. Bereich lückenhaften Kathodenstroms. $1{,}41 \geqq \frac{u_{33\,m}}{u_{2\,e}} \geqq 1{,}1$. Die Zündung setzt beim Schnittpunkt der Phasenspannung mit der Gegenspannung ein. Jede Anode arbeitet in ungesteuerter Einphasenbetriebsweise. Die Stromführungsdauer ist $\beta < \frac{2\pi}{3}$.

2. Bereich der 120⁰-Stromführungsdauer. $1{,}1 > \frac{u_{33\,m}}{u_{2\,e}} \geqq 0{,}815$. Die Zündung ist so weit vergrößert, daß die Stromführungsdauer $\beta = \frac{2\pi}{3}$ bleibt. Jede Anode arbeitet in gesteuerter Einphasenbetriebsweise.

3. Bereich des Übergangs von 120 auf 240⁰-Stromführungsdauer. $0{,}815 \geqq \frac{u_{33\,m}}{u_{2\,e}} \geqq 0{,}45$. Die Zündung setzt beim Schnittpunkt der Spannung u' nach Gl. (90) mit der 3/2fachen Gegenspannung ein. Jede Anode führt zuerst mit der vorhergehenden, dann allein und schließlich mit der folgenden gleichzeitig Strom.

4. Bereich der 240°-Stromführungsdauer. $0{,}45 > \frac{u_{33\,m}}{u_{2\,e}} > 0$. Die Zündung ist gegenüber dem Schnittpunkt der Spannung u' nach Gl. (90) mit der 3/2fachen Gegenspannung so weit verzögert, daß die Stromführungsdauer 240° bleibt. Es führen dauernd 2 Anoden gleichzeitig Strom, d. h. innerhalb der Stromführungsdauer einer Anode führt diese in der ersten Hälfte gleichzeitig mit der vorhergehenden und in der zweiten Hälfte gleichzeitig mit der folgenden Strom.

Um den Anodenstrom über die zweite Anode zu konstruieren, müssen wir den Wechselstrom und den Gegenstrom kennen, wenn Anode *2* allein, zusammen mit Anode *1* und zusammen mit Anode *3* stromführend ist.

Wir entnehmen für diese Fälle die Gleichung für die Wechselströme und die Gegenströme S. 37, 42 und schreiben die Ströme hier nochmal bezogen auf $i_{2\,e\,A}$ an:

$$\frac{i_{22\,A\,(2)\,C}}{i_{2\,e\,A}} = \frac{3}{2}\,\frac{i_{22\,A}}{i_{2\,e\,A}} = \frac{3}{2}\sqrt{2}\,(-\cos\omega t) \quad . \quad (94)$$

$$\frac{i_{22\,A\,(2)\,G}}{i_{2\,e\,A}} = \frac{3}{2}\,\frac{u_{33\,m}}{u_{2\,e}}\,(\omega t - z) \quad . \; . \; . \quad (95)$$

$$\frac{i_{22\,A\,(12)\,C}}{i_{2\,e\,A}} = \frac{i_{22\,A} - i_{23\,A}}{i_{2\,e\,A}} = -\sqrt{2}\,\sqrt{3}\,\cos(\omega t + 30^0) \; . \quad . \quad (96)$$

$$\frac{i_{22\,A\,(23)\,C}}{i_{2\,e\,A}} = \frac{i_{22\,A} - i_{21\,A}}{i_{2\,e\,A}} = -\sqrt{2}\,\sqrt{3}\,\cos(\omega t - 30^0) \; . \quad . \quad (97)$$

$$\frac{i_{22\,A\,(12)\,G}}{i_{2\,e\,A}} = \frac{i_{22\,A\,(23)\,G}}{i_{2\,e\,A}} = 3\,\frac{u_{33\,m}}{u_{2\,e}}\,(\omega t - z) \; . \; . \quad . \quad (98)$$

Die Wechselströme sind in Abb. 44 vektoriell und in Abb. 45, 47, 48, 50 in ihrem zeitlichen Verlauf wiedergegeben. Die Abbildungen enthalten die Gegenströme verschoben. Wir wollen die Konstruktion des Anodenstromes in den einzelnen Bereichen näher betrachten.

Im ersten Bereich mit lückenhaftem Kathodenstrom stimmt auch hier die Konstruktion mit der des ungesteuerten Einphasengleichrichters überein. Wir haben nur den Faktor 3/2 in den Stromgleichungen (94) und (95) zu beachten. Im zweiten Bereich ist die Konstruktion ähnlich wie beim Zweiphasengleichrichter auch im zweiten Bereich, nur daß hier die Stromführungsdauer auf $\beta = \frac{2\pi}{3}$ begrenzt ist. Die Verhältnisse am Ende dieses Bereiches zeigt uns Abb. 45. Wir sehen oben die drei sekundären Phasenspannungen und gestrichelt den Wechselanteil der Anodenspannung der zweiten Anode, wenn die erste Strom führt. Die 3/2fache Gegenspannung berührt gerade den Scheitel dieser Spannung entsprechend Gl. (92). Unten ist der Wechselstrom bei Kurzschluß der Anode *2* und der Gegenstrom gezeichnet. Der Anstieg des Gegenstromes innerhalb der Zeit von $\frac{2\pi}{3}$ ist nach Gl. (95):

$$\frac{3}{2}\frac{u_{33\,m}}{u_{2\,e}}\cdot\frac{2\pi}{3}=\frac{3}{2}\,0{,}815\cdot\frac{2\pi}{3}=2{,}56$$

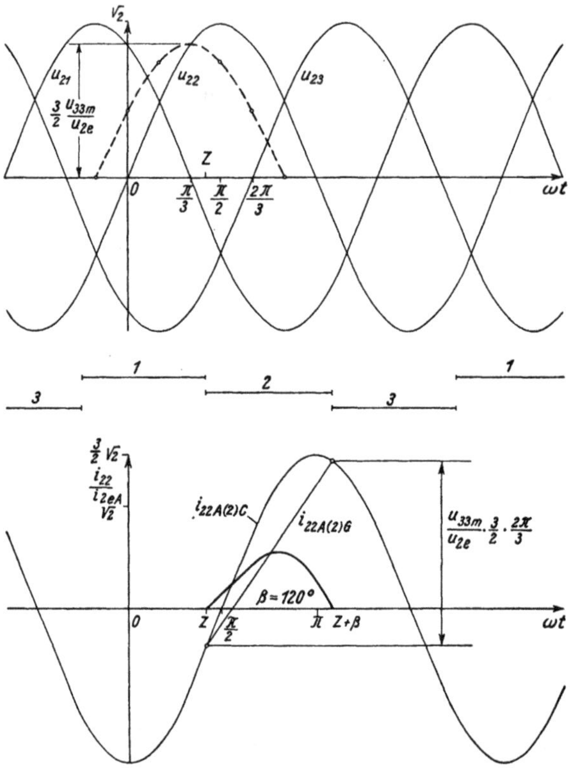

Abb. 45. Anodenstrom des Dreiphasengleichrichters nach Abb. 44 für das Ende des Bereiches der 120°-Stromführungsdauer.

wenn wir für $\frac{u_{33\,m}}{u_{2\,e}}$ den Wert nach Gl. (92) einsetzen. Dieser Wert bildet eine Kathete des rechtwinkligen Dreiecks, dessen andere Kathete $\beta=\frac{2\pi}{3}$ beträgt. Die Endpunkte der Hypotenuse liegen auf dem Wechselstrom. Es ergibt sich dabei ein Zündwinkel $z = 76^0$. Abb. 45 zeigt uns in der Mitte das Brenndauerschema der Anoden.

Den Anodenstrom am Anfang und gegen Ende des Bereiches der 120^0-Brenndauer zeigt uns Abb. 46 unten im Oszillogramm. Der zweite

Anodenstrom ist mitgeschrieben, wir sehen seinen Anfang rechts; die Anodenströme überschneiden sich nicht. Abb. 46 zeigt uns zum Vergleich oben den Anodenstrom, den man erhält, wenn nur die zweite Anode stromführend ist und die beiden anderen Anodenzuleitungen unterbrochen sind. Der Anodenstrom links oben unterscheidet sich nicht von dem Anodenstrom links unten entsprechend der Feststellung, daß zu Beginn des zweiten Bereiches bzw. am Ende des lückenhaften

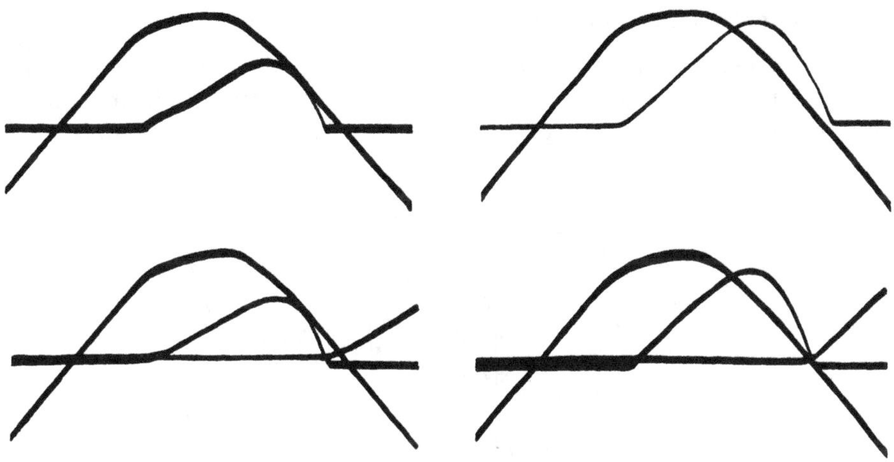

Abb. 46. Der Anodenstrom für Anfang (links) und Ende (rechts) des Bereiches der 120°-Stromführungsdauer. Oben: nur eine Anode angeschlossen. Unten: alle Anoden angeschlossen.

Bereiches noch die Betriebsweise des ungesteuerten Gleichrichters und keine Beeinflussung der Anodenströme vorliegt. Dagegen hat der Strom rechts oben einen kleineren Zündwinkel als der Strom rechts unten. Die Zündverzögerung, die im zweiten Bereich einsetzt durch Beeinflussung der Anodenspannung vor der Zündung durch den vorhergehenden Anodenstrom, fällt fort, wenn nur eine Anode angeschlossen ist.

In dem nun anschließenden dritten Bereich setzt sich der Anodenstromverlauf aus drei Teilen zusammen. Abb. 47 zeigt die hier etwas umständliche Konstruktion. Oben ist die zweite sekundäre Phasenspannung und gestrichelt der Wechselspannungsanteil der zweiten Anodenspannung dargestellt, solange Anode *1* Strom führt.

Bei der hier angenommenen verhältnismäßigen Gegenspannung $\frac{u_{33\,m}}{u_{2\,e}} = 0{,}57$ liegt der Zündwinkel bei 15°, weil hier die gestrichelte Wechselspannung die 3/2fache Gegenspannung zu überwiegen beginnt. Abb. 47, oben, zeigt weiter die drei Wechselströme nach Gl. (94), (96) und (97): $i_{22\,A\,(12)\,C}$, $i_{22\,A\,(2)\,C}$, $i_{22\,A\,(23)\,C}$.

Die Neigung der Gegenstromgeraden, wenn Anode *2* mit der vorhergehenden oder folgenden Anode Strom führt, ergibt sich aus Gl. (98) zu: $3 \frac{u_{33\,m}}{u_{2\,e}}$, und wenn die Anode *2* allein Strom führt aus Gl. (95) zu: $\frac{3}{2} \frac{u_{33\,m}}{u_{2\,e}}$.

Daraus sehen wir, daß die Gegenstromgerade im zweiten Falle mit halber Steilheit verläuft. Die weitere Konstruktion berücksichtigt die Aufeinanderfolge der Zündungen sowie der Löschungen im Abstand $\frac{2\pi}{3}$. Außerdem bedingt die Induktivität einen stetigen Verlauf des Anodenstromes innerhalb der Stromführungsdauer. So gehen wir in Abb. 47 von der ersten Gegenstromgeraden aus, die auf dem ersten Kurzschluß-

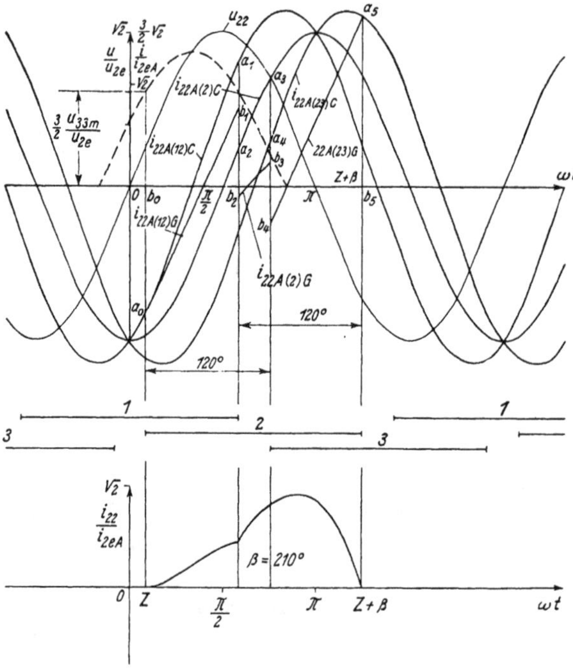

Abb. 47. Anodenstrom für den Bereich des Überganges von 120 auf 240°-Stromführungsdauer.

strom bei a_0 entsprechend dem Zündwinkel 15° beginnt. Nun wird die letzte Gegenstromgerade gleicher Neigung und die mittlere mit halber Neigung so verschoben, daß der Anodenstrom stetig verläuft. Es müssen deshalb die Strecken

$$\overline{a_1 b_1} = \overline{a_2 b_2} \text{ und } \overline{a_3 b_3} = \overline{a_4 b_4} \quad . \; . \; . \; . \; . \; . \quad (99)$$

sein, die im Abstand 120° vom Ende und vom Anfang liegen. Der

Wechseleinschaltstrom müßte eigentlich so verlaufen: der Punkt a_0 müßte bei b_0 auf der Abszisse liegen. Der Punkt a_2 auf den dann höher liegenden Punkt a_1 fallen und a_4 auf den dann verschobenen Punkt a_3. D. h. der Strom beginnt mit Null und verändert seinen Verlauf beim Abschalten der vorhergehenden und Einschalten der folgenden Anode. Ebenso müßte der Gegeneinschaltstrom mit b_0 auf der Nullachse beginnen und einen geknickten Verlauf haben, indem b_2 auf b_1 und b_4 auf b_3 fiele. Da es aber nur auf die Differenz von Wechseleinschaltstrom und Gegeneinschaltstrom ankommt, können wir von den eingeschwungenen Wechselströmen ausgehen und die Gegenströme so verschieben, daß die Stetigkeit gewahrt ist. So entsteht schließlich der unten gezeichnete Anodenstromverlauf und das Brenndauerschema. Die Berechnung der Brenndauer in diesem Bereich ist sehr umständlich und soll hier nicht ausgeführt werden.

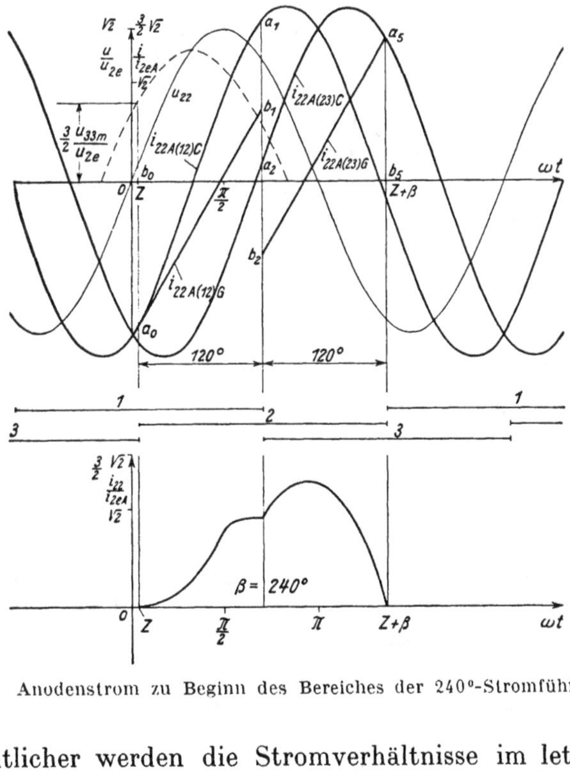

Abb. 48. Anodenstrom zu Beginn des Bereiches der 240°-Stromführungsdauer.

Übersichtlicher werden die Stromverhältnisse im letzten, vierten Bereich mit 240° Stromführungsdauer. Hier ist mit dem Zündwinkel die Brenndauer gegeben. Abb. 48 zeigt die Stromverhältnisse zu Beginn dieses Bereiches. Hier ist gerade noch die Zündbedingung des vorhergehenden Bereiches gegeben:

$$\frac{3}{2} u_{33\,m} = \frac{\sqrt{3}}{2} \sqrt{2}\, u_{2\,e} \sin (z + 30^0) \quad \ldots\ldots \quad (100)$$

Die Brenndauer ist gerade auf $\beta = 240$ angestiegen. Der Bereich, in dem eine Anode allein Strom führt, fällt fort. Daher haben wir nur von den beiden gezeichneten Wechselströmen nach Gl. (96) und (97) und zwei Gegenstromgeraden gleicher Neigung auszugehen. Innerhalb der Stromführungsdauer von $240^0 \left(\frac{4\pi}{3}\right)$ muß der Gesamtanstieg des Gegenstromes gleich der Gesamtänderung der Wechselkurzschlußströme sein, wenn beide stetig verlaufend angenommen werden:

$$3 \frac{u_{33\,m}}{u_{2\,e}} \cdot \frac{4\pi}{3} = 3 \left|- \sqrt{3} \sqrt{2} \cos (z + 30^0)\right| \quad \ldots \quad (101)$$

Der linke Ausdruck folgt aus Gl. (98). Die Gesamtänderung der Wechselkurzschlußströme über 240^0 ist unter Beachtung des Wechsels der Ströme nach 120^0 in Abb. 48 die Summe der Strecken: $\overline{a_0 b_0} + \overline{a_1 a_2} + \overline{a_5 b_5}$. Wenn wir uns nämlich den ersten Strom so verschoben denken, daß a_0 auf b_0 und den zweiten so, daß a_2 auf a_1 fällt, rückt gleichzeitig der Punkt a_5 um $a_0 b_0$ und $a_1 a_2$ höher, so daß diese Summe den Gesamtanstieg des Wechseleinschaltstromes darstellt. Da die beiden Kurzschlußströme um 60^0 gegeneinander verschoben sind, gilt nach Gl. (96) und (97) und Abb. (48):

$$\begin{aligned} \overline{a_0 b_0} &= \sqrt{3} \sqrt{2} \cos (z_{\min} + 30^0) \\ \overline{a_5 b_5} &= \sqrt{3} \sqrt{2} \cos (z_{\min} + 240^0 - 30^0) \\ \overline{a_1 a_2} &= \sqrt{3} \sqrt{2} \left[\cos (z_{\min} + 120^0 + 30^0) - \cos (z_{\min} + 120^0 - 30^0)\right] \quad (102) \end{aligned}$$

Daraus folgt abgesehen vom Vorzeichen:

$$\overline{a_0 b_0} = \left|\overline{a_5 b_5}\right| = \overline{a_1 a_2} \quad \ldots\ldots\ldots\ldots \quad (103)$$

und damit ist die rechte Seite von Gl. (101) geklärt.

Diese Gleichung gilt bei jedem Zündwinkel im letzten Bereich der 240^0-Stromführungsdauer. Sie ergibt mit Gl. (100), der Zündbedingung für den Beginn dieses Bereiches bzw. für das Ende des vorhergehenden, eine Bestimmungsmöglichkeit für den Zündwinkel

$$\operatorname{tg} (z_{\min} + 30^0) = \frac{9}{4\pi} \quad \text{bzw.}\ z_{\min} = 5{,}5^0 \quad \ldots\ldots \quad (104)$$

Das ist der kleinste Zündwinkel, der in dieser Schaltung erreicht wird. Die dazugehörige Gegenspannung errechnet sich aus Gl. (100) zu:

$$\frac{u_{33\,m}}{u_{2\,e}} = \frac{\sqrt{3}\sqrt{2}}{3} \sin 35{,}5^0 = 0{,}45 \quad \ldots\ldots\ldots \quad (105)$$

Mit diesen Werten können wir die Konstruktion in Abb. 48 durchführen. Die erste Gegenstromgerade verläuft tangential zum Wechselkurzschlußstrom im Zündzeitpunkt. Nach Gl. (98) ist die Neigung der Gegenstromgeraden: $\frac{3\,u_{3m}}{u_{2e}}$, und nach Gl. (96) die des Wechselkurzschlußstromes im Zündzeitpunkt: $\sqrt{3}\,\sqrt{2}\,\sin\,(z_{\min} + 30^0)$. Diese Neigungen sind nach Gl. (100) einander gleich. Somit ist die erste verschobene Gegenstromgerade in ihrer Lage gegeben. Das Ende der zweiten Gegenstromgeraden mit gleicher Neigung liegt im Punkte a_5, der von a_0 den zeitlichen Abstand 240^0 hat. Gl. (101) gewährleistet den stetigen Übergang im Anodenstrom beim Wechsel der Anoden; aus der Tatsache des gleichen Gesamtanstieges der Wechselkurzschlußströme und Gegenströme folgt für Abb. 48 die Gleichheit der Strecken $\overline{a_1 a_2}$ und $\overline{b_1 b_2}$, und damit sind die Differenzen der Ströme: $\overline{a_1 b_1}$ und $\overline{a_2 b_2}$ gleich. So entsteht schließlich der Anodenstromverlauf in Abb. 48, unten, und das zugehörige Brenndauerschema. Abb. 49 zeigt uns den Anodenstrom gegen Anfang in der Mitte und gegen Ende des dritten Bereiches bzw. am Anfang des vierten Bereiches im Oszillogramm. Wir sehen, daß das Ende des mitgeschriebenen folgenden Anodenstroms allmählich den Anfang des betrachteten Stromes erreicht, der Zündwinkel abnimmt und die Brenndauer auf 240^0 steigt.

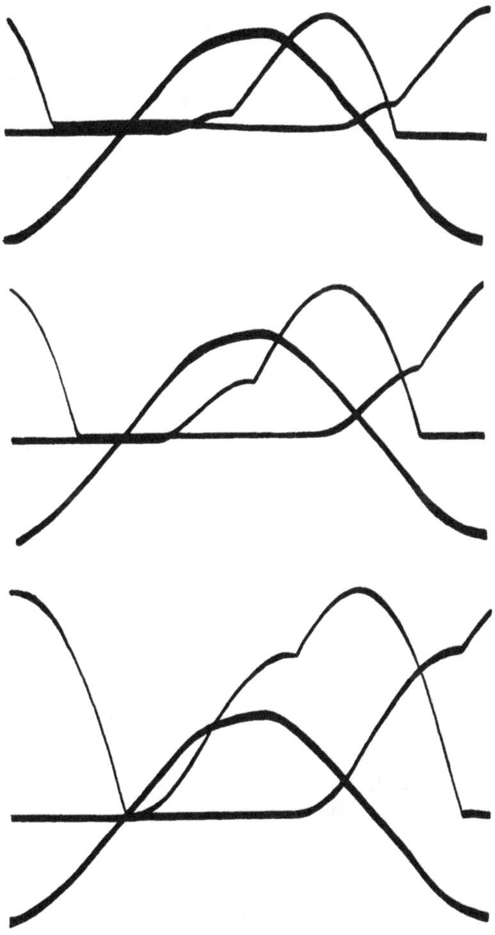

Abb. 49. Der Anodenstrom für 160°-, 180°- und 240°-Stromführungsdauer

Bei weiterem Absinken der Gegenspannung steigt der Zündwinkel wieder an. Die Zündung wird so weit verzögert, daß $\beta = \frac{4\pi}{3}$ erhalten bleibt. Abb. 50 zeigt die Stromverhältnisse inmitten des Bereiches mit

$\beta = \frac{4\pi}{3}$. Der Zündwinkel ist auf 30^0 gestiegen. Wir können die Lage der Gegenstromgeraden unmittelbar einzeichnen, wenn wir von den Punkten a_5 und a_0 ausgehen und die Stetigkeitsbedingung $\overline{a_1 b_1} =$

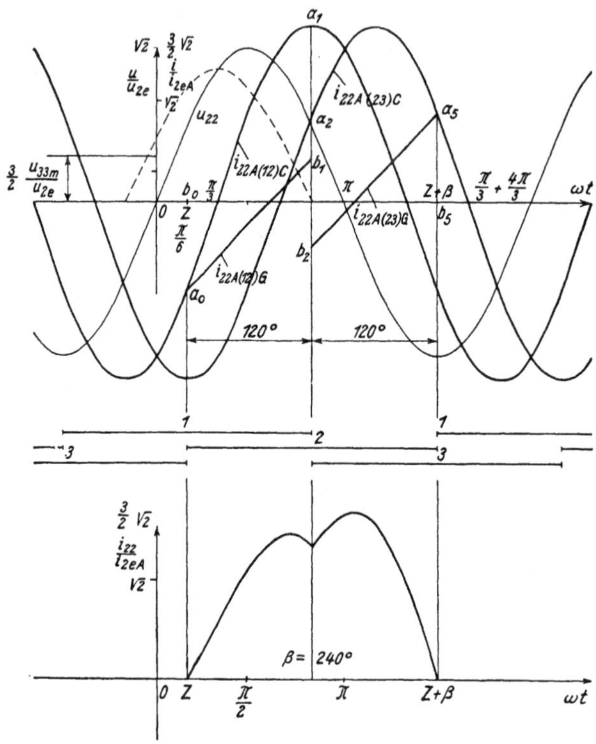

Abb. 50. Anodenstrom im Bereich der 240°-Stromführungsdauer.

$\overline{a_2 b_2}$ beachten. Auch in diesem Falle gilt Gl. (101), wenn $z = 30^0$ eingesetzt wird. Daraus folgt die zugehörige verhältnismäßige Gegenspannung:

$$\frac{u_{33\,m}}{u_{2\,e}} = \frac{3}{4\pi}\sqrt{3}\sqrt{2}\cos 60^0 = 0{,}29 \quad . \; . \; . \; . \; . \quad (106)$$

Die Differenz von Wechselstrom und Gegenstrom ergibt wieder den unten gezeichneten Anodenstrom.

Abb. 51 zeigt uns den Anodenstrom gegen Ende des vierten Bereiches im Oszillogramm. Abb. 50 zeigt weiter, daß der Zündwinkel nur bis zum Wert $\frac{\pi}{3}$ steigen kann. In diesem Falle fällt die Gegenstromgerade in die Abszisse, die Gegenspannung ist Null und damit der vollständige Kurzschluß erreicht. Der Anodenstromverlauf folgt zwischen $\frac{\pi}{3}$ und $\frac{3\pi}{3}$ dem ersten Wechselstrom und zwischen $\frac{3\pi}{3}$ und $\frac{5\pi}{3}$ dem zweiten.

Rückblickend sehen wir den Zündwinkel vom Werte 90° zu Beginn des lückenhaften Betriebs (*1*) auf den Wert 50° an dessen Ende ab-

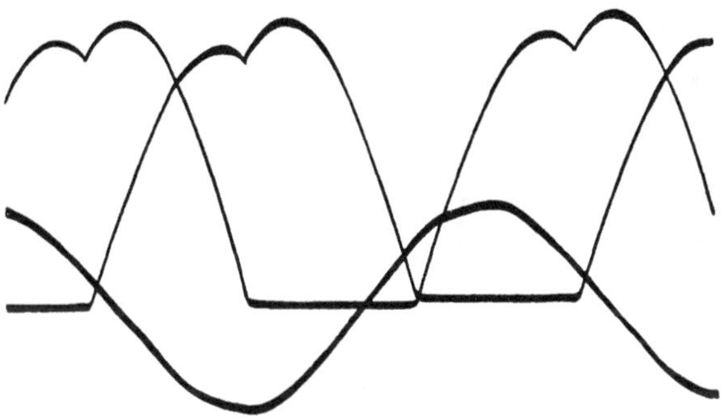

Abb. 51. Der Anodenstrom im Bereich der 240°-Stromführungsdauer.

nehmen, dann im Bereich der 120°-Stromführungsdauer (*2*) auf den Wert $z = 76^0$ wieder zunehmen (Abb. 45). Zu Beginn des Übergangsbereiches (*3*) springt der Zündwinkel auf $z = 60^0$ und nimmt ab bis $z = 5{,}5^0$ an seinem Ende bzw. zu Beginn des letzten Bereiches der 240°-Stromführungsdauer (*4*). In diesem steigt der Zündwinkel wieder an auf den Wert $z = 60^0$ bei vollständigem Kurzschluß.

Nachdem so der Verlauf des Anodenstromes festliegt und die einzelnen Gleichungen in den einzelnen Abschnitten bekannt sind, ist es möglich, den mittleren Anodenstrom, den effektiven Anodenstrom und den Höchstwert zu bestimmen, die in Kurvenblatt 13 enthalten sind.

Die Entwicklung aller drei Anodenströme vom Leerlauf bis Kurzschluß im Zusammenhang mit der Gegenspannung und dem Kathodenstrom zeigt uns Abb. 52a bis h. Diese Oszillogramme wurden in einer Schaltung mit Primärdrosseln aufgenommen; im Kapitel G wird gezeigt, daß diese Schaltung die gleichen Stromverhältnisse wie die Schaltung mit Sekundärdrossel hat. Wir sehen oben, in der Mitte und unten je einen Anodenstrom. Oben ist außerdem die Netzphasenspannung (entsprechend der sekundären Phasenspannung in der Schaltung mit Sekundärdrossel), in der Mitte die Gegenspannung und unten der Kathodenstrom wiedergegeben. In Abb. 52a bis e ist der untere Anodenstrom 6fach vergrößert. Die Nullinien oben, mitten und unten sind durch den Anodenstrom, der in der Strompause Null ist, gegeben. Abb. 52a und b gelten wieder für Anfang und Ende des 120°-Brenndauerbereiches. Sie zeigen das Anwachsen des Stromes unter Einhaltung von $\beta = 120^0$

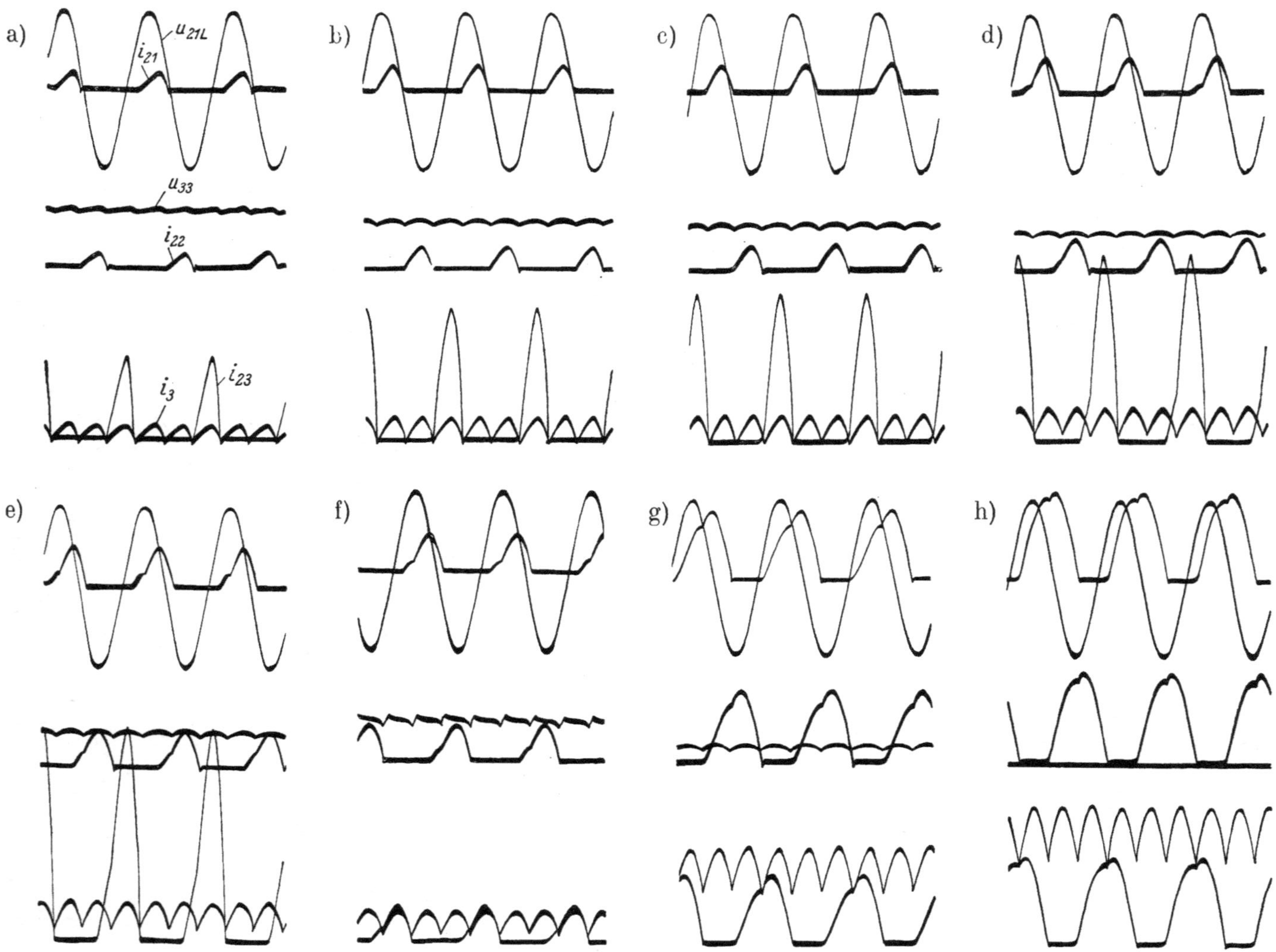

Abb. 52. Der sekundäre Strom- und Spannungsverlauf des ungesteuerten Dreiphasengleichrichters mit Sekundärdrossel nach Abb. 44 oder mit Primärdrossel nach Abb. 79 bei abnehmender Gegenspannung vom Beginn lückenlosen Kathodenst omes bis zum Kurzschluß. Oben: Sekundäre Leerlaufphasenspannung und der erste Anodenstrom. Mitte: Gleichrichterspannung und de zweite Anodenstrom. Unten: Kathodenstrom und der dritte Anodenstrom (dieser in Abb a—e stark vergrößert)

und ohne Überschneidung der Anodenströme, was man daran erkennt, daß der Kathodenstrom unten immer beim Wechsel der Anode auf Null heruntergeht. Abb. 52c bis g zeigen den Übergang auf 240° Brenndauer, und Abb. 52h nahezu den Kurzschluß. Die Gegenspannung in 52f Mitten ist durch eine Akkumulatorenbatterie gebildet; man erkennt an der Welligkeit den Spannungsabfall an Zuleitung und inneren Widerstand. In Abb. 52f ist als Verbraucher eine Bogenlampe angeschlossen, die auch als Gegenspannung angesehen werden kann. Man erkennt die andere Form der Welligkeit der Spannung. In dieser Abbildung sehen wir unten, wie der Kathodenstrom dem unteren Anodenstrom folgt, solange nur diese Anode Strom führt. Auch diese Abbildungen lassen den konstruierten Anodenstromverlauf und die Zündwinkelverschiebung erkennen.

3. Der sechsphasige und doppeldreiphasige ungesteuerte Gleichrichter mit Sekundärdrossel.

Im Anschluß an die Behandlung des Dreiphasengleichrichters ist es leicht, auch die Stromverhältnisse des Sechsphasengleichrichters nach Abb. 53 zu verstehen. In dieser Abbildung sind die Anoden so gezeichnet, daß ihre Reihenfolge 1, 4, 2, 5, 3, 6 ist; die Gruppe 456 bildet ein gegen 1, 2, 3 um 60° verschobenes Dreiphasensystem. Nach Abb. 53 gehören also zu aufeinanderfolgenden Anoden Drossel-Wicklungen, die auf verschiedenen Schenkeln liegen.

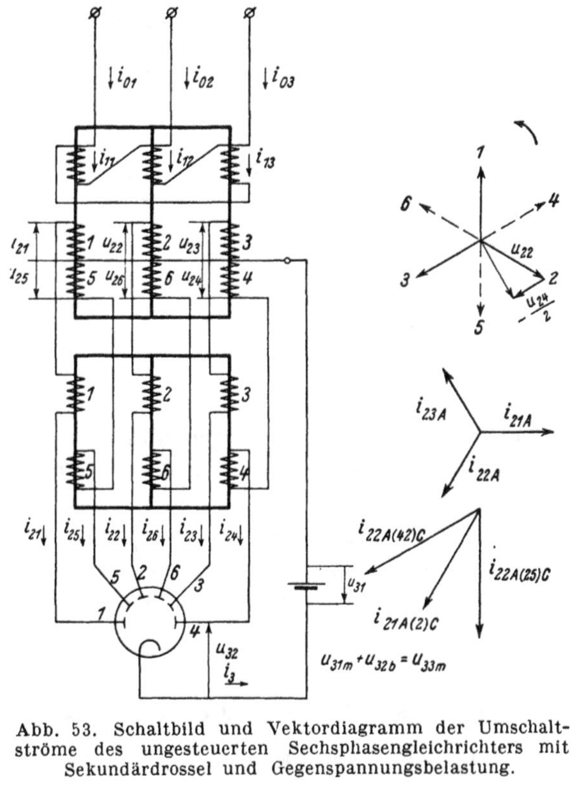

Abb. 53. Schaltbild und Vektordiagramm der Umschaltströme des ungesteuerten Sechsphasengleichrichters mit Sekundärdrossel und Gegenspannungsbelastung.

Wir wollen zunächst wieder die Zündspannungsverhältnisse überlegen. Solange die Gegenspannung hoch und die Stromführungsdauer klein ist, sind die Anodenströme voneinander unabhängig und die Zündung setzt beim Schnittpunkt der Phasenspannung mit der Gegenspannung ein. Wenn eine Anode Strom führt, bspw. 4, so liegt an der rechten unteren Drosselwicklung die vierte Phasenspannung und die negative Gegenspannung. Dieser Spannungsabfall überträgt sich auf die Wicklungen der anderen Schenkel zur Hälfte. Somit folgt für die Spannung an Anode *2*, wenn Anode *4* stromführend ist:

$$\frac{u_{24} - u_{33\,m}}{2} = u_{22} - u_{33\,m} - u_{\text{Anode}\,2\,A\,(4)}$$

$$\text{bzw.}\ u_{\text{Anode}\,2\,A\,(4)} = u_{22} - \frac{u_{24}}{2} - \frac{u_{33\,m}}{2} \quad \ldots\ldots \quad (107)$$

Der von der Wechselspannung herrührende Teil $u_{22} - \frac{u_{24}}{2}$ ist in Abb. 53 rechts vektoriell in Abb. 54 gestrichelt gezeichnet und ergibt eine um 30⁰ der Leerlaufspannung nacheilende und $\frac{\sqrt{3}}{2}$ mal kleinere Spannung. Der von der Gegenspannung herrührende Spannungsabfall an Wicklung *2* zieht sich von der Gegenspannung ab. Die Zündung einer

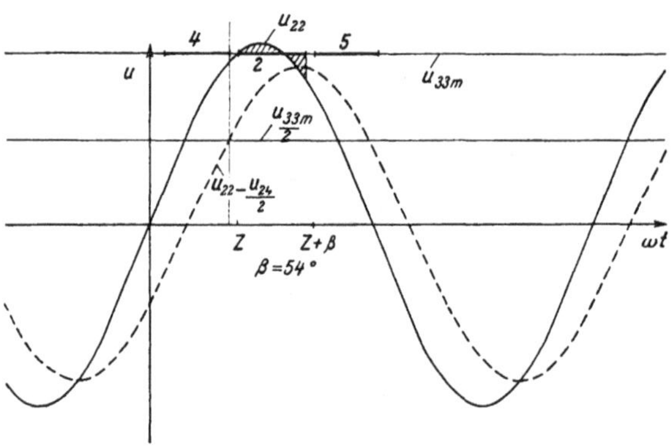

Abb. 54. Zündspannungsverhältnisse beim Sechsphasengleichrichter nach Abb. 51.

Anode, solange die vorhergehende noch Strom führt, setzt also dann ein, wenn die Wechselanodenspannung die halbe Gegenspannung überwiegt.

Abb. 54 veranschaulicht uns, daß dieser Fall eintritt, noch ehe die Stromführungsdauer der unabhängig brennenden Anoden auf 60⁰ gestiegen ist. Oben ist außer der Spannung u_{22} und der Wechselanodenspannung $u_{22} - \frac{u_{24}}{2}$ der Anode *2*, wenn *4* Strom führt, noch die Gegenspannung $u_{33\,m}$ und die halbe Gegenspannung $\frac{1}{2}\, u_{33\,m}$ gezeichnet. Auf der Gegenspannunggeraden ist die Stromführungsdauer der Anoden *4*, *2* und *5* markiert. Die Gegenspannung ist gerade so gewählt, daß das Ende der Stromführungsdauer von *4* zusammenfällt mit dem Zeitpunkt, in dem die Spannung $u_{22} - \frac{u_{24}}{2}$ die halbe Gegenspannung überwiegt. Bei weiterer Abnahme der Gegenspannung zündet Anode *2* zunächst immer bei diesem Schnittpunkt, wobei die Stromführungsdauer β ansteigt. β kann nur den Wert $\frac{2\pi}{3}$ (120°) erreichen; es können immer nur zwei Anoden gleichzeitig Strom führen, weil die folgende Anode solange negative Anodenspannung erhält. Nehmen wir an, es führen in Abb. 53 Anode *1* und *4* zugleich Strom, dann liegt an der Sekundärdrossel zunächst die Wechselspannung u_{21} und u_{24}. Da $u_{24} = - u_{23}$ ist, und die entsprechende Drosselwicklung *4* umgekehrt geschaltet ist wie *3*, so ist die Spannungsverteilung an der Drossel wie die einer dreiphasigen Drossel, bei der zwei Wicklungen an zwei Phasen eines Dreiphasensystems angeschlossen sind. Wir haben schon gesehen, daß dann die Flußverteilung genau so ist wie bei dreiphasigem Anschluß. Insbesondere weist die freie Wicklung, in diesem Falle *2*, einen Spannungsabfall auf, der gleich der zugehörigen Phasenspannung u_{22} ist. Daher tritt in diesem Falle keine Wechselanodenspannung an Anode *2* auf. Auf die Wicklung *2* der Drossel wird aber auch kein Spannungsabfall übertragen, wenn die Gegenspannung an Wicklung *1* und *4* geschaltet ist, da sich die davon herrührenden Flüsse im Mittelschenkel der Drossel aufheben. Es gilt also für die Anodenspannung von *2*, wenn *1* und *4* Strom führen:

$$u_{24} - u_{21} = u_{22} - u_{33\,m} - u_{\text{Anode}\,2\,A\,(14)}$$

$$u_{\text{Anode}\,2\,A\,(14)} = - u_{33\,m} \quad . \quad (108)$$

Somit bleibt die Gegenspannung als negative Anodenspannung übrig und es kann in diesem Bereich die folgende Anode immer nur dann zünden, wenn von den beiden gleichzeitig stromführenden eine löscht. Die Zündung wird so weit verzögert, daß immer gerade $\beta = 120°$ erreicht wird. Wir erhalten also ähnlich wie beim Dreiphasengleichrichter mit abnehmender Gegenspannung folgende Bereiche:

1. Bereich der Einwegbetriebsweise jeden Anodenstromes. ($0 < \beta < 54°$). Die Zündung setzt beim Schnittpunkt der sekundären Leerlaufspannung mit der Gegenspannung ein ($1{,}41 > \frac{u_{33\,m}}{u_{2\,e}} \geq 1{,}35$).

2. Übergangsbereich mit teilweiser Überschneidung der Anodenströme. ($54° < \beta < 120°$). Die Zündung setzt ein, wenn die gegen die Phasenspannung um 30° nacheilende und um $\frac{\sqrt{3}}{2}$ verkleinerte

Spannung die halbe Gegenspannung überwiegt $\left(1{,}35 \geq \frac{u_{33\,m}}{u_{2\,e}} \geq 1{,}09\right)$.

3. Bereich dauernder Überschneidung zweier Anodenströme bis zum vollständigen Kurzschluß. Die Zündung ist so weit verzögert, daß $\beta = 120^0$ erhalten bleibt $\left(1{,}09 \geq \frac{u_{33\,m}}{u_{2\,e}} \geq 0\right)$.

Zur Bestimmung des Anodenstromverlaufes haben wir genau wie in der Dreiphasenschaltung vom Einschaltwechselstrom und Einschaltgegenstrom, auszugehen. Abb. 55 oben zeigt die Wechselströme über

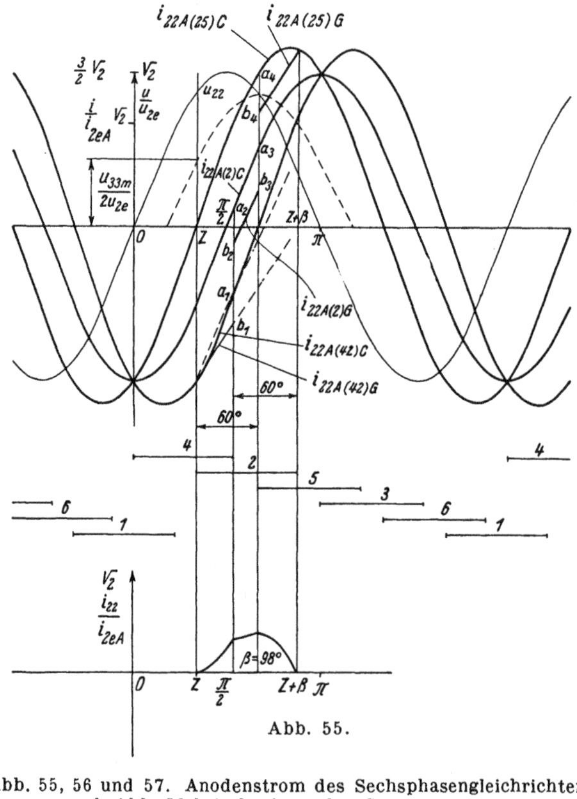

Abb. 55.

Abb. 55, 56 und 57. Anodenstrom des Sechsphasengleichrichters nach Abb. 53 bei abnehmender Gegenspannung.

die zweite Anode in ihrer Lage gegenüber der Sekundärspannung u_{22}. Der Wechselstrom, wenn nur Anode *2* Strom führt, $i_{22\,A\,(2)\,C}$ ist natürlich der gleiche wie in der Dreiphasenschaltung. Anode *2* kann außerdem gleichzeitig Strom führen mit der vorhergehenden Anode *4* oder folgen den Anode *5*. Wir haben die dazugehörigen Wechselströme auf S. 38 ff. berechnet zu:

$$\frac{i_{22\,A\,(2)\,C}}{i_{2\,e\,A}} = \frac{3}{2}\,\frac{i_{22\,A}}{i_{2\,e\,A}} = \frac{3}{2}\sqrt{2}\,(-\cos\omega t)$$

$$\frac{i_{22\,A\,(42)\,C}}{i_{2\,e\,A}} = \frac{i_{22A} - i_{21\,A}}{i_{2\,e\,A}} = -\sqrt{2}\sqrt{3}\cos(\omega t - 30^0)$$

$$\frac{i_{22\,A\,(25)\,C}}{i_{2\,e\,A}} = \frac{i_{22A} - i_{23A}}{i_{2\,e\,A}} = -\sqrt{2}\sqrt{3}\cos(\omega t + 30^0)\quad . \quad (109)$$

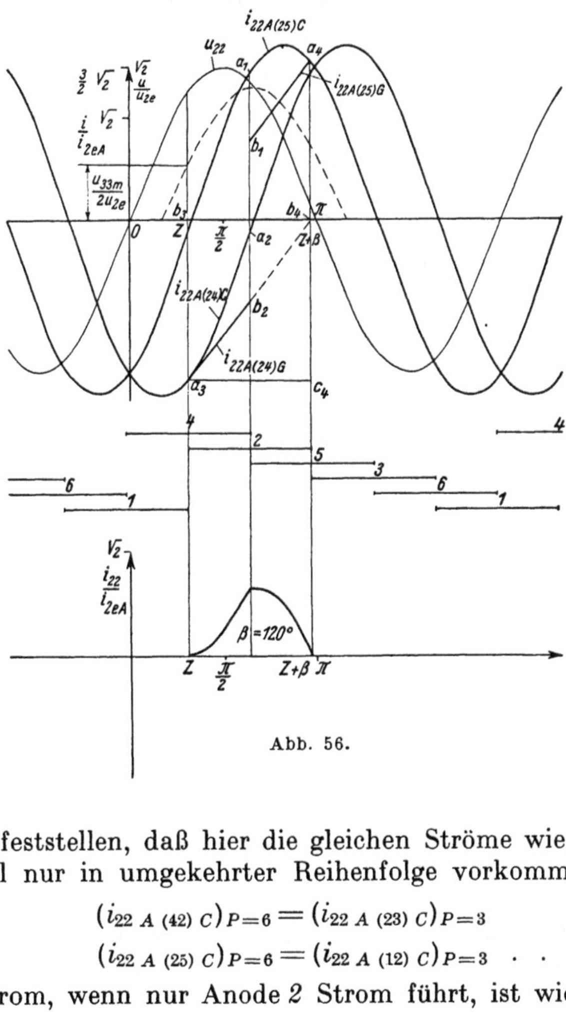

Abb. 56.

und können feststellen, daß hier die gleichen Ströme wie bei der Dreiphasendrossel nur in umgekehrter Reihenfolge vorkommen:

$$(i_{22\,A\,(42)\,C})_{P=6} = (i_{22\,A\,(23)\,C})_{P=3}$$

$$(i_{22\,A\,(25)\,C})_{P=6} = (i_{22\,A\,(12)\,C})_{P=3}\quad . \; . \; . \; . \; . \; . \; . \quad (110)$$

Der Gegenstrom, wenn nur Anode *2* Strom führt, ist wie in der Dreiphasenschaltung:

$$\frac{i_{22\,A\,(2)\,G}}{i_{2\,e\,A}} = \frac{3}{2}\,\frac{u_{33\,m}}{u_{2\,e}}\,\omega t\,.\quad . \; . \; . \; . \; . \; . \; . \; . \; . \quad (111)$$

Die anderen Fälle ergeben beide den gleichen Gegenstrom, der auf S. 42 bestimmt wurde zu:

$$\frac{i_{22\,A\,(24)\,G}}{i_{2\,e\,A}} = \frac{i_{22\,A\,(25)\,G}}{i_{2\,e\,A}} = \frac{u_{33\,m}}{u_{2\,e}}\,\omega t \quad . \quad (112)$$

Die Kenntnis der Zündbedingungen und der Wechsel- und Gegenströme ermöglichen die graphische Konstruktion des Anodenstromes der Sechsphasenschaltung in den Abb. 55 bis 57, die den Abb. 45 bis 50 für den Dreiphasengleichrichter entsprechen. Wir wollen hier nur auf einiges hinweisen und mit dem Kurzschluß beginnen. Den Anodenstromverlauf

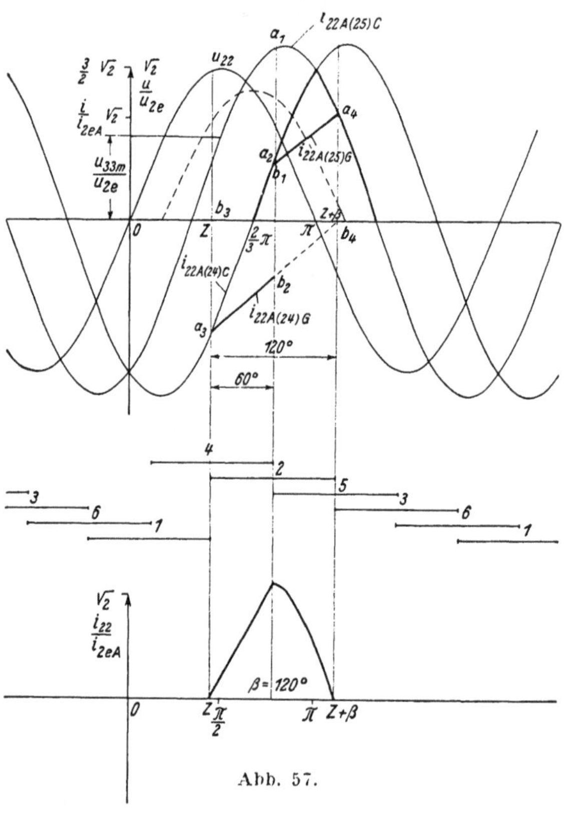

Abb. 57.

im vollständigen Kurzschluß enthält Abb. 57 oben stark hervorgehoben. Er besteht bei der Reihenfolge der Wechselströme erst aus einem Ausschnitt des nacheilenden Stromes und dann des voreilenden. Abb. 57 zeigt die Konstruktion im 3. Bereich mit $\beta = 120$; hier wählen wir den Zündwinkel und erhalten mit der Stetigkeitsbedingung $\overline{a_1\,b_1} = \overline{a_2\,b_2}$ die Lage der Gegenstromgeraden.

Aus dem Gesamtanstieg folgt dann die verhältnismäßige Gegenspannung, bei der sich diese Stromverhältnisse einstellen.

Abb. 56 zeigt den Stromverlauf zu Beginn des Bereiches mit $\beta = 120^0$ bzw. am Ende des Übergangsbereiches von $\beta = 54^0$ auf $\beta = 120^0$. Hier wird gerade die Stromführungsdauer $\beta = 120^0$ erreicht und zugleich ist die Zündbedingung des Übergangsbereiches erfüllt:

$$u_{22} - \frac{u_{24}}{2} - \frac{u_{33\,m}}{2} = \frac{\sqrt{2}\sqrt{3}\,u_{2\,e}}{2} \sin(z - 30^0) - \frac{u_{33\,m}}{2} = 0 \qquad (113)$$

An dieser Grenze verläuft wie im Übergangsbereich die erste Gegenstromgerade tangential zum Wechselstrom, was aus der Zündbedingung folgt:

$$\sqrt{3}\sqrt{2} \sin(z_{\min} - 30^0) = \frac{u_{33\,m}}{u_{2\,e}} \quad \ldots \ldots \ldots \quad (114)$$

Links steht die Neigung des Wechselstromes im Zündzeitpunkt, wenn Anode *2* und *4* Strom führen, und rechts die des Gegenstromes. Außerdem muß auch hier die Gesamtänderung der Wechselströme und der Anstieg des Gegenstromes gleich sein.

$$\overline{a_4 b_4} + \overline{a_3 b_3} - \overline{a_1 a_2} = \overline{c_4 b_4} \quad \ldots \ldots \ldots \quad (115)$$

Hierin heben sich auf der linken Seite das zweite und dritte Glied auf, da die Differenz zweier um 60^0 phasenverschobener Ströme $(\overline{a_1 a_2})$ gleich dem um 60^0 zurückliegenden Wert des voreilenden Stromes $(\overline{a_3 b_3})$ ist, abgesehen vom Vorzeichen. Hieraus folgt also:

$$\overline{a_4 b_4} = \overline{c_4 b_4} \text{ bzw. } \sqrt{3}\sqrt{2} \cos(z_{\min} - 30^0) = \frac{u_{33\,m}}{u_{2\,e}} \cdot \frac{2\pi}{3} \quad . \quad (116)$$

Diese Gleichung ergibt durch Division in Gl. (114) eine Bestimmungsgleichung für den kleinsten Zündwinkel:

$$\operatorname{tg}(z_{\min} - 30^0) = \frac{3}{2\pi}, \quad z_{\min} = 55{,}5^0 \quad . \quad (117)$$

Im übrigen ist die Konstruktion wie in Abb. 48 für die Dreiphasenschaltung durchgeführt.

Bei weiterem Steigen der Gegenspannung wächst der Zündwinkel wieder an. Abb. 55 zeigt die Konstruktion des Anodenstromverlaufes in diesem 2. Bereich, die ähnlich der in Abb. 47 ist.

In der Mitte der Stromführungsdauer haben wir einen Bereich, wo die zweite Anode allein Strom führt. Hierbei sind Wechselstrom und Gegenstrom mit denen in der Dreiphasenschaltung übereinstimmend. Die Konstruktion geht aus vom Zündwinkel, beachtet die Aufeinanderfolge der Zündung und Löschung im Abstand $\frac{\pi}{3}$ (60^0) und die Stetigkeit des zweiten Anodenstromes beim Löschen des 4. und Zünden des 5.: $\overline{a_1 b_1} = \overline{a_2 b_2}$, $\overline{a_3 b_3} = \overline{a_4 b_4}$.

Die Überschneidung der Anodenströme geht mit steigender Gegenspannung zurück. Ehe die Anodenströme unabhängig voneinander werden, tritt ein unterbrochener Anodenstrom auf, ähnlich wie wir ihn im folgenden Kapitel kennenlernen werden. Die graphische Konstruktion ist hier sehr ungenau; außerdem ist hier und im Bereich unabhängiger Anodenströme der Strom schon so klein, daß praktisch dieser Bereich ohne Bedeutung ist. Die unabhängigen Anodenströme stimmen für die sechsphasige Schaltung mit denen der dreiphasigen überein.

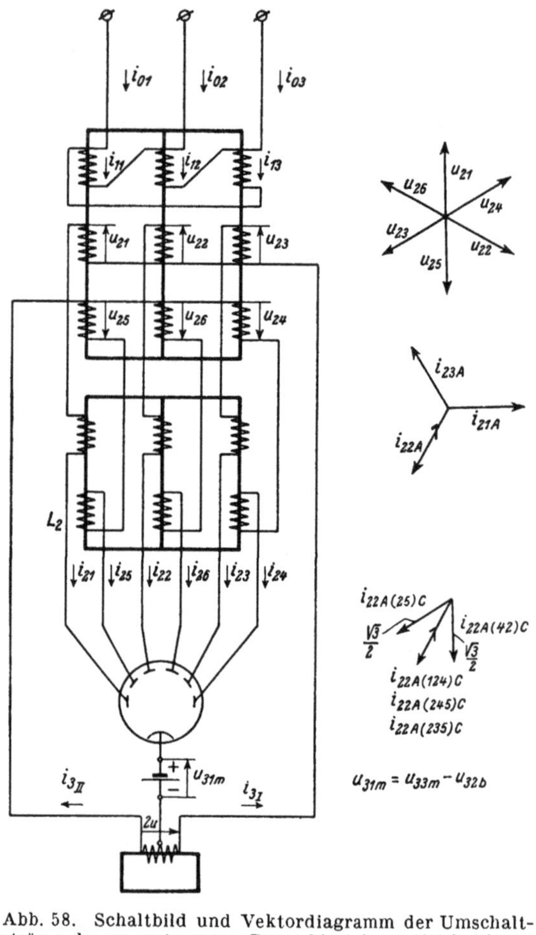

Abb. 58. Schaltbild und Vektordiagramm der Umschaltströme des ungesteuerten Doppeldreiphasengleichrichters mit Sekundärdrossel und Gegenspannungsbelastung.

Aus dem Verlauf der Anodenströme in Abb. 55 bis 57 ergeben sich abhängig von der verhältnismäßigen Gegenspannung Mittelwert, Höchstwert und Effektivwert in Kurvenblatt 14.

Die Doppeldreiphasenschaltung mit Saugdrossel nach Abb. 58 zeigt Stromverhältnisse, die von denen der Dreiphasenschaltung und Sechsphasenschaltung abweichen. Während man die Doppeldreiphasenschaltung mit großer Kathodendrossel oder mit ohmschem Widerstand im Kathodenzweig als Parallelschaltung zweier Dreiphasensysteme auffassen kann, ist es beim Arbeiten auf reine Gegenspannung zweckmäßig, die Schaltung als besondere Sechsphasenschaltung anzusehen. Wir wollen bei Beschreibung der Stromverhältnisse vom vollständigen Kurzschluß ausgehen. Hierfür läßt sich zeigen, daß dauernd drei Anoden gleichzeitig Strom führen und der Anodenstrom die positive Halbwelle des

Kurzschlußstromes bei dreiphasigem, sekundärem Kurzschluß ist. Anode *2* führt dabei mit Anode *1* und *4* oder *4* und *5* oder *3* und *5* gleichzeitig Strom. Betrachten wir die Wechselströme und die Gegenströme, wenn z. B. Anode *2*, *4* und *5* gleichzeitig Strom führen. Dabei setzen wir voraus, daß die Saugdrossel groß und ihr Magnetisierungsstrom zu vernachlässigen ist. Darüber hinaus kann sie nur Wechselströme führen, deren Amperewindungen rechts und links sich gegenseitig aufheben, d. h. nach Abb. 58 gilt $i_{3\,\mathrm{I}} = i_{3\,\mathrm{II}}$. Man spricht auf Grund dieser Überlegung auch von einem Saugtransformator. Wir erhalten für den gewählten Fall folgende Stromgleichungen:

$$i_{21} = i_{23} = i_{26} = 0$$

$$i_{22} + i_{24} + i_{25} = i_{3\,\mathrm{II}} + i_{3\,\mathrm{I}} = 2\,i_{3\,\mathrm{II}} = 2\,(i_{24} + i_{25})$$

$$\text{oder } i_{22} = i_{24} + i_{25} \qquad (118)$$

Wenn wir den gesamten Spannungsabfall an der Saugdrossel mit $2u$ bezeichnen und die Richtung nach Abb. 58 beachten, ergeben sich ferner die Spannungsgleichungen:

$$u_{22} = \omega L_2 \frac{d\left(\frac{2}{3} i_{22} + \frac{1}{3} i_{24} + \frac{1}{3} i_{25}\right)}{d\,\omega t} + u = \omega L_2 \frac{d\,i_{22}}{d\,\omega t} + u$$

$$u_{24} = \omega L_2 \frac{d\left(\frac{2}{3} i_{24} + \frac{1}{3} i_{22} - \frac{1}{3} i_{25}\right)}{d\,\omega t} - u = \omega L_2 \frac{d\,i_{24}}{d\,\omega t} - u$$

$$u_{25} = \omega L_2 \frac{d\left(\frac{2}{3} i_{25} + \frac{1}{3} i_{22} - \frac{1}{3} i_{24}\right)}{d\,\omega t} - u = \omega L_2 \frac{d\,i_{25}}{d\,\omega t} - u \qquad (119)$$

Die Differenz der ersten Gleichung mit den beiden letzten ergibt für die Saugdrosselspannung $u = 0$; daraus folgt für die Ströme:

$$i_{22\,A\,(245)\,C} = i_{22\,A}, \quad i_{24\,A\,(245)\,C} = i_{24\,A}, \quad i_{25\,A\,(245)\,C} = i_{25\,A} \qquad (120)$$

d. h. die Ströme stimmen mit den Wechselkurzschlußströmen überein. Daraus folgt auch weiter, daß der Wechselstrom sich nicht ändert, wenn Anode *2* mit *1* und *4* oder mit *3* und *5* gleichzeitig Strom führt. In Abb. 58 rechts unten ist der Wechselstrom vektoriell dargestellt.

Um den Gegenstrom zu finden, wenn drei Anoden gleichzeitig Strom führen, z. B. Anode *2*, *4* und *5* können wir wieder voraussetzen, daß beide Hälften der Saugdrossel den gleichen Gegenstrom entgegengesetzt führen. Außerdem ergibt sich aus Symmetriegründen unmittelbar, daß

$$i_{24\,G\,(245)} = i_{25\,G\,(245)} = \frac{1}{2}\, i_{22\,G\,(245)} \qquad (121)$$

ist. Daraus folgt weiter, daß der mittlere Schenkel der Anodendrossel den doppelten Fluß führt und damit die entsprechende Wicklung die doppelte Spannung hat wie die beiden andern. Diese Überlegungen führen zu folgender Gegenstromverteilung:

$$i_{21} = i_{23} = i_{26} = 0$$

$$i_{22\,G\,(245)} = -\frac{4}{3}\frac{u_{33\,m}}{\omega L_2}\omega t, \quad i_{24\,G\,(245)} = -\frac{2}{3}\frac{u_{33\,m}}{\omega L_2}\omega t$$

$$i_{25\,G\,(245)} = -\frac{2}{3}\frac{u_{33\,m}}{\omega L_2}\omega t \quad \ldots \ldots \ldots \ldots \quad (122)$$

An der zweiten Wicklung der Anodendrossel tritt der Spannungabfall $-\frac{4}{3}u_{33\,m}$ auf, an den beiden anderen Wicklungen $-\frac{2}{3}u_{33\,m}$; an der Saugdrossel liegt der Spannungsabfall $2u = +\frac{2}{3}u_{33\,m}$. Für die beiden anderen Fälle ergibt sich sinngemäß:

$$i_{22\,G\,(124)} = i_{22\,G\,(235)} = -\frac{2}{3}\frac{u_{33\,m}}{\omega L_2}\omega t \quad . \quad (123)$$

Im Anschluß an diese Überlegungen können wir leicht feststellen, daß eine weitere Anode nicht zünden kann, solange drei Anoden gleichzeitig stromführend sind. Es ergibt sich z. B. als Anodenspannung für Anode *3*, wenn Anode *4*, *2* und *5* stromführend sind:

$$u_{23} - u_{\text{Anode}\,3} - u_{33\,m} = -u_{24} + \frac{2}{3}u_{33\,m} + \frac{1}{3}u_{33\,m}$$

$$\text{bzw. } u_{\text{Anode}\,3\,A\,(425)} = -2\,u_{33\,m} \quad \ldots \ldots \quad (124)$$

so daß Anode *3* nicht zünden kann. Wenn aber Anode *4* die Stromführung beendet hat, erscheint an Anode *3* die Spannung:

$$u_{\text{Anode}\,3\,A\,(25)} = \frac{3}{2}u_{23} - u_{33\,m} \quad \ldots \ldots \quad (125)$$

wie sich aus der folgenden Betrachtung über die Verhältnisse bei gleichzeitiger Stromführung von zwei Anoden ergeben wird. Solange diese Spannung am Ende der Stromführung von Anode *4* positiv ist, zündet Anode *3* anschließend an die Brenndauer von *4*, und es brennen immer drei Anoden gleichzeitig. Die Konstruktion des Anodenstromes in diesem Bereich zeigt Abb. 59a unten. Der Gegenstrom setzt sich aus drei Geradenstücken zusammen, deren mittlere die doppelte Steilheit wie die beiden äußeren Teile hat, entsprechend den Gl. (122). Die Konstruktion geht von einem bestimmten Zündwinkel aus; damit liegt zunächst der Gesamtanstieg des Gegenstromes fest, wenn die Stromführungsdauer 180⁰ sein soll. Für den Gesamtanstieg gilt nach Abb. 59a die Gleichung:

$$\frac{2}{3}\frac{u_{33m}}{\omega L_2}\cdot\frac{\pi}{3} + \frac{4}{3}\frac{u_{33\,m}}{\omega L_2}\cdot\frac{\pi}{3} + \frac{2}{3}\frac{u_{33m}}{\omega L_2}\cdot\frac{\pi}{3} = 2\frac{\sqrt{2}\,u_{2\,e}}{\omega L_2}\cdot\cos z \quad . \quad (126)$$

Dieser Anstieg teilt sich zu je $1/3$ auf die beiden äußeren Teile und zu $^2/_3$ auf den inneren Teil der Stromführungsdauer, und damit sind die Geradenstücke gegeben. Im vollständigen Kurzschluß liegt der Zündwinkel bei $z = 90^0$. Wir sehen die Abnahme des Zündwinkels bei

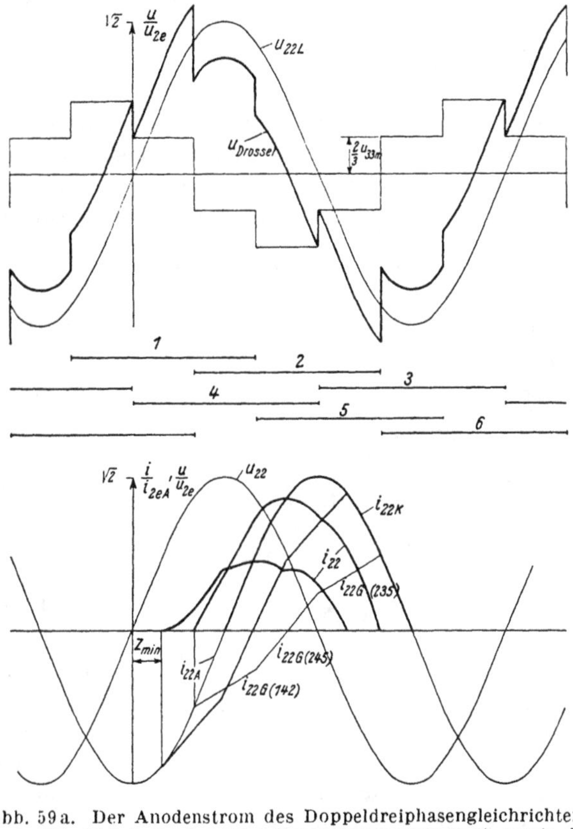

Abb. 59a. Der Anodenstrom des Doppeldreiphasengleichrichters nach Abb. 58 bei abnehmender Gegenspannung (unten), sowie die Spannung an der Sekundärdrossel (oben).

steigender Gegenspannung bzw. Anstieg der Gegenstromgeraden. Der Zündwinkel kann so weit abnehmen, als noch die Zündbedingung erfüllbar ist, die für die zweite Anode heißt:

$$u_{\text{Anode}\,2} = \frac{3}{2}\, u_{22} - u_{33\,m} = \frac{3}{2}\sqrt{2}\; u_{2\,e} \cdot \sin\omega t - u_{33\,m} \geqq 0$$

$$\text{bzw.}\ \frac{3}{2}\sqrt{2}\, u_{2\,e} \sin\omega t \geqq u_{33\,m} \quad . \quad . \quad . \quad . \quad . \quad . \quad . \quad (127)$$

Wenn wir diese Gleichung und die für den Gesamtanstieg für den kleinsten Zündwinkel anschreiben, ergibt sich:

$$\frac{3}{2}\sqrt{2}\,u_{2e}\sin z_{\min} = u_{33m},\ 2\sqrt{2}\,u_{2e}\cos z_{\min} = \frac{8\cdot\pi}{9}\cdot u_{33m}$$

$$\operatorname{tg} z_{\min} = 0{,}478, \quad z_{\min} = 25{,}5^0, \quad \frac{u_{33m}}{u_{2e}} = 0{,}91, \quad \frac{i_{2m}}{i_{2eA}} = 0{,}205 \qquad (128)$$

Diesen Werten gehört der kleinste in Abb. 59a unten gezeichnete Anodenstrom zu.

Zur weiteren Veranschaulichung der Verhältnisse sei noch zu dem zweitgrößten Anodenstrom in Abb. 59a unten die Spannung an der Anodendrossel konstruiert. Wir haben gesehen, solange dauernd je drei Anoden Strom führen, führt die Drossel zunächst die Wechselkurzschlußströme, und an jeder Wicklung tritt die entsprechende sekundäre Phasenspannung auf. Außerdem tritt aber von der Gegenspannung herrührend $\pm\frac{2}{3}u_{33m}$ oder $\pm\frac{4}{3}u_{33m}$ auf, je nachdem welche Anoden Strom führen. Wir erhalten die in Abb. 59a oben gezeichneten beiden Spannungsanteile der Drosselspannung, die zusammen die stark hervorgehobene Gesamtspannung ergeben. Abb. 59b zeigt uns diese Spannung im Oszillogramm. Die Spannung ist zwar an einer primärseitig liegenden Drossel aufgenommen, die aber vollkommen gleiche Spannungsverhältnisse aufweist, wie im Kapitel G nachgewiesen wird. Der Strom über die Drossel setzt sich in diesem Falle aus den beiden um 180° in der Phase verschobenen Anodenströmen zusammen, die bei der Sekundärdrossel in den beiden Wicklungen des gleichen Schenkels fließen. Das Oszillogramm zeigt uns diesen Strom, dessen positive Halbwelle im Verlauf mit dem zweitgrößten Anodenstrom in Abb. 59a unten übereinstimmt.

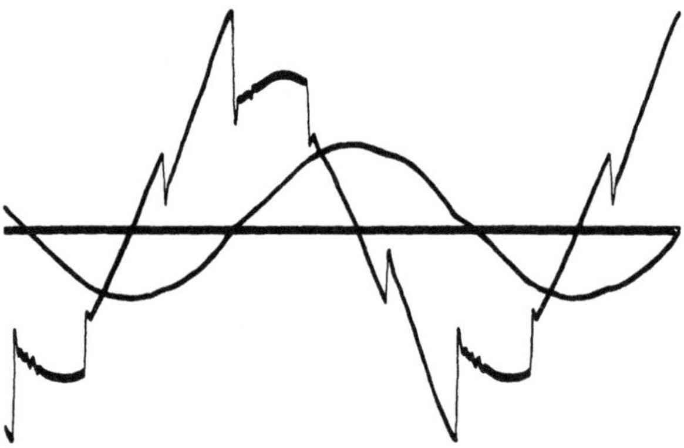

Abb. 59b. Oszillogramm der Drosselspannung nach Abb. 59a oben und Verlauf der Erregung eines Schenkels der Drossel.

Der Bereich der dauernden Stromführung dreier Anoden und damit der Brenndauer von 180° umfaßt den wesentlichsten Teil der in Kurvenblatt 14a wiedergegebenen Stromspannungskennlinie.

Mit weiter steigender Gegenspannung nimmt die Stromführungsdauer ab. Die Anode *2* ist dann in fünf Zeitabschnitten in folgender Weise stromführend: *2* mit *1* und *4*; *2* mit *4*; *2* mit *4* und *5*; *2* mit *5*; *2* mit *5* und *3*.

Wir müssen also noch die Verhältnisse untersuchen für den Fall, daß nur zwei aufeinanderfolgende Anoden stromführend sind. Führen z. B. Anode *2* und *5* gleichzeitig Strom, so gilt für die Wechselströme:

$$i_{21} = i_{23} = i_{24} = i_{26} = 0, \quad i_{3\,\mathrm{I}} = i_{3\,\mathrm{II}} \quad \text{bzw. } i_{22} = i_{25} \quad . \; . \; (129)$$

wenn wir wieder voraussetzen, daß die Ströme über die Saugdrossel entgegengesetzt gleich sind. Für die Spannungen gelten die Gleichungen:

$$u_{22} - u_{25} = \omega L_2 \frac{d\, i_{22}}{d\, \omega t} - \omega L_2 \frac{d\, i_{25}}{d\, \omega t} + 2\,u = 2\,u$$

$$u_{22} = \omega L_2 \frac{d\, i_{22}}{d\, \omega t} + u$$

$$u_{25} = \omega L_2 \frac{d\, i_{25}}{d\, \omega t} - u \quad . \; . \; (130)$$

daraus folgen die Ströme:

$$\dot{i}_{22\,A\,(25)\,C} = \dot{i}_{25\,A\,(25)\,C} = \frac{i_{22\,A} + i_{25\,A}}{2} = \frac{i_{22\,A} - i_{21\,A}}{2} \quad . \; . \; (131)$$

Diese Ströme sind in Abb. 58 vektoriell dargestellt. Für die Gegenströme ergibt sich, wie man leicht übersieht:

$$\dot{i}_{22\,G\,(25)} = \dot{i}_{25\,G\,(25)} = -\frac{u_{33\,m}}{\omega L_2}\,\omega t \quad . \; . \; . \; . \; . \; (132)$$

Von der Gegenspannung herrührend liegt in diesem Fall kein Spannungsabfall an der Saugdrossel. Daher ergibt sich für die Anodenspannung der folgenden Anode *3*, wenn wir beachten, daß die Anodendrossel auf dem dritten Schenkel keinen Fluß führt und damit die Wicklungen ohne Spannungsabfall sind.

$$u_{23} - u_{\mathrm{Anode}\,3} - u_{33\,m} = u = \frac{u_{22} - u_{25}}{2}$$

$$\text{bzw. } u_{\mathrm{Anode}\,3\,A\,(25)\,C} = \frac{3}{2}\,u_{23} - u_{33\,m} \quad . \; . \; . \; . \; (133)$$

Die entsprechende Gleichung für die Anode *2* haben wir oben benutzt. Die Konstruktion des Anodenstromes in dem Bereich, in dem abwechselnd 2 oder 3 Anoden gleichzeitig Strom führen, ist ähnlich der für den Dreiphasengleichrichter nach Abb. 47 und soll hier nicht durchgeführt werden. Es folgt ein Bereich, in dem abwechselnd 2 und 1 Anode stromführend sind. Das Ende dieses Bereiches können wir bestimmen, indem wir die Zündbedingungen einer folgenden Anode, wenn die vorhergehende noch Strom führt, festlegen. Wenn nur eine Anode Strom führt, liegt die Wechselspannung und die Gegenspannung vorwiegend an der Saugdrosselhälfte. Der Betrieb entspricht dem mit großer Kathodendrossel bei lückenhaftem Kathodenstrom, in dem der Strom sehr klein ist. Eine folgende Anode z. B. *2*, wenn *4* stromführend ist, hat eine Anodenspannung:

$$u_{22} - u_{33\,m} - u_{\text{Anode}\,2\,A\,(4)\,C} = u = -(u_{24} - u_{33\,m})$$

$$\text{bzw. } u_{\text{Anode}\,2\,A\,(4)\,C} = u_{22} + u_{24} - 2\,u_{33\,m} \quad . \quad . \quad . \quad . \quad (134)$$

Diese Gleichung besagt, daß Anode *2* bei $z = 60^0$ zündet, solange Anode *4* stromführend ist, wenn $2u_{33\,m} = \sqrt{2} \cdot \sqrt{3}\ u_{2e}$ geworden ist, bzw. $\frac{u_{33\,m}}{u_{2\,e}} = 1{,}22$. Hier beginnt die Kennlinie in Kurvenblatt 14a, wenn wir die Saugdrossel so groß voraussetzen, daß der Strom vernachlässigbar klein ist, wenn nur eine Anode Strom führt. Andernfalls beginnt die Kennlinie von $\frac{u_{33\,m}}{u_{2\,e}} = 1{,}41$ anzusteigen.

Die Typenleistung der Saugdrossel wird, nach dem auf S. 43 beschriebenen Verfahren, ausgehend von ihrer Scheinleistung, bestimmt. Die Scheinleistung ist in diesem Falle im Bereich der gleichzeitigen Stromführung dreier Anoden leicht zu finden. Die Saugdrosselspannung ist nach den Überlegungen auf S. 100 oben $2u = \pm \frac{2}{3}\,u_{33\,m}$, oder wenn wir die Saugdrossel als Saugtransformator auffassen, ist die Spannung an einer Wicklung eine Rechteckspannung von der Höhe $\pm \frac{1}{3}\,u_{33\,m}$ und der Breite des Rechtecks von 60^0. Diese Spannung hat einen Effektivwert $u_e = \frac{1}{3}\,u_{33\,m}$, einen Formfaktor $(\xi)_3 = 1$. Die Grundfrequenz ist die dreifache Netzfrequenz. Der Strom, den jede Wicklung zu führen hat, ist der eines der Dreiphasensysteme. Nach Abb. 58 haben wir dazu drei um 120^0 verschobene Anodenströme zu summieren. Wir finden dann, daß der Strom eines Systems durch einen 60^0 breiten Ausschnitt in der Mitte des 180^0 breiten Anodenstromes gegeben ist, der sich alle 60^0 wiederholt. Dieser Ausschnitt gibt aber auch den gesamten Kathodenstrom in halber Größe wieder, denn die Ströme der beiden Systeme sind um 60^0 verschoben einander gleich. Der Strom eines Systems verläuft ähnlich dem in Abb. 60c für den Sechsphasengleichrichter dargestellten Kathodenstrom. Sein Effektivwert ist praktisch gleich dem halben mittleren Gesamtkathodenstrom, da die Ober-

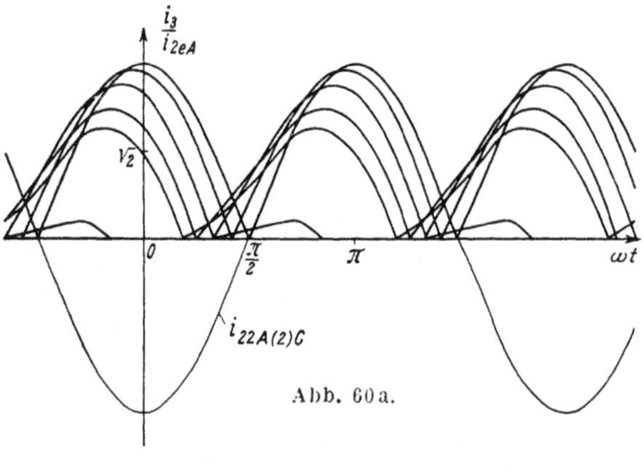

Abb. 60a.

schwingungen nur einen geringfügigen Beitrag zum Effektivwert liefern. Daher ergibt sich schließlich für die Scheinleistung der Saugdrossel: $\frac{i_{3m}}{2} \cdot \frac{1}{3} u_{33m}$, aus der sich nach Gl. 314 und Kurvenblatt 27 die Typenleistung bei Netzfrequenz bestimmen läßt.

Nachdem wir den Anodenstrom der verschiedenen Schaltungen konstruiert haben, ist auch der Kathodenstromverlauf, der die Summe der Anodenströme ist, gegeben. Abb. 60a, b und c zeigen den Kathodenstrom bei abnehmender Gegenspannung für die Zwei-, Drei- und Sechsphasenschaltung, wie er aus den Abb. 43, 45 bis 50 und 55 bis 57 entsteht, wenn wir den Anodenstrom fortlaufend um $\frac{2\pi}{2}$, $\frac{2\pi}{3}$ und $\frac{2\pi}{6}$ verschieben und die Summe bilden. Natürlich kann man den Kathodenstrom auch unmittelbar aus Wechselstrom und Gegenstrom konstruieren. In den Abb. 60a, b und c ist für den Kurzschlußfall der Wechselstrom angedeutet.

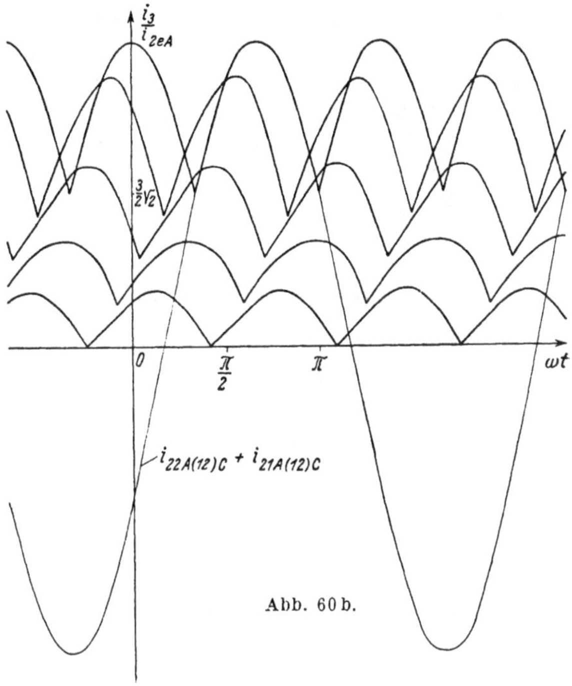

Abb. 60b.

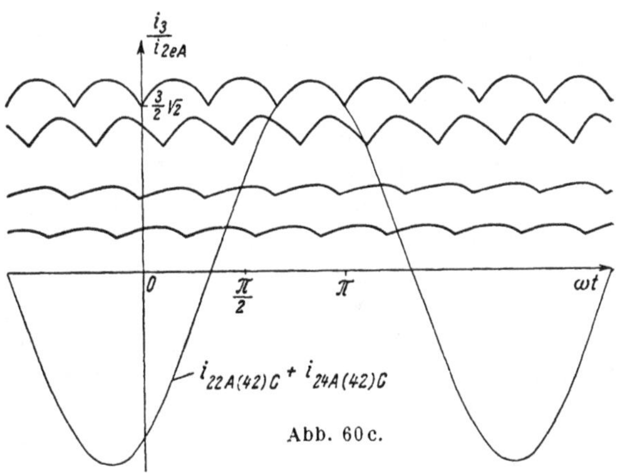

Abb. 60c.

Abb. 60a, b, c. Kathodenstrom des ungesteuerten Zwei-, Drei- und Sechsphasengleichrichters mit Sekundärdrossel und abnehmender Gegenspannungsbelastung.

Der mittlere Kathodenstrom ist das Pfache des mittleren Anodenstromes. Daher gelten die Kennlinien des mittleren Anodenstromes in Kurvenblatt 12 bis 14 auch für den mittleren Kathodenstrom. Der effektive Kathodenstrom muß dagegen gesondert bestimmt werden. Das Ergebnis zeigt Kurvenblatt 15, und zwar ist hierin der überlagerte Wechselstrom im Verhältnis zum mittleren Kathodenstrom aufgetragen in Abhängigkeit von der Gegenspannung. Die Kurven zeigen, was auch der Verlauf der Kathodenströme erkennen läßt, die Überlegenheit der sechsphasigen Schaltung infolge des kleinen Wechselstromanteils, der fast über den ganzen Arbeitsbereich seine kleine Größe beibehält.

Diese Kurven im Zusammenhang mit den Kennlinien in Kurvenblatt 12 bis 15 ermöglichen die Auswahl der Schaltung für einen bestimmten Anwendungsfall. Das zeigt uns das später behandelte Anwendungsbeispiel.

F. Der ungesteuerte Gleichrichter mit verketteten Anodendrosseln (Sekundärdrossel) und großer Kathodendrossel bei Gegenspannungsbelastung.

1. Der zweiphasige ungesteuerte Gleichrichter mit Sekundärdrossel und Kathodendrossel.

Durch Einschalten einer Drossel in den Kathodenzweig hat man die Möglichkeit, den überlagerten Wechselstrom im Kathodenstrom zu unterdrücken. In diesem Kapitel soll untersucht werden, welche Stromverhältnisse sich dann in den Schaltungen mit verketteten Anodendrosseln ergeben. Wir wollen das zunächst am Zweiphasengleichrichter nach Abb. 61 betrachten. Bei hoher Gegenspannung setzt die Zündung beim Schnittpunkt der Phasenspannung mit der Gegenspannung ein, jede Anode arbeitet in Einphasenbetriebsweise, der Kathodenstrom ist lückenhaft. Innerhalb der Stromführungsdauer liegt die entsprechende Drosselwicklung in Reihe mit der Kathodendrossel. Wenn wir voraussetzen, daß die Induktivität der Kathodendrossel groß ist gegenüber der der Anodendrossel — diese Voraussetzung ist gleichbedeutend mit der später getroffenen Annahme, daß der überlagerte Wechselstrom im Kathodenstrom zu vernachlässigen ist —, dann ist auch der Anodenstrom sehr klein gegenüber dem später durch die Anodendrossel bestimmten Strom. Außerdem liegt dann die Differenz von Phasenspannung und Gegenspannung fast vollständig an der Kathodendrossel, und die Anodendrossel ist ohne Spannungsabfall. Während die vorhergehende Anode den Strom führt, erhält die folgende Anode als Anodenspannung die Differenz der Phasenspannungen bzw. die verkettete Spannung (zuzüglich der Brennspannung, was aber dadurch aufgehoben wird, daß die folgende Anode erst zünden kann, wenn die positive Spannung mindestens die Brennspannung erreicht). Die folgende Anode wird also im

Nulldurchgang der verketteten Spannung zünden, wenn mit abnehmender Gegenspannung das Ende der Brenndauer der vorhergehenden Anode an diesen Nulldurchgang heranreicht und nicht erst im Schnittpunkt der Phasenspannung mit der Gegenspannung. Wenn die folgende Anode zündet, solange die vorhergehende noch Strom führt, wird ein Stromkreis geschlossen, der über beide Anoden und beide Drosselwicklungen führt und für den die verkettete Spannung die treibende Spannung ist, während der Kathodenzweig durch die große Drossel praktisch gesperrt ist. Der Umschaltstrom ist im Sinne der zündenden Anode positiv, so daß der Strom über diese ansteigt. Im Sinne der löschenden Anode ist der Umschaltstrom negativ und überlagert sich dem über diese fließenden Strom. Da der Umschaltwechselstrom sehr groß ist, gegenüber dem von der Kathodendrossel bestimmten Anodenstrom, können wir zunächst eine sprunghafte Ablösung der Anodenströme annehmen. Wir erhalten dann einen Anodenstrom nach Abb. 62 unten. Von dem sprunghaft übernommenen Wert nimmt er erst ab, weil die Phasenspannung noch unter der Gegenspannung liegt und kann sogar auf Null gehen und wieder unterbrochen werden. Dann zündet der Anodenstrom im Schnittpunkt der Phasenspannung mit der Gegenspannung neu. Abb. 62 gibt den Anodenstrom an der Grenze dieses Bereiches wieder. Er wird als Differenz von Wechselstrom $i_{22\,A\,(2)\,C}$ und Gegenstrom $i_{22\,A\,(2)\,G}$ konstruiert, die durch die Kathodendrossel bestimmt werden:

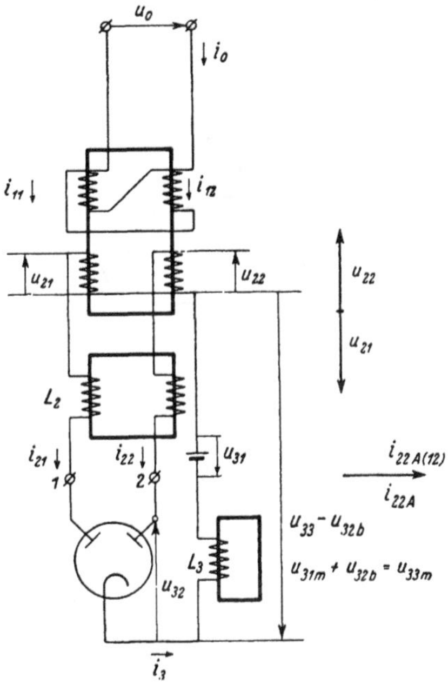

Abb. 61. Schaltbild und Vektordiagramm des Umschaltstromes des ungesteuerten Zweiphasengleichrichters mit Sekundärdrossel, großer Kathodendrossel und Gegenspannungsbelastung.

$$i_{2e\,A\,(2)\,C} = \frac{u_{2\,e}}{\omega L_3}, \quad i_{2\,A\,(2)\,G} = \frac{u_{33\,m}}{\omega L_3}\,\omega t \quad . \; . \; . \; . \; . \quad (135)$$

Die Gegenstromgerade verläuft tangential zum Wechselstrom im Zeitpunkt, wo die Phasenspannung die Gegenspannung schneidet. Der Anodenstrom wird hier gerade noch unterbrochen. Der Tatsache, daß der Anodenstrom vom Ausgangswert zuerst auf Null abfällt, dann ansteigt und wieder auf den Ausgangswert abfällt, entspricht, wie Abb. 62 oben, zeigt, die Gleichheit der Summe der beiden schräg gestrichelten

Flächen mit der senkrecht gestrichelten. Das heißt, daß die Gegenspannung gerade auf den Mittelwert der positiven Halbwelle der Phasenspannung abgesunken ist:

$$u_{33\,m} = \frac{2}{\pi}\sqrt{2}\,u_{2\,e} \quad \ldots\ldots\ldots\ldots \quad (136)$$

In diesem Falle hat die Spannung zwischen gemeinsamer Kathode und Sternpunkt des Transformators, die Gleichrichterspannung, den in Abb. 62 stark hervorgehobenen Verlauf der positiven Halbwellen der Phasenspannungen.

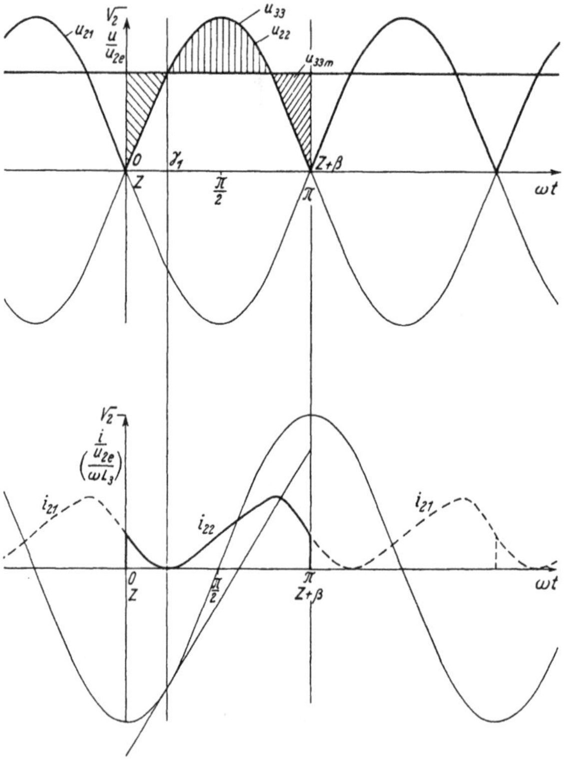

Abb. 62. Gleichrichterspannung und Anodenstrom des Zweiphasengleichrichters nach Abb. 61 zu Beginn lückenlosen Kathodenstromes.

Bis zu diesem Betriebspunkt ist der Strom noch sehr klein, wenn die Kathodendrossel groß genug ist, in Abb. 62 ist der Strom sozusagen stark vergrößert wiedergegeben, jedenfalls im Vergleich zu dem Strom, in dem nun folgenden lückenlosen Betrieb, den uns Abb. 63 zeigt. Wenn auch bei weiter ansteigendem Strom der Ablösungsvorgang zu vernachlässigen wäre, würde die Gleichrichterspannung ihren Verlauf behalten, und der mittlere Kathodenstrom würde so weit ansteigen, daß der Spannungsabfall am ohmschen Widerstand die Differenz von mittlerer Gleichrichterspannung und Gegenspannung aufwiegt. Wir hätten uns den Strom nach Abb. 62 so vorzustellen, daß die obere Begrenzungslinie sich nach oben verschiebt; der überlagerte Wechselstrom bleibt bei wachsendem mittleren Strom gleich.

Bei den Schaltungen mit anodenseitigen Induktivitäten bestimmt nun aber der Ablösungsvorgang die Stromverhältnisse, wenn mit abnehmender Gegenspannung die Ströme, die umgeschaltet werden müssen, ansteigen.

Durch den Ablösungsvorgang wird die mittlere Gleichrichterspannung herabgesetzt, und selbst für vernachlässigbaren ohmschen Widerstand im Kathodenzweig steigt der Strom nur so weit an, bis die durch den Ablösungsvorgang herabgesetzte mittlere Gleichrichterspannung gleich der Gegenspannung geworden ist. Wir wollen einmal annehmen, ein Zweiphasengleichrichter nach Abb. 61 wird bei einer Gegenspannung eingeschaltet, die weit kleiner ist als die zu Beginn des lückenhaften Betriebes. Dann wird die erste Anode je nach dem Einschaltzeitpunkt im Bereich, wo die Phasenspannung die Gegenspannung überwiegt, sagen wir im Schnittpunkt der Spannungen, zünden. Der Strom wird durch die Kathodendrossel bestimmt, die Stromführungsdauer geht über den nächstfolgenden Schnittpunkt der Phasenspannungen hinaus, so daß hier die zweite Anode zündet. Der Umschaltstrom wurde auf S. 37 berechnet zu:

$$i_{22\,A\,(12)} = -\sqrt{2}\, i_{2\,e\,A} \cos \omega t, \quad i_{2\,e\,A} = \frac{u_{2\,e}}{\omega L_2} \quad . \quad (137)$$

und ist in Abb. 61 vektoriell dargestellt. Da der Strom über die erste Anode nach dem Einschalten nur wenig angestiegen ist, wird der Umschaltstrom diese Anode noch fast sprunghaft löschen und der Strom über die Kathodendrossel fast konstant bleiben.

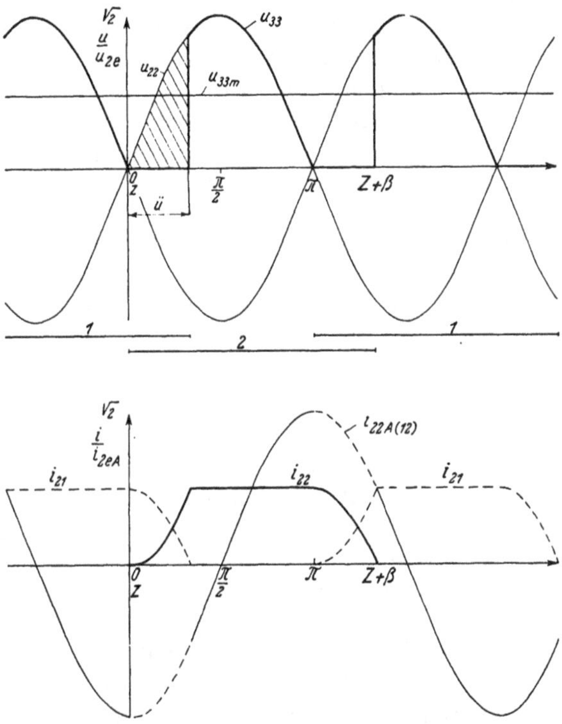

Abb. 63. Gleichrichterspannung und Anodenstrom im lückenlosen Bereich beim Zweiphasengleichrichter nach Abb. 61.

Während der Umschaltzeit hat aber die Kathode gegen den Sternpunkt eine Spannung, die auf der Mitte zwischen den beiden Phasenspannungen liegt, in diesem Falle also Null ist. Der Strom über die Kathodendrossel steigt an, solange die Gleichrichterspannung die Gegenspannung überwiegt, das ist während der alleinigen Stromführung der ersten Anode, solange die Phasenspannung die Gegenspannung überwiegt. Der Strom über die Kathodendrossel fällt ab, wenn die Gleichrichterspannung unter der Gegenspannung liegt, das ist, solange nur Anode *1* Strom führt, wenn die Phasenspannung die Gegenspannung unterschreitet, und ist auch der Fall in der Ablösungszeit. Abb. 63 oben, zeigt uns, daß der Abfall des Stromes in der Ablösungszeit sogar stärker sein wird, als wenn die Gleichrichterspannung sprunghaft auf die folgende Phasenspannung übergegangen wäre. Und darin zeigt sich das Merkmal dieser Schaltungen. Der Strom über die Kathodendrossel ist zwar am Ende der ersten Stromführungsdauer der zweiten Anode im ganzen höher als zu Beginn, aber das bedingt eine Vergrößerung der Umschaltzeit und Verkleinerung der Gleichrichterspannung und damit auch stärkeren Abfall des Stromes. Und so nehmen während des Einschaltvorganges Stromanstieg, Ablösungszeit und Abfall des Stromes von Zündung zu Zündung zu, bis der Abfall den Anstieg aufhebt. Dann ist die durch die Ablösung herabgesetzte Gleichrichterspannung in ihrem Mittelwert gleich der Gegenspannung, und an der Kathodendrossel liegt die Differenz dieser Spannungen als reine Wechselspannung. Wie weit die Ablösungszeit unter diesen Bedingungen bei einer bestimmten Gegenspannung ansteigen muß, veranschaulicht uns Abb. 63 oben. Wenn wir nun voraussetzen, daß die Kathodendrossel sehr groß ist gegenüber der verketteten Anodendrossel, dann wird auch die Schwankung des Kathodenstromes, trotzdem diese für den Einschaltvorgang entscheidend ist, sehr klein gegenüber dem Umschaltwechselstrom sein. Der Kathodenstrom ist praktisch konstant. Während der umschaltfreien Zeit ist dann auch der Anodenstrom konstant. Den Umschaltvorgang stellen wir uns dann so vor, daß der Strom über die zündende Anode mit dem Umschaltstrom ansteigt und über die löschende Anode der konstante Kathodenstrom weiterfließt, dem sich der Umschaltstrom in negativer Richtung überlagert, bis im Nulldurchgang des Gesamtstromes der Strom abbricht. Das führt uns auf die graphische Konstruktion des Anodenstromes, wie sie Abb. 63 unten, zeigt. Wir wählen aus dem eingeschwungenen Umschaltwechselstrom die Teile aus, die der Ablösungszeit entsprechen und verschieben sie so, daß der Anodenstrom stetig verläuft, von Null beginnt, in der ablösungsfreien Zeit konstant ist und wieder auf Null abfällt.

Mit abnehmender Gegenspannung nimmt also die Umschaltzeit immer so zu, daß die mittlere Gleichrichterspannung gleich der Gegenspannung wird. Abb. 63 zeigt uns, daß die Umschaltzeit schließlich gleich 180^0 werden muß und die Stromführungsdauer β auf $2\,\pi$ ansteigt. Dann ist der Anodenstromverlauf gleich dem vollständig ins Positive verschobenen Verlauf des Umschaltwechselstromes.

Die Berechnung der Gleichrichterspannung und der Stromwerte schließt sich in einfacher Weise an die graphische Konstruktion an.

Wie immer rechnen wir der eigentlichen Gegenspannung $u_{31\,m}$ die Brennspannung $u_{32\,b}$ zu. Wenn nun die Kathodendrossel so groß vorausgesetzt wird, daß der Kathodenstrom überhaupt zeitlich konstant, d. h. ein reiner Gleichstrom ist, so hat auch der Spannungsabfall am ohmschen Widerstand im Kathodenzweig $i_3 \cdot R_3$ den Charakter einer Gegenspannung. Dann entsprechen die Stromverhältnisse dem Fall, daß eine reine Gegenspannung die Höhe $u_{31\,m} + u_{32\,b} + i_3 R_3$, d. h. die der mittleren Gleichrichterspannung $u_{33\,m}$ hat. In diesem Sinne wird im folgenden $u_{33\,m}$ als Gegenspannung aufgefaßt.

Für die mittlere Gleichrichterspannung ergibt sich in Abhängigkeit von der Umschaltzeit

$$u_{33\,m} = \frac{2}{\pi}\sqrt{2}\,u_{2\,e} - \frac{\sqrt{2}\,u_{2\,e}}{\pi}\int\limits_0^{\ddot{u}} \sin\omega t\,dt =$$

$$= \frac{2\sqrt{2}}{\pi}\,u_{2\,e} - \frac{\sqrt{2}}{\pi}\,u_{2\,e}\,(1 - \cos\ddot{u}) \quad . \; . \; . \; . \; . \quad (138)$$

Der mittlere Anodenstrom ist gleich dem halben Kathodenstrom, und dieser ist gleich dem Anodenstrom am Ende des Anstieges, so daß sich ergibt

$$i_{2\,m} = \frac{i_{3\,m}}{2} = \frac{1}{2}\left[(i_{22\,A\,(12)})_{\omega t = \ddot{u}} - (i_{22\,A\,(12)})_{\omega t = 0}\right] =$$

$$= \frac{1}{2}\sqrt{2}\,i_{2\,e\,A}\,(1 - \cos\ddot{u}) \quad . \; . \; . \; . \; . \; . \; . \; . \; . \; . \quad (139)$$

Daraus ersehen wir, daß mittlerer Anodenstrom und Gleichrichterspannung von gleichem Ausdruck mit der Umschaltzeit $\ddot{u}$ abhängen. Das entspricht auch der Tatsache, daß die gleiche Spannungszeitfläche, die dem Spannungsabfall entspricht, auch dem Anstieg des Stromes zugehört. Denn der Umschaltstrom als Einschaltwechselstrom aufgefaßt, folgt ja der Gleichung:

$$i'_{22\,A\,(12)} = \frac{1}{\omega L_2}\int\limits_0^{\omega t} \sqrt{2}\,u_{2\,e}\sin\omega t\,d\omega t \quad . \; . \; . \; . \; . \quad (140)$$

und hat den gleichen Anstieg wie der eingeschwungene Wechselstrom, der in Abb. 63 gezeichnet wurde. Die Spannungszeitfläche ist in Abb. 63 gestrichelt.

Wenn wir die Gleichungen für mittlere Gleichrichterspannung und mittleren Anodenstrom zusammenfassen, ergibt sich die gegenseitige Abhängigkeit

$$\frac{i_{2\,m}}{\frac{1}{2}\sqrt{2}\,i_{2\,e\,A}} = -\frac{1}{\left(\frac{\sqrt{2}}{\pi}\right)}\frac{u_{33\,m}}{u_{2\,e}} + 2 \quad \text{bzw.} \quad \frac{i_{2\,m}}{i_{2\,e\,A}} = \sqrt{2} - \frac{\pi}{2}\frac{u_{33\,m}}{u_{2\,e}} \quad (141)$$

Diese Abhängigkeit wird durch eine gradlinige Kennlinie wiedergegeben, die in Kurvenblatt 16 enthalten ist. Wir sehen, daß im Vergleich zu Kurvenblatt 12 der Zweiphasengleichrichter mit großer Kathodendrossel eine ganz andere Kennlinie hat.

Der höchste Anodenstrom ist gleich dem Kathodenstrom, also gleich dem doppelten mittleren Anodenstrom. Der effektive Anodenstrom wurde an Hand der Abb. 63 berechnet und ist in Kurvenblatt 16 im Verhältnis zum mittleren Anodenstrom enthalten.

2. Der dreiphasige ungesteuerte Gleichrichter mit Sekundärdrossel und Kathodendrossel.

Wir wollen nach der gleichen Methode die Spannungs- und Stromverhältnisse in der Dreiphasenschaltung nach Abb. 64 untersuchen. Der Stromverlauf bei hoher Gegenspannung, d. h. im lückenhaften Bereich, und der Übergang zu lückenlosem Strom entspricht genau den Verhältnissen beim Zweiphasengleichrichter. Der Übergang geschieht wieder über einen Bereich, in dem der Anodenstrom unterbrochen ist. Abb. 65 zeigt uns die Konstruktion des Anodenstromes am Ende dieses Bereiches. Diese Abbildung entspricht Abb. 62. Der Unterschied besteht nur darin, daß hier der Schnittpunkt der Phasenspannungen 30⁰ nach dem Nulldurchgang liegt. Somit wird die Zündung der folgenden Anode, die zunächst beim Schnittpunkt der Phasenspannung mit der Gegenspannung liegt,

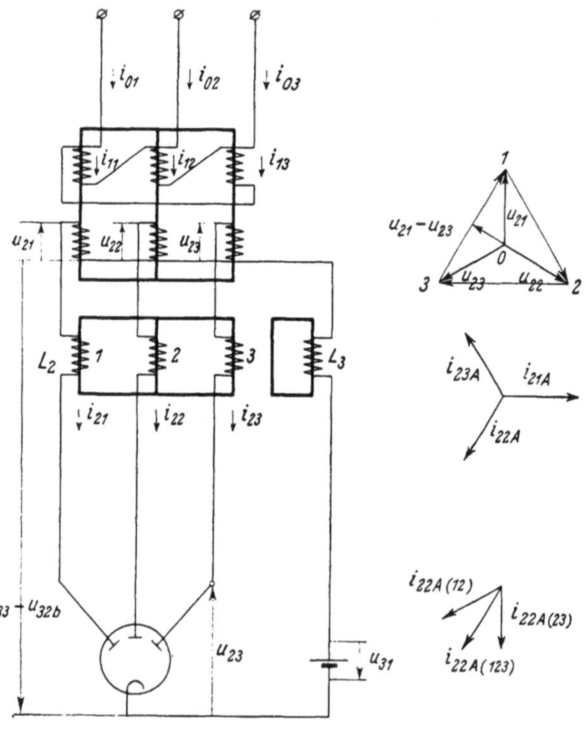

Abb. 64. Schaltbild und Vektordiagramm der Umschaltströme des ungesteuerten Dreiphasengleichrichters mit Sekundärdrossel und großer Kathodendrossel.

schon bei $z = 30^0$ einsetzen, wenn die Brenndauer der vorhergehenden Anode an diesen Zeitpunkt heranreicht. Hier wird der Anodenstrom zunächst auch fast sprunghaft übernommen, um abzufallen, bis die Phasenspannung die Gegenspannung wieder überwiegt. Der Anodenstrom ist genau wie beim Zweiphasengleichrichter gerade ununterbrochen,

[1]) u_{23} muß u_{32} heißen.

wenn die Gleichspannung vollständig aus Ausschnitten der sich ablösenden Phasenspannungen gebildet wird und die Gegenspannung auf deren Mittelwert abgesunken ist. Dieser Mittelwert ist in diesem Fall:

$$u_{33m} = \frac{1}{\left(\frac{2\pi}{3}\right)} \int\limits_{\frac{\pi}{6}}^{\frac{\pi}{6}+\frac{2\pi}{3}} \sqrt{2}\, u_{2e} \sin \omega t \, d\omega t =$$

$$= \frac{3}{2\pi} \sqrt{2}\, u_{2e} \cdot 2 \sin \frac{\pi}{3} = \frac{3}{2\pi} \sqrt{2}\, u_{2e} \cdot 2 \frac{\sqrt{3}}{2} = 1{,}17\, u_{2e} \quad . \quad (142)$$

(vgl. den Abschnitt H 1.)

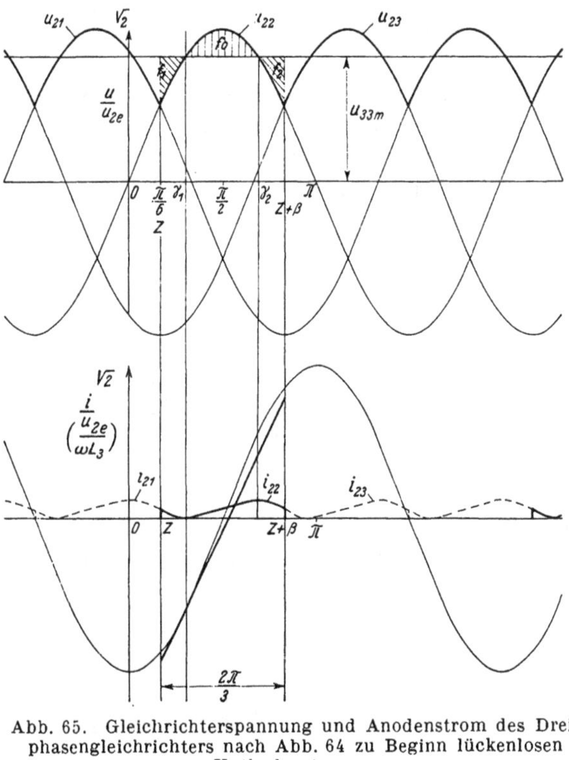

Abb. 65. Gleichrichterspannung und Anodenstrom des Dreiphasengleichrichters nach Abb. 64 zu Beginn lückenlosen Kathodenstromes.

Im übrigen ist die Konstruktion des Anodenstromes genau wie für den Zweiphasengleichrichter gezeigt. Wir nehmen wieder an, daß die Kathodendrossel sehr groß ist und der Anodenstrom bis zum Beginn lückenlosen Kathodenstromes vernachlässigbar klein, so daß dieser Betriebszustand als Leerlauf angesehen wird.

Bei weiterem Absinken der Gegenspannung steigt der Strom an, und durch den Ablösungsvorgang wird die mittlere Gleichrichterspannung auf den Wert der Gegenspannung herabgesetzt. Zunächst sind nur zwei aufeinanderfolgende Anodenströme am Umschaltvorgang beteiligt. Während der Umschaltung liegt die verkettete Spannung z. B. $u_{22} - u_{21}$ an der Reihenschaltung zweier Drosselwicklungen, z. B. *1* und *2* in Abb. 64. Die verkettete Spannung teilt sich zu gleichen Teilen auf beide Wicklungen auf, so daß die Spannung der Kathode gegen den Sternpunkt des Trafos, die Gleichrichterspannung, den Wert

$$u_{22} - \frac{u_{22} - u_{21}}{2} = \frac{u_{22} + u_{21}}{2} = \frac{\sqrt{2}\, u_{2e}}{2} \sin(\omega t + 60^0) \quad . \quad . \quad (143)$$

hat, d. h. auf der Mitte zwischen den Phasenspannungen verläuft. In Abb. 66 oben, ist der Verlauf der Gleichrichterspannung für $\ddot{u} = 90^0$ gezeigt. Wir sehen an der schräg gestrichelten Fläche, welchen Spannungsverlust die Umschaltung gegenüber der Leerlaufspannung bedeutet. Dieser Spannungsverlust bestimmt die mittlere Gleichrichterspannung zu:

$$u_{33\,m} = 1{,}17\, u_{2\,e} - \int\limits_{\frac{\pi}{6}}^{\frac{\pi}{6}+\ddot{u}} \left[\sqrt{2}\, u_{2\,e} \sin \omega t - \frac{\sqrt{2}\, u_{2\,e}}{2} \sin(\omega t + 60^0)\right] d\,\omega t =$$

$$= 1{,}17\, u_{2\,e} \left[1 - \frac{1}{2}(1 - \cos \ddot{u})\right] \quad \ldots \ldots \ldots \ldots \quad (144)$$

Das allmähliche Anwachsen der Ablösungszeit während des Einschaltvorganges und den Anstieg des Stromes, können wir uns ähnlich wie für den Zweiphasengleichrichter klarmachen. Die Umschaltströme haben wir auf S. 38 zu:

$$i_{22\,A\,(12)} = \frac{i_{22\,A} - i_{21\,A}}{2}$$

$$i_{22\,A\,(23)} = \frac{i_{22\,A} - i_{23\,A}}{2} \quad \ldots \ldots \quad (145)$$

berechnet. Diese Ströme sind in Abb. 64 vektoriell und in Abb. 66 unten, in ihrem Verlauf gezeichnet. Anstieg und Abfall des Anodenstromes verläuft mit $\ddot{u} = 90^0$ wie die gestrichelt hervorgehobenen Teile der Umschaltströme. In der umschaltfreien Zeit ist der Strom wieder konstant. Abb. 66 enthält in der Mitte das Brenndauerschema der Ströme. Der mittlere Anodenstrom ist ein Drittel des Kathodenstromes, und dieser ist gleich dem Wert des Anodenstromes am Ende des Anstieges:

$$i_{2\,m} = \frac{i_{3\,m}}{3} = \frac{1}{3}\left[\left(i_{22\,A\,(12)}\right)_{\omega t = \frac{\pi}{6}+\ddot{u}} - \left(i_{22\,A\,(12)}\right)_{\omega t = \frac{\pi}{6}}\right] =$$

$$= \frac{1}{3}\sqrt{2}\,\frac{\sqrt{3}}{2}\, i_{2\,e\,A}\,(1 - \cos \ddot{u}) \quad \ldots \ldots \ldots \ldots \quad (146)$$

Wenn wir diese Gleichung wieder mit der für die mittlere Gleichrichterspannung verbinden, erhalten wir:

$$\frac{i_{2\,m}}{i_{2\,e\,A}} = \frac{\sqrt{2}}{3} \cdot \frac{\sqrt{3}}{2}\left[-\frac{u_{33\,m}}{u_{2\,e}} \cdot \frac{2}{1{,}17} + 2\right] = \frac{\sqrt{6}}{3} - \frac{2\,\pi}{9}\,\frac{u_{33\,m}}{u_{2\,e}} \quad . \quad (147)$$

und sehen, daß die Abhängigkeit des mittleren Anodenstromes von der Gleichrichterspannung in diesem Bereich durch eine Gerade dargestellt werden kann, die den rechten Teil der Kennlinie in Kurvenblatt 17 abgibt. In Abb. 66 sind unten gestrichelt die Anodenströme angedeutet, die bei $ü = 30^0$ und $ü = 60^0$ bzw. bei den dazugehörigen Gegenspannungen sich einstellen würden.

Während des Ablösungsvorganges teilt sich die verkettete Spannung, wie wir gesehen haben, auf die beiden beteiligten Drosselwicklungen auf. Da der magnetische Fluß sich über die zugehörigen Schenkel schließt, ist die dritte Drosselwicklung ohne Spannung. Die dritte Anode behält

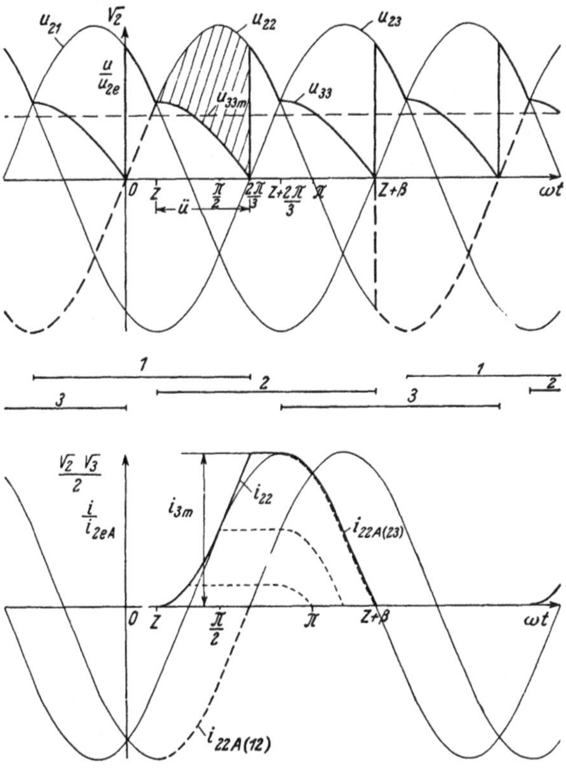

Abb. 66. Gleichrichterspannung und Anodenstrom des Dreiphasengleichrichters nach Abb. 64 bei einer Stromführungsdauer $\beta = 210^0$.

also gegen den Sternpunkt des Transformators ihre Phasenspannung u_{23}. Andererseits nimmt während des Ablösungsvorganges die gemeinsame Kathode gegen den Sternpunkt des Transformators, wie wir gesehen haben, den Mittelwert der beteiligten Phasenspannungen $\frac{u_{21} + u_{22}}{2}$ an. Somit ist die Anodenspannung der dritten Anode, während *1* und *2* sich ablösen:

$$u_{\text{Anode } 3\,A\,(12)} = u_{23} - \frac{u_{21} + u_{22}}{2} = \frac{3}{2}\, u_{23} \quad . \quad . \quad . \quad . \quad (148)$$

Ebenso ergibt sich für die zweite Anode, wenn die erste Anode die dritte ablöst:

$$u_{\text{Anode}\,2\,A\,(31)} = \frac{3}{2}\,u_{22} \quad . \quad . \quad . \quad . \quad . \quad . \quad . \quad . \quad . \quad . \quad (149)$$

Das bedeutet aber, so wie die Ablösungszeit von Anode *3* auf *1* an den Nulldurchgang der Phasenspannung der zweiten Anode heranreicht, zündet diese Anode in diesem Nulldurchgang, und nicht erst beim Schnittpunkt von u_{22} mit u_{21}. Aus Abb. 66 ersehen wir, daß dieser Fall mit $ü = 90^0$ gerade erreicht ist. Es entsteht jetzt ein Zeitabschnitt, in dem alle drei Anoden gleichzeitig Strom führen. In diesem Zeitabschnitt ist die Gleichrichterspannung Null, und der Umschaltstrom verläuft wie der Wechselstrom $i_{22\,A}$ bei allseitigem Anodenkurzschluß:

$$i_{22\,A\,(123)} = i_{22\,A} \quad . \quad . \quad (150)$$

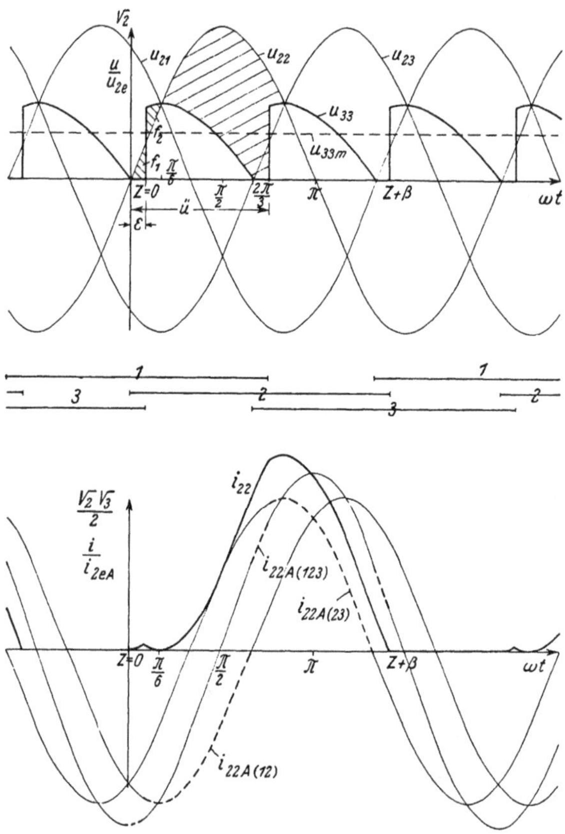

Abb. 67. Gleichrichterspannung und Anodenstrom des Dreiphasengleichrichters nach Abb. 64 zu Beginn der teilweisen Stromführung aller drei Anoden.

Es zeigt sich nun, daß zuerst ein Bereich einsetzt, in dem der Anodenstrom unterbrochen ist, ähnlich wie beim Übergang zu lückenlosem Kathodenstrom. Abb. 67 zeigt uns die Verhältnisse, wo der Anodenstrom gerade wieder ununterbrochen ist. Wir sehen in der Mitte das Brenndauerschema der Anoden. Der Bereich, in dem alle drei Anoden sich überschneiden, ist $\varepsilon = 14^0$. Die oben gezeigte Gleichrichterspannung verläuft innerhalb dieses Abschnittes auf der Nulllinie und in der übrigen Zeit auf der Mitte zwischen den jeweiligen Phasenspannungen. Wenn die Anode *2* bei $z = 0$ zündet, solange *1* und *3* noch Strom führen, handelt es sich um das Einschalten des Anodenkurzschlußstromes, den wir als Einschaltstrom aufgefaßt, auch so darstellen können:

$$i'_{22\,A\,(123)} = \frac{1}{\omega L_2} \int_0^{\omega t} u_{22}\, d\omega t \quad . \; . \; . \qquad . \; . \; . \; (151)$$

Wenn nun Anode *3* mit der Stromführung bei $\omega t = \varepsilon$ aufhört, ändert sich der Verlauf des Stromes über Anode *2*, und zwar ist jetzt die verkettete Spannung $u_{22} - u_{21}$ treibend, die auf die Reihenschaltung der beiden Drosselwicklungen arbeitet. Der Strom verläuft also weiterhin wie:

$$(i'_{22\,A\,(12)})_{\omega t > \varepsilon} = \frac{1}{\omega L_2} \int_0^{\varepsilon} u_{22}\, d\omega t + \frac{1}{\omega L_2} \int_{\varepsilon}^{\omega t} \frac{u_{22} - u_{21}}{2}\, d\omega t \quad . \; (152)$$

Da die halbe verkettete Spannung auch als Differenz von Phasenspannung und Gleichrichterspannung aufgefaßt werden kann:

$$\frac{u_{22} - u_{21}}{2} = u_{22} - \frac{u_{22} + u_{21}}{2} \quad . \; . \; . \; . \; . \; . \; . \; . \; (153)$$

so können wir diese Gleichung auch umschreiben:

$$(i'_{22\,A\,(12)})_{\omega t > \varepsilon} = \frac{1}{\omega L_2} \left[\int_0^{\varepsilon} u_{22}\, d\omega t + \int_{\varepsilon}^{\omega t} \left(u_{22} - \frac{u_{22} + u_{21}}{2} \right) d\omega t \right] \quad (154)$$

Nun zeigt uns Abb. 67, daß die Phasenspannung zunächst unter der Gleichrichterspannung liegt, d. h. der Strom fällt zunächst ab und könnte wieder unterbrochen werden. Er beginnt gerade ununterbrochen zu sein, wenn er für $\omega t = \frac{\pi}{6}$ zu Null wird. Von diesem Zeitpunkt steigt er wieder an. Das gibt uns eine Bestimmungsgleichung für ε:

$$0 = \int_0^{\varepsilon} u_{22}\, d\omega t + \int_{\varepsilon}^{\frac{\pi}{6}} \left(u_{22} - \frac{u_{22} + u_{21}}{2} \right) d\omega t$$

bzw. $f_1 = f_2$ nach Abb. 67 . . . . (155)

woraus der Wert $\varepsilon = 14^0$ folgt.

Die vollständige Konstruktion des Anodenstromes zeigt Abb. 67, unten. Hier ist der Anodenstrom entsprechend dem Brennschema wieder stetig aus Teilen der stationären Umschaltströme zusammengesetzt. Den mittleren Anodenstrom können wir aus dem Anstieg des Anodenstromes bis $\omega t = \frac{2\pi}{3} + \frac{\pi}{6}$ errechnen, denn zu diesem Zeitpunkt ist der dritte Anodenstrom gerade wieder zu Null geworden, und die erste Anode beendet vorher die Stromführung. Aus Abb. 67 ergibt sich, da der erste Anstieg und Abfall auf Null unberücksichtigt bleiben kann:

$$i_{2m} = \frac{1}{3}\left(i_{22}\right)_{\omega t = \frac{2\pi}{3} + \frac{\pi}{6}}$$

$$= \frac{1}{3}\Big[\left(i_{22\,A\,(12)}\right)_{\omega t = \frac{2\pi}{3}} - \left(i_{22\,A\,(12)}\right)_{\omega t = \frac{\pi}{6}} +$$

$$+ \left(i_{22\,A\,(123)}\right)_{\omega t = \frac{2\pi}{3} + \varepsilon} - \left(i_{22\,A\,(123)}\right)_{\omega t = \frac{2\pi}{3}}$$

$$+ \left(i_{22\,A\,(23)}\right)_{\omega t = \frac{2\pi}{3} + \frac{\pi}{6}} - \left(i_{22\,A\,(23)}\right)_{\omega t = \frac{2\pi}{3} + \varepsilon}\Big]$$

$$\text{bzw.}\ \frac{i_{2m}}{i_{2eA}} = 0{,}51 \quad \ldots \quad (156)$$

Die mittlere Gleichrichterspannung läßt sich hier unmittelbar angeben.

$$u_{33\,m} = \frac{1}{\frac{2\pi}{3}} \int_{\varepsilon}^{\frac{2\pi}{3}} \frac{u_{22} + u_{21}}{2}\, d\,\omega t \ \text{ bzw. } \frac{u_{33\,m}}{u_{2e}} = 0{,}43 \quad . \ . \ (157)$$

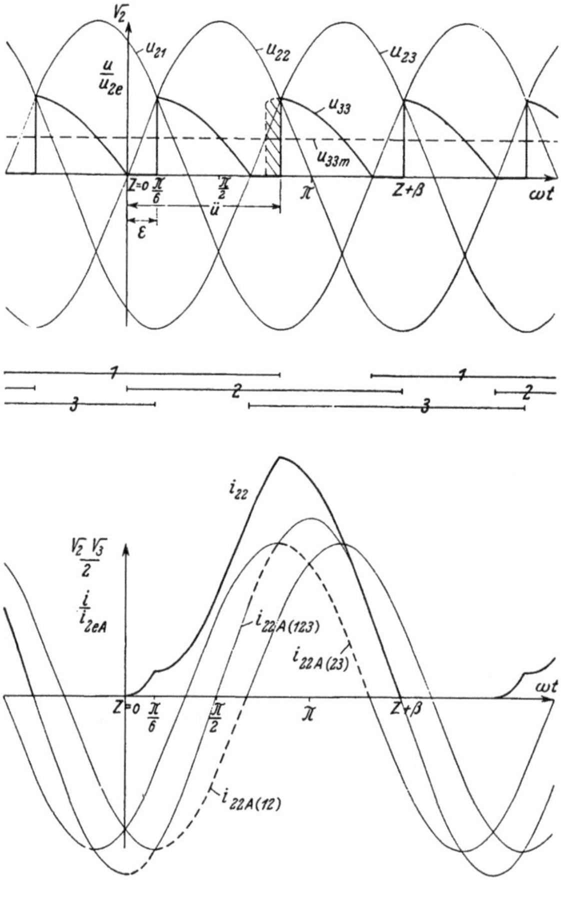

Außerdem läßt sich zeigen, daß bis zu diesem Wert der Umschaltzeit $ü = \frac{2\pi}{3} + \varepsilon$ der Zusammenhang zwischen mittlerem Anodenstrom und Gleichrichterspannung weiterhin nach der gleichen Geraden in Kurvenblatt 17 erfolgt wie bisher, denn beide hängen in gleicher Weise von gleichen Spannungszeitintegralen ab.

Bei weiterer Abnahme der Gegenspannung und damit der Gleichrichterspannung nimmt der Bereich, in dem alle drei Anoden Strom führen, weiter zu, bis im vollständigen Kurzschluß dauernd alle drei Anoden

Abb. 68. Gleichrichterspannung und Anodenstrom des Dreiphasengleichrichters nach Abb. 64 bei teilweiser Stromführung aller drei Anoden.

Strom führen. Abb. 68 zeigt uns Gleichrichterspannung, Brenndauerschema und die Konstruktion des Anodenstromes für $ü = \frac{5\pi}{6}$ und eine Ausdehnung des Zeitbereiches der Stromführung aller drei Anoden auf 30°. Der Anodenstrom ist wieder aus Teilen der Umschaltströme entsprechend dem Brenndauerschema zusammengesetzt. Wenn wir den mittleren Anodenstrom aus dem Kathodenstrom am Ende der Brenndauer von Anode *1* bei $\omega t = ü$ berechnen, müssen wir außer dem Anstieg des Stromes über Anode *2* jetzt auch den Anstieg des Stromes über Anode *3* bis zu diesem Zeitpunkt berücksichtigen, der gleich dem Anstieg des Stromes über Anode *2* bis $\omega t = \varepsilon$ ist.

$$i_{2m} = \frac{i_{3m}}{3} = \frac{1}{3}\left[\left(i_{22}\right)_{\omega t = ü} + \left(i_{23}\right)_{\omega t = ü}\right]$$

$$\begin{aligned} i_{3m} = 2\Big[&\left(i_{22A\,(123)}\right)_{\omega t = \frac{\pi}{6}} - \left(i_{22A\,(123)}\right)_{\omega t = 0}\Big] + \\ + &\left[\left(i_{22A\,(12)}\right)_{\omega t = \frac{2\pi}{3}} - \left(i_{22A\,(12)}\right)_{\omega t = \frac{\pi}{6}}\right] + \\ + &\left[\left(i_{22A\,(123)}\right)_{\omega t = ü} - \left(i_{22A\,(123)}\right)_{\omega t = \frac{2\pi}{3}}\right] \end{aligned}$$

$$\text{bzw.} \quad \frac{i_{2m}}{i_{2eA}} = 0{,}7 \qquad \dots . \quad (158)$$

Für die mittlere Gleichrichterspannung finden wir an Hand von Abb. 68

$$u_{33m} = \frac{1}{\frac{2\pi}{3}} \int_{\frac{\pi}{6}}^{\frac{2\pi}{3}} \frac{u_{22} + u_{21}}{2}\, d\omega t \quad \text{bzw.} \quad \frac{u_{33m}}{u_{2e}} = 0{,}34 \quad . \; . \; . \quad (159)$$

Dabei ergibt sich, daß in diesem Bereich bis zum dauernden Kurzschluß für die Zunahme des so berechneten Kathodenstromes gegenüber dem Strom nach Abb. 67 immer die dreifache in Abb. 68 gestrichelt hervorgehobene Spannungszeitfläche maßgebend ist, während die einfache Fläche dem Abfall der Gleichrichterspannung zugehört. Somit ergibt sich als Kennlinie in diesem Bereich eine Gerade dreifacher Steilheit, wie uns Kurvenblatt 17 zeigt.

Im vollständigen Kurzschluß ist die Stromführungsdauer auf $\beta = 2\pi$ angestiegen. Der Anodenstromverlauf folgt dem vollständig ins Positive verschobenen Wechselstrom i_{22A}, dessen Mittelwert:

$$i_{2m} = \sqrt{2}\, i_{2eA} \quad . \; . \; . \; . \; . \; . \; . \; . \; . \; . \quad (160)$$

ist. Bei diesem Wert endigt also die Kennlinie in Kurvenblatt 17. In Kurvenblatt 17 ist außerdem noch der Spitzenfaktor und Formfaktor enthalten, die an Hand der Abb. 66 bis 68 berechnet wurden.

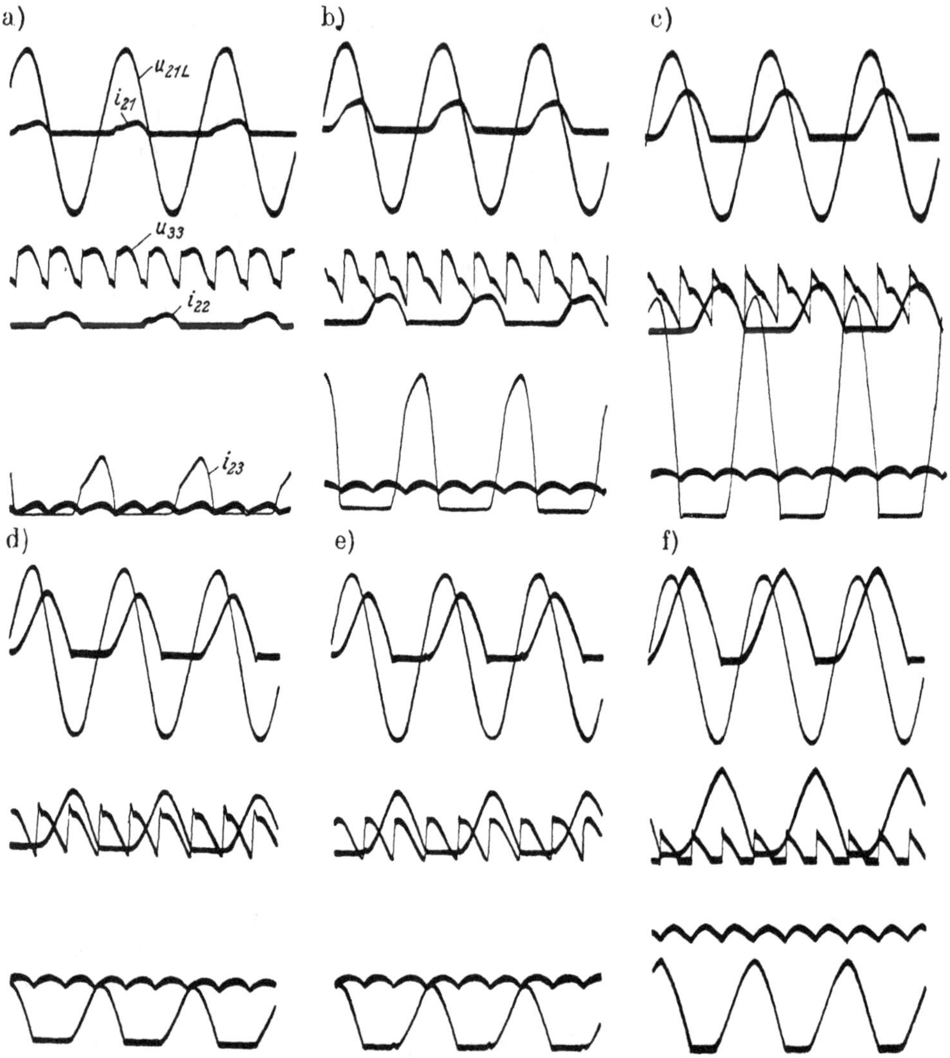

Abb. 69. Der sekundäre Strom- und Spannungsverlauf des ungesteuerten Dreiphasengleichrichters mit Sekundärdrossel und Kathodendrossel nach Abb. 64 oder mit Primärdrossel und Kathodendrossel nach Abb. 84 bei abnehmender Gegenspannung vom Beginn lückenlosen Kathodenstromes bis zum Kurzschluß. Oben sekundäre Leerlaufspannung und der erste Anodenstrom. Mitte Gleichrichterspannung und der zweite Anodenstrom. Unten Kathodenstrom und der dritte Anodenstrom (dieser in Abb. a bis c stark vergrößert).

Wir wollen die gewonnenen Ergebnisse mit den oszillographischen Aufnahmen in Abb. 69 vergleichen, die an einer Dreieck-Sternschaltung mit Primärdrosselspulen vor den Wicklungen gemacht wurden. Diese Schaltung ergibt gleichen Stromverlauf wie die Schaltung mit Sekundärdrossel. Sie entsprechen den Aufnahmen der Abb. 52 nur mit zusätzlicher Kathodendrossel. In Abb. 69a bis f sind oben in der Mitte und unten die drei Anodenströme, der dritte unten in Abb. a bis c sechsfach vergrößert aufgenommen. Im Zeitabschnitt, in dem diese Null sind, geben sie zugleich die Lage der Nullinie an. Oben ist weiter die zugehörige Leerlaufphasenspannung bzw. Netzphasenspannung, in der Mitte die Gleichrichterspannung und unten der gesamte Kathodenstrom gezeigt. Die Abb. 69c, e und f geben etwa die Verhältnisse der Abb. 66, 67 und 68 wieder, was wir am deutlichsten erkennen können am Vergleich der Gleichrichterspannung in Abb. 69 mitte mit der in Abb. 66 bis 68 oben. Wir haben bei der graphischen Konstruktion den Brennspannungsabfall der Gegenspannung zugerechnet. Das ist zulässig, da die Zündspannungsverhältnisse nicht durch die Brennspannung beeinflußt werden. Im oszillographischen Bild erscheint aber die Gleichrichterspannung entgegen dem theoretischen Bild um den Brennspannungsabfall herabgesetzt. Das sehen wir deutlich an Abb. 69f: In den Zeitabschnitten, wo alle Anoden Strom führen, verläuft die Gleichrichterspannung um den Brennspannungsabfall unterhalb der Nulllinie. Der Kathodenstrom unten zeigt einen relativ kleinen überlagerten Wechselstrom, der nach dem Kurzschluß hin nur wenig zunimmt und die Größe der Kathodendrossel veranschaulicht. Infolgedessen ist der Anodenstrom auch in der überlagerungsfreien Zeit in Abb. a bis e nur annähernd konstant; das tritt besonders im vergrößerten Anodenstrom unten hervor. Im übrigen zeigen die Oszillogramme den konstruierten Verlauf des Anodenstromes. Wir sehen beim Vergleich der Zündwinkel des oberen Anodenstromes in Abb. 69d und f den Sprung im Zündwinkel von $\frac{\pi}{6}$ auf 0. Abb. 69e läßt eine sehr kleine Spitze vor dem eigentlichen Aufstieg des Anodenstromes erkennen und zeigt damit, wie auch schon Abb. 67, daß diese Spitze des unterbrochenen Anodenstromes keine praktische Bedeutung hat.

3. Der doppeldreiphasige und sechsphasige ungesteuerte Gleichrichter mit Sekundärdrossel und Kathodendrossel.

Ein weiteres wichtiges Anwendungsbeispiel für die in diesem Kapitel gezeigte Methode der Bestimmung des Stromverlaufes in den Schaltungen mit großer Kathodendrossel ist die Doppeldreiphasenschaltung. Diese zeigt uns Abb. 70 mit Sekundärdrossel und Dreiecksternschaltung des Transformators. Neben ausreichender Größe der Kathodendrossel zur Unterdrückung des überlagerten Wechselstromes im Kathodenkreis sei hier auch eine solche Größe der Induktivität der Saugdrossel vorausgesetzt, daß der Ausgleichswechselstrom zwischen den beiden Dreiphasensystemen gegenüber dem Belastungsstrom vernachlässigt werden kann. Diese Voraussetzung besagt, daß die Doppeldreiphasenbetriebsweise bereits bei sehr kleinen Strömen einsetzt.

Wir wollen uns an Hand der Abb. 71 veranschaulichen, wie der Übergang von der Sechsphasenbetriebsweise zur Dreiphasenbetriebsweise vor sich geht. Diese Abb. zeigt uns oben die sechs sekundären Phasenspannungen, jeweilig gegen den Sternpunkt des einen oder

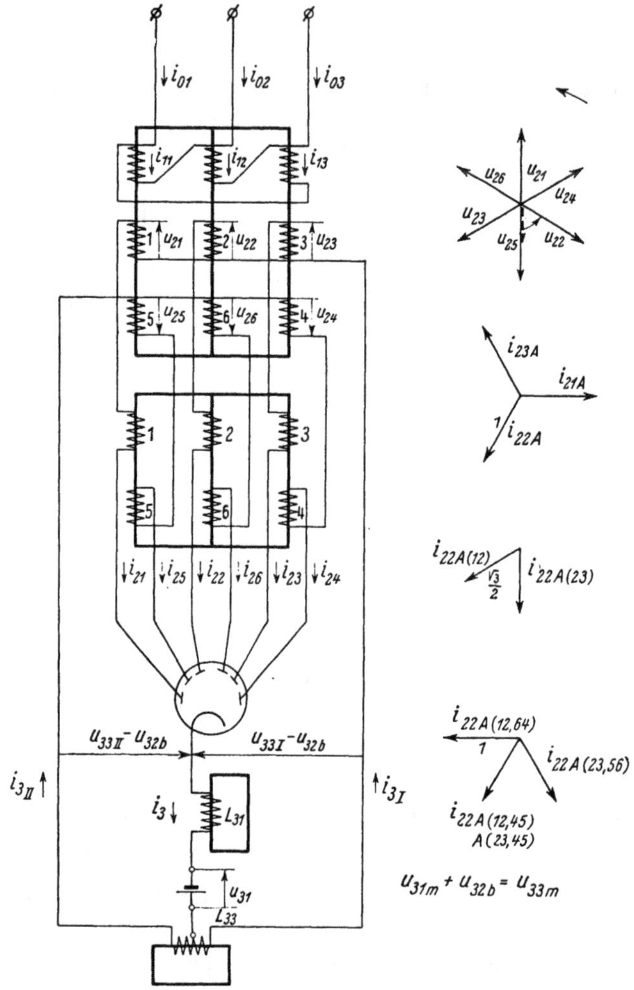

Abb. 70. Schaltbild und Vektordiagramm der Umschaltströme des ungesteuerten Doppeldreiphasengleichrichters mit Sekundärdrossel und großer Kathodendrossel.

anderen Systems gemessen, in der Reihenfolge *1*, *4*, *2*, *5*, *3*, *6*, wovon *1*, *2*, *3* zum Dreiphasensystem I und *4*, *5*, *6* zum 60^0 dagegen verschobenen System II gehören. Bei hoher Gegenspannung zünden die Anoden beim Schnittpunkt der Phasenspannung mit der Gegenspannung. Der Strom ist lückenhaft, die Betriebsweise sechsphasig. Es führt immer nur eine Anode Strom, wobei dann Sekundärdrossel, Saugdrossel und Kathodendrossel in Reihe liegen. Wenn wir annehmen, daß die Induktivität der Saugdrossel groß ist gegenüber der der Sekundärdrossel, und die Induktivität der Kathodendrossel wieder beide weit überwiegt, so liegt die Phasenspannung ausschließlich an der Kathodendrossel. Der Übergang zu lückenlosem Kathodenstrom erfolgt bei abnehmender Gegenspannung über einen Bereich, in dem der Anodenstrom unterbrochen ist. Dies wurde für die dreiphasige Schaltung auf S. 112 beschrieben und ist hier genau so. Wir haben dann zunächst die Betriebsweise eines sechsphasigen Gleichrichters mit großer Kathodendrossel. Die Ablösung der Anodenströme erfolgt in der sechsphasigen Reihenfolge *1*, *4*, *2*, *5*, *3*, *6*. Die Zündung setzt beim Schnittpunkt aufeinanderfolgender sechsphasiger Spannungen ein. Der Umschaltwechselstrom bei Zündung der Anode *2*, im Zeitpunkt $\omega t = \frac{\pi}{3}$ hängt ab von der Differenz der Phasenspannungen $u_{22} - u_{24}$ und dem induktiven Widerstand der Saugdrossel, da sich nach Abb. 70 der Strom darüber schließen muß:

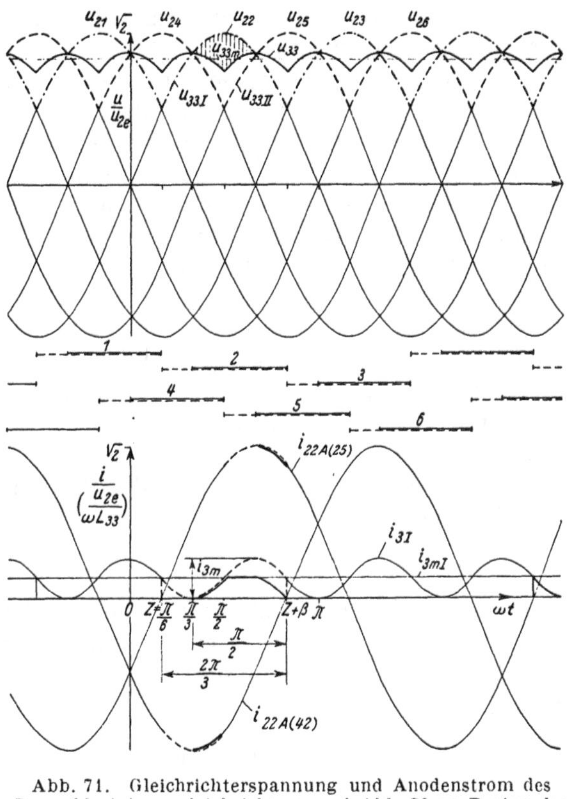

Abb. 71. Gleichrichterspannung und Anodenstrom des Doppeldreiphasengleichrichters nach Abb. 70 zu Beginn der Doppeldreiphasenbetriebsweise.

$$i_{22\,e\,A\,(42)} = \frac{(u_{22} - u_{24})_e}{\omega L_{33}} \quad . \quad . \quad . \quad . \quad . \quad . \quad . \quad . \quad . \quad (161)$$

Der induktive Widerstand der Sekundärdrossel ωL_2 ist gegenüber ωL_{33} voraussetzungsgemäß klein. Ebenso ist bei Ablösung der Anode *2* der Umschaltstrom:

$$i_{22\,e\,A\,(25)} = \frac{(u_{22} - u_{25})_e}{\omega L_{33}} \quad . \quad . \quad . \quad . \quad . \quad . \quad . \quad . \quad . \quad (162)$$

Diese Ströme sind in Abb. 71 unten gezeichnet. Bei einer Umschaltzeit von $\ddot{u} = \frac{\pi}{6}$ ergibt sich bspw. der in Abb. 71 unten stark gezeichnete Anodenstrom mit einer Stromführungsdauer $\beta = \frac{\pi}{2}$, dessen Anstieg und Abfall sich aus den stark gezeichneten Teilen der Umschaltwechselströme zusammensetzt. Darüber ist das zugehörige Brenndauerschema der Anodenströme angegeben. Im Zeitabschnitt, in dem Anode *2* allein den Strom führt, ist der Anodenstrom konstant. Da der Umschaltstrom über die Saugdrossel relativ sehr klein ist, sind die Anodenströme bei dieser Betriebsweise auch sehr klein. Mit abnehmender Gegenspannung setzt nun eine Zündung der Anoden in dreiphasiger Reihenfolge ein. Bisher löste bspw. Anode *3* Anode *5* ab. Während des vorhergehenden Umschaltvorganges von *2* auf *5* liegt die Spannung $u_{25} - u_{22}$ vorwiegend an der Saugdrossel, die Sekundärdrossel ist nahezu spannungslos. Daher erscheint als Anodenspannung für Anode *3* die Differenzspannung $u_{23} - u_{22}$ und Anode *3* wird beim Nulldurchgang dieser Spannung bzw. beim Schnittpunkt von u_{23} mit u_{22} zünden, wenn das Ende des Umschaltvorganges von *2* auf *5* bis an diesen Schnittpunkt heranreicht. Das ist bei dem in Abb. 71 stark gezeichneten Anodenstrom gerade der Fall. Was hier für Anode *3* gesagt ist, gilt für alle Anoden, die nunmehr in dreiphasiger Reihenfolge zünden, d. h. um $\frac{\pi}{6}$ früher als in sechsphasiger Reihenfolge. Beim dreiphasigen Zünden setzt über die entsprechenden Anoden der dreiphasigen Reihenfolge ein Umschaltwechselstrom ein, der nach Abb. 70 nicht mehr von der Saugdrossel, sondern von der Sekundärdrossel begrenzt wird und den Effektivwert:

$$i_{22\,e\,A\,(12)} = \frac{(u_{22} - u_{21})_e}{2\,\omega L_2} \quad . \; . \; . \; . \; . \; . \; . \; . \; . \quad (163)$$

hat. Dieser Strom ist groß gegenüber dem Umschaltstrom über die Saugdrossel, und wir können daher annehmen, daß beim vorzeitigen (vom Standpunkt des Sechsphasenbetriebes) Zünden der Anode *2* während des Umschaltvorganges von *1* auf *4* der Strom von *1* auf *2* überspringt. Es wird dadurch der Ablösungsvorgang zwischen Anode *4* und *1* in der Sechsphasenbetriebsweise unterbrochen und statt dessen bereits der zwischen Anode *2* und *4* eingeschaltet, wobei der Strom über Anode *2* von dem von *1* übernommenen Wert ausgeht. Der zweite Anodenstrom fällt aber zunächst ab (und *4* steigt weiter an), weil nämlich zunächst noch die zweite Phasenspannung unter der vierten verläuft. Das zeigt auch der Verlauf des Umschaltstromes $i_{22\,A\,(42)}$, der den »Anstieg« von i_{22} bestimmt. Es kann der Strom über *2* u. U. wieder auf Null abfallen und damit unterbrochen werden. Dann zündet Anode *2* wieder beim Schnittpunkt der Sechsphasenspannungen und steigt dann an. Die Ablösung des zweiten Anodenstromes setzt beim vorzeitigen Zünden von Anode *5* ein und bedeutet zuerst einen Anstieg entsprechend dem Verlauf von $i_{22\,A\,(25)}$.

Schließlich wird der Anodenstrom ein ununterbrochener Strom, wie ihn Abb. 71 für die zweite Anode gestrichelt zeigt, dessen Anstieg und Abfall sich aus den gestrichelten Teilen der Umschaltströme zusammensetzt und der bei $\omega t = \frac{\pi}{6}$ den Strom der Anode *1* nahezu sprunghaft übernimmt und nach $\beta = \frac{2\pi}{3}$ sprunghaft durch Zünden von Anode *3* abgebrochen wird. Das Brenndauerschema ist in Abb. 71 mitten gestrichelt angedeutet. Da die Brenndauer jeder Anode $\frac{2\pi}{3}$ geworden ist, bildet sich die Gleichrichterspannung jedes Dreiphasensystems aus, die in Abb. 71 oben gestrichelt und strichpunktiert hervorgehoben ist. Damit ist die Doppeldreiphasenbetriebsweise erreicht. Der Gesamtkathodenstrom des ersten Systems $i_{3\,\mathrm{I}}$ ist unten dünn gezeichnet. Er setzt sich aus einem Gleichanteil $i_{3\,m\,\mathrm{I}}$ und Wechselanteil $i_{3\,\mathrm{I}} - i_{3\,m\,\mathrm{I}}$ zusammen. Der Wechselanteil erreicht gerade noch mit seinem Spitzenwert den Gleichanteil. Den Wechselanteil können wir auch deuten als Ausgleichsstrom der Gleichrichterspannungen über die Saugdrossel, wobei die Differenzspannung sich auf die beiden Saugdrosselhälften aufteilt. Die gemeinsame Gleichrichterspannung zwischen gemeinsamer Kathode und Mittelpunkt der Saugdrossel hat dabei den in Abb. 71 stark gezeichneten Verlauf der in der Mitte zwischen den beiden Spannungen verläuft. Der mittlere Kathodenstrom eines Systems ist nach Abb. 71:

$$i_{3\,m\,\mathrm{I}} = \left(i_{22\,A\,(24)}\right)_{\omega t = \frac{\pi}{2}} - \left(i_{22\,A\,(24)}\right)_{\omega t = \frac{\pi}{3}} \quad . \quad . \quad . \quad . \quad . \quad (164)$$

Wir haben also zu Beginn der Doppeldreiphasenbetriebsweise einen Anodenstrom, dessen Anfang und Ende durch den dreiphasigen Ablösungsvorgang bestimmt ist, dessen Größe aber noch vorwiegend durch den sechsphasigen Ablösungsvorgang gegeben ist. Dadurch ist der Strom sehr klein und der dreiphasige Ablösungsvorgang kann als sprunghaft angesehen werden. Wir können uns nun an Hand von Abb. 71 vorstellen, daß bei weiterem Steigen des Stromes der Ausgleichsstrom bzw. überlagerte Wechselstrom größenordnungsmäßig gleichbleibt und der maßgebende Ablösungsvorgang nun der der dreiphasigen Betriebsweise wird.

Wenn wir für die Behandlung der Doppeldreiphasenbetriebsweise voraussetzen, daß der überlagerte Wechselstrom im Kathodenzweig jeden Systems vernachlässigbar klein ist, dann haben wir nach Abb. 70 zwei phasenverschobene Dreiphasengleichrichter mit großen Kathodendrosseln, die eine gemeinsame Sekundärdrossel aufweisen und sich nur über diese beeinflussen können. Wir wissen nun von der Behandlung des Dreiphasengleichrichters, daß bei Ablösung zweier Anoden über zwei Wicklungen der Sekundärdrossel die dritte Wicklung keinen übertragenen Spannungsabfall erhält, und der dritte Schenkel keinen magnetischen Fluß. Daraus folgt: Solange bei Doppeldreiphasenbetriebsweise in der Ablösungszeit zweier Anoden des einen Systems nur eine Anode des anderen Systems stromführend sein kann, die zum dritten

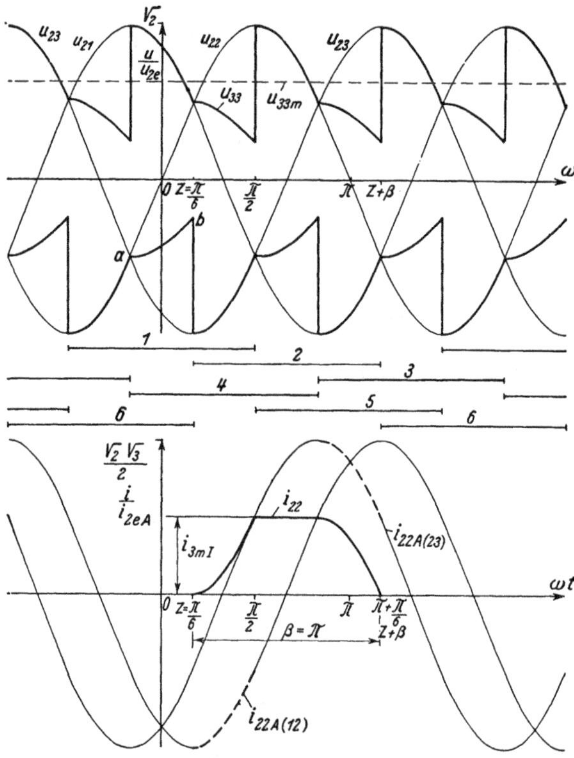

Abb. 72. Gleichrichterspannung und Anodenstrom des Doppeldreiphasengleichrichters nach Abb. 70 zu Beginn des lückenlosen Bereichs.

Schenkel der Sekundärdrossel gehört, tritt keine Beeinflussung der beiden Dreiphasengleichrichter ein[1]). Abb. 72 zeigt uns, daß diese Bedingung bis zu einer dreiphasigen Übergangszeit von $\ddot{u} = \frac{\pi}{2} - \frac{\pi}{6} = \frac{\pi}{3}$ erfüllt ist. Wir sehen mitten das Brenndauerschema der Anoden, oben die Phasenspannungen und Gleichrichterspannungen der beiden Systeme. Dabei sind die Spannungen des zweiten Systems negativ gezeichnet; dadurch fallen dessen Phasenspannungen mit denen des ersten Systems

[1]) Die eine Anode des anderen Systemes führt Gleichstrom, der keinen Spannungsabfall erzeugt.

zusammen, werden aber im Bereich der negativen Halbwellen zur Stromführung herangezogen. Das Brenndauerschema zeigt uns, daß die Umschaltzeitabschnitte des einen Systemes die des anderen nicht überschneiden. Der Anodenstrom-Anstieg und -Abfall setzt sich aus Teilen der gleichen Umschaltströme, wie in Abb. 66 für den Dreiphasengleichrichter gezeigt, zusammen. Die mittlere Gleichrichterspannung jedes Systems, die auch die mittlere Gesamtgleichrichterspannung ist, ergibt sich aus Abb. 72 zu:

$$u_{33\,m} = \frac{1}{\left(\frac{2\pi}{3}\right)} \left[\int\limits_{\frac{\pi}{6}}^{\frac{\pi}{2}} \frac{u_{22} + u_{21}}{2} \, d\omega t + \int\limits_{\frac{\pi}{2}}^{\frac{\pi}{6}+\frac{2\pi}{3}} u_{22} \, d\omega t \right] \text{ bzw. } \frac{u_{33\,m}}{u_{2\,e}} = 0{,}9 \quad (165)$$

Bei weiterem Absinken der Gegenspannung bleibt die reine Dreiphasenbetriebsweise jedes Systems zunächst erhalten, es setzt aber eine Zündverzögerung bis zu 30^0 ein. Um das zu übersehen, müssen wir die Zündspannungsverhältnisse näher betrachten. Abb. 72 zeigt uns, daß vor der Zündung von Anode *2* die Anoden *4* und *6* des anderen Systems im Umschaltvorgang begriffen sind. Da aber nach Abb. 70 die zu *2* gehörende Sekundärdrosselwicklung mit der zu *6* gehörenden auf einem Schenkel liegt, so überträgt sich der an diesem liegende Spannungsabfall $\frac{u_{24} - u_{26}}{2}$ auch auf die zu *2* gehörende Wicklung. Daher ist die Anodenspannung von *2*, solange *4* und *6* stromführend sind:

$$-\frac{u_{24} - u_{26}}{2} = -u_{\text{Anode}\,2\,A\,(461)} + u_{22} - u_{21}$$

$$\text{bzw. } u_{\text{Anode}\,2\,A\,(461)} = \frac{u_{22} + u_{23}}{2} - u_{21} \quad \ldots\ldots\ldots \quad (166)$$

Darin ist das erste Glied $\frac{u_{22} + u_{23}}{2}$ in Abb. 70 im Spannungsvektordiagramm gestrichelt gezeichnet und in Abb. 72 durch die negativ gezeichnete Gleichrichterspannung des zweiten Systems auf dem Stück *ab* gegeben. Eine Zündung der Anode *2*, solange *4* und *6* noch Strom führen, kann also erst dann erfolgen, wenn die Spannung $\frac{u_{22} + u_{23}}{2}$ die Spannung u_{21} schneidet. Solange das nicht der Fall ist, tritt eine Zündverzögerung der Anoden ein. Dabei bleibt die Stromführungsdauer $\beta = \pi$ und die Dreiphasenbetriebsweise jedes Systems erhalten. So entstehen die Bilder 73 und 74 für 15^0 und 30^0 Zündverzögerung. Der Anodenstromanstieg und -abfall setzt sich aus Teilen der gleichen Wechselströme wie in Abb. 72 zusammen. Wir können die Zunahme des mittleren Anodenstromes und die Abnahme der Gleichrichterspannung des Systems beim Vergleich der drei Abbildungen feststellen.

Wenn die Zündverzögerung auf 30° angestiegen ist, bleibt der Zündwinkel bei dem Wert $z = \frac{\pi}{3}$ stehen. Bei weiterer Abnahme der Gegenspannung und damit der Gleichrichterspannung ist nunmehr

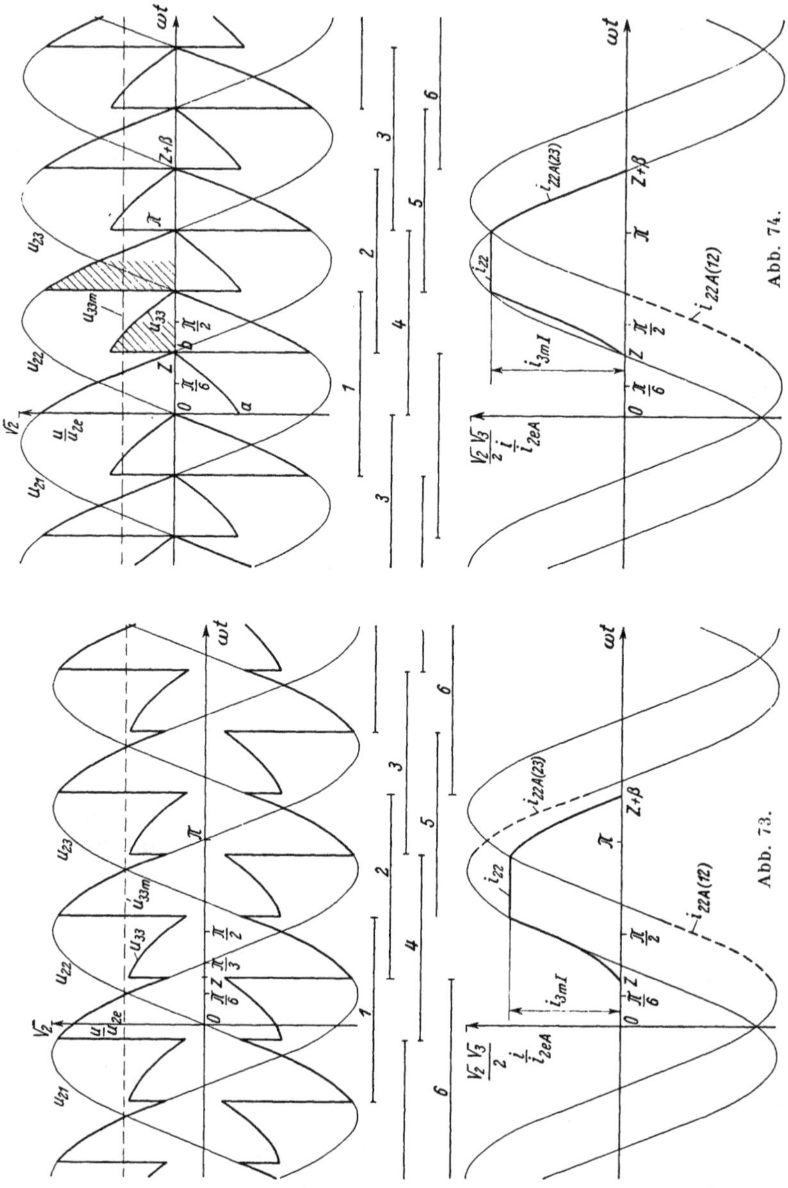

Abb. 73.

Abb. 74.

Abb. 73 und 74. Gleichrichterspannung und Anodenstrom des Doppeldreiphasengleichrichters nach Abb. 70 im Bereich steigender Zündverzögerung.

eine Zündung der folgenden Anode *2* bei $z = \frac{\pi}{3}$ möglich, auch wenn für die vorhergehende des anderen Systems *4* der Ablösungsvorgang noch nicht beendet ist. Dadurch kann nunmehr die Stromführungsdauer über $\beta = \pi$ hinaus ansteigen, und es ergeben sich Zeitabschnitte, in denen 2 Anoden des einen Systems mit 2 Anoden des anderen Systems gleichzeitig Strom führen. Einen solchen Betriebszustand zeigt uns Abb. 75. Wir sehen aus dem Brenndauerschema mitten, daß bspw. Anode *2* in sieben Zeitabschnitten in folgender Weise stromführend ist:

2 mit *1*, *4* und *6*,
2 mit *1* und *4*,
2 mit *1*, *4* und *5*,
2 mit *4* und *5*,
2 mit *3*, *4* und *5*,
2 mit *3* und *5*,
2 mit *3*, *5* und *6*.

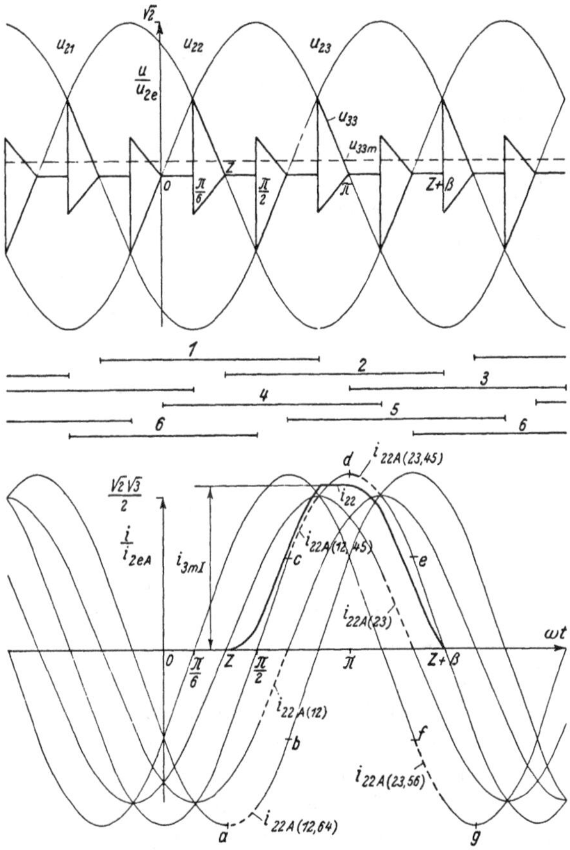

Abb. 75. Gleichrichterspannung und Anodenstrom des Doppeldreiphasengleichrichters nach Abb. 70 nahe dem Kurzschluß.

Wir können nun leicht an Hand der Abb. 70 finden, daß immer, wenn 2 Anoden des einen und 2 Anoden des anderen Systems gleichzeitig Strom führen, die Gleichrichterspannung beider Systeme Null wird.

Nehmen wir den Fall, daß *2* mit *1*, *4* und *6* gleichzeitig stromführend ist, dann liegt an Wicklung *2* und *1* der Sekundärdrossel die Spannung $u_{22} - u_{21}$, und an *6* und *4* die Spannung $u_{24} - u_{26}$. Da aber Wicklung *6* umgekehrt wie *2* und Wicklung *4* umgekehrt wie *3* geschaltet ist, so bedeutet das auch, daß die Spannung an *2* und *3* $u_{22} - u_{23}$ beträgt. Weil die Summe der Spannungsabfälle an Wicklung *1*, *2* und *3* Null sein muß, ist das aber nur möglich, wenn die Spannungsabfälle an den Wicklungen *1*, *2* und *3* gleich u_{21}, u_{22} und u_{23} sind. Dann besteht auch keine Spannungsdifferenz zwischen der

Verbindung der Wicklungen *2* und *1* über die entsprechenden Anoden gegen den Sternpunkt des ersten Systems und ebenso zwischen der Verbindung von *4* und *6* gegen den Sternpunkt des zweiten Systems. Das gleiche läßt sich auch für die anderen Fälle nachweisen.

So ergibt sich im Zusammenhang mit dem Brenndauerschema der Verlauf der Gleichrichterspannungen. Immer wenn 2 Anoden des einen und 2 Anoden des anderen Systems gleichzeitig den Strom führen, ist die Gleichrichterspannung beider Systeme Null. Wenn nur eine Anode eines Systems stromführend ist, verläuft die Gleichrichterspannung wie die entsprechende Phasenspannung; wenn dagegen zwei Anoden des einen Systems und nur eine des anderen brennen, dann ist der Mittelwert der Phasenspannungen der sich ablösenden Anoden des einen Systems maßgebend. Wir sehen im Vergleich zu Abb. 74 wie der Mittelwert der so entstehenden Gleichrichterspannung abgenommen hat.

Die zu den einzelnen Fällen, in denen 4 Anoden gleichzeitig Strom führen, gehörenden Umschaltströme wurden auf S. 41 berechnet zu:

$$\frac{i_{22\,A\,(12,64)}}{i_{2\,e\,A}} = -\frac{i_{21\,A}}{i_{2\,e\,A}} = \sqrt{2}\cos\left(\omega t + \frac{2\pi}{3}\right)$$

$$\frac{i_{22\,A\,(12,45)}}{i_{2\,e\,A}} = \frac{i_{22\,A\,(23,45)}}{i_{2\,e\,A}} = \frac{i_{22\,A}}{i_{2\,e\,A}} = -\sqrt{2}\cos\omega t$$

$$\frac{i_{22\,A\,(23,56)}}{i_{2\,e\,A}} = -\frac{i_{23\,A}}{i_{2\,e\,A}} = \sqrt{2}\cos\left(\omega t - \frac{2\pi}{3}\right) \quad . \; . \; . \; . \; . \quad (167)$$

Sie sind in Abb. 70 im Vektordiagramm und in Abb. 75 in ihrem zeitlichen Verlauf wiedergegeben.

Die Ströme $i_{22\,A\,(12,\,45)}$ und $i_{22\,A\,(23,\,45)}$ eilen der Spannung u_{22} um 90° nach. Der Strom $i_{22\,A\,(12,\,46)}$ ist gleich $-\,i_{21\,A}$. Diese Ströme haben den Effektivwert des Anodenkurzschlußstromes. Wenn Anode *2* allein in ihrem System stromführend ist, bleibt der Strom konstant. In den Zeitabschnitten, in denen nur eine Anode des anderen Systems Strom führt, sind die Wechselströme $i_{22\,A\,(124)} = i_{22\,A\,(12)}$ und $i_{22\,A\,(235)} = i_{22\,A\,(23)}$, die auch den Abb. 72 bis 74 zugrunde liegen, zu verwenden.

Auf Grund dieser Überlegungen können wir nun den Stromverlauf über die zweite Anode konstruieren, indem wir in Abb. 75 entsprechend dem Brenndauerschema aus den stationären Wechselströmen unten die gestrichelten Teile herausgreifen und zusammensetzen. Wenn wir uns in dieser Abbildung bei gleichem Zündwinkel die Brenndauer um 30° verlängert denken, werden die Gleichrichterspannungen Null. Damit ist vollständiger Kurzschluß erreicht, und es führen dauernd 2 Anoden jeden Systems gleichzeitig Strom. Dann setzt sich der Strom aus Teilen der Ströme $i_{22\,A\,(12,\,64)}$, $i_{22\,A\,(12,\,45)} = i_{22\,A\,(23,\,45)}$ und $i_{22\,A\,(23,\,56)}$ zusammen. Diese Teile sind in Abb. 75 mit $\overline{ab}$, $\overline{cd}$, $\overline{de}$ und $\overline{fg}$ bezeichnet.

An Hand des Verlaufes der Gleichrichterspannungen in den Abb. 72 bis 75 läßt sich auch leicht deren Mittelwert berechnen. In 74 ist bspw. der Mittelwert gegeben aus der Gleichung:

$$u_{33\,m} = \frac{1}{\left(\frac{2\pi}{3}\right)} \left[\int\limits_{\frac{\pi}{3}}^{\frac{2\pi}{3}} \frac{u_{22} + u_{21}}{2} d\omega t + \int\limits_{\frac{2\pi}{3}}^{\pi} u_{22} d\omega t \right] \text{ bzw. } \frac{u_{33\,m}}{u_{2\,e}} = 0{,}51 \quad (168)$$

Der mittlere Anodenstrom ist ⅓ des mittleren Kathodenstromes jedes Systems. Dieser ist gleich dem Anodenstrom in dem Zeitabschnitt, wo nur die betrachtete Anode Strom führt und ist zugleich der Höchstwert des Anodenstromes. Wir können den Anstieg des Anodenstromes bis zu seinem Höchstwert leicht an Hand der Abb. 72 bis 75 berechnen, wenn wir die Zusammensetzung des Anodenstromes aus den einzelnen Teilen der Wechselkurzschlußströme beachten. So ergibt sich bspw. für den mittleren Anodenstrom nach Abb. 74:

$$i_{2m} = \frac{1}{3} i_{2h} = \frac{1}{3} \left[\left(i_{22A\,(21)}\right)_{\omega t = \frac{2\pi}{3}} - \left(i_{22\,A\,(21)}\right)_{\omega t = \frac{\pi}{3}} \right] \text{ bzw. } \frac{i_{2\,m}}{i_{2\,e\,A}} = 0{,}353 \quad (169)$$

Der verhältnismäßige mittlere Anodenstrom ist in Kurvenblatt 18 in Abhängigkeit von der verhältnismäßigen mittleren Gleichrichterspannung enthalten. Diese Kennlinie stimmt im Bereich $1{,}17 > \frac{u_{3\,m}}{u_{2\,e}} \geq 0{,}9$ mit der Dreiphasenschaltung überein. Wir haben ja gesehen, daß in diesem Bereich ungestörte dreiphasige Betriebsweise jedes Systems vorliegt. Im weiteren Verlauf der Kennlinie nimmt infolge der Zündverzögerung die Spannung mehr ab als der Strom zunimmt. $\left(0{,}9 \geq \frac{u_{3\,m}}{u_{2\,e}} \geq 0{,}51\right)$. Der letzte Teil der Kennlinie ist wieder eine Gerade. Das läßt sich genau wie beim Dreiphasengleichrichter leicht nachweisen, indem man zeigt, daß die in Abb. 74 gestrichelten Spannungszeitflächen, die der Abnahme der Gleichrichterspannung von Abb. 74 auf die von Abb. 75 entsprachen, ebenso der Zunahme des Stromes zugehören.

Der effektive Anodenstrom kann auf Grund des Anodenstromverlaufes bestimmt werden. Der höchste Anodenstrom hat immer den dreifachen Wert des mittleren Anodenstromes. Der mittlere Kathodenstrom jedes Systems ist gleich dem dreifachen, der gesamte Kathodenstrom gleich dem sechsfachen mittleren Anodenstrom[1]).

Die Konstruktion des Stromes des ungesteuerten Sechsphasengleichrichters mit Sekundärdrossel und Kathodendrossel nach Abb. 76 erfolgt nach der gleichen Methode und ist in Abb. 77 und 78 durchge-

[1]) Zu Abb. 72 bis 75 vgl. Prince und Vogdes, Quecksilberdampfgleichrichter, R. Oldenbourg München und Berlin 1931. Abb. 100—110.

führt. Beim Sechsphasengleichrichter können nur ein, zwei, im Höchstfall drei Anoden gleichzeitig Strom führen. Wenn zwei aufeinanderfolgende Anoden Strom führen, ist die Gleichrichterspannung gleich der halben Summe der Phasenspannungen, und für die folgende Anode ist die negative Gleichrichterspannung als Anodenspannung wirksam. Sind Anode *1* und *4* im Umschaltvorgang begriffen, so tritt an Wicklung 2 ein Spannungsabfall von der Größe u_{22} auf, wie wir allgemein auf S. 38 (Fall C 2) feststellen konnten. Dieser Spannungsabfall hebt die Spannung u_{22} auf, so daß die negative Gleichrichterspannung $\frac{-u_{21}-u_{24}}{2}$ als Anodenspannung für Anode *2* übrig bleibt, die u_{22} nach Abb. 76, Diagramm *a*, um 90° nacheilt. Wenn drei aufeinanderfolgende Anoden gleichzeitig Strom führen (Fall C 3), dann ist die Anodenspannung und die Gleichrichterspannung Null, so daß eine weitere Anode nicht zur Zündung kommen kann. Diese Zündspannungsverhältnisse führen bei abnehmender Gleichrichterspannung zu drei Bereichen:

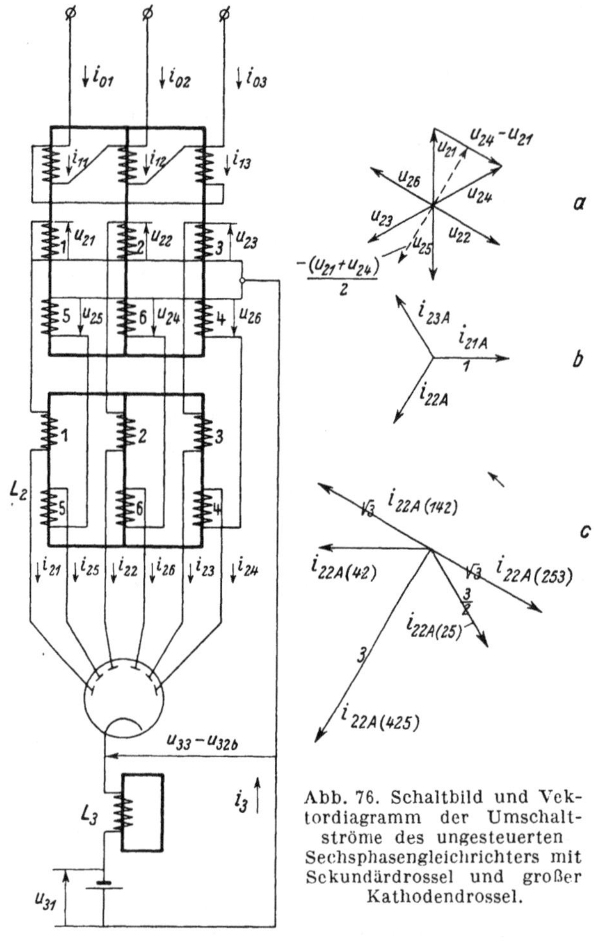

Abb. 76. Schaltbild und Vektordiagramm der Umschaltströme des ungesteuerten Sechsphasengleichrichters mit Sekundärdrossel und großer Kathodendrossel.

1. Der Zündwinkel liegt bei $z = 60^0$, die Brenndauer steigt bis $\beta = 120^0$ an. Es führen abwechselnd 1 und 2 Anoden gleichzeitig Strom. Das Ende dieses Bereiches zeigt uns Abb. 77 mit der stark gezeichneten Gleichrichterspannung und dem Strom unten. Der Strom setzt sich aus Teilen der Umschaltströme $i_{22\,A\,(42)}$ $i_{22\,A\,(25)}$ zusammen, die Abb. 77 unten in ihrem Verlauf und in Abb. 76 in ihrer vektoriellen Lage und Größe zeigt. Man findet sie nach den Überlegungen auf S. 38 (Fall C 1).

2. Der Zündwinkel steigt von $z = 60^0$ auf $z = 90^0$ an. Es führen

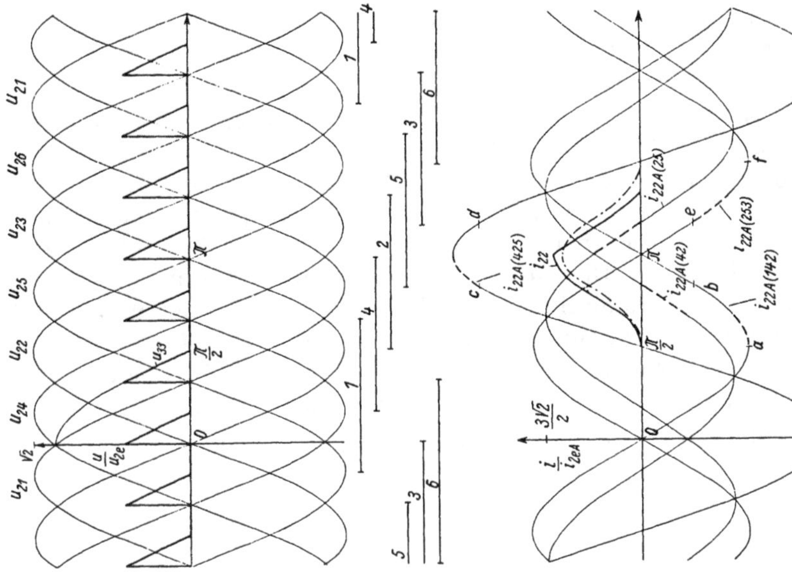

Abb. 78.

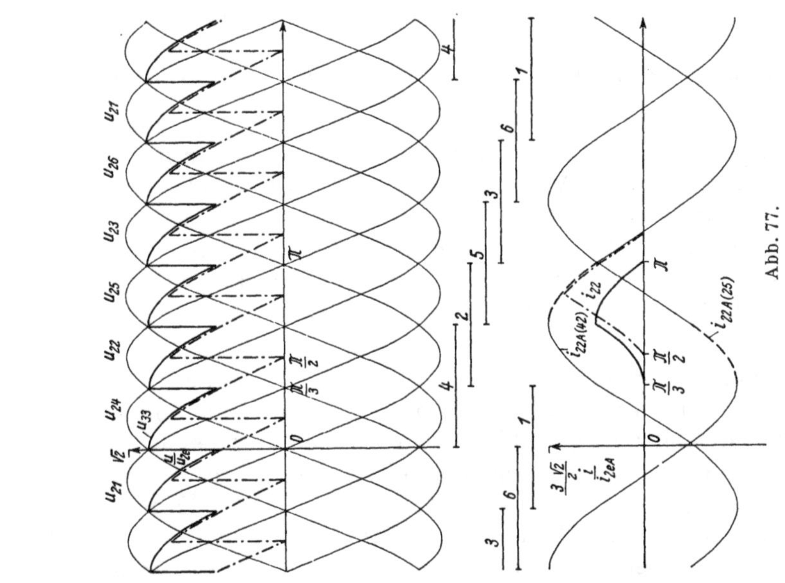

Abb. 77.

Abb. 77 und 78. Gleichrichterspannung und Anodenstrom des Sechsphasengleichrichters nach Abb. 76 im lückenlosen Bereich bis zum Kurzschluß.

dauernd nur zwei Anoden Strom, die Brenndauer ist konstant $\beta = 120^0$. Für das Ende dieses Bereiches enthält Abb. 77 strichpunktiert Gleichrichterspannung und Anodenstrom. Erst am Ende dieses Bereiches fällt der Nulldurchgang der negativen Gleichrichterspannung und Zündwinkel $z = 90^0$ zusammen, so daß nunmehr die Brenndauer anwachsen kann, da nunmehr eine Zündung möglich ist, wenn zwei vorhergehende Anoden noch Strom führen. Der Anodenstrom setzt sich aus Teilen der gleichen Umschaltströme zusammen.

3. Der Zündwinkel bleibt bei $z = 90^0$ stehen. Die Brenndauer steigt von $\beta = 120^0$ auf $\beta = 180^0$ an. Die Gleichrichterspannung und den Anodenstrom in der Mitte dieses Bereiches zeigt uns Abb. 78, stark gezeichnet. Es kommen drei weitere Umschaltströme hinzu, die auf S. 40 (Fall C 3) berechnet werden und in Abb. 76 vektoriell dargestellt sind. An Hand des Brenndauerschemas ist die Zusammensetzung des Anodenstromes verständlich. Abb. 78 zeigt ferner strichpunktiert den Anodenstrom im vollständigen Kurzschluß am Ende dieses Bereiches, wo dauernd drei Anoden Strom führen. Er setzt sich aus den Teilen $\overline{ab}$, $\overline{cd}$ und $\overline{ef}$ der entsprechenden Umschaltströme zusammen. Die Gleichrichterspannung ist dabei dauernd Null.

Die Auswertung des so konstruierten Anodenstromes zeigt Kurvenblatt 19.

G. Der ungesteuerte Gleichrichter mit Primärdrossel bei Gegenspannungsbelastung.

1. Der ungesteuerte Gleichrichter mit Primärdrossel ohne Kathodendrossel.

In den vorhergehenden Kapiteln haben wir den Anodenstromverlauf mehrphasiger Schaltung mit verketteten Anodendrosseln bzw. Sekundärdrosseln kennengelernt. Wir wollen nunmehr die Ergebnisse ausdehnen auf die Schaltungen mit Primärdrossel. Es läßt sich zeigen, daß diese Schaltungen gleiche Zündspannungsverhältnisse wie die mit Sekundärdrossel und gleiche Einschaltströme aufweisen, wenn wir diese auf den Anodenkurzschlußstrom beziehen, und damit auch gleiche Anodenströme.

Die Spannungsverteilung, die sich beim Zünden der einzelnen Anoden einstellt, kann man sich ganz allgemein auch folgendermaßen entstanden denken: Das Zünden der einzelnen Anoden bedeutet einen Kurzschluß. Dieser ist gleichbedeutend mit dem Einschalten der negativen Spannung, die vor dem Kurzschluß an der Kurzschlußstelle herrschte; dabei sind alle übrigen Spannungsquellen kurzgeschlossen zu denken und die entstehende Spannungsverteilung der ursprünglichen zu überlagern. Auf diese Weise könnten wir auch die Spannungsverteilung in den Schaltungen mit Sekundärdrossel bestimmen. Für die Schaltungen mit Primärdrossel diene uns als Beispiel die Dreiphasen-Dreieck-Sternschaltung mit Drosselwicklungen in den Netzleitungen nach Abb. 79. Die dafür geltenden Beziehungen lassen sich verallgemeinern.

Wir betrachten zunächst die Wechselspannungs- und Stromverteilung in den Schaltungen ohne Kathodendrossel. Wir gehen aus von den Leerlaufspannungen, deren Diagramm rechts oben gezeichnet ist. Wenn Anode *1* brennt, ist die Wechselspannung $u_{21\,L}$ kurzgeschlossen. Wir schalten statt dessen die Spannung $-u_{21\,L}$ als neue Spannung an die erste sekundäre Wicklung. Da der magnetische Fluß sich auf die beiden anderen Schenkel verteilt, nehmen diese die halbe negative Spannung an. Das zeigt das zweite Diagramm. Dies überlagern wir dem Leerlaufdiagramm und erhalten die gestrichelten Spannungen für Wicklung *2* und *3*. Wir sehen, daß die neue Spannung an Wicklung *2* gegenüber der Leerlaufspannung um 30° voreilt und $\sqrt{1-\frac{1}{4}}=\frac{\sqrt{3}}{2}$ von deren Wert hat. Wenn wir noch eine zweite Wicklung kurzschließen, bspw. *3*, so müssen wir uns die gestrichelte Spannung an die Wicklung *3* negativ angelegt denken, wie das folgende Diagramm zeigt. Dabei muß die bereits bestehende Kurzschlußbedingung für die Wicklung *1* beachtet werden. Dann wird der magnetische Fluß nur über den zweiten Schenkel fließen, und hier wird die Wicklung die entgegengesetzt gleiche Spannung annehmen. Wenn wir diese Spannungen auch noch zu den Leerlaufspannungen addieren, ist die Spannung auf allen Wicklungen Null. Das entspricht der Tatsache, daß Kurzschluß zweier sekundärer Phasenspannungen vollständigen Kurzschluß bedeutet. Im Leerlauf trägt die Primärdrossel keine Spannung. Für die hinzugeschalteten Spannungen ist das Netz kurzgeschlossen zu denken. Daher

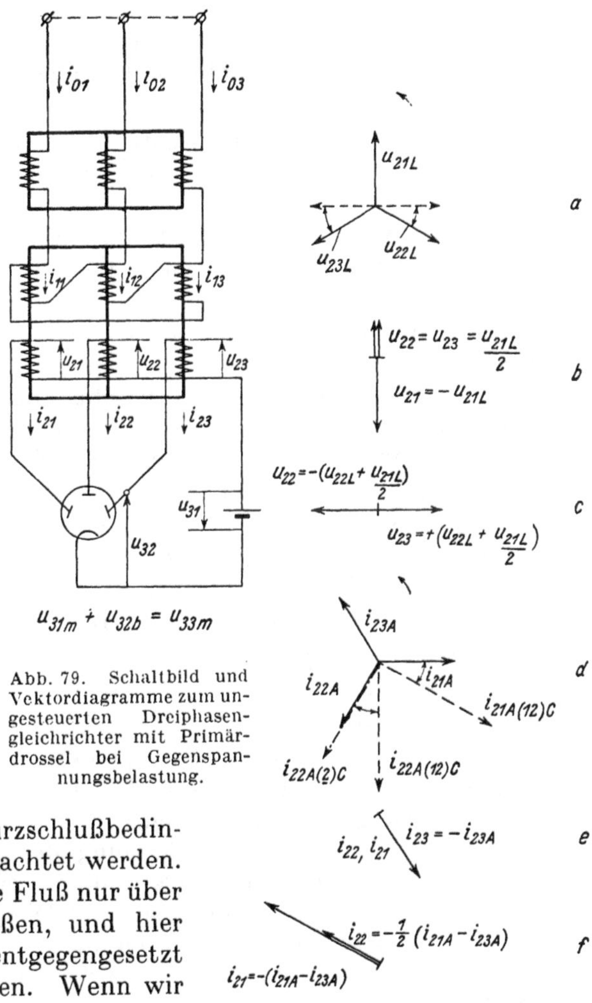

Abb. 79. Schaltbild und Vektordiagramme zum ungesteuerten Dreiphasengleichrichter mit Primärdrossel bei Gegenspannungsbelastung.

nimmt die Primärdrossel die vom Transformator vorgegebenen Spannungsabfälle an.

Wir können unsere Überlegungen verallgemeinern. Es handelt sich bei einer solchen Schaltung um eine symmetrisch aufgebaute Dreiphasenschaltung, bei der die drei Zweige miteinander magnetisch verkettet sind. Für eine solche Schaltung gilt, daß die Summe der Spannungen, die an den Zweigen auftreten, Null sein muß. Außerdem muß aus Symmetriegründen, wenn nur einem Zweig eine Spannung aufgedrückt wird, jeder der beiden anderen Zweige gleiche Spannung tragen. Daraus ergibt sich:

1. Bei Anschalten der negativen Leerlaufspannung an einem Zweig müssen die anderen Zweige jeder die halbe negative Spannung aufnehmen.

2. Bei Anschalten einer Spannung an einen Zweig, während ein anderer kurzgeschlossen ist, nimmt der dritte Zweig die gleiche Spannung negativ an.

Das gilt ganz allgemein für beliebige Lage der Drossel und beliebige Schaltung des Transformators. Wir bekommen also in allen Fällen den gleichen Zusammenhang zwischen den sekundären Leerlaufspannungen und der Spannungsverteilung bei ein- und zweiphasigem Kurzschluß, der mit dem der Schaltungen mit Sekundärdrossel übereinstimmt.

Wir können diese Überlegungen noch ausdehnen auf das Anschalten der Gegenspannung. Wenn die Gegenspannung an einem Zweig liegt, nehmen die beiden anderen Zweige jeder die halbe negative Gegenspannung an. Wenn die Gegenspannung an zwei Zweigen liegt, nimmt der dritte Zweig die doppelte negative Gegenspannung auf.

Damit ist gezeigt, daß beliebige Dreiphasenschaltungen die gleichen Zündspannungsverhältnisse aufweisen müssen wie die Schaltung mit Sekundärdrossel.

Das gilt auch für die Sechsphasenschaltung. Man kann ja ganz allgemein deren Spannungs- und Stromverteilung auf die der Dreiphasenschaltungen zurückführen. Wir brauchen nur beachten, daß der Kurzschluß einer Zweigspannung des zweiten Dreiphasensystems gleichbedeutend mit dem Kurzschluß der entgegengesetzten Spannung des ersten Systems ist. So entsteht das Diagramm für die Sechsphasenschaltung in Abb. 80 bei Kurzschluß der vierten und ersten Anode. Bei der Zweiphasenschaltung sind die Zündspannungsverhältnisse in Schaltungen mit Primärdrossel von vornherein klar. Wenn eine Anode Strom führt, ist der Transformator für die Wechselspannung kurzgeschlossen, und die Gegenspannung erscheint auf dem anderen Zweig als negative Spannung.

Um auch den Zusammenhang der Ströme, aus denen sich der Anodenstromverlauf zusammensetzen läßt, mit denen in der Schaltung mit Sekundärdrossel zu zeigen, gehen wir vom Anodenkurzschlußstrom aus. Auf den dabei entstehenden Strom haben wir ja den Anodenstrom bezogen. Wir brauchen also nur die gleiche Beziehung zum Anodenkurzschlußstrom für die Umschaltströme in den einzelnen Schaltungen zu finden.

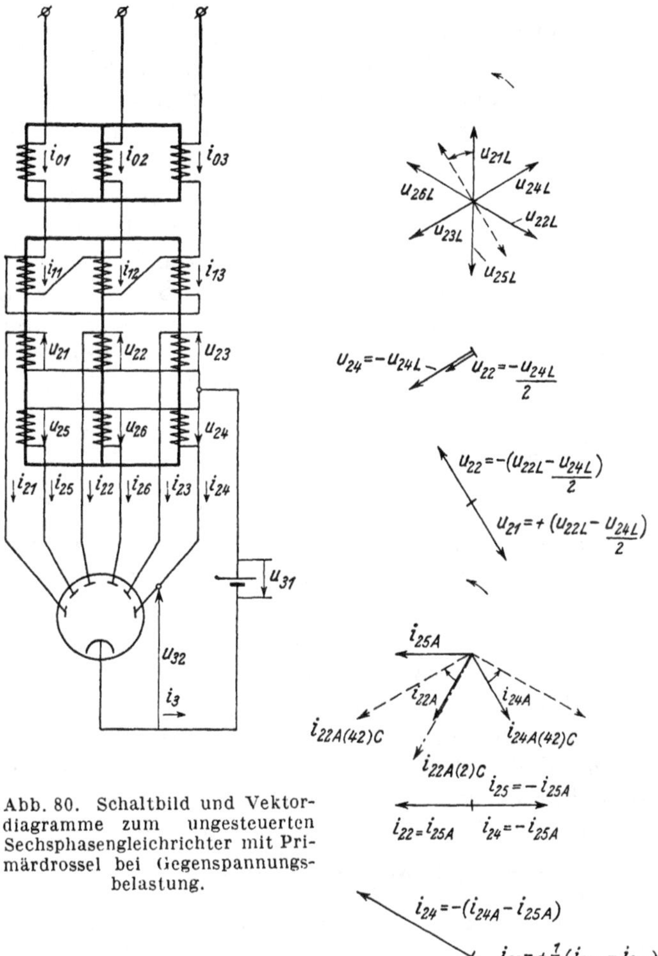

Abb. 80. Schaltbild und Vektordiagramme zum ungesteuerten Sechsphasengleichrichter mit Primärdrossel bei Gegenspannungsbelastung.

An Stelle des Wechseleinschaltstromes verwandten wir in der graphischen Konstruktion den stationären Wechselstrom, der sich bei der durch die brennende Anode geschaffenen Verbindung ergibt. Wir können nun vom allseitigen Anodenkurzschluß zu dem Fall, wo eine oder zwei Anoden kurzgeschlossen sind, übergehen, indem wir uns nacheinander die Anodenleitungen unterbrochen denken. Die Änderung der Wechselstromverteilung, die sich dabei gegenüber dem allseitigen Anodenkurzschluß einstellt, kann allgemein dadurch gefunden werden, daß man sich einen Strom in umgekehrter Richtung an der Stelle eingeführt denkt, wo die Verbindung unterbrochen wird; dabei ist das Netz kurzgeschlossen zu denken und die entstehende Stromverteilung der ursprünglichen zu überlagern.

Das sei zunächst am Beispiel der Dreiphasenschaltung nach Abb. 79 durchgeführt. Das Vektordiagramm *d* zeigt uns die Ströme bei Anodenkurzschluß. Wenn Anode *3* unterbrochen wird, haben wir an der Unterbrechungsstelle den Strom $-i_{23\,A}$ zuzuführen, wie das folgende Diagramm zeigt.

Wir stellen uns einmal vor, die netzseitig kurzgeschlossene Schaltung liegt als Stromwandler in einem Stromkreis, der den Strom $-i_{23\,A}$ im dritten Anodenzweig erzwingt, während die beiden anderen kurzgeschlossen sind. Dann überträgt sich dieser Strom nach den Regeln des 3. Kapitels für die Stromverteilung in Transformatoren in voller Höhe auf die Primärseite. Hier schließt sich der Strom über die sekundärseitig kurzgeschlossene 1. und 2. Wicklung; die Primärdrossel bleibt stromlos.

Somit ergibt sich folgende Stromverteilung:

$$i_{23} = -i_{23\,A}, \quad i_{13} = -i_{23\,A}, \quad i_{11} = i_{12} = -i_{23\,A}, \quad i_{21} = i_{22} = -i_{23\,A} \qquad (170)$$

Wenn wir diese Sekundärströme des Vektordiagrammes *e* den ursprünglichen Strömen überlagern, ergeben sich im Vektordiagramm *d* die gestrichelten Vektoren.

Wenn wir weiter den Kurzschluß der ersten Sekundärwicklung öffnen, müssen wir uns den jetzt darüber fließenden Strom, dem der gestrichelte Vektor zugehört, in umgekehrter Richtung der ersten Wicklung aufgezwungen denken, wobei die zweite Wicklung und das Netz kurzgeschlossen sind. Dieser Strom überträgt sich auf die Primärseite und schließt sich über die sekundärgeschlossene Wicklung und die Primärdrossel entsprechend der Stromverteilung:

$$\begin{aligned}
&i_{21} = -(i_{21\,A} - i_{23\,A}), \quad i_{11} = -(i_{21\,A} - i_{23\,A}),\\
&i_{12} = -\frac{1}{2}(_{21\,A} - i_{23\,A}), \quad i_{13} = 0, \quad i_{22} = -\frac{1}{2}(i_{21\,A} - i_{23\,A}),\\
&i_{01} = -(i_{21\,A} - i_{23\,A}), \quad i_{02} = \frac{1}{2}(i_{21\,A} - i_{23\,A}),\\
&i_{03} = \frac{1}{2}(i_{21\,A} - i_{23\,A}) \;.\;. \qquad (171)
\end{aligned}$$

Die sekundäre Stromverteilung zeigt das untere Vektordiagramm. Wenn wir dieses den gestrichelten Vektoren im Diagramm *d* zuzählen, erhalten wir den strichpunktierten Vektor, der die Richtung des Anodenkurzschlußvektors hat und das 3/2fache von dessen Größe. Diese Stromverhältnisse stimmen ersichtlich mit denen bei Sekundärdrossel nach Abb. 44 überein.

Wir können die Ergebnisse verallgemeinern: 1. Wenn in einer dreiphasigen, symmetrisch aufgebauten Schaltung, bei der die drei Zweige magnetisch miteinander verkettet sind, zwei Zweige kurzgeschlossen sind und dem dritten Zweig an der den Kurzschlußverbindungen entsprechenden Stelle ein Strom aufgezwungen wird, so erscheint dieser Strom in gleicher Richtung und Größe in den Kurzschlußverbindungen. 2. Wenn nur ein Zweig kurzgeschlossen ist und einem anderen Zweig ein Strom aufgezwungen wird, so erscheint in der Kurzschlußverbindung der halbe Strom.

Um die Stromverteilung des Gegenstromes allgemein zu übersehen, gehen wir von dem Fall aus, daß die Gegenspannung an zwei sekundären Zweigen liegt, bspw. *1* und *2*. Wenn wir dann den Zweig *1* abtrennen, bedeutet das, daß in *1* der umgekehrte Strom zugeführt wird. Dann erscheint im zweiten Sekundärzweig der halbe umgekehrte Strom. D. h. in diesem Zweig geht der Strom auf die Hälfte zurück. Das entspricht dem auch bei der Schaltung mit Sekundärdrossel gefundenen Verhältnis. Wir brauchen nur noch festzustellen, daß bei Anschalten der Gegenspannung an nur einem Sekundärzweig der gleiche induktive Widerstand den Stromanstieg bestimmt, der auch den Wechselkurzschlußstrom begrenzt, wenn wir uns diesen durch Anschalten der negativen Leerlaufspannung an der Kurzschlußstelle entstanden denken. Damit ist auch für den Gegenstrom allgemein die gleiche Beziehung erwiesen, die auch in der Schaltung mit Sekundärdrossel auftritt.

Wir hatten gesehen, daß sich die Wechselströme der Sechsphasenschaltung auf die der Dreiphasenschaltung zurückführen lassen. Aus Abb. 80 ist das im Vergleich zu Abb. 79 auch für die Schaltung mit Primärdrossel zu erkennen. Der Gegenstrom stimmt beim Anschalten der Gegenspannung an nur einem Zweig mit der der Dreiphasenschaltung überein. Wenn in der Sechsphasenschaltung an zwei aufeinanderfolgende sekundäre Phasenzweige die Gegenspannung gelegt wird, so ist das gleichbedeutend, als wenn in der Dreiphasenschaltung an den vorhergehenden Zweig die umgekehrte Gegenspannung gelegt wird. Während in der Dreiphasenschaltung der Gegenstrom beim Übergang von zweiphasigem auf einphasiges Anschalten auf die Hälfte abnimmt, nimmt er in der Sechsphasenschaltung um die Hälfte zu.

Die Stromverhältnisse der Zweiphasenschaltung sind leicht zu übersehen; bei allen Schaltmöglichkeiten stehen auch hier die Ströme im gleichen Verhältnis zum Anodenkurzschlußstrom.

Mit diesen Überlegungen ist allgemein erwiesen, daß in jeder Schaltungsgruppe das Verhältnis der Einschaltströme, aus denen der Anodenstrom sich zusammensetzt, zum Anodenkurzschlußwechselstrom gleich ist, unabhängig von der Lage der Drossel und der Transformatorschaltung. Somit gelten die Kennlinien, die für die Schaltungen mit Sekundärdrossel berechnet sind, allgemein. Wir brauchen nur den Anodenkurzschlußstrom zu berechnen. Die Anodenkurzschlußströme finden wir leicht, wenn wir uns auf die netzseitig kurzgeschlossene Schaltung die negativen Leerlaufwechselspannungen sekundärseitig geschaltet denken. Zahlentafel 2 enthält nur die für Gleichrichter mit Vordrossel gebräuchlichsten Schaltungen.

Für den Verlauf der Primärströme gelten auch bei den Schaltungen mit Primärdrosseln die Angaben für die Bestimmung der Transformatorprimärströme aus den Sekundärströmen in Zahlentafel 1. Grundsätzlich können natürlich die Primärströme ebensogut aus Wechselstrom und Gegenstrom zusammengesetzt werden. Wir wollen das am Beispiel der Drei- und Sechsphasen-Stern-Sternschaltung für den Bereich der 240°- bzw. 120°-Stromführungsdauer an Hand von Abb. 81 und 82 zeigen. Hier ist oben die zweite sekundäre Leerlaufphasenspannung u_{22L} gezeichnet, die mit der Netzphasenspannung u_{12} bei Stern-Sternschaltung übereinstimmt, und die entsprechende sekundäre bzw. primäre Trafospannung. Vom Beginn des Bereiches der 240°- bzw. 120°-Stromführungsdauer wird die Trafospannung vollständig von der dauernd an zwei sekundäre Wicklungen angeschalteten Gegenspannung bestimmt, und zwar im Falle der Dreiphasenschaltung (Abb. 81) ist sie innerhalb der Brenndauer von 240° $\left(\frac{4\pi}{3}\right)$ gleich der Gegenspannung, und innerhalb der übrigen Zeit gleich der doppelten negativen Gegenspannung, weil hier die Gegenspannung an den beiden anderen Wicklungen liegt. Im Falle der Sechsphasenschaltung (Abb. 82) wird jeder Schenkel zweimal belastet; entsprechend ist die Spannung gleich der positiven und negativen Gegenspannung, während der zugehörigen Brenndauer von je 120°. In den übrigen Zeitbereichen ist die Phasenspannung Null, weil hier die Gegenspannung an zwei aufeinanderfolgenden Wicklungen liegt, wovon die eine immer den umgekehrten Wickelsinn hat wie die zugehörigen Wicklungen der dreiphasigen Reihenfolge.

Wir können uns nun den Primärstrom aus zwei Strömen zusammengesetzt denken: Einmal den Wechselstrom bei Kurzschluß der Gegenspannung und damit Kurzschluß des Transformators. Kurzschluß zweier Wicklungen bedeutet ja vollständigen Kurzschluß. Wir erhalten dann den unten gezeichneten Wechselstrom $i_{12A(12)C}$ bzw. $i_{12A(42)C}$ über die Primärdrossel, der gegenüber der Netzphasenspannung um 90° verschoben ist. Nun gehören zu den oben gezeichneten rechteckigen zweiten Primärspannungen, die von der Gegenspannung herrühren, entsprechend phasenverschobene rechteckige Spannungen auf den anderen Primärwicklungen, die zusammen ein Dreiphasensystem bilden. Diese Rechtecksspannungen erzeugen bei kurzgeschlossen gedachtem

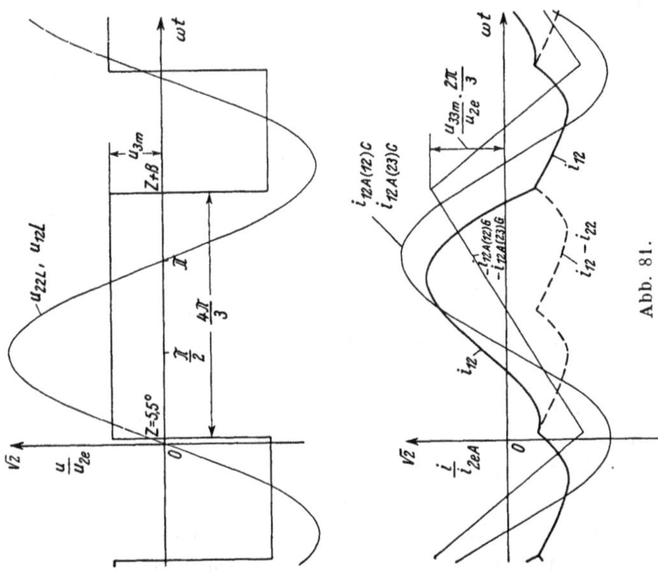

Abb. 81.

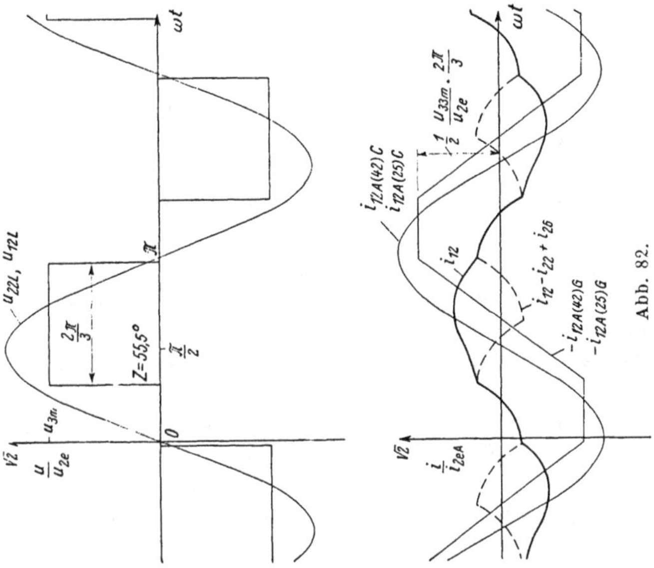

Abb. 82.

Abb. 81 und 82. Primärstrom des ungesteuerten Drei- und Sechsphasengleichrichters mit Primärdrossel bei Gegenspannungsbelastung.

Netz einen Strom, der dem Zeitintegral der Spannungen proportional ist. Diese Spannungen liegen ja an dem rein induktiv vorausgesetzten Widerstand der Primärdrossel. So entsteht ein symmetrischer dreieckiger Primärgegenstrom in der Dreiphasenschaltung und ein symmetrischer trapezförmiger Gegenstrom in der Sechsphasenschaltung.

Diese Ströme ergeben zusammen (in Abb. 81 und 82 sind die Ströme negativ gezeichnet und müssen daher abgezogen werden) mit den sinusförmigen Wechselströmen den stark ausgezogenen Primärstrom. Zu Abb. 81 und 82 gehören die Anoden- bzw. Sekundärströme der Abb. 48 und 56. Die Differenz der zu einem Schenkel gehörenden Ströme, d. h. $i_{12} - i_{22}$ bzw. $i_{12} - i_{22} + i_{26}$ zeigen den Verlauf der Restströme, denen die Restamperewindungen entsprechen. So entstehen die gestrichelten Stromkurven in Abb. 81 und 82. Diese fallen in den Zeitbereichen, in denen kein Sekundärstrom fließt, mit dem Primärstrom zusammen. Wir sehen einen Reststrom, der aus einem Gleichanteil und überlagerten Wechselanteil besteht, in der Dreiphasenschaltung von dreifacher Grundfrequenz und in der Sechsphasenschaltung von sechsfacher Grundfrequenz. Der Wechselanteil des Reststromes verursacht einen Spannungsabfall an der unverketteten Magnetisierungsinduktivität, wie im 4. Kapitel gezeigt wurde. Diese Induktivität hat in der Dreiphasen-Stern-Sternschaltung die Wirkung einer Kathodendrossel. In der Sechsphasenschaltung erzwingt diese Induktivität, wie auf S. 72 gezeigt wurde, die Betriebsweise der Doppeldreiphasenschaltung.

Es sei in diesem Zusammenhang darauf hingewiesen, daß in den Schaltungen mit Primärdrosseln die Transformatorspannung bei Betrieb gegenüber der im Leerlauf abgesenkt ist. Die Bilder 81 und 82 zeigten uns Betriebsfälle, in denen die sekundäre Wicklungsspannung ausschließlich von der periodisch angeschalteten Gegenspannung bestimmt ist. Maßgebend für die magnetische Beanspruchung des Transformators in einem solchen Betriebsfalle gegenüber der Beanspruchung bei Leerlauf ist das Verhältnis des Flächeninhaltes der positiven Halbwelle der Spannung im Betrieb zu dem bei Leerlauf.

Vom Beginn der 240°-Stromführungsdauer (Abb. 81) beim Dreiphasengleichrichter und der 120°-Stromführungsdauer (Abb. 82) beim Sechsphasengleichrichter bis zum Kurzschluß ändert sich die Form der vom Anschalten der Gegenspannung bestimmten Transformatorspannung nicht mehr und nimmt in der Höhe proportional mit der Gegenspannung ab. Bei höheren Gegenspannungen nach dem Leerlauf hin ist die Transformatorspannung innerhalb der Stromführungsdauer gleich der Gegenspannung, und in der übrigen Zeit aus übertragenem Gegenspannungsanteil und Wechselspannungsanteil zusammengesetzt. Man findet diese Anteile aus ähnlichen Überlegungen, wie wir sie anstellen zur Klärung der Zündspannungen. Wir wollen auf diese Verhältnisse hier nicht näher eingehen. Man macht praktisch von der verringerten Spannungsbeanspruchung Gebrauch bei Gleichrichtergeräten, die einen festen Betriebspunkt haben (bspw. Bogenlampengleichrichter) durch Wahl einer verringerten Windungszahl bzw verringerter Typenleistung. Für die Dreiphasenschaltung mit sekundärer Sternschaltung ist der Verlauf der sekundären Transformatorenwicklungsspannung in dem Oszillogramm Abb. 83 mitten gezeigt.

Diese Oszillogramme bilden eine Ergänzung zu denen der Abb. 52. Wir sehen in der Mitte außer der Transformatorspannung noch den zweiten Anodenstrom, oben Primärstrom und Netzspannung, unten Kathodenstrom und Gegenspannung. Das mittlere Oszillogramm entspricht ungefähr dem Betriebszustand, der auch Abb. 81 zugrunde liegt. Die Transformatorspannung weicht in der negativen Halbwelle

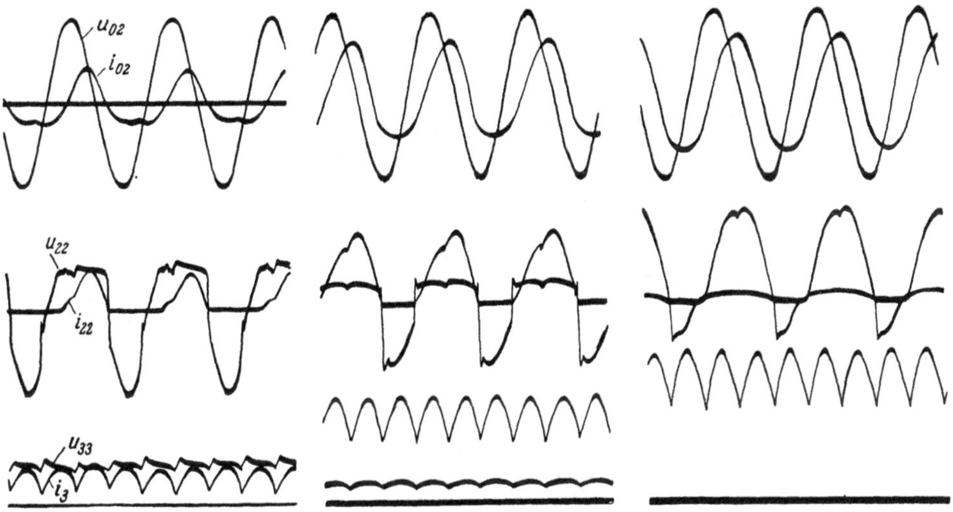

Abb. 83. Strom- und Spannungsverlauf des ungesteuerten Dreiphasengleichrichters in Stern-Sternschaltung mit Primärdrossel bei abnehmender Gegenspannung. Oben: Netzphasenspannung und Netzstrom. Mitte: Sekundäre Transformatorspannung und Anodenstrom. Unten: Gleichrichterspannung und Kathodenstrom (vgl. Abb. 52).

vom rechteckigen Verlauf nach Abb. 81 ab. Das liegt an dem Spannungsabfall an den unverketteten Magnetisierungsinduktivitäten. Im ersten Oszillogramm ist die Gegenspannung unten wieder durch die Spannung an einer Bogenlampe gegeben, in den beiden anderen Oszillogrammen durch eine Akkumulatorbatterie.

2. Der ungesteuerte Gleichrichter mit Primärdrossel und großer Kathodendrossel.

Wir wollen in diesem Abschnitt zeigen, daß auch die Zündspannungs- und Stromverhältnisse der Schaltungen mit Primärdrossel und Kathodendrossel auf die der Schaltung mit Sekundärdrossel zurückzuführen sind. Wir können dazu die gleiche Methode wie im vorigen Abschnitt anwenden. Als Beispiel diene uns die Dreiphasenschaltung mit

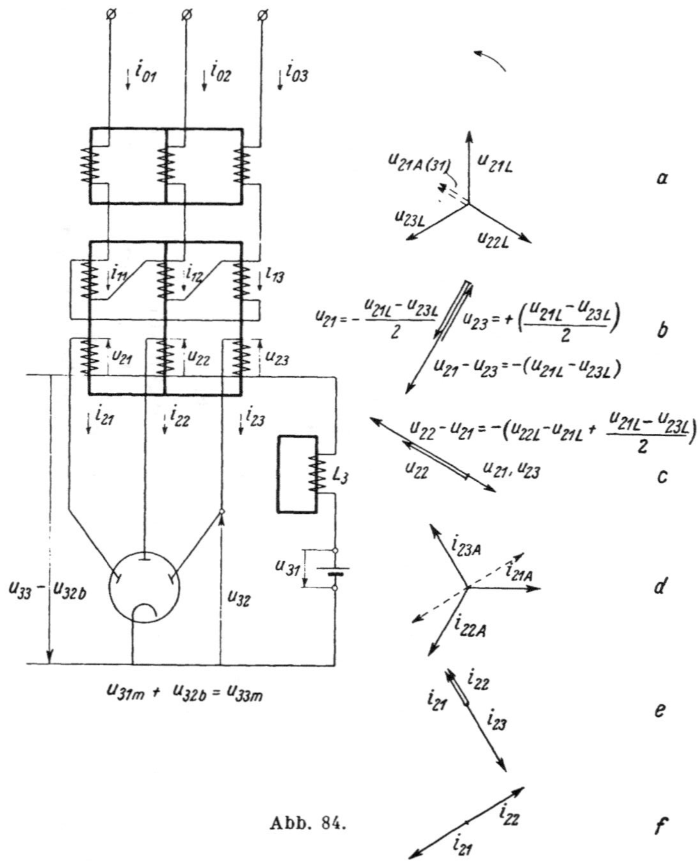

Abb. 84.

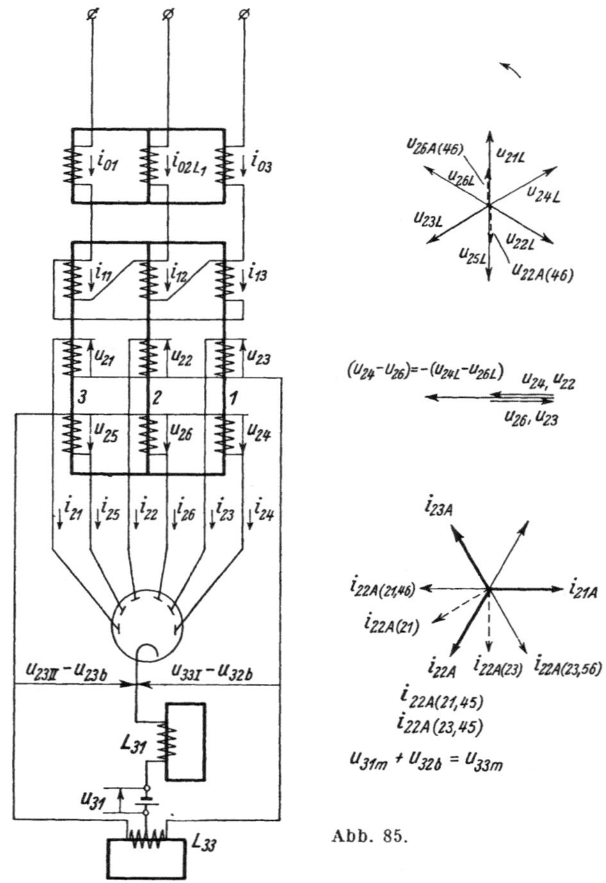

Abb. 85.

Abb. 84 und 85. Schaltbild und Vektordiagramme zum ungesteuerten Dreiphasen- und Doppeldreiphasengleichrichter mit Primärdrossel und großer Kathodendrossel.

Dreieck-Sternschaltung des Transformators und Drosselwicklungen in den Netzleitungen nach Abb. 84; die daran gewonnenen Ergebnisse lassen sich wieder verallgemeinern. Solange nur eine Anode Strom führt, liegt an der Primärdrossel keine Spannung, da der Strom konstant ist. An der Kathodendrossel liegt die volle sekundäre Leerlaufphasenspannung. Die Anodenspannung der folgenden Anode vor der Zündung ist gleich der verketteten Spannung wie auch in der Schaltung mit Sekundärdrossel. Wenn dagegen zwei Anoden bereits Strom führen, bspw. Anode *3* und *1*, so erhält die folgende Anode *2* die 1,5fache Leerlaufphasenspannung als Anodenspannung wie in der Schaltung mit Sekundärdrossel. Die bei gleichzeitiger Stromführung von *3* und *1* durch Kurzschluß der verketteten Spannung $u_{21L} - u_{23L}$ hervorgerufene Spannungsverteilung können wir uns wieder durch Einschalten der Spannung $-(u_{21L} - u_{23L})$ an der Kurzschlußstelle entstanden denken. Das zeigt uns das Vektordiagramm *b* in Abb. 84. Diese Spannung teilt sich aus Symmetriegründen auf die beiden äußeren sekundären Wicklungen des Transformators auf, wobei die mittlere Wicklung ohne Spannung bleibt. Wir überlagern die im Vektordiagramm gezeigten Spannungen u_{21} und u_{23} dem Diagramm *a* der Leerlaufspannungen und erhalten die gestrichelten neuen Spannungen u_{23} und u_{21}. Das Vektordiagramm zeigt uns, daß die neue Spannung $u_{22} - u_{21} = 1{,}5\, u_{22L}$ ist. Es wird also im Nulldurchgang der Leerlaufspannung eine Zündung der Anode *2* einsetzen, falls der Ablösungsvorgang von *3* auf *1* sich bis zu diesem Zündpunkt ausdehnt. Das entspricht den Verhältnissen der Schaltung mit Sekundärdrossel. Wenn Anode *2* auch noch stromführend wird, entsteht ein vollständiger sekundärseitiger Kurzschluß des Transformators. Im Vektordiagramm *c* ist die an der Kurzschlußstelle einzuschaltende neue Spannung $u_{22} - u_{21}$ gezeichnet. Da bereits Anode *1* und *3* stromführend sind, verteilt sich diese Spannung zu $2/3$ auf die mittlere sekundäre Wicklung und je $-1/3$ auf die beiden äußeren Wicklungen. Wenn wir diese Spannungen den gestrichelten Vektoren in Diagramm *a* überlagern, sehen wir die Entstehung des vollständigen Kurzschlusses.

Beim Doppeldreiphasengleichrichter nach Abb. 85 ist die Primärdrossel ohne Spannung, wenn in jedem der Dreiphasensysteme nur eine Anode Strom führt; die Wechselspannung liegt vorwiegend an Saugdrossel und Kathodendrossel. Wenn dagegen die Anoden des einen Systems sich ablösen, tritt eine Beeinflussung der Anodenspannung der folgenden Anode im anderen System ein. So ist, wenn Anode *6* und *4* sich ablösen, die zweite Phasenspannung des anderen Systems, in dem Anode *1* stromführend ist, durch den gestrichelten Vektor im Diagramm *a* der Abb. 85 gegeben. Er entsteht wieder, indem die Spannungen des Vektordiagrammes *b*, die dem Anschalten der negativen Spannung an der Kurzschlußstelle entsprechen, dem ursprünglichen

Diagramm überlagert werden. Damit ergibt sich als Anodenspannung der zweiten Anode $u_{22} - u_{21} = -\frac{3}{2} u_{21\,L}$, d. h. eine Spannung, die der ursprünglichen Anodenspannung $u_{22L} - u_{21L}$ um 30^0 nacheilt. Die gleiche Spannung hat uns auch das Diagramm der Abb. 70 für die Schaltung mit Sekundärdrossel gezeigt.

Wenn die Ablösungsvorgänge in beiden Systemen sich überschneiden, tritt ein vollständiger Kurzschluß des Transformators ein. Aus Abb. 85 ist das unmittelbar abzulesen, z. B. für den Fall, daß Anode *4* und *6* sowie *1* und *2* gleichzeitig stromführend sind. Das steht ebenfalls im Einklang mit der Sekundärdrosselschaltung nach Abb. 70.

Auf gleiche Weise läßt sich auch für die Sechsphasenschaltung mit Primärdrossel zeigen, daß die Anodenspannung für die folgende Anode, wenn die beiden vorhergehenden Strom führen, mit der entsprechenden Spannung der Schaltung mit Sekundärdrossel nach Abb. 76 übereinstimmt. Wenn drei aufeinanderfolgende Anoden stromführend sind, tritt in der Sechsphasenschaltung vollständiger Kurzschluß ein.

In der Zweiphasenschaltung mit großer Kathodendrossel und Primärdrossel liegt der Zündzeitpunkt der folgenden Anode im Nulldurchgang der Sekundärspannung genau wie in der Schaltung mit Sekundärdrossel.

Diese Überlegungen sind unabhängig von der Art der Transformatorschaltungen. Sie setzen nur ein vollständiges, verkettetes, symmetrisches, sekundäres Mehrphasensystem voraus. Damit ist allgemein die Gleichheit der Phasenlage und der Größe der Anodenspannung für die Schaltungen mit Primärdrossel und Sekundärdrossel erwiesen. Bei den Schaltungen mit Sekundärdrossel verläuft die Gleichrichterspannung auf der Mitte der Phasenspannungen der jeweilig in der Stromführung beseitigten Anoden. Das ist auch in den Schaltungen mit Primärdrossel der Fall, wie uns die gestrichelten Vektoren in den Diagrammen *a* Abb. 84 und 85 zeigen.

Wir haben im vorigen Kapitel gezeigt, daß sich der Anodenstromverlauf in den Schaltungen mit großer Kathodendrossel aus Teilen der stationären Wechselströme zusammensetzen läßt, die sich bei den entsprechenden durch die brennenden Anoden geschaffenen Verbindungen einstellen würden. Wir können gleiche Verhältnisse dieser Ströme zum Anodenkurzschlußstrom auch für die Schaltungen mit Primärdrossel nachweisen. Das sei wieder zunächst am Beispiel der Dreiphasenschaltung nach Abb. 84 durchgeführt. Die Ströme bei Anodenkurzschluß zeigt das Diagramm *d*. Diese Ströme werden zur Konstruktion des Anodenstromes benutzt in den Zeitabschnitten, in denen alle drei Anoden Strom führen. Wenn nur zwei Anoden Strom führen, bspw. *2* und *1*, so bedeutet das, daß an der Stelle der gelöschten Anode der umgekehrte Strom entsprechend dem Diagramm *e* einzuführen ist. Dieser

Strom teilt sich auf die beiden bestehenden Verbindungen je zur Hälfte auf, da die Verbindung nach dem Sternpunkt durch die große Kathodendrossel gesperrt ist.

Bei Übereinanderlagerung mit dem Anodenkurzschlußdiagramm *d* ergeben sich die gestrichelten Ströme. D. h. über die Anode *2* fließt jetzt ein 30^0 nacheilender und um $\frac{\sqrt{3}}{2}$ kleinerer Strom. Wenn wir an Stelle von Anode *3* die Anode *1* uns gelöscht gedacht hätten, würde ein um 30^0 voreilender Strom entstehen. Das entspricht den Strömen der Dreiphasenschaltung mit Sekundärdrossel nach Abb. 64.

In der Doppeldreiphasenschaltung nach Abb. 85 bedeutet Anodenkurzschluß, daß entweder die Anoden des einen oder die des anderen Systems mit dem zugehörigen Sternpunkt verbunden sind. So entstehen entweder die im Diagramm stark ausgezogenen oder die schwach ausgezogenen Ströme. Wenn nun zwei Anoden des einen Systems gleichzeitig mit zwei Anoden des anderen Systems Strom führen, wobei zwei stromführende Wicklungen nicht auf einem Schenkel liegen, so entspricht diese Verbindung auch dem vollständigen Kurzschluß des Transformators.

Die sekundären Wechselströme sind gleich den Anodenkurzschlußströmen derjenigen Anoden, deren zugehörige Wicklungen allein auf ihrem Schenkel belastet sind. So führt bspw. die Anode *2* den Strom i_{22A}, wenn die Anoden *2*, *1*, *4*, *5* oder die Anoden *2*, *3*, *4*, *5* Strom führen bzw. kurzgeschlossen sind. Wenn aber die Anode *6*, deren Wicklung auf dem gleichen Schenkel wie die von *2* liegt, mit dieser zugleich Strom führt, ist der Wechselstrom über Anode *2* — i_{21A} oder — i_{23A}, je nachdem ob Anode *1* oder *3* auch stromführend sind. Wenn wir noch die beiden Ströme bei Dreiphasenbetriebsweise des ersten Systems ohne Beeinflussung vom zweiten hinzunehmen, $i_{22A(21)}$ und $i_{22A(23)}$, so erhalten wir die 5 möglichen Wechselströme über die Anode *2*, die im Vektordiagramm *c* gezeichnet sind, aus deren Teilen sich der Anodenstrom zusammensetzen läßt. Das entspricht vollkommen den Stromverhältnissen in der Schaltung mit Sekundärdrossel. Es erübrigt sich, auch für die Sechsphasenschaltung zu zeigen, daß die Ströme, bezogen auf i_{2eA}, in den Primärdrosselschaltungen mit denen der Sekundärdrosselschaltungen übereinstimmen.

In der Zweiphasenschaltung ist der Fall, daß die beiden Anoden gleichzeitig Strom führen, gleichbedeutend mit Anodenkurzschluß.

Diese Überlegungen lassen sich ausdehnen auf beliebige Transformatorschaltungen. Es kommt nur darauf an, daß die sekundären Transformatorzweige vollständig miteinander verkettet sind. Wir können daraus den Schluß ziehen, daß auch für die Schaltungen mit Primärdrossel und großer Kathodendrossel die Kennlinien für die Schaltungen mit Sekundärdrossel gelten; wir können den Anodenkurzschlußstrom dieser Schaltungen, auf den in den Kennlinien der mittlere Anodenstrom bezogen ist, auch der Zahlentafel 2 entnehmen.

Wir hatten für die Schaltungen mit Primärdrossel ohne Kathodendrossel bereits festgestellt, daß die Transformatorspannung bei Betrieb gegenüber der bei Leerlauf verringert ist. Das gleiche gilt natürlich auch für die Primärdrosselschaltungen mit Kathodendrossel. In diesem Falle können wir den Verlauf der sekundären Transformatorspannung aus dem Verlauf der Gleichrichterspannung ablesen. Das sei für die Dreiphasenschaltung an Hand von Abb. 66 für die zweite Sekundärspannung veranschaulicht. Solange die Anode *2* Strom führt (vgl. das Brenndauerschema in Abb. 66 mitten) verläuft die zweite Transformatorspannung wie die Gleichrichterspannung, und am anschließenden Zeitabschnitt, in dem nur Anode *3* Strom führt, wie die Leerlaufspannung. Im dritten Zeitabschnitt führen die Anoden *3* und *1* gleichzeitig den Strom und entsprechend verlaufen die zugehörigen Transformatorspannungen wie die Gleichrichterspannung. Wenn aber zwei Spannungen eines symmetrischen Dreiphasensystems gleich sind, hat die dritte Spannung den doppelten negativen Wert. D. h. nach Abb. 66 verläuft die zweite Phasenspannung in diesem Zeitabschnitt wie die Leerlaufspannung. Im vierten Abschnitt führt nur Anode *1* Strom und die Phasenspannung verläuft ebenfalls wie die Leerlaufspannung. In Abb. 66 ist der Spannungsverlauf im 2., 3. und 4. Abschnitt gestrichelt hervorgehoben. Das Zeitintegral der positiven oder negativen Halbwelle der so bestimmten sekundären Phasenspannung ist kleiner als das einer Halbwelle der Leerlaufspannung. Ein anschauliches Maß für die Absenkung der Spannung gibt die Differenz des Flächeninhaltes der gestrichelten negativen Halbwelle im Verhältnis zum vollen Flächeninhalt der negativen Halbwelle der Leerlaufspannung. Aus ähnlichen Überlegungen ergibt sich auch für andere Betriebsfälle und für andere Schaltungen mit Primärdrossel und Kathodendrossel der Verlauf der Transformatorspannung, worauf wir hier nicht näher eingehen können. Wir können auch bei Schaltungen mit Primärdrossel und großer Kathodendrossel, die einen festen Betriebspunkt haben, die Transformatorwindungszahl entsprechend der verminderten Beanspruchung herabsetzen. Den sekundären Spannungsverlauf in der Dreiphasenschaltung mit Primärdrossel zeigt uns Abb. 86 mitten im Oszillogramm. Wir sehen außerdem den zugehörigen Anodenstrom und oben Primärstrom und Netzspannung, unten Gleichrichterspannung und Kathodenstrom. Das erste Oszillogramm links zeigt einen sekundären Spannungsverlauf, der dem an Hand von Abb. 66 geschilderten entspricht. Die Oszillogramme bilden eine Ergänzung zu denen der Abb. 69.

Die Primärströme der Schaltungen mit Primärdrossel sind übereinstimmend mit denen in den Schaltungen mit Sekundärdrossel. Für alle Schaltungen läßt sich an Hand von Zahlentafel 1 der Verlauf der Primärströme aus den konstruierten Anodenströmen gewinnen. Sofern dabei das Verhältnis von effektivem Primärstrom zu effektivem Sekundärstrom unabhängig von der Gegenspannung ist, enthält Zahlentafel 2 diese Werte. Zahlentafel 2 enthält außerdem die für die Magnetisierung der Primärdrossel nach Gl. (60) oder Gl. (62) maßgebenden Stromausdruck, und zwar ausgedrückt durch den Spitzenwert des Sekundärstro-

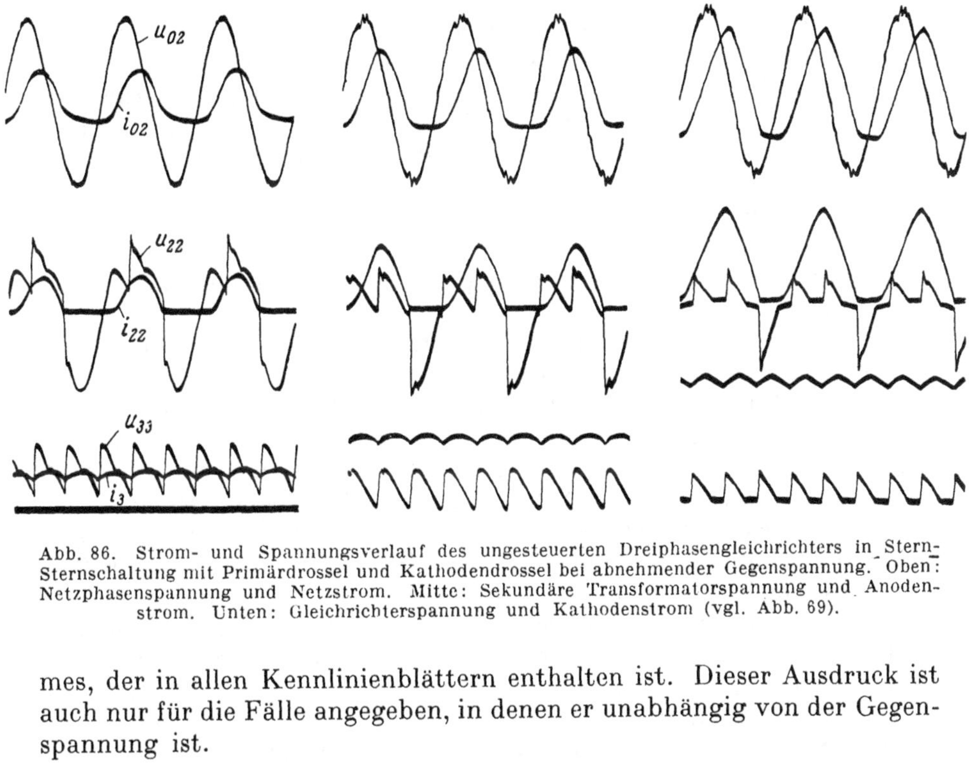

Abb. 86. Strom- und Spannungsverlauf des ungesteuerten Dreiphasengleichrichters in Stern-Sternschaltung mit Primärdrossel und Kathodendrossel bei abnehmender Gegenspannung. Oben: Netzphasenspannung und Netzstrom. Mitte: Sekundäre Transformatorspannung und Anodenstrom. Unten: Gleichrichterspannung und Kathodenstrom (vgl. Abb. 69).

mes, der in allen Kennlinienblättern enthalten ist. Dieser Ausdruck ist auch nur für die Fälle angegeben, in denen er unabhängig von der Gegenspannung ist.

Die Entstehung dieser Werte wollen wir am Beispiel der Doppeldreiphasenschaltung ohne Kathodendrossel ($L_3 = 0$) (Tafel 2 Nr. 10 u. 11) betrachten. Abb. 59a hat uns gezeigt, daß der Sekundärstrom in dieser Schaltung höchstens die Brenndauer $\beta_K = 180^0$ im Kurzschluß erreicht. Nach Zahlentafel 1 setzt sich der Primärstrom aus zwei um 180^0 verschobenen Anodenströmen zusammen, die sich also nicht überschneiden. Damit ergibt sich unmittelbar $i_{1e} = \sqrt{2}\, i_{2e}$ unabhängig von der Gegenspannung. Maßgebend für die magnetische Beanspruchung der Primärdrossel ist nach Gl. (62) der Ausdruck: $\frac{1}{3}(2\, i_{12} - i_{11} - i_{13})_h$

Ersetzen wir hierin die Primärströme durch die Sekundärströme an Hand von Zahlentafel 1, so ergibt sich:

$$\frac{1}{3}(2\,i_{12} - i_{11} - i_{13})_h = \frac{1}{3}[2(i_{22} - i_{26}) - (i_{21} - i_{25}) - (i_{23} - i_{24})]_h$$

$$= \frac{1}{3}[3(i_{22} - i_{26}) - i_{21} - i_{22} - i_{23} + i_{24} + i_{25} + i_{26}]_h$$

$$= \frac{1}{3}[3(i_{22} - i_{26}) - i_{3\,I} + i_{3\,II}]_h$$

$$= (i_{22} - i_{26})_h = i_{22\,h}$$

Dieser Ausdruck läßt sich so aufteilen, wie die zweite Zeile zeigt, daß die Differenz der Ströme der beiden Dreiphasensysteme $i_{3\,I}$ und $i_{3\,II}$ auftritt. Diese Differenz ist aber Null bis auf den Magnetisierungsstrom der Saugdrossel. Für die Sternschaltung gewinnen wir diese Gleichungen auch unmittelbar aus der Bedingung, daß die Summe der Primärströme Null ist.

In den vorstehenden Kapiteln haben wir das Verhalten von Gleichrichterschaltungen kennengelernt, für die wir voraussetzen konnten, daß der Hauptwiderstand in einer primären oder sekundären Vordrossel liegt, gegen die die Transformatorwiderstände zu vernachlässigen sind. Diese Schaltungen dienen, wie gesagt, für Verbraucher mit fallender Stromspannungskennlinie oder solche, die einen möglichst geringen Kurzschlußstrom im Verhältnis zum Vollaststrom erfordern. Man muß daher die gesamte Kennlinie von Leerlauf bis Kurzschluß kennen, um die Eignung einer Schaltung für solchen Verbraucher zu beurteilen. Man verzichtet bei diesen Schaltungen auf die Möglichkeit, mit Gittersteuerung jede gewünschte Kennlinie zu erzielen, weil man aus der natürlichen Kennlinie des ungesteuerten Gleichrichters einen geeigneten Betriebsbereich auswählen kann. Demgegenüber stehen Schaltungen zur Versorgung von Verbrauchern mit möglichst konstanter Spannung. Hier sind die Transformatorwiderstände maßgebend für den Spannungsabfall von Leerlauf bis Vollast. Man benutzt betriebsmäßig nur den Anfang der Kennlinie von Leerlauf bis Kurzschluß, der Vollaststrom ist klein gegenüber dem Anodenkurzschlußstrom. Für solche Verbraucher wie Gleichstromnetze, Gleichstrombahnen, chemische Betriebe, Gleichstrommotoren ist die Steuerung zur Spannungs- und Stromeinstellung vorteilhaft. Wir werden diese Schaltungen im nächsten Kapitel kennenlernen.

H. Der gesteuerte Gleichrichter mit großer Kathodendrossel.

1. Die Gleichrichterspannung im Leerlauf und die Bedingung für lückenlosen Kathodenstrom.

Wir wollen in diesem Kapitel die Stromverhältnisse in Gleichrichterschaltungen mit großer Drossel, ohmschem Widerstand und Gegen spannung im Kathodenzweig bei Gittersteuerung untersuchen. Die anodenseitigen Widerstände sollen hierbei aus den inneren Widerständen des Transformators oder aus diesen und zusätzlichen induktiven Widerständen bestehen.

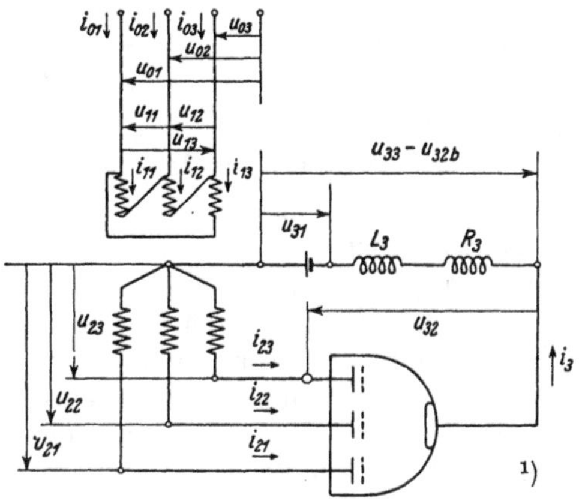

Abb. 87. Schaltbild des gesteuerten Dreiphasengleichrichters mit Kathodendrossel, ohmschem Widerstand und Gegenspannung als Belastung.

Die einfachste Mehrphasengleichrichterschaltung ist die mit rein ohmscher Belastung im Kathodenzweig. Dabei verläuft der Anodenstrom innerhalb der Stromführungsdauer wie die Phasenspannung. Abb. 88 zeigt die Verhältnisse bei der Dreiphasenschaltung nach Abb. 87 mit $u_{31} = 0$ und $L_3 = 0$. Es sind dort die drei Phasenspannungen und stark ausgezogen die Gleichrichterspannung gezeichnet. Der Kathodenstromverlauf stimmt mit der Gleichrichterspannung überein. Bei größerem Zündwinkel, Abb. 88 unten, ist der Kathodenstrom lückenhaft; jede Anode arbeitet in Einphasenbetriebsweise, der Anodenstrom beginnt im Zündzeitpunkt z, verläuft wie die Phasenspannung und bricht in deren Nulldurchgang ab. Dabei ist die Brennspannung des Stromrichters vernachlässigt. Wenn man den Zündwinkel bis an den Nulldurchgang der vorhergehenden Phasenspannung verringert, wird der Kathodenstrom lückenlos wie Abb. 88 oben zeigt. Der Zünd-

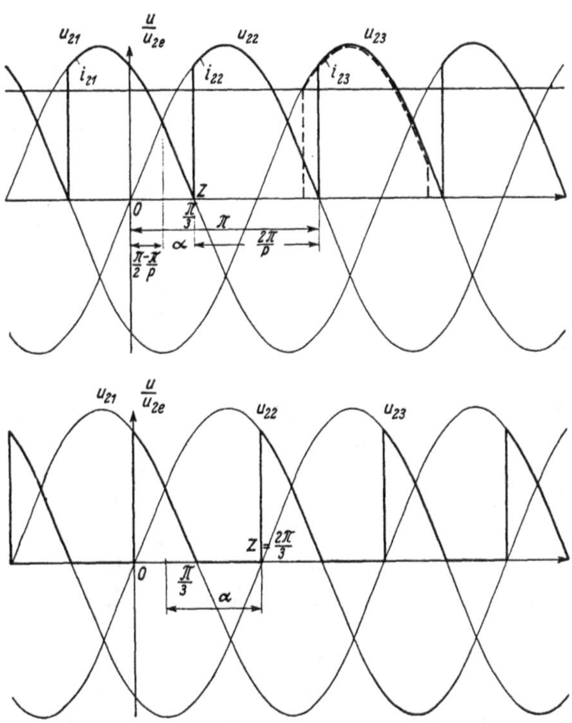

Abb. 88. Gleichrichterspannung des gesteuerten Dreiphasengleichrichters mit ohmschem Widerstand als Belastung bei $\alpha = 30^0$ und $\alpha = 90^0$ Zündverzögerung.

[1]) R_3 ist als Widerstand gezeichnet zu denken.

winkel hat dabei allgemein den Wert $z = \pi - \frac{2\pi}{P}$. Bei weiterer Verringerung des Zündwinkels zündet die folgende Anode, solange die vorhergehende Anode noch Strom führt, was in zweifacher Hinsicht die Stromspannungsverhältnisse beeinflußt.

1. Da im lückenhaften Bereich jede Anode zündet, wenn die vorhergehende bereits erloschen ist, so ist die Anodenspannung vor der Zündung gleich der Phasenspannung im Zündzeitpunkt. Wenn dagegen bei Zündung der folgenden Anode die vorhergehende noch Strom führt, folgt die Anodenspannung vor der Zündung der Differenz der aufeinanderfolgenden Phasenspannungen, denn über die stromführende Anode hat die gemeinsame Kathode die zugehörige Phasenspannung gegen den Sternpunkt. Abb. 88 oben zeigt uns, daß infolgedessen der Zündwinkel nur bis zum Schnittpunkt dieser Phasenspannungen verringert werden kann. Dieser Schnittpunkt liegt beim Dreiphasengleichrichter bei $z_{min} = 30^0$ allgemein beim P-phasigen Gleichrichter bei:

$$z_{min} = \frac{\pi}{2} - \frac{\pi}{P} \qquad \text{. . . . . (172)}$$

Bei dieser Überlegung ist die Brennspannung zunächst nicht berücksichtigt. Diese bewirkt, daß die Anodenspannung der zu zündenden Anode um die Brennspannung der vorhergehenden erhöht wird. Das wird aber dadurch wieder aufgehoben, daß die folgende Anode nicht beim Nulldurchgang der Anodenspannung zündet, sondern erst wenn diese mindestens die Brennspannung erreicht hat.

2. Solange die vorhergehende Anode noch Strom führt, bedeutet die Zündung der folgenden Anode nach Abb. 87 einen Kurzschluß der verketteten Spannung des Transformators. Der zugehörige Kurzschlußstrom ist positiv im Sinne der zündenden Anode und negativ im Sinne der brennenden Anode, da ja die Spannung im Sinne der zündenden Anode positiv sein muß. Nehmen wir hier zunächst einen sehr kleinen inneren Widerstand des Transformators an, dann wird dieser Kurzschlußstrom sehr groß. Der Strom in der vorhergehenden Anode wird dann plötzlich zu Null, und diese erlischt, während er in der zündenden Anode auf den durch Spannung und Kathodenzweigwiderstand vorgegebenen Wert anspringt. Wir erhalten dann für $z = 45^0$ einen Anoden, strom, wie er in Abb. 88 oben gestrichelt für die dritte Anode angedeutet ist.

Wird der Zündwinkel unter den Wert z_{min} verringert, so kommt es für den Stromverlauf auf die Form der Steuerspannung an. Wird mit sinusförmiger oder rechteckiger Spannung gesteuert, d. h. mit einer Spannung mit breiter positiver Halbwelle, deren Beginn den Zündzeitpunkt normalerweise festlegt, so bleibt der Zündzeitpunkt bei z_{min} stehen. Der Gleichrichter verhält sich wie ein ungesteuerter Gleichrichter. Jede Anode zündet zu Beginn positiver Anodenspannung bei z_{min}, da hier die Gitterspannung noch positiv ist. — Wird dagegen mit einer Spannung gesteuert, die sich aus einer negativen Vorspannung und schmalen positiven Spitzen zusammensetzt, so daß nur im eingestellten Zündzeitpunkt eine Zündung möglich ist, so fällt bei Verringerung des Zündwinkels unter den Wert z_{min} jede zweite Anode aus. Wenn der Zündwinkel auf $z = 0$ verringert ist, würde sich der Kathodenstrom aus den positiven Sinushalbwellen nach Abb. 88 zusammensetzen, von denen jede zweite fehlt.

Im Bereich lückenlosen Kathodenstromes setzt sich bei Vernachlässigung des Umschaltvorganges der Anodenströme die Gleichrichterspannung aus den aneinanderstoßenden Ausschnitten aus den Phasenspannungen von z bis $z + \frac{2\pi}{P}$ zusammen. Die mittlere Gleichrichterspannung berechnet sich daher allgemein:

$$u_{33\,m\,L} = \frac{1}{\frac{2\pi}{P}} \int\limits_{z}^{z+\frac{2\pi}{P}} \sqrt{2}\, u_{2e} \sin \omega t \, d\omega t =$$

$$= \frac{1}{\frac{2\pi}{P}} \sqrt{2}\, u_{2e} \left[\cos z - \cos\left(z + \frac{2\pi}{P}\right)\right] \quad . \; . \; . \; (173)$$

Diese Gleichung vereinfacht sich, wenn wir an Stelle von z die Zündverzögerung α einführen nach der Beziehung:

$$z = z_{min} + \alpha = \frac{\pi}{2} - \frac{\pi}{P} + \alpha \quad . \; . \; . \; . \; . \; . \; . \; . \; (174)$$

Die Zündverzögerung α ist die Verzögerung der Zündung gegenüber dem frühesten Zündzeitpunkt z_{min} bei normaler Betriebsweise. Wir erhalten damit für die mittlere Gleichrichterspannung:

$$u_{33\,m\,L} = \frac{1}{\frac{2\pi}{P}} \sqrt{2}\, u_{2e} \left[\cos\left(\frac{\pi}{2} - \frac{\pi}{P} + \alpha\right) - \cos\left(\frac{\pi}{2} + \frac{\pi}{P} + \alpha\right)\right] =$$

$$= \sqrt{2}\, u_{2e} \frac{P}{\pi} \sin \frac{\pi}{P} \cos \alpha \quad . \; . \; . \; . \; . \; . \; . \; . \; . \; . \; . \; . \; . \; . \; (175)$$

Hiernach ist die mittlere Gleichrichterspannung dem Kosinus der Zündverzögerung proportional, der auch als »Aussteuerung« bezeichnet wird. Wenn die Zündverzögerung Null ist, spricht man von voller Aussteuerung und erhält dann für die Gleichrichterspannung, die auch die Gleichrichterspannung des ungesteuerten Gleichrichters ist:

$$(u_{33\,m\,L})_{\alpha=0} = \sqrt{2}\, u_{2e} \frac{P}{\pi} \sin \frac{\pi}{P} \quad . \; . \; . \; . \; . \; . \; (176)$$

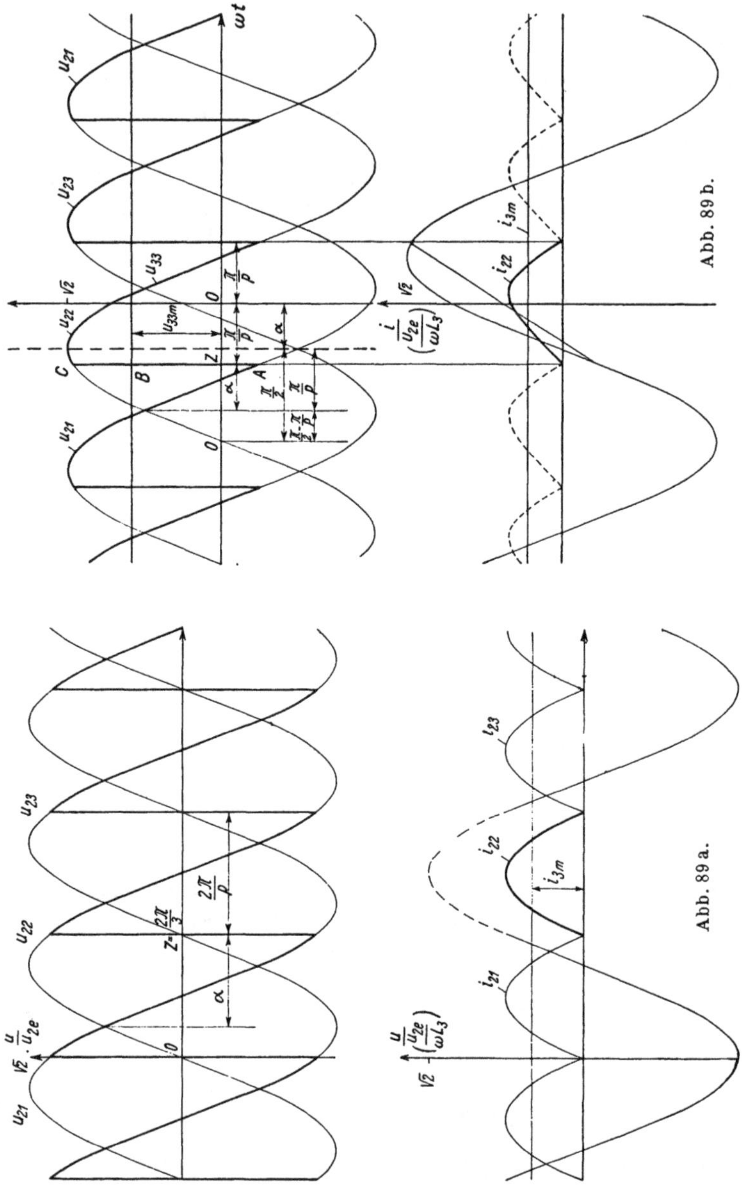

Abb. 89 a.

Abb. 89 b.

Abb. 89 a, b und c. Gleichrichterspannung und Anodenstrom des gesteuerten Dreiphasengleichrichters mit großer Kathodendrossel für den Beginn lückenlosen Kathodenstroms bei drei verschiedenen Zündwinkeln.

Dieser Ausdruck hat für die verschiedenen Phasenzahlen die Werte:

$P =$	2	3	6
$\frac{(u_{33\,m\,L})_{\alpha=0}}{u_{2e}} =$	0,9	1,17	1,35

. . . . . (177)

Die so berechnete Gleichrichterspannung bezeichnen wir auch als Leerlaufgleichrichterspannung (Index L), weil bei kleinem lückenlosen Kathodenstrome eine sprunghafte Ablösung der Anodenströme tatsächlich vorliegt.

Wenn im Kathodenzweig außer einem ohmschen Widerstand noch ein induktiver Widerstand, eine Kathodendrossel, vorhanden ist, so setzt der lückenlose Kathodenstrom bereits bei größeren Zündwinkeln ein. Wir nehmen an, daß der induktive Widerstand den ohmschen weit überwiegt ($\omega L_3 \gg R_3$), dann ist die Stromführungsdauer, solange die Anodenzweige in Einphasenbetriebsweise arbeiten, doppelt so groß wie bei rein ohmscher Belastung (vgl. Kapitel B). So zeigt uns Abb. 89a im Vergleich zu Abb. 88 unten, daß bereits bei $z = \frac{2\pi}{3}$ der Kathodenstrom lückenlos wird. Der Anodenstrom ist hier ein Ausschnitt aus dem Einschaltwechselstrom, der beim Einschalten der Phasenspannung auf die Kathodendrossel entsteht und der in Abb. 89a unten als stationärer Wechselstrom gezeichnet ist. Der Zündwinkel, bei dem der lückenlose Kathodenstrom in diesem Falle erreicht wird, ist nach Abb. 89a allgemein:

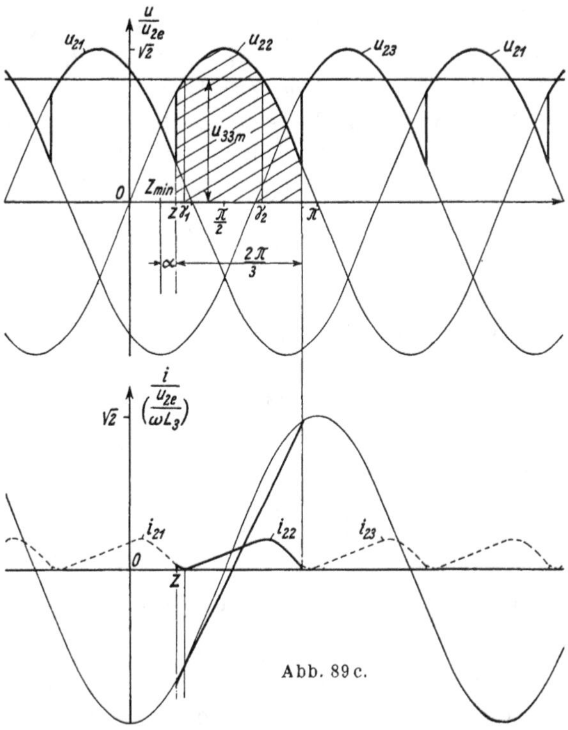

Abb. 89c.

$$z = \pi - \frac{\pi}{p} \quad . \; . \; . \; . \; . \; . \; . \; . \; . \; . \; . \; (178)$$

oder die Zündverzögerung:

$$\alpha = z - z_{\min} = \pi - \frac{\pi}{P} - \left(\frac{\pi}{2} - \frac{\pi}{P}\right) = \frac{\pi}{2} \quad . \; . \; . \; . \; (179)$$

d. h., also bei vorwiegend induktivem Kathodenzweigwiderstand beginnt der lückenlose Bereich allgemein bei einer Zündverzögerung von $\alpha = \frac{\pi}{2}$. Wir sehen aus Abb. 89a, daß die mittlere Gleichrichterspannung in diesem Falle Null ist.

Wenn außer einer Kathodendrossel noch eine Gegenspannung $u_{31\,m}$ im Kathodenzweig liegt, der wir die Brennspannung $u_{32\,b}$ zurechnen können, so wird lückenloser Kathodenstrom nur bei geringerer Zündverzögerung erreicht. Da jede Kathode in Einphasenbetriebsweise arbeitet, können wir den Zusammenhang von Zündwinkel, Brenndauer und verhältnismäßiger Gegenspannung Blatt. 7 entnehmen. Dort sind für $\beta = \frac{2\pi}{2}, \frac{2\pi}{3}$ und $\frac{2\pi}{6}$ Gerade eingezeichnet, deren Schnittpunkte mit den Kennlinien für $z =$ konstant mit der dazugehörigen Gegenspannung den Beginn lückenlosen Stromes bezeichnen. Die Konstruktion des Anodenstromes aus Wechselstrom und Gegenstrom zeigt Abb. 89b. Sie stimmt mit der des Einphasengleichrichters nach Abb. 12 überein. Die Zündverzögerung zu Beginn lückenlosen Kathodenstromes ergibt sich auch aus der Tatsache, daß die mittlere Gleichrichterspannung, die im lückenlosen Bereich durch Gl. (175) gegeben ist, gleich der Gegenspannung ist:

$$u_{33\,m\,L} = \sqrt{2}\, u_{2\,e}\, \frac{p}{\pi} \sin\frac{\pi}{p} \cos\alpha = u_{31\,m} + u_{32\,b} \quad . \quad . \quad . \quad . \quad (180)$$

Diese Überlegung sagt aus, daß bei vorwiegend induktivem Kathodenzweigwiderstand lückenloser Strom nur dann zu erreichen ist, wenn die Gegenspannung mindestens kleiner ist als die mittlere Gleichrichterspannung bei voller Aussteuerung.

Bei hoher Gegenspannung zeigt sich eine Besonderheit, die uns Abb. 89c veranschaulichen soll. Der Zündwinkel kann zunächst nur in dem Bereich zwischen γ_1 und γ_2 liegen, in dem die Phasenspannung die Gegenspannung überwiegt. Die Gegenspannung ist hier nun so hoch, daß der Zündwinkel bis γ_1 verringert werden kann, ohne daß der Kathodenstrom lückenlos bzw. die Stromführungsdauer $\beta = \frac{2\pi}{p}$ wird. Was geschieht, wenn man den Zündwinkel weiter verringert, hängt von der Art der Steuerung ab. Wird mit schmalen Spitzen gesteuert, so erlöschen die Anoden. Bei sinusförmiger Steuerspannung dagegen bleibt der Zündwinkel zunächst bei γ_1 stehen, bis der Nulldurchgang der Steuerspannung an das Ende der Stromführungsdauer der vorhergehenden Anode heranreicht. Hier ist die Anodenspannung der folgenden Anode noch gleich der verketteten Spannung und positiv. Daher springt der Zündzeitpunkt nunmehr auf den Nulldurchgang der Steuerspannung vor. Es entsteht ein unterbrochener Anodenstrom. Der von der vorhergehenden Anode übernommene Strom fällt zunächst ab, weil die Phasenspannung unter der Gegenspannung liegt und den Anodenstrom löscht, um bei γ_1 wieder gezündet zu werden. Abb. 89c zeigt den gerade ununterbrochenen Anodenstrom und seine Konstruktion aus Wechselstrom und Gegenstrom. Diese Verhältnisse sind ähnlich wie bei dem auf S. 107 beschriebenen Übergang zu lückenlosem Kathodenstrom mit abnehmender Gegenspannung.

Wir können aus Abb. 89 c ablesen, daß der unterbrochene Anodenstrom immer dann eintritt, wenn bei Beginn des lückenlosen Bereiches, wo die mittlere Gleichrichterspannung die Gegenspannung erreicht, der Augenblickswert der Phasenspannung im Zündzeitpunkt kleiner als die Gegenspannung ist.

Abb. 89 zeigt uns auch im Gegensatz zu Abb. 88, daß in den Schaltungen mit Kathodendrossel die Spannung der zu zündenden Anode beim Übergang von lückenhaftem zu lückenlosem Strom unstetig ansteigt. Wenn die Zündkennlinie des Gefäßes von der Anodenspannung abhängt und die Steuerung mit einer Spannung geschieht, die die Zündkennlinie im Zündzeitpunkt flach schneidet, so hat das eine sprunghafte Verringerung des Zündwinkels zur Folge, die eine Unstetigkeit der Steuerkennlinie vortäuschen kann.

Wir wollen nun die Stromverhältnisse der Schaltungen mit Gegenspannung und vorwiegend induktivem Kathodenzweigwiderstand im lückenlosen Bereich selbst an einem Einschaltoszillogramm Abb. 90 veranschaulichen. Es sind in einer Zweiphasenschaltung die beiden Anodenströme (oben), der gemeinsame Kathodenstrom (mitte) und die Gleichrichterspannung (unten) aufgenommen. Zunächst wurde der Zündwinkel (Abb. 90 links) so eingestellt, daß der Strom lückenhaft und sehr klein ist. Wir sehen die Bildung der Gleichrichterspannung aus den Sinusspannungsausschnitten und der Gegenspannung in den Zwischenräumen. Dann wurde der Zündwinkel plötzlich verringert unter den Wert, der zur Erreichung lückenlosen Stromes notwendig wäre. Da im lückenhaften Bereich jede Anode in jeder Periode neu zündet, bedeutet die plötzliche Zündwinkelverringerung dasselbe, als ob die Schaltung mit dieser Zündwinkeleinstellung neu eingeschaltet wird. Im lückenhaften Bereich stellt sich eine solche Stromführungsdauer ein, daß an der Kathodendrossel eine reine Wechselspannung entsteht (vgl. Abb. 14). Im lückenlosen Bereich liegt die Strom-

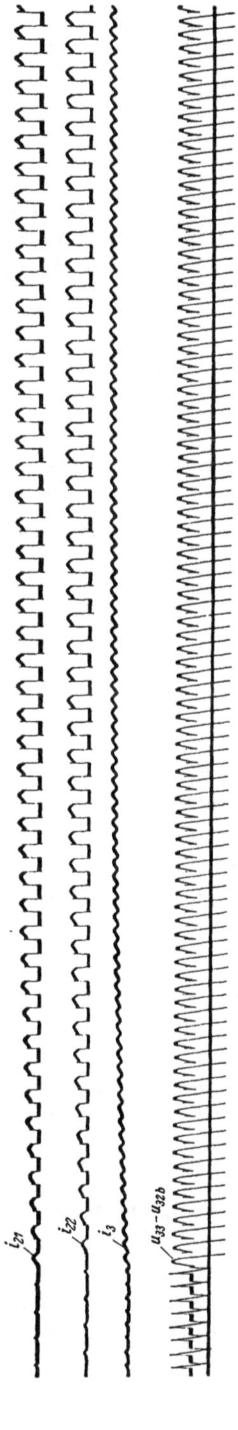

Abb. 90. Einschaltvorgang eines Zweiphasengleichrichters mit Kathodendrossel. Oben: Anodenströme. Mitte: Kathodenstrom. Unten: Gleichrichterspannung.

führungsdauer, abgesehen vom Umschaltvorgang, fest, und die Gleichrichterspannung ist durch den Zündwinkel bestimmt. Es handelt sich also für den Kathodenzweig um das Einschalten einer Gleichspannung mit überlagerter Wechselspannung auf eine Drossel mit geringem ohmschen Widerstand, und eine Gegenspannung, die kleiner ist als die Gleichspannung. Es entsteht ein allmählich ansteigender Kathodenstrom, den das Oszillogramm in der Mitte zeigt. Diesen Anstieg können wir auch bei den Anodenströmen verfolgen. Für den Kathodenstrom i_3, der jeweilig von einem der Anodenströme gebildet wird, gilt innerhalb dessen Stromführungsdauer die Gleichung des Einphasenkreises

$$z < \omega t < z + \pi, \quad R_3 i_3 + \omega L_3 \frac{d i_3}{d \omega t} = u_2 - u_{3m}$$

$$i_3 = i_2 \ldots \ldots \ldots \ldots \quad (181)$$

sowohl während des Einschaltvorganges als auch im eingeschwungenen Zustand. Wenn wir hieraus den mittleren Stromanstieg je Stromführungsdauer berechnen, erhalten wir:

$$\frac{1}{\pi}\int_z^{z+\pi} \frac{d i_3}{d \omega t} d\omega t = \frac{(i_3)_{z+\pi} - (i_3)_z}{\pi} =$$

$$= \frac{1}{\omega L_3}\left[\frac{1}{\pi}\int_z^{z+\pi} u_2 \, d\omega t - u_{3m} - \frac{R_3}{\pi}\int_z^{z+\pi} i_3 \, d\omega t\right] \ldots \quad (182)$$

In dieser Gleichung steht rechts die mittlere Gleichrichterspannung, die von vornherein konstant ist, und die Gegenspannung. Das dritte Glied rechts enthält den mittleren Kathodenstrom, und wir sehen, daß der Strom innerhalb einer Periode so lange ansteigen muß, bis der Spannungsabfall, den der mittlere Kathodenstrom am Widerstand R_3 bewirkt, die Differenz von mittlerer Gleichrichterspannung und Gegenspannung ausgleicht. Im Anfang ist der mittlere Kathodenstrom noch gering, und daher steigt der Strom stark an; der mittlere Anstieg nimmt ab, bis schließlich innerhalb einer Stromführungsdauer der mittlere Anstieg des Kathodenstromes und damit auch der des Anodenstromes Null wird. Abb. 91 zeigt die Anodenströme im Anfang des Einschaltvorganges vergrößert. Wir sehen den ersten Anodenstrom mit Null beginnen und mit einem dem mittleren Anstieg entsprechenden Wert abbrechen. Dieser Wert wird vom zweiten Anodenstrom übernommen, und am Ende

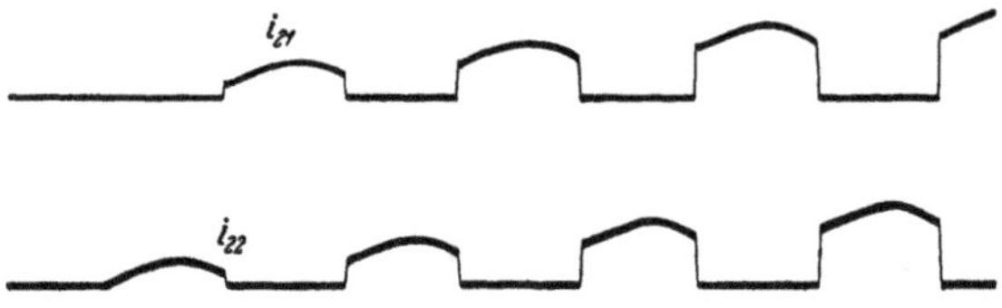

Abb. 91. Anodenströme für den Beginn des Einschaltvorganges nach Abb. 90.

von dessen Stromführungsdauer ist etwa der doppelte Wert erreicht. Später nimmt dieser Zuwachs ab, was schon beim letzten Anodenstrom des gewählten Ausschnittes erkennbar ist.

Wenn im eingeschwungenen Zustand der mittlere Stromanstieg Null ist, dann ist auch, wie die Gl. (182) links zeigt, die mittlere Spannung an der Kathodeninduktivität Null geworden, d. h. an der Kathodeninduktivität liegt eine reine Wechselspannung. Wenn wir die linke Seite der Gl. (182) gleich Null setzen und nach dem mittleren Kathodenstrom auflösen, erhalten wir:

$$\frac{R_3}{\pi}\int\limits_{z}^{z+\pi} i_3\, d\,\omega t = R_3\, i_{3\,m} = \frac{1}{\pi}\int\limits_{z}^{z+\pi} u_2\, d\,\omega t - u_{3\,m} = u_{33\,m} - u_{3\,m}$$

$$\text{bzw.}\ i_{3\,m} = \frac{u_{33\,m} - u_{3\,m}}{R_3} \quad \ldots\ldots\ldots \quad (183)$$

Diese Gleichung besagt, daß im lückenlosen Bereich im eingeschwungenen Zustand nur der ohmsche Widerstand und die Gegenspannung den mittleren Kathodenstrom begrenzt. Das ergibt sich auch aus Abb. 87 unmittelbar. Außer dem so bestimmten mittleren Kathodenstrom fließt noch im Kathodenzweig der überlagerte Wechselstrom $i_3 - i_{3\,m}$. Dieser ist unabhängig von der Gegenspannung und nur durch den induktiven und ohmschen Widerstand, häufig aber durch den induktiven Widerstand allein bestimmt.

Wir haben bisher den Übergang von lückenhaftem zu lückenlosem Strom bei Steigerung der Stromführungsdauer des lückenhaften Stromes betrachtet. Wir können aber auch die gleiche Bedingung für lückenlosen Kathodenstrom so fassen: der negative Spitzenwert des überlagerten Wechselstromes muß kleiner sein als der mittlere Kathodenstrom, insbesondere wird an der Grenze des lückenlosen Bereiches der negative Spitzenwert des Wechselstromes gerade gleich dem mittleren Gleichstrom sein. Es gilt daher den negativen Spitzenwert des überlagerten Wechselstromes zu berechnen.

Die Gl. (181) für den Gesamtstrom innerhalb der Stromführungsdauer einer Anode kann in eine Gleichung für den überlagerten Wechselstrom allein umgeformt werden:

$$R_3\,(i_3 - i_{3\,m}) + \omega L_3 \frac{d\,(i_3 - i_{3\,m})}{d\,\omega t} = u_2 - u_{3\,m} - R_3\, i_{3\,m} = u_2 - u_{33\,m} \quad (184)$$

Wir wenden diese Gleichung innerhalb der Stromführungsdauer der zweiten Anode an und legen den Nullpunkt der Zeitzählung nach Abb. 89b auf die Mitte der Stromführungsdauer. Dann ergibt sich:

$$R_3\,(i_3 - i_{3\,m}) + \omega L_3 \frac{d\,(i_3 - i_{3\,m})}{d\,\omega t} = u_{22} - u_{33\,m} =$$

$$= \sqrt{2}\, u_{2\,e} \cos(\omega t + \alpha) - u_{33\,m} \quad (185)$$

Wir vernachlässigen zunächst R_3. In den meisten Fällen liegt tatsächlich der Wechselstromwiderstand an der Kathodenzweiginduktivität. Dann können wir die Lösung der Gleichung unmittelbar anschreiben:

$$(i_3 - i_{3m}) = \frac{\sqrt{2}\, u_{2e}}{\omega L_3} \sin(\omega t + \alpha) - \frac{u_{33m}}{\omega L_3} \omega t + C \quad . \; . \; . \quad (186)$$

Diese Gleichung gibt uns den Verlauf des überlagerten Wechselstromes innerhalb der Brenndauer einer Anode, d. h. innerhalb einer Periode des Wechselstromes an. Daher muß der Mittelwert von $i_3 - i_{3m}$ innerhalb dieser Brenndauer Null sein:

$$0 = \frac{1}{\left(\frac{2\pi}{P}\right)} \int\limits_{-\frac{\pi}{P}}^{+\frac{\pi}{P}} (i_3 - i_{3m})\, d\omega t \quad . \; . \; . \; . \; . \; . \; . \quad (187)$$

Nach dieser Bedingung errechnet sich die Konstante C in Gl. (186) zu:

$$C = -\frac{u_{33m}}{\omega L_3} \operatorname{tg} \alpha \qquad (188)$$

Wenn wir außerdem noch die Gl. (175) für u_{33mL} benutzen, erhalten wir schließlich:

$$\frac{i_3 - i_{3m}}{\left(\frac{u_{2e}}{\omega L_3}\right)} = \sqrt{2} \sin(\omega t + \alpha) - \frac{\sqrt{2} \sin \frac{\pi}{P}}{\frac{\pi}{P}} [\omega t \cos \alpha + \sin \alpha] \qquad (189)$$

Der Tiefstwert dieses Stromes tritt im Nulldurchgang der überlagerten Wechselspannung, d. h. zu Beginn der positiven Halbwelle, auf. Dieser Nulldurchgang fällt meist mit dem Zündzeitpunkt zusammen, wie Abb. 89b zeigt. Nur bei geringer Zündverzögerung, d. h. hoher Aussteuerung, liegt er, wie Abb. 89c zeigt, später wie der Zündzeitpunkt. Für das normale Gebiet, wo Zündzeitpunkt und Nulldurchgang zusammenfallen, können wir den Tiefstwert aus Gl. (189) unmittelbar mit $\omega t = -\frac{\pi}{P}$ entnehmen:

$$\left[\frac{i_3 - i_{3m}}{\left(\frac{u_{2e}}{\omega L_3}\right)}\right]_t = \sqrt{2} \sin\left(-\frac{\pi}{P} + \alpha\right) - \frac{\sqrt{2} \sin \frac{\pi}{P}}{\frac{\pi}{P}} \left[-\frac{\pi}{P} \cos \alpha + \sin \alpha\right] =$$

$$= \sqrt{1 - \cos^2 \alpha} \left[\sqrt{2} \left(\frac{P}{\pi} \sin \frac{\pi}{P} - \cos \frac{\pi}{P}\right)\right] \quad . \; . \; . \; . \; . \; . \quad (190)$$

Dabei hat die eckige Klammer für die verschiedenen Phasenzahlen den Wert:

$P =$	2	3	6
$[\;] =$	0,9	0,46	0,125

. . . . (191)

Die Grenze der Aussteuerung, bei der noch gerade Nulldurchgang der überlagerten Wechselspannung und Zündzeitpunkt zusammenfallen, folgt nach Abb. 89b aus der Gleichung:

$$\sqrt{2}\, u_{2e} \cos\left(-\frac{\pi}{P} + \alpha\right) = u_{33m} = \sqrt{2}\, u_{2e} \frac{\sin\frac{\pi}{P}}{\frac{\pi}{P}} \cos\alpha \quad . \quad . \quad (192)$$

Hieraus errechnet man für die verschiedenen Phasenzahlen:

$P =$	2	3	6
$\cos\alpha =$	0,85	0,935	0,985

. . . . (193)

Oberhalb dieser Aussteuerung gilt die Gl. (190) nicht mehr, und es muß der Zeitpunkt x, bei dem der Tiefstwert auftritt, aus:

$$\sqrt{2} \cos(-x + \alpha) = u_{33m}$$

berechnet werden und in Gl. (189) eingesetzt werden. Für die verschiedenen Phasenzahlen erhalten wir für den Tiefstwert des Wechselstromes in Abhängigkeit von der Aussteuerung die unteren Kurven in Kurvenblatt 20, 21 und 22. Wenn man bei einer bestimmten Aussteuerung lückenlosen Kathodenstrom erreichen will, muß der mittlere Kathodenstrom, der durch Gegenspannung, Gleichrichterspannung und ohmschen Widerstand nach Gl. (183) bestimmt wird, mindestens größer sein als der Tiefstwert des Wechselstromes:

$$\frac{(i_{3m})_{\min}}{\left(\frac{u_{2e}}{\omega L_3}\right)} > \left|\left(\frac{i_3 - i_{3m}}{\left(\frac{u_{2e}}{\omega L_3}\right)}\right)_t\right| \quad . \quad . \quad . \quad . \quad . \quad . \quad . \quad (194)$$

oder die Induktivität der Kathodendrossel muß sein:

$$\omega L_3 > \left|\left(\frac{i_3 - i_{3m}}{\frac{u_{2e}}{\omega L_3}}\right)_t\right| \frac{u_{2e}}{(i_{3m})_{\min}} \quad . \quad . \quad . \quad . \quad . \quad . \quad . \quad (195)$$

wenn bis zu einem Strom $(i_{3m})_{\min}$ keine Lücken im Strom auftreten sollen. Man kann nun die gleiche Rechnung auch unter Berücksichtigung des ohmschen Widerstandes für den Wechselstrom durchführen und erhält dann die Kurven in Kurvenblatt 20, 21 und 22, die für verschiedene Verhältniswerte von $\frac{R_3}{\omega L_3}$ gelten. Auch bei Berücksichtigung des ohmschen Widerstandes tritt der Tiefstwert des Stromes im Zündzeitpunkt auf, wenn Nulldurchgang der Wechselspannung und Zündzeitpunkt zusammenfallen. Auf diesen Bereich sind die Kurven beschränkt.

Die Kurven brechen bei einer bestimmten kleinen Aussteuerung ab. Da der Widerstand ja auch den mittleren Kathodenstrom begrenzt, so ist unterhalb einer bestimmten Aussteuerung überhaupt kein lückenloser Betrieb mehr möglich; das ist der Fall, wenn bei Gegenspannung Null der durch den Widerstand begrenzte mittlere Kathodenstrom bereits vom negativen Spitzenwert des Wechselstromes erreicht wird. Die Grenzaussteuerung ist um so größer, je größer der Widerstand ist.

Die Grenze lückenlosen Kathodenstromes können wir auf diese Weise genau bestimmen. Eine Berücksichtigung des Umschaltvorganges ist nicht nötig, weil der Kathodenstrom im Zündzeitpunkt gerade Null wird und deshalb keine Ablösung der Anodenströme vorkommt. Im lückenlosen Bereich bei hoher Belastung sind dagegen die im Zündzeitpunkt abzulösenden Stromwerte groß, und daher ist hier der Umschaltvorgang für die Stromverhältnisse bestimmend, wie die folgenden Abschnitte zeigen.

Der Übergang vom lückenhaften zum lückenlosen Strom und umgekehrt braucht nicht nur durch Verringerung des Zündwinkels zu geschehen, sondern kann auch durch Absenkung der Gegenspannung erfolgen. Wir haben das für den ungesteuerten Gleichrichter auf S. 108 kennengelernt; wenn wir die Grenze des lückenlosen Bereiches durch den negativen Spitzenwert des Wechselstromes bestimmen, wird auch dieser Fall miterfaßt.

Die Bedeutung der Bestimmung der Grenze des lückenlosen Bereiches wollen wir uns in diesem Zusammenhang noch kurz an einem praktischen Beispiel klarmachen. Wenn ein Gleichstrommotor von einem gittergesteuerten Gleichrichter gespeist und geregelt wird, so muß bei allen Drehzahlen und auch im Leerlauf des Motors, d. h. bei jeweilig kleinstem Gleichstrom, der Kathodenstrom lückenlos sein. Nur im lückenlosen Bereich besteht eine feste Abhängigkeit zwischen mittlerer Gleichrichterspannung bzw., abgesehen von den Spannungsabfällen, der Drehzahl des Motors und dem eingestellten Zündwinkel. Bei gleicher Zündwinkeleinstellung kann bei lückenhaftem Strom die Gleichrichterspannung wesentlich höher liegen; man wird also eine Drehzahlerhöhung erhalten, wenn der Leerlaufstrom in das Gebiet lückenhaften Stromes fällt.

2. Der Umschaltvorgang der Anodenströme.

Um die Rechnung zu vereinfachen soll für das Folgende angenommen werden, daß der überlagerte Wechselstrom im Kathodenstrom gegenüber dem hohen Vollast-Gleichstrom zu vernachlässigen ist. In diesem Sinne sprechen wir von großer Kathodendrossel. Diese Annahme bedeutet für den Umschaltvorgang, daß der abzulösende Anodenstrom gleich dem mittleren Gleichstrom ist und daß während des Umschaltvorganges der Strom sich im Kathodenzweig nicht ändert und der Umschaltvorgang sich nur in dem über die Anoden geschlossenen sekundären Transformatorskreis abspielt. Weiter ist es bei großer Kathodendrossel gleichgültig, ob der Gleichstrom durch einen ohmschen Widerstand oder durch ohmschen Widerstand und Gegenspannung bestimmt wird. Außerdem wollen wir uns in diesem und in den folgenden Abschnitten auf den Fall beschränken, daß nur zwei Anoden am Umschaltvorgang beteiligt sind. Das trifft in den meisten praktischen Fällen bei normaler Belastung zu, stimmt aber nicht mehr bei Überlastung, insbesondere bei Kurzschluß, wie der siebente Abschnitt zeigen wird.

Wir wollen bei Behandlung des Umschaltvorganges von dem Fall ausgehen, daß die inneren Widerstände der Gleichrichterschaltung nur aus anodenseitig liegenden ohmschen und induktiven Widerständen bestehen, d. s. ohmsche Widerstände und Streuinduktivitäten der sekundären Wicklungen des Transformators oder Anodendrosseln. In diesem

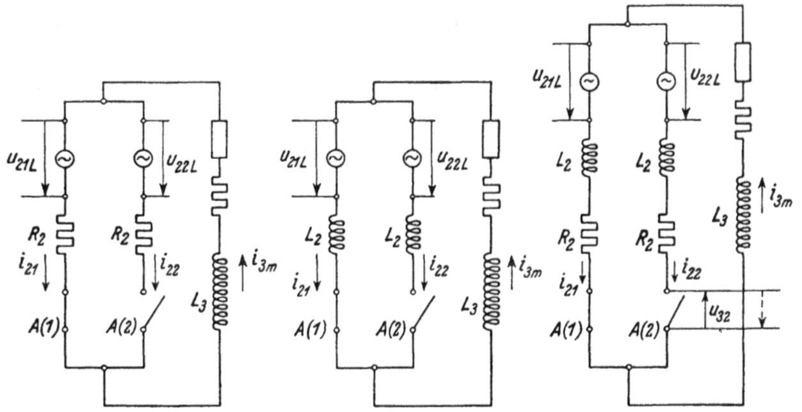

Abb. 92. Grundschaltung zur Berechnung des Umschaltvorganges der Anodenströme.

Falle gelten die drei Prinzipschaltbilder der Abb. 92, je nachdem, ob nur ohmscher, nur induktiver Widerstand oder beide Arten vorhanden sind. Die Anoden sind darin durch Schalter dargestellt und die sekundären Transformatorphasenspannungen durch Spannungsquellen ersetzt. Anode *1* möge stromführend sein (Schalter *1* geschlossen). Der Strom fließt dann über den ersten Anodenzweig und den Kathodenzweig und soll voraussetzungsgemäß durch die große Kathodendrossel im Kathodenzweig zeitlich konstant gehalten werden. Er ist damit auch im Anodenzweig konstant, solange nur die eine Anode Strom führt.

Zündet die folgende Anode *2* (was dem Einlegen des Schalters A (2) in Abb. 92 entspricht), so ändert sich der Strom im Kathodenzweig nicht. Dagegen fällt der Strom über A(1) von i_{3m} ausgehend ab, und der Strom über A (2) steigt in gleichem Maße von Null ausgehend an. Wir können dabei die Kathodendrossel als gesonderte Stromquelle auffassen, die zeitlich konstanten Strom in die Schaltung hineinliefert.

Die Wechselspannungsquellen sind für die von dieser Stromquelle herrührenden Anodenstromanteile als kurzgeschlossen aufzufassen. Diesen überlagert sich dann der von den Wechselspannungsquellen herrührende Strom, für den der Kathodenzweig durch die hohe Kathodendrossel gesperrt ist.

Bei rein ohmschen Widerständen ergibt sich dann nach Abb. 92 folgende Stromänderung beim Zünden von Anode *2*: Für den von der Kathodendrossel erzwungenen Strom wird ein zweiter Widerstand dem ersten parallel geschaltet, so daß sich der Strom sprunghaft auf beide Zweige aufteilt, die nunmehr jede den Strom $\frac{i_{3m}}{2}$ führen. Außerdem werden die beiden Wechselspannungsquellen über die beiden Widerstände verbunden, so daß ein zweiter Stromanteil $i_{2V} = \frac{u_{22L} - u_{21L}}{2R_2}$ entsteht, der im Sinne der zündenden Anode positiv und im Sinne der löschenden negativ ist. Wir bezeichnen diesen Anteil mit i_{2V}, weil es sich dabei um einen Kurzschluß der verketteten Spannung handelt. Dabei ergeben sich für die Ströme vom Zündzeitpunkt α (= Zündverzögerung) an gerechnet, die Gleichungen:

$$\alpha < \omega t < \alpha + \ddot{u}$$

$$i_{21} = i_{3m} - \frac{i_{3m}}{2} - i_{22V}$$

$$i_{22} = \frac{i_{3m}}{2} + i_{22V}$$

$$i_{22V} = \frac{u_{22L} - u_{21L}}{2R_2} = \frac{2\sin\frac{\pi}{P}\sqrt{2}\,u_{2e}\sin\omega t}{2R_2} = \sqrt{2}\,i_{2eV}\sin\omega t \quad (196)$$

Diesen Stromverlauf zeigt Abb. 93 oben für i_{21} gestrichelt und für i_{22} voll ausgezogen. Der Umschaltvorgang ist beendet, wenn der Strom über Anode *1* Null geworden ist und abbricht. Die Umschaltzeit $\ddot{u}$ bei der Zündverzögerung α ergibt sich dann aus der Gleichung:

$$(i_{21})_{\omega t = \alpha + \ddot{u}} = \frac{i_{3m}}{2} - (i_{22V})_{\omega t = \alpha + \ddot{u}} =$$

$$= \frac{i_{3m}}{2} - \sqrt{2}\,i_{2eV}\sin(\alpha + \ddot{u}) = 0 \quad . \; . \; . \quad (197)$$

Das heißt, der Strom i_{22V} muß auf den Wert $\frac{i_{3m}}{2}$ anwachsen. Wir sehen aus Abb. 93 oben links, daß für die Zündverzögerung $\alpha = 0$ eine Umschaltzeit zustande kommt, die aus der Gleichung folgt:

$$\sin\ddot{u} = \frac{i_{3m}R_2}{2\sin\frac{\pi}{P}\sqrt{2}\,u_{2e}} \quad . \; . \; . \; . \; . \; . \; . \; . \; . \quad (198)$$

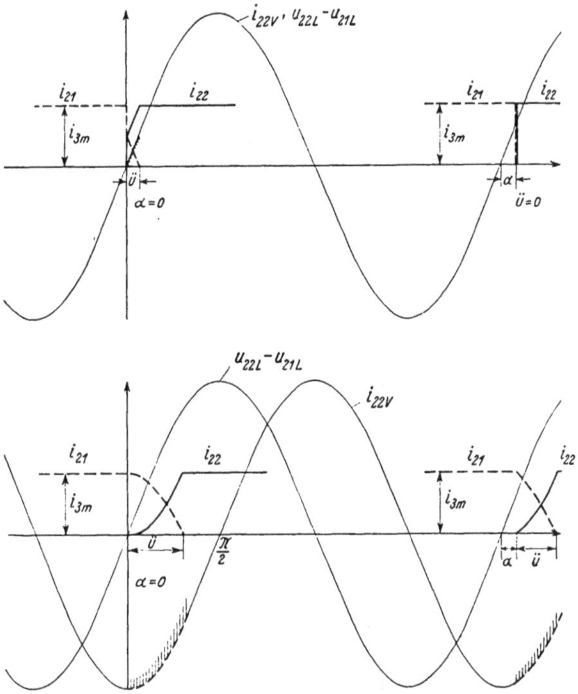

Abb. 93. Umschaltvorgang der Anodenströme bei verschiedener Zündverzögerung. Oben: Widerstände rein ohmisch. Unten: Widerstände rein induktiv.

Für die Zündverzögerung $\alpha = 15^0$ dagegen ist der Strom i_{2V} bereits im Zündzeitpunkt größer als $\frac{i_{3m}}{2}$ und der Strom wird infolgedessen sprunghaft umgeschaltet.

Bei rein induktiven Widerständen nach Abb. 92 mitte verteilt sich beim Einschalten des zweiten Anodenkreises der von der Kathodendrossel erzwungene Strom nicht auf beide Anodenzweige. An der Drossel im ersten Anodenzweig herrscht ja kein Spannungsabfall, so daß kein Grund zum Stromausgleich vorhanden ist. Der von der verketteten Wechselspannung herrührende Strom ist ein Einschaltwechselstrom, der bei rein induktiven Widerständen sich in bekannter Weise aus dem eingeschwungenen um $\frac{\pi}{2}$ nacheilenden Strom und dem konstanten Ausgleichsglied zusammensetzt. So ergeben sich in diesem Falle die Gleichungen:

$$\alpha < \omega t < \alpha + \ddot{u}$$

$$i_{21} = i_{3m} - \sqrt{2}\, i_{2eV} (-\cos \omega t + \cos \alpha)$$

$$i_{22} = \sqrt{2}\, i_{2eV} (-\cos \omega t + \cos \alpha)$$

$$\text{mit } i_{22V} = \frac{2 \sin \frac{\pi}{P} \sqrt{2}\, u_{2e}}{2\,\omega L_2} \sin\left(\omega t - \frac{\pi}{2}\right) = -\sqrt{2}\, i_{2eV} \cos \omega t \quad (199)$$

Abb. 93 unten zeigt den Verlauf der Ströme für zwei verschiedene Zündwinkel. Es ist außerdem die verkettete Wechselspannung und der eingeschwungene Wechselstrom i_{2V} gezeichnet. Die Umschaltung ist wieder beendet, wenn am Ende der Umschaltzeit $\ddot{u}$ der Strom über Anode *1* zu Null geworden ist:

$$0 = i_{3\,m} - \sqrt{2}\, i_{2\,e\,V}\left(-\cos(\alpha + \ddot{u}) + \cos\alpha\right)$$

$$\text{bzw.} \quad \frac{i_{3\,m}}{i_{2\,e\,V}} = \sqrt{2}\left(\cos\alpha - \cos(\alpha + \ddot{u})\right) \quad . \; . \; . \; . \; . \quad (200)$$

Bei induktiven Widerständen erfolgt in jedem Falle die Umschaltung der Anodenströme allmählich, nur daß der Abfall und der Anstieg des Stromes steiler wird bei geringer Aussteuerung, wie uns Abb. 93 rechts unten im Vergleich zu links unten zeigt.

Wenn nun sowohl ohmscher als induktiver Widerstand vorhanden ist, wie Abb. 92 rechts zeigt, so wird die Stromverteilung des von der Kathodendrossel erzwungenen Stromes, die bei rein ohmschem Widerstand sprunghaft erfolgt, allmählich nach einer e-Funktion vor sich gehen. Außerdem ist das Ausgleichsglied im Einschaltwechselstrom nicht konstant, sondern nimmt nach einer e-Funktion ab. So entstehen jetzt die Stromgleichungen:

$$\alpha < \omega t < \alpha + \ddot{u}$$

$$i_{21} = i_{3\,m} - \frac{i_{3\,m}}{2}\left(1 - e^{-\frac{\omega t - \alpha}{\varphi_{2\,V}}}\right) -$$

$$- \sqrt{2}\, i_{2\,e\,V}\left[\sin(\omega t - \varphi_{2\,V}) - \sin(\alpha - \varphi_{2\,V})\, e^{-\frac{\omega t - \alpha}{\operatorname{tg}\varphi_{2\,V}}}\right]$$

$$i_{22} = \frac{i_{3\,m}}{2}\left(1 - e^{-\frac{\omega t - \alpha}{\operatorname{tg}\varphi_{2\,V}}}\right) +$$

$$+ \sqrt{2}\, i_{2\,e\,V}\left[\sin(\omega t - \varphi_{2\,V}) - \sin(\alpha - \varphi_{2\,V})\, e^{-\frac{\omega t - \alpha}{\operatorname{tg}\varphi_{2\,V}}}\right]$$

$$i_{2\,e\,V} = \frac{2\sin\frac{\pi}{P}\, u_{2\,e}}{2\sqrt{R_2^2 + \omega^2 L_2^2}}, \quad \operatorname{tg}\varphi_{2\,V} = \frac{\omega L_2}{R_2} \quad . \; . \; . \; . \quad (201)$$

Abb. 94 und 95 unten veranschaulichen uns für zwei verschiedene Zündwinkel den Stromanstieg nach der zweiten Gleichung. Es ist ein Dreiphasengleichrichter angenommen; wir sehen oben die drei Phasenspannungen und gestrichelt die halbe verkettete Spannung. Es könnte dies ebensogut die verkettete Spannung einer beliebigen anderen Gleichrichterschaltung sein. Unten ist der eingeschwungene Wechselstrom gezeichnet. Es ist eine Phasenverschiebung von $\varphi_{2V} = 45^0$, d. h. Gleichheit des induktiven und ohmschen Widerstandes angenommen. Wir sehen, wie aus dem eingeschwungenen Wechselstrom $i_{22\,V}$ durch das gezeichnete Ausgleichsglied der mit Null beginnende Einschaltwechselstrom $i_{22\,A\,(21)}$ entsteht. Außerdem ist der auch mit Null beginnende Einschaltgleichstrom $i''_{22\,A\,(21)}$ wiedergegeben, der mit dem Einschaltwechselstrom den stark hervorgehobenen gesamten Stromanstieg ergibt. Es ist in Abb. 94 eine Zündverzögerung von $\alpha = 15^0$ und in Abb. 95 von $\alpha = 75^0$ gewählt und in beiden Fällen $\ddot{u} = 30^0$ angenommen. Wir sehen, daß der

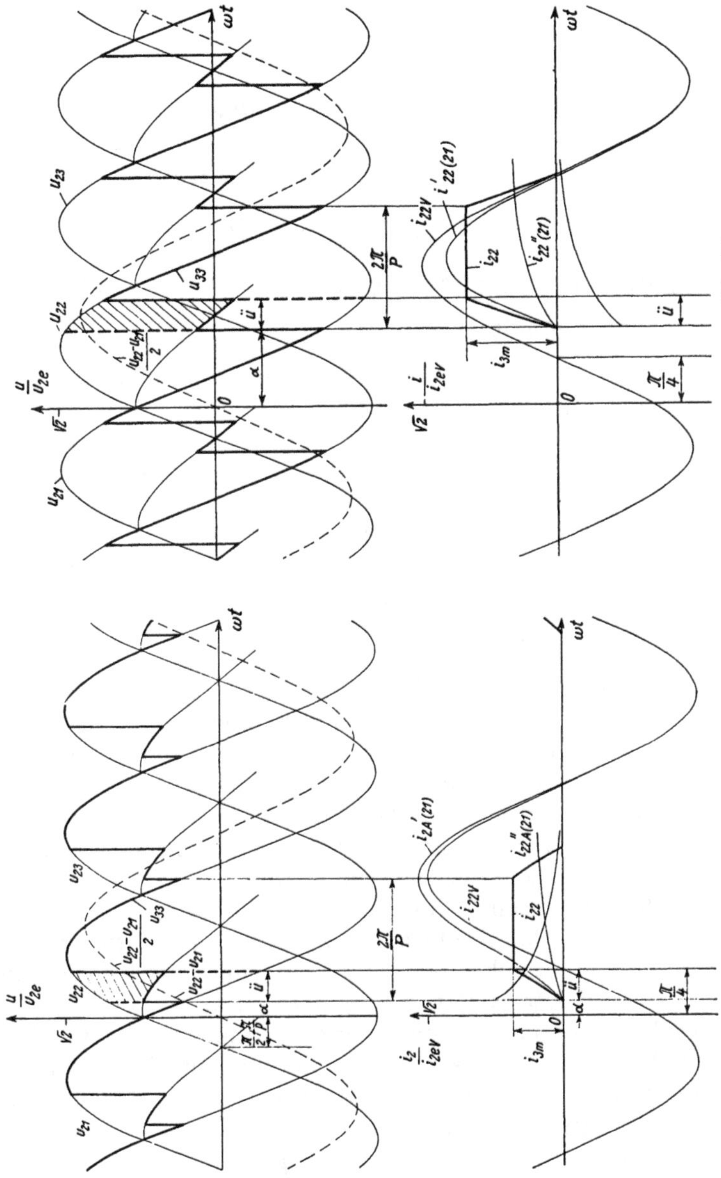

Abb. 94.

Abb. 95.

Abb. 94 und 95. Umschaltvorgang beim Dreiphasengleichrichter mit großer Kathodendrossel bei ohmschen und induktiven inneren Widerständen für kleine und große Zündverzögerung.

Anstieg des Anodenstromes bei großer Zündverzögerung steiler ist und bei gleicher Umschaltzeit einem höheren Kathodenstrom entspricht. Wir können den Zusammenhang von Umschaltzeit *ü* und mittlerem Kathodenstrom nach Gl. (201) berechnen, wenn wir i_{21} bei $\omega t = \alpha + ü$ gleich Null setzen:

$$0 = i_{3m} - \frac{i_{3m}}{2}\left(1 - e^{-\frac{\ddot{u}}{\operatorname{tg}\varphi_{2V}}}\right) -$$

$$- \sqrt{2}\, i_{2eV}\left[\sin(\alpha + \ddot{u} - \varphi_{2V}) - \sin(\alpha - \varphi_{2V})\, e^{-\frac{\ddot{u}}{\operatorname{tg}\varphi_{2V}}}\right]$$

bzw. $$\frac{i_{3m}}{i_{2eV}} = \sqrt{2}\,\frac{\sin(\alpha + \ddot{u} - \varphi_{2V}) - \sin(\alpha - \varphi_{2V})\, e^{-\frac{\ddot{u}}{\operatorname{tg}\varphi_{2V}}}}{\frac{1}{2}\left(1 + e^{-\frac{\ddot{u}}{\operatorname{tg}\varphi_{2V}}}\right)} \quad . \; . \; (202)$$

Die Gl. (200) für rein induktiven Widerstand ist ein Sonderfall dieser allgemeinen Gleichung mit $\varphi = \frac{\pi}{2}$ bzw. $\operatorname{tg}\varphi = \infty$.

Wir haben bisher vorausgesetzt, daß die inneren Widerstände der Schaltung nur anodenseitig liegen und die sekundären Phasenspannungen uns durch Spannungsquellen ersetzt gedacht sind. Praktisch sind aber die Netzphasenspannungen die Spannungsquellen, und die Gleichrichterschaltung enthält einen Transformator mit primären und sekundären Widerständen. Außerdem können noch anodenseitig und netzseitig zusätzliche Widerstände vorhanden sein. Es läßt sich nun zeigen, daß man in all diesen Fällen eine gleiche Rechnung durchführen kann und zu dem gleichen Zusammenhang zwischen $\frac{i_{3m}}{i_{2eV}}$ und $\ddot{u}$ kommt. Es genügt, wenn man die Größe des effektiven eingeschwungenen Umschaltstromes i_{2eV} und seine Phasenverschiebung φ_{2V} gegenüber der verketteten Leerlaufspannung kennt, um zu einem vorgegebenen Kathodenstrom die Umschaltzeit $\ddot{u}$ aus einer graphischen Darstellung dieses Zusammenhanges zu entnehmen. Wir verstehen das am besten, wenn wir wieder von der Vorstellung Gebrauch machen, daß der gleiche Kurzschlußstrom auch entsteht, wenn man an der Kurzschlußstelle die dort vor dem Kurzschluß herrschende Spannung in umgekehrter Richtung einschaltet. Dabei sind die Spannungsquellen kurzgeschlossen zu denken und die entstehende Spannungs- und Stromverteilung ist der ursprünglichen Verteilung zu überlagern. Für die bisher an Hand von Abb. 92 behandelten Umschaltvorgänge heißt das, daß wir die am offenen Schalter $A(2)$ herrschende Spannung mit umgekehrten Vorzeichen an die Klemmen des Schalters zu legen hätten. Diese Spannung ist bei rein ohmschen Widerständen:

$$u_{22L} - u_{21L} + i_{3m} R_2 \quad . \; . \; . \; . \; . \; . \; . \; . \; (203)$$

und hat einen Strom zur Folge:

$$\frac{u_{22L} - u_{21L} + i_{3m} R_2}{2 R_2} = \frac{i_{3m}}{2} + \frac{u_{22L} - u_{21L}}{2 R_2} \quad . \; . \; . \; (204)$$

Dieser Strom fließt im zweiten Anodenzweig und überlagert sich dann im ersten Anodenzweig fließenden Strom i_{3m} mit negativem Vorzeichen.

Wir erhalten dann mit $\frac{u_{22\,L} - u_{21\,L}}{2\,R_2} = i_{22\,V}$ die Stromgleichungen (196). Auf gleiche Weise können wir auch zu den Gl. (199) und (201) gelangen. Die Gleichungen sind bereits so geschrieben, daß man aus der ersten Gleichung den überlagerten Strom entnehmen kann.

In der praktischen Schaltung mit Transformator und verteilten Widerständen, wie sie uns Abb. 96 für die Dreiphasenschaltung im Ersatzschaltbild zeigt, erscheint als Wechselspannungsanteil der Anodenspannung vor der Zündung auch die verkettete Leerlaufspannung $u_{22\,L} - u_{21\,L}$. Der Gleichspannungsanteil setzt sich aber aus der Summe des primären und sekundären Spannungsabfalls, der an Bildung von $u_{22\,L}$ und $u_{21\,L}$ beteiligten Wicklungen zusammen. Diese Spannungsabfälle werden später zur Berechnung des gesamten Spannungsabfalles der Schaltung in der Umschaltzeit benutzt. In diesem Zusammenhang genügt es, festzustellen, daß die entsprechende, an der Kurzschlußstelle einzuschaltende Spannung in jedem Falle einen Einschaltgleichstrom zur Folge hat, der sich in demselben Kreis ausbildet wie der Einschaltwechselstrom und auch die gleiche Zeitkonstante in der e-Funktion hat. Da es sich um einen Schaltvorgang handelt, der nur kurze Zeit dauert, überträgt der Transformator den Einschaltgleichstrom in gleicher Weise wie den Einschaltwechselstrom. In Abb. 96 ist durch gestrichelte Pfeile die physikalische Richtung des zusammengesetzten Einschaltstromes aus beiden Anteilen angedeutet.

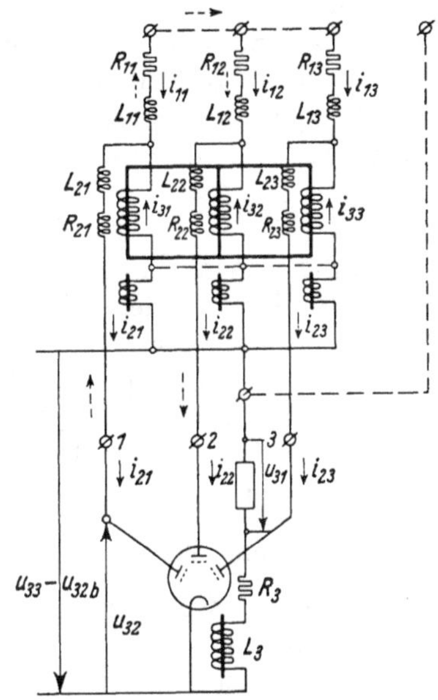

Abb. 96. Ersatzschaltbild des Dreiphasengleichrichters mit Kathodendrossel.

Diese Überlegungen ergeben, daß die Beziehung zwischen der Umschaltzeit $\ddot{u}$ und dem Stromverhältnis $\frac{i_{3\,m}}{i_{2\,e\,V}}$ nach Gl. (202) für alle Gleichrichterschaltungen gültig ist, ganz unabhängig von der Lage der inneren Widerstände. Es genügt die Kenntnis des Kurzschlußstromes $i_{2\,e\,V}$ bei Kurzschluß der verketteten Spannung und dessen Phasenverschiebung gegen diese.

Die eingangs angegebene Voraussetzung, daß nur zwei aufeinanderfolgende Anoden am Umschaltvorgang beteiligt sein sollen, beschränken die Größe der Umschaltzeit $\ddot{u}$ bis zu der die Beziehung gültig ist. Beim gesteuerten Gleichrichter zünden die Anoden im Abstand $\frac{2\pi}{p}$, so daß die Ergebnisse gelten, solange $\ddot{u} \leq \frac{2\pi}{p}$ ist. Beim gesteuerten Doppeldreiphasengleichrichter muß $\ddot{u} \leq 60^0$ sein, wenn der Umschaltvorgang des einen Systems den des anderen nicht überschneiden soll. Solange das der Fall ist, kann in den Schaltungen mit großer Kathodendrossel keine Beeinflussung der beiden Dreiphasensysteme eintreten, unabhängig von der Lage der inneren Widerstände. Insbesondere ist es ohne Einfluß, daß während des Umschaltvorganges des einen Systems im anderen System auch eine Anode stromführend ist, da die Systeme durch die Saugdrossel getrennt sind.

Beim ungesteuerten Gleichrichter zünden die Anoden, sowie die Anodenspannung positiv wird. Das bedeutet für die Dreiphasenschaltung, wie wir im Kapitel F gesehen haben, daß eine dritte Anode sich am Umschaltvorgang beteiligt, wenn $\ddot{u}$ auf $\frac{\pi}{2}$ anwächst. Das gilt unabhängig von der Lage der inneren Widerstände. Beim ungesteuerten Doppeldreiphasengleichrichter muß $\ddot{u} \leq 60^0$ sein. Beim ungesteuerten Sechsphasengleichrichter muß $\ddot{u} \leq 60^0$ sein, wenn die inneren Widerstände vorwiegend primär liegen und $\ddot{u} \leq 41^0$ sein, wenn die inneren Widerstände anodenseitig liegen. Die so festgelegten Grenzen für $\ddot{u}$ liegen weit über den praktisch bei normalem Betrieb vorkommenden Werten.

Wir wenden uns nun der Bestimmung des für die Umschaltzeit $\ddot{u}$ maßgebenden Wertes $\frac{i_{3m}}{i_{2eV}}$ und der Phasenverschiebung φ_{2V} zu, aus den Kurzschlußmessungen am Gleichrichtertransformator oder an der Gleichrichteranlage.

Zur unmittelbaren Messung von i_{2eV} muß eine Kurzschlußmessung am Transformator so durchgeführt werden, daß bei Kurzschluß der verketteten Sekundärspannung eine solche Spannung an die Primärwicklung gelegt wird, daß sekundär der Nennstrom i_{2e} über die Kurzschlußverbindung fließt. Dann ist die verhältnismäßige Kurzschlußspannung $\frac{u_{0eV}}{u_{0e}}$ ein Maß für das Stromverhältnis $\frac{i_{2e}}{i_{2eV}}$. Man kann die Messung auch so durchführen, daß der Transformator netzseitig kurzgeschlossen wird und sekundär eine solche verkettete Spannung zugeführt wird, daß der Strom i_{2e} fließt. Die dazu nötige verkettete Sekundärspannung ist im Verhältnis zur verketteten sekundären Leerlaufspannung ebenfalls ein Maß für $\frac{i_{2e}}{i_{2eV}}$. Auf diesen Wert führen wir dann $\frac{i_{3m}}{i_{2eV}}$ folgendermaßen zurück:

$$\frac{i_{3m}}{i_{2eV}} = \frac{i_{3m}}{i_{2e}} \cdot \frac{i_{2e}}{i_{2eV}} \qquad (205)$$

wobei $\frac{i_{2e}}{i_{3m}}$ aus Zahlentafel 3 zu entnehmen ist.

Trotzdem dies die für die Bestimmung von $\frac{i_{3m}}{i_{2eV}}$ geeignetste Kurzschlußmessung ist, müssen wir damit rechnen, daß häufig nur die normale Kurzschlußmessung vorliegt. Nun soll nach VED 0555 die normale Kurzschlußmessung des drei- und sechsphasigen Gleichrichtertransformators so durchgeführt werden, daß sekundär drei um 120^0 verschobene Phasen kurzgeschlossen sind und netzseitig der Nennstrom eingestellt wird. (Als Primärstrom wird dort der Eingangsstrom des Transformators bezeichnet, was hier Netzstrom ist. Primärstrom ist hier der primäre Wicklungsstrom.) Dieser Kurzschluß entspricht dem hier als allseitigen Anodenkurzschluß (Index A) bezeichneten Zustand. Die dabei gemessene verhältnismäßige Kurzschlußspannung $\frac{u_{0eA}}{u_{0e}}$ ist ein Maß für das Verhältnis des Nenn-Netzstromes i_{0e} zum Kurzschlußstrom bei Anodenkurzschluß i_{0eA} also für $\frac{i_{0e}}{i_{0eA}}$. Hierauf kann man das gesuchte Stromverhältnis $\frac{i_{3m}}{i_{2eV}}$ wie folgt zurückführen:

$$\frac{i_{3m}}{i_{2eV}} = \frac{i_{3m}}{i_{0e}} \cdot \frac{i_{0eA}}{i_{2eA}} \cdot \frac{i_{2eA}}{i_{2eV}} \cdot \frac{i_{0e}}{i_{0eA}} \quad \ldots\ldots\ldots \quad (206)$$

Der erste Faktor ergibt sich aus der Stromverteilung im Gleichrichterbetrieb und ist in Zahlentafel 3 enthalten. Der zweite Faktor, der das Verhältnis von Netzstrom zu sekundärem Strom gibt, stimmt mit dem Verhältnis dieser Ströme bei normaler allseitiger Wechselstrombelastung überein und ist daher ohne weiteres anzugeben. Die in Zahlentafel 3 enthaltenen Werte sind entstanden unter Berücksichtigung der Annahme gleicher Windungszahlen aller Wicklungen, die der Zahlentafel 3 zugrunde liegt.

Der dritte Faktor, das Verhältnis des Sekundärstromes bei allseitigem sekundärem Kurzschluß zu dem bei Kurzschluß nur der verketteten Spannung, verlangt zu seiner Bestimmung die Kenntnis der Stromverteilung in beiden Fällen. Für den Zweiphasengleichrichtertransformator ist allseitiger Kurzschluß und Kurzschluß der verketteten Spannung dasselbe, so daß das Verhältnis $\frac{i_{2eA}}{i_{2eV}} = 1$ wird. Für die Drei- und Sechsphasengleichrichtertransformatorschaltungen wollen wir die Entstehung der Werte $\frac{i_{2eA}}{i_{2eV}}$ in Zahlentafel 3 an drei Beispielen erläutern.

Wir denken uns den Kurzschluß wieder hervorgerufen durch Anlegen der negativen Leerlaufspannung an der Kurzschlußstelle bei netzseitig kurzgeschlossenem Transformator.

In der Dreiphasenschaltung mit Dreiecks-Sternschaltung des Transformators ergeben sich in beiden Fällen nach Abb. 97 folgende Stromverteilungen:

Bei allseitigem Kurzschluß:

$$i_{21} = i_{21\,A}, \qquad i_{22} = i_{22\,A}, \qquad i_{23} = i_{23\,A}$$
$$i_{11} = i_{21}, \qquad i_{12} = i_{22}, \qquad i_{13} = i_{23} \quad \ldots \quad (207)$$

Bei Kurzschluß der verketteten Spannung zwischen 1 und 2:

$$i_{21} = -i_{22\,V}, \qquad i_{22} = i_{22\,V}, \qquad i_{23} = 0$$
$$i_{11} = i_{21}, \qquad i_{12} = i_{22}, \qquad i_{13} = i_{23} = 0 \quad \ldots \quad (208)$$

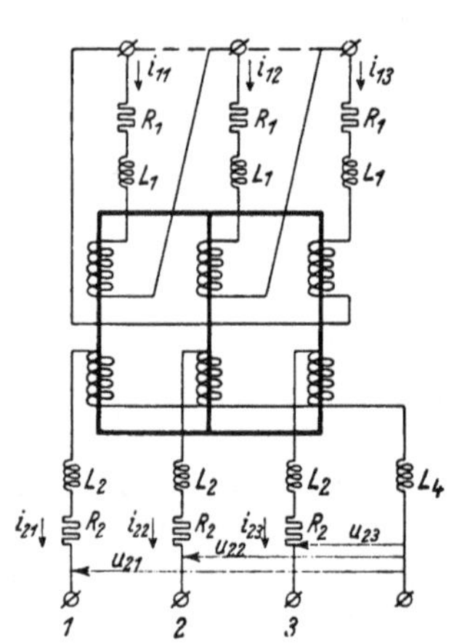

Abb. 97. Gleichrichtertransformator in Dreieck-Sternschaltung.

Wir denken uns nun die sekundären Spannungspfeile in Abb. 97 umgekehrt. Bei Bildung des Spannungsumlaufes müssen wir beachten, daß als innere Spannung der Transformatorwicklungen bei primärem Kurzschluß der negative primäre Spannungsabfall auftritt. Tritt z. B. normal an der zweiten Wicklung eine innere Spannung

$$u_{12} - i_{12}\left(R_1 + \omega L_1 \frac{d}{d\omega t}\right)$$

auf, so bleibt bei Kurzschluß, d. h. mit $u_{12} = 0$ die Spannung $-i_{12}\left(R_1 + \omega L_1 \frac{d}{d\omega t}\right)$ übrig. Somit ergeben sich in beiden Fällen die Spannungsgleichungen für den zweiten Sekundärzweig bei Beachtung der Stromverteilung:

$$(A) \quad i_{22\,A}\left(R_2 + \omega L_2 \frac{d}{d\omega t}\right) = u_{22\,L} - i_{22\,A}\left(R_1 + \omega L_1 \frac{d}{d\omega t}\right)$$

$$(V) \quad i_{22\,V}\left(R_2 + \omega L_2 \frac{d}{d\omega t}\right) = \frac{u_{22\,L} - u_{21\,L}}{2} - i_{22\,V}\left(R_1 + \omega L_1 \frac{d}{d\omega t}\right) \quad (209)$$

Daraus errechnen sich die effektiven Ströme und ihr Verhältnis zueinander:

$$i_{2\,e\,A} = \frac{u_{2\,e\,L}}{\sqrt{(R_1 + R_2)^2 + (\omega L_1 + \omega L_2)^2}}$$

$$i_{2\,e\,V} = \frac{\frac{\sqrt{3}}{2}\, u_{2\,e\,L}}{\sqrt{(R_1 + R_2)^2 + (\omega L_1 + \omega L_2)^2}}$$

$$\frac{i_{2\,e\,A}}{i_{2\,e\,V}} = \frac{2}{\sqrt{3}} \quad \ldots \ldots \quad (210)$$

Außerdem kann man den Gleichungen entnehmen, daß die Phasenverschiebung φ_{2V} des Stromes i_{22V} mit der φ_{2A} des Stromes i_{22A} übereinstimmt. Die Phasenverschiebung von i_{22A} stimmt aber mit der von i_{0A} gegenüber u_{0A} überein, die bei der normalen Kurzschlußmessung gemessen werden kann. Das führt zu der Gleichung:

$$\varphi_{2V} = \varphi_{0A}, \quad \operatorname{tg} \varphi_{2V} = \operatorname{tg} \varphi_{0A} \quad . \quad . \quad . \quad . \quad . \quad (211)$$

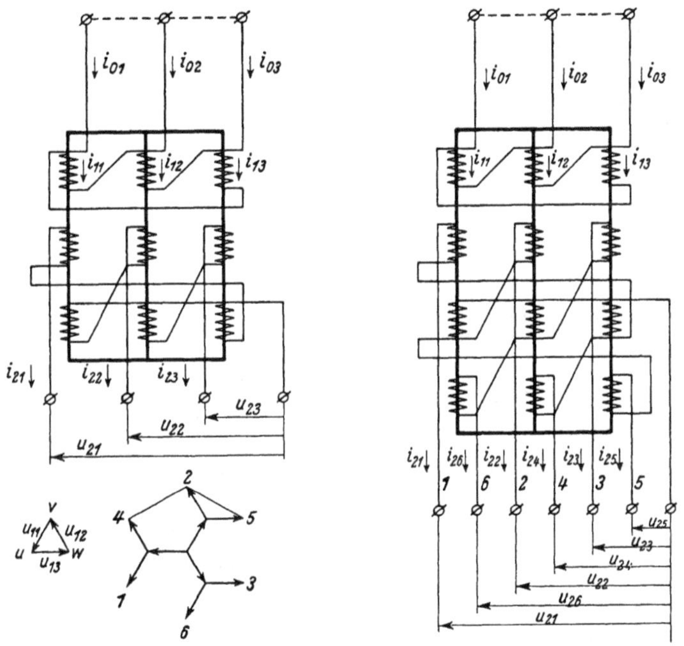

Abb. 98. Gleichrichtertransformatoren in Dreieck-Zickzack- und Dreieck-Gabelsternschaltung.

Wir können nun leicht die entsprechenden Werte für die Dreiphasenschaltung mit Dreieckzickzack geschaltetem Transformator nach Abb. 98 links finden. Es ergibt sich folgende Stromverteilung:

$$(A) \quad i_{21} = i_{21A}, \quad i_{22} = i_{22A}, \quad i_{23} = i_{23A}$$

$$i_{11} = i_{21} - i_{22}, \quad i_{12} = i_{22} - i_{23}, \quad i_{13} = i_{23} - i_{21}$$

$$(V) \quad i_{21} = -i_{22V}, \quad i_{22} = i_{22V}, \quad i_{23} = 0$$

$$i_{11} = i_{21} - i_{22} = -2\, i_{22V}, \quad i_{12} = i_{22} = i_{22V}, \quad i_{13} = -i_{21} = i_{22V} \quad (212)$$

Bei Aufstellung der Spannungsgleichungen müssen wir hier noch beachten, daß außer den Streuflüssen jeder sekundären Wicklung für sich hier noch Streuflüsse zu berücksichtigen sind, die die auf dem gleichen Schenkel liegenden sekundären Wicklungen gemeinsam umschließen bzw. von der Summe der sekundären Amperewindungen je Schenkel erregt werden. Beiden Streuflüssen entsprechen Streuinduktivitäten, die wir durch $\omega L_2'$ und $\omega L_2''$ unterscheiden wollen. (Jochstreuflüsse, die die primären und sekundären Wicklungen eines Schenkels gemeinsam umschließen, haben hier keine Bedeutung, da auf jedem Schenkel in beiden Belastungsfällen Amperewindungsgleichgewicht herrscht.) Es ergeben sich somit für die Zickzackschaltung folgende Spannungsgleichungen:

$$(A) \quad i_{22\,A} \cdot 2\left(R_2 + \omega L_2' \frac{d}{d\,\omega t}\right) + (i_{22\,A} - i_{23\,A})\,\omega L_2'' \frac{d}{d\,\omega t} -$$

$$- (i_{21\,A} - i_{22\,A})\,\omega L_2'' \frac{d}{d\,\omega t} =$$

$$= u_{22\,L} - (i_{22\,A} - i_{23\,A})\left(R_1 + \omega L_1 \frac{d}{d\,\omega t}\right) +$$

$$+ (i_{21\,A} - i_{22\,A})\left(R_1 + \omega L_1 \frac{d}{d\,\omega t}\right).$$

$$(V) \quad i_{22\,V} \cdot 2\left(R_2 + \omega L_2' \frac{d}{d\,\omega t}\right) + i_{22\,V}\,\omega L_2'' \frac{d}{d\,\omega t} -$$

$$- (- i_{22\,V} - i_{22\,V})\,\omega L_2'' \frac{d}{d\,\omega t} = \frac{u_{22\,L} - u_{21\,L}}{2} -$$

$$- i_{22\,V}\left(R_1 + \omega L_1 \frac{d}{d\,\omega t}\right) - 2\,i_{22\,V}\left(R_1 + \omega L_1 \frac{d}{d\,\omega t}\right) \quad . \; . \; . \quad (213)$$

aus denen sich für die effektiven Ströme in beiden Fällen und deren Verhältnis anschreiben läßt, wenn wir berücksichtigen, daß $i_{21\,A} + i_{22\,A} + i_{23\,A} = 0$ ist

$$(A) \quad i_{2\,e\,A} = \frac{u_{2\,e\,L}}{\sqrt{(2\,R_2 + 3\,R_1)^2 + (2\,\omega L_2' + 3\,\omega L_2'' + 3\,\omega L_1)^2}}$$

$$(V) \quad i_{2\,e\,V} = \frac{\frac{\sqrt{3}}{2}\,u_{2\,e\,L}}{\sqrt{(2\,R_2 + 3\,R_1)^2 + (2\,\omega L_2' + 3\,\omega L_2'' + 3\,\omega L_1)^2}}$$

$$\frac{i_{2\,e\,A}}{i_{2\,e\,V}} = \frac{2}{\sqrt{3}} \quad . \; . \; . \; . \; . \; . \; . \; . \; . \; . \; . \; . \; . \; . \; . \; . \; . \quad (214)$$

Wir erhalten auch in diesem Falle das gleiche Stromverhältnis wie für die Dreieck-Sternschaltung.

Da für die beiden Belastungsfälle die Stromverteilung in der Dreieck-Sternschaltung mit der der Stern-Sternschaltung und die in der Dreieck-Zickzackschaltung mit der der Stern-Zickzackschaltung übereinstimmt, so gilt der berechnete Wert für alle vier Dreiphasenschaltungen. Dabei gilt dieser Wert unabhängig von dem Größenverhältnis der verschiedenen Streuinduktivitäten zueinander.

Aber auch die beiden Doppeldreiphasenschaltungen zeigen das gleiche Stromverhältnis, denn Anodenkurzschluß und Kurzschluß der verketteten Spannung beziehen sich nur auf eines der Dreiphasensysteme. Bei der sechsphasigen Dreieck-Sternschaltung werden bei symmetrischem Anodenkurzschluß drei zu einem Dreiphasensystem gehörende Anoden kurzgeschlossen, so daß sich gleiche Stromverhältnisse wie in der dreiphasigen Dreieck-Sternschaltung ergeben. Die effektive verkettete Spannung ist in diesem Falle gleich der Phasenspannung, so daß das Stromverhältnis auf den Wert 2 ansteigt.

Besondere Verhältnisse ergeben sich bei den beiden Sechsphasenschaltungen mit sekundärem Gabelstern; Abb. 98 zeigt rechts die mit primärer Dreieckschaltung. Bei symmetrischem Kurzschluß ergeben sich gleiche Stromverhältnisse wie in der Dreieck-Zickzackschaltung nach Abb. 98 links. Bei Kurzschluß der verketteten Spannung entstehen nun zwei verschiedene Ströme. Wenn der Strom von Anode *4* auf Anode *2* umgeschaltet wird, durchläuft der Umschaltstrom vier sekundäre Wicklungen. Es entsteht folgende Stromverteilung:

$$i_{22} = -i_{24} = i_{22\,v\,\mathrm{I}}, \qquad i_{21} = i_{23} = i_{25} = i_{26} = 0$$
$$i_{11} = -i_{22}, \quad i_{12} = 0, \qquad i_{13} = i_{22} \quad \ldots \ldots \quad (215)$$

Die obere und untere sekundäre Wicklung des mittleren Schenkels wird vom gleichen Strom in umgekehrter Richtung durchflossen, so daß der entsprechende Primärstrom Null ist und außerdem der gemeinsame Streufluß Null. Daher ergibt sich für den Spannungsumlauf:

$$i_{22\,v\,\mathrm{I}}\left(2\,R_2 + 2\,\omega L_2' \frac{d}{d\,\omega t} + \omega L_2'' \frac{d}{d\,\omega t}\right) =$$
$$= \frac{u_{22\,L} - u_{24\,L}}{2} - i_{22\,v\,\mathrm{I}}\left(R_1 + \omega L_1 \frac{d}{d\,\omega t}\right) \quad \ldots \quad (216)^{1)}$$

und für den effektiven Strom:

$$i_{2\,e\,v\,\mathrm{I}} = \frac{\frac{1}{2}\,u_{2\,e\,L}}{\sqrt{(2\,R_2 + R_1)^2 + (2\,\omega L_2' + \omega L_2'' + \omega L_1)^2}} \quad \ldots \quad (217)$$

Geschieht die Umschaltung aber von Anode *2* auf Anode *5*, so sind nur zwei sekundäre Wicklungen am Umschaltvorgang beteiligt, und es ergibt sich für die Ströme:

$$i_{22} = -i_{25} = i_{22\,v\,\mathrm{II}}, \quad i_{21} = i_{23} = i_{24} = i_{26} = 0,$$
$$i_{11} = 0, \quad i_{12} = i_{22}, \quad i_{13} = -i_{22} \quad \ldots \ldots \quad (218)$$

---

[1]) $\omega L_2'$ und $\omega L_2''$ haben in Gl. 216 ÷ 220 einen anderen Wert als in Gl. 213 und 214, da es sich um die Beeinflussung anders zueinander gelegener Wicklungen handelt.

und für den Spannungsumlauf:

$$i_{22\,V\,II}\left[R_2 + (\omega L_2' + \omega L_2'')\frac{d}{d\omega t}\right] =$$

$$= \frac{u_{22\,L} - u_{25\,L}}{2} - i_{22\,V\,II}\left(R_1 + \omega L_1 \frac{d}{d\omega t}\right) \quad . . . (219)$$

sowie für den effektiven Strom:

$$i_{2\,e\,V\,II} = \frac{\frac{1}{2} u_{2\,e\,L}}{\sqrt{(R_1 + R_2)^2 + (\omega L_2' + \omega L_2'' + \omega L_1)^2}} \quad . . (220)$$

Dieser Umschaltstrom ist größer als der erste und hat eine andere Phasenlage. Die Umschaltzeit würde infolgedessen abwechselnd verschieden lang werden; die Folge davon ist, daß die Gleichrichterspannung eine überlagerte Wechselspannung dreifacher Netzfrequenz aufweist. Will man das vermeiden, so können die sekundären Wicklungen so ausgeführt werden, daß die auf dem gleichen Schenkel liegenden nur einen gemeinsamen Streufluß haben. Wenn wir dann außerdem noch die ohmschen Widerstände vernachlässigen, so hat der Umschaltstrom in beiden Fällen den effektiven Wert:

$$i_{2\,e\,V} = \frac{\frac{1}{2} u_{2\,e\,L}}{\omega L_2 + \omega L_1} \quad . . . . (221)$$

Mit den gleichen Vernachlässigungen hat der zugehörige symmetrische Kurzschlußstrom nach Gl. (214) den Wert:

$$i_{2\,e\,A} = \frac{u_{2\,e\,L}}{3\,\omega L_2 + 3\,\omega L_1} \quad . . . . (222)$$

Unter diesen Voraussetzungen ergibt sich für das gesuchte Stromverhältnis:

$$\frac{i_{2\,e\,A}}{i_{2\,e\,V}} = \frac{2}{3} \quad . . . . (223)$$

Dieser Wert ist in Zahlentafel 3 unter Vorbehalt eingesetzt.

Zur Angleichung der Umschaltströme $i_{2\,e\,V\,I}$ und $i_{2\,e\,V\,II}$ genügt es, die auf dem gleichen Schenkel liegenden sekundären Ausgangswicklungen so zu verschachteln, daß ihr Streufluß gemeinsam ist. Dann ergibt sich für den Umschaltstrom unter der Voraussetzung, daß die Ausgangswicklungen und die inneren Wicklungen gleiche Streuinduktivitäten trotz verschiedener Strombelastung aufweisen:

$$i_{2\,e\,V} = \frac{\frac{1}{2} u_{2\,V\,L}}{\omega L_2' + \omega L_2'' + \omega L_1} \quad . . . . . . (224)$$

wobei $\omega L_2'$ und $\omega L_2''$ wieder die Werte wie in Gl. (214) haben und für i_{2eA} Gl. (214) angesetzt werden darf. In diesem Falle läßt sich kein Verhältnis von i_{2eA} zu i_{2eV} angeben, das unabhängig vom Verhältnis $\omega L_2'$ zu $\omega L_2''$ ist. Es ist daher zweckmäßig, bei sekundärer Gabelschaltung auf Gl. (205) zurückzugehen.

Wenn wir mit den Werten aus Zahlentafel 3 den Ausdruck:

$$\frac{\dot{i}_{3m}}{\dot{i}_{2eV}} = \frac{\dot{i}_{3m}}{\dot{i}_{0e}} \cdot \frac{\dot{i}_{0eA}}{\dot{i}_{2eA}} \cdot \frac{\dot{i}_{2eA}}{\dot{i}_{2eV}} \cdot \frac{\dot{i}_{0e}}{\dot{i}_{0eA}},$$

von dem unsere Betrachtung ausgegangen ist, auswerten, ergibt sich für die verschiedenen Schaltungen:

Zweiphasenschaltungen

$$\frac{\dot{i}_{3m}}{\dot{i}_{2eV}} = 2\frac{\dot{i}_{0e}}{\dot{i}_{0eA}}$$

Dreiphasenschaltungen

$$\frac{\dot{i}_{3m}}{\dot{i}_{2eV}} = \sqrt{6}\,\frac{\dot{i}_{0e}}{\dot{i}_{0eA}}$$

Doppeldreiphasenschaltungen

$$\frac{\left(\frac{\dot{i}_{3m}}{2}\right)}{\dot{i}_{2eV}} = \sqrt{2}\,\frac{\dot{i}_{0e}}{\dot{i}_{0eA}}$$

Sechsphasenschaltungen:

Dreieck-Stern

$$\frac{\dot{i}_{3m}}{\dot{i}_{2eV}} = 3\sqrt{2}\,\frac{\dot{i}_{0e}}{\dot{i}_{0eA}}$$

Stern oder Dreieck-Gabelstern

$$\left(\frac{\dot{i}_{3m}}{\dot{i}_{2eV}} = \sqrt{2}\,\frac{\dot{i}_{0e}}{\dot{i}_{0eA}}\right) \quad \ldots\ldots\ldots \quad (225)$$

Auf diese Weise ist also die Zurückführung des für die Umschaltzeit maßgebende Stromverhältnis $\frac{\dot{i}_{3m}}{\dot{i}_{2eV}}$ auf die normale Kurzschlußmessung in einfacher Weise möglich. Auch die Phasenverschiebung des Umschaltstromes φ_{2V} ist der Kurzschlußmessung zu entnehmen, denn unsere Betrachtung zeigte, daß für den Umschaltstrom und den symmetrischen Kurzschlußstrom die gleiche Zusammenfassung von induktiven und ohmschen inneren Widerständen maßgebend ist. Außer den inneren Widerständen des Transformators können auch netzseitig oder anodenseitig zusätzliche Widerstände vorhanden sein. Dann ist für i_{2eA} der symmetrische Kurzschlußstrom bzw. für $\frac{\dot{i}_{0e}}{\dot{i}_{0eA}}$ die verhältnismäßige Kurzschlußspannung der gesamten Anlage einzusetzen.

Bei den Doppeldreiphasen- und Sechsphasenschaltungen könnte die Messung der verhältnismäßigen Kurzschlußspannung auch bei Kurzschluß aller sechs Anoden erfolgen. Für die sekundäre Doppelsternschaltung (Zahlentafel 3 Nr. 10, 11 und 12) läßt sich aber der zugehörige Wert $\frac{\dot{i}_{2\,e\,A\,(1\div 6)}}{\dot{i}_{2\,e\,V}}$ nicht berechnen ohne Kenntnis des Verhältnisses der unverketteten und verketteten Streuinduktivitäten zueinander. Außerdem setzte unsere Betrachtung voraus, daß bei Kurzschluß der verketteten Spannung und Kurzschluß dreier Anoden die Streuverhältnisse im Transformator auf den belasteten Schenkeln gleich sind. Das ist anzunehmen, weil die Verteilung der primären und sekundären Amperewindungen auf den belasteten Schenkeln in beiden Fällen die gleiche ist. Das ist bei Kurzschluß aller sechs Anoden nicht mehr der Fall, so daß auch aus diesem Grunde der dreiphasige Kurzschluß geeigneter erscheint.

Bei sekundärer Gabelschaltung (Zahlentafel 3, Nr. 13 und 14) konnten wir die Rechnung nur durchführen unter der einschränkenden Voraussetzung eines gemeinsamen, sekundären Streuflusses für alle Wicklungen eines Schenkels. Mit dieser Voraussetzung ergibt sich für beide Arten der Kurzschlußmessung der gleiche Wert und damit schließlich der gleiche Zusammenhang mit $\frac{\dot{i}_{3\,m}}{\dot{i}_{2\,e\,V}}$. Auch der andere Fall guter Verschachtelung der Ausgangswicklungen eines Schenkels führt mit der sechsphasigen Kurzschlußmessung zu keinem Verhältniswert $\frac{\dot{i}_{2\,e\,A\,(1\div 6)}}{\dot{i}_{2\,e\,V}}$ der unabhängig von dem Verhältnis der Induktivitätsarten zueinander ist, so daß die Bedeutung der Gl. (205) für diesen Fall bestehen bleibt.

Die Beziehung zwischen der Umschaltzeit $\ddot{u}$ und dem Stromverhältnis $\frac{\dot{i}_{3\,m}}{\dot{i}_{2\,e\,V}}$, deren allgemeine Gültigkeit wir feststellten, ist in Kurvenblatt 23 für verschiedene Aussteuerungen $\cos\alpha$ und verschiedene Phasenwinkel $\varphi_{2\,V}$ ausgewertet. Praktisch liegen bei Transformatoren die Phasenwinkel des Kurzschlußstromes zwischen 50 und 75° und können bei Gleichrichtertransformatoren mit erhöhter Streuung auf 80° ansteigen. Wir sehen, daß für Winkel über 75° mit guter Annäherung die Kurven für $\varphi_{2V} = 90^0$, d. h. rein induktive innere Widerstände benutzt werden können. Für $\frac{\dot{i}_{3\,m}}{\dot{i}_{2\,e\,V}}$ ist der praktisch wichtigste Bereich gewählt. Die folgenden Abschnitte sollen uns den Einfluß der so bestimmten Umschaltzeit auf den Strom und die Gleichrichterspannung zeigen.

3. Der Effektivwert der Ströme.

Der Umschaltvorgang hat keinen Einfluß auf den Zusammenhang von mittleren Anodenstrom und Kathodenstrom; es bleibt die Beziehung:

$$\dot{i}_{2m} = \frac{1}{P}\dot{i}_{3m} \quad \ldots\ldots\ldots\ldots \quad (226)$$

erhalten.

Dagegen wird der effektive Anodenstrom durch den Umschaltvorgang herabgesetzt. Ohne dessen Berücksichtigung hat der Anodenstrom die Form eines Rechtecks mit der Breite $\frac{2\pi}{P}$ und der Höhe i_{3m} $\left(\text{beim Doppeldreiphasengleichrichter } \frac{i_3 m}{2}\right)$, dessen Effektivwert demnach ist:

$$i_{2e} = \frac{\dot{i}_{3m}}{\sqrt{P}} \text{ bzw. } i_{2e} = \frac{\dot{i}_{3m}}{2\sqrt{3}} \text{ bei } P = 2 \times 3 \quad \ldots\ldots \quad (227)$$

Wenn nun der Anodenstrom nicht sprunghaft beginnt, sondern infolge des Umschaltvorganges innerhalb $\ddot{u}$ allmählich ansteigt nach einer Funktion $i_{3m} f(\omega t)$, so müssen wir zur Berechnung des Effektivwertes den Ansatz machen:

$$i_{2e} = \sqrt{\frac{1}{2\pi}\left[\int\limits_{\alpha}^{\alpha+\ddot{u}}[i_{3m} f(\omega t)]^2 d\omega t + \int\limits_{\alpha+\ddot{u}}^{\alpha+\frac{2\pi}{P}} i_{3m}^2 \, d\omega t + \int\limits_{\alpha+\frac{2\pi}{P}}^{\alpha+\frac{2\pi}{P}+\ddot{u}}\left[i_{3m} - i_{3m} f\left(\omega t - \frac{2\pi}{P}\right)\right]^2 d\omega t\right.}$$

$$= \frac{\dot{i}_{3m}}{\sqrt{P}}\sqrt{1 - \frac{P}{\pi}\int\limits_{\alpha}^{\alpha+\ddot{u}}[f(\omega t) - (f(\omega t))^2]\, d\omega t}$$

$$= \frac{\dot{i}_{3m}}{\sqrt{P}}\sqrt{1 - P \cdot F(\ddot{u}, \alpha)}$$

$$\left(= \frac{\dot{i}_{3m}}{2\sqrt{3}}\sqrt{1 - 3F(\ddot{u}, \alpha)} \text{ für } P = 2 \times 3\right) \quad \ldots\ldots\ldots\ldots \quad (228)$$

Dabei ist zu beachten, daß der Abfall des Anodenstromes im Abstand $\frac{2\pi}{P}$ nach der Funktion $i_{3m}\left[1 - f\left(\omega t - \frac{2\pi}{P}\right)\right]$ vor sich geht. Zur Auswertung des Integrals können wir bei rein induktiven inneren Widerständen aus Gl. (199) und (200) des vorigen Abschnittes für den Anstieg des Anodenstromes die Gl. (229) entnehmen:

$$\alpha < \omega t < \alpha + \ddot{u}$$

$$i_{22} = \dot{i}_{3m}\frac{\sqrt{2}\, i_{2eV}}{\dot{i}_{3m}}(-\cos\omega t + \cos\alpha) =$$

$$= \dot{i}_{3m}\frac{-\cos\omega t + \cos\alpha}{-\cos(\alpha + \ddot{u}) + \cos\alpha} \quad \ldots\ldots\ldots \quad (229)$$

und damit für die Zeitfunktion:

$$f(\omega t) = \frac{\cos\alpha - \cos\omega t}{\cos\alpha - \cos(\alpha + \ddot{u})} \quad \ldots\ldots\ldots \quad (230)$$

Mit diesem Ausdruck ist das Integral ausgewertet in Kurvenblatt 24. Für den Bereich $0 < \cos\alpha < 0{,}87$ fallen die Kurven praktisch zusammen.

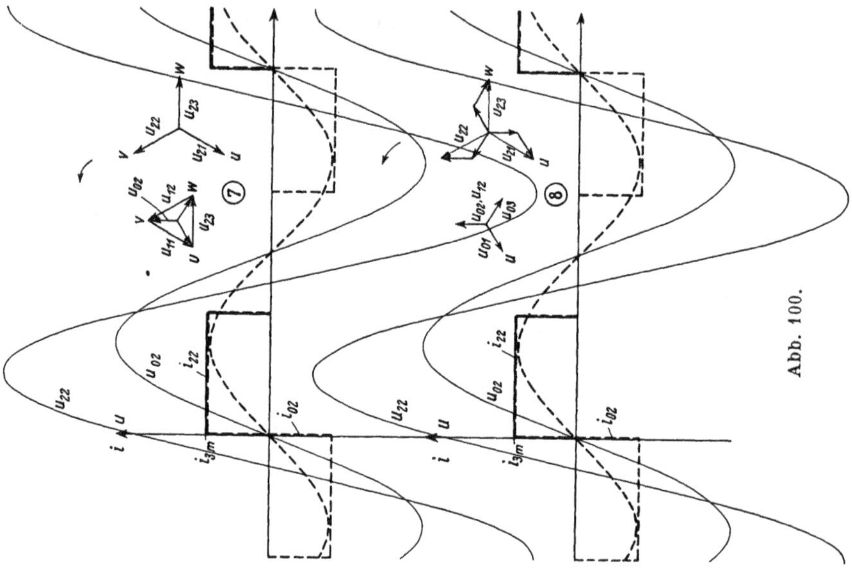

Abb. 100.

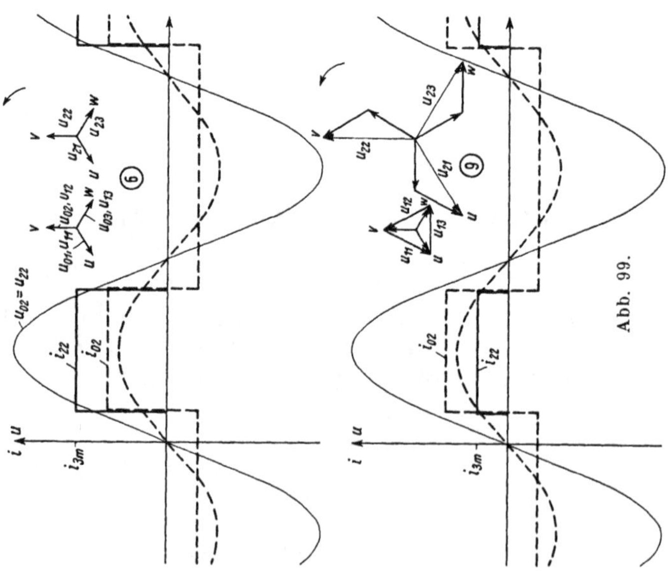

Abb. 99.

Für den allgemeinen Fall induktiver und ohmscher Widerstände können wir den praktischen Anforderungen gerecht werden, wenn wir den Anstieg der Anodenströme als gradlinig ansehen:

$$\alpha < \omega t < \alpha + \ddot{u}$$

$$i_{22} = i_{3\,m} \frac{\omega t - \alpha}{\ddot{u}}, \quad f(\omega t) = \frac{\omega t - \alpha}{\ddot{u}} \quad \ldots \ldots \quad (231)$$

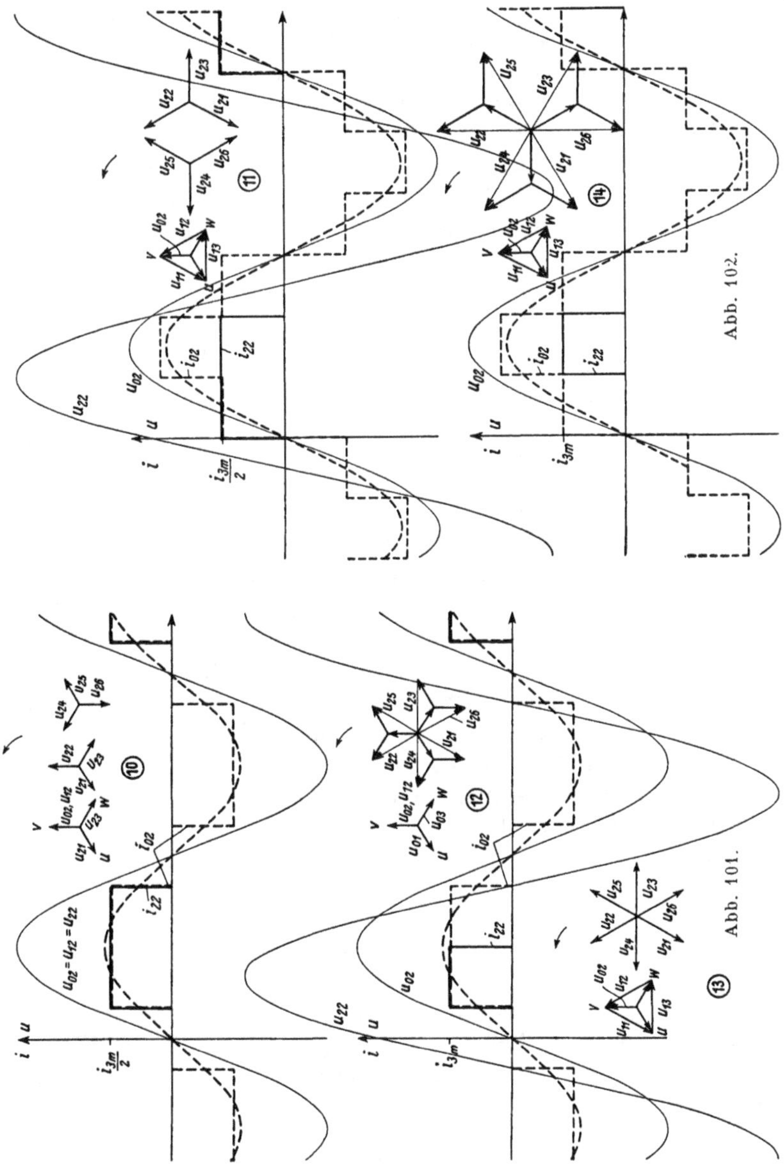

Abb. 101.

Abb. 102.

Abb. 99 bis 102. Anodenstrom und Netzstrom von Drei- und Sechsphasengleichrichtern mit großer Kathodendrossel. (Die eingekreisten Zahlen beziehen sich auf Tabelle 3).

Mit dieser einfachen Zeitfunktion wird das Integral unabhängig von α:

$$F(\ddot{u}, \alpha) = \frac{\ddot{u}}{6\pi} \quad \ldots \ldots \ldots \quad (232)$$

In Abhängigkeit von $\ddot{u}$ ergibt sich eine Gerade, die nach Kurvenblatt 24 in dem ausgewählten Bereich mit dem Verlauf von $F(\ddot{u}, \alpha)$ für rein induktive Widerstände und $0 < \cos\alpha < 0{,}87$ zusammenfällt.

Der Übergang von dem Anodenstrom auf den Primärstrom und den Netzstrom geschieht nach Zahlentafel 1. Den Zusammenhang des Netzstromes mit dem Anodenstrom zeigt für die Dreiphasen-Doppeldreiphasen- und Sechsphasenschaltungen Abb. 99 bis 102. (Hierbei ist die Reihenfolge im Hinblick auf den folgenden Abschnitt so gewählt, daß die Schaltungen mit gleichen Netzströmen zusammengestellt sind.) Der Umschaltvorgang ist in den Abbildungen nicht berücksichtigt. Der Effektivwert der so entstehenden Rechteckkurven läßt sich leicht angeben:

$$(i_e)_{\ddot{u}=0} = \sqrt{\frac{1}{2\pi} \Sigma (i_s^2 \cdot \Delta\,\omega t)} \quad \ldots \ldots \quad (233)$$

wenn i_s die Höhe eines Teilrechteckes und $\Delta\,\omega t$ seine Breite ist, die sich durch Bruchteile von i_{3m} und $\frac{2\pi}{p}$ ausdrücken lassen. Nach dieser Gleichung und Zahlentafel 1 entstehen die Zahlenwerte in Zahlentafel 3 für die Stromverhältnisse $\frac{i_{0e}}{i_{3m}}$ und $\frac{i_{1e}}{i_{3m}}$.

Bei Berücksichtigung des Umschaltvorganges erfolgen die Stromanstiege und Abfälle in Primärstrom und Netzstrom nach der gleichen Zeitfunktion wie Anstieg und Abstieg des Anodenstromes. Man kann die Änderung des Wertes dieser Ströme auf das gleiche Integral zurückführen. Wir denken uns die Primär- und Netzströme durch Hinzufügung eines Gleichstromes so verschoben, daß sie gerade vollständig im Positiven verlaufen. Wenn wir nun an der Sprungstelle den allmählichen Übergang der Ströme berücksichtigen, so ändert sich der Gleichstromanteil des verschobenen Stromes nicht, genau wie sich der Mittelwert des Anodenstromes nicht ändert.

Für den Effektivwert des verschobenen Stromes $i + i_m$ gilt die Gleichung:

$$\begin{matrix} \ddot{u} = 0 \\ \text{und } \ddot{u} \neq 0 \end{matrix} \quad (i + i_m)_e^2 = i_e^2 + i_m^2 \quad \ldots \ldots \ldots \quad (234)$$

und wenn sich i_m bei Berücksichtigung des Umschaltvorganges nicht ändert, so gibt also die Änderung des Quadrates des Effektivwertes des verschobenen Stromes auch die Änderung des Quadrates des wirklichen Stromes wieder:

$$\ddot{u} = 0 \quad \rightarrow \ddot{u} \neq 0 \quad \Delta\,(i + i_m)_e^2 = \Delta\,(i_e)^2 \ldots \ldots \quad (235)$$

so daß sich für den effektiven Strom schließlich ergibt:

$$i_e = \sqrt{(i_e)^2_{ü=0} + \Delta (i_e)^2_{ü=0 \rightarrow ü+0}} \quad \ldots \ldots \quad (236)$$

Wir können nun die Änderung $\Delta (i + i_m)_e^2$ berechnen, indem wir im verschobenen Strom einen Anstieg und einen Abfall zusammen be-

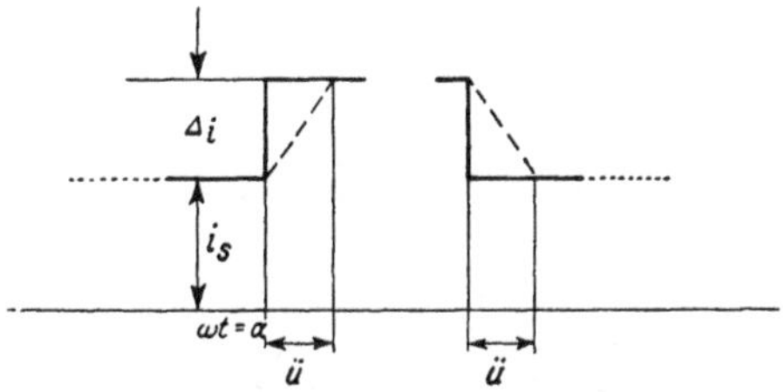

Abb. 103. Zur Berechnung des Effektivwertes einer Stromkurve, die aus konstanten Teilen und gleicher Anzahl Anstiegen und Abfällen besteht.

trachten, wie Abb. 103 zeigt. Innerhalb der Umschaltzeit liefern diese Stellen ohne und mit Berücksichtigung des Umschaltvorganges den Beitrag:

$$\frac{1}{2\pi}\left[\int\limits_{\alpha}^{\alpha+ü} (i_s + \Delta i)^2 \, d\omega t + \int\limits_{\alpha}^{\alpha+ü} i_s^2 \, d\omega t\right] \text{ und}$$

$$\frac{1}{2\pi}\left[\int\limits_{\alpha}^{\alpha+ü} (i_s + \Delta i\, f(\omega t))^2 \, d\omega t + \int\limits_{\alpha}^{\alpha+ü} (i_s + \Delta i\,[1 - f(\omega t)])^2 \, d\omega t\right] \quad . \quad (237)$$

Die Differenz dieser Ausdrücke ist die Änderung des Stromquadrates bei Berücksichtigung der Überlappung an diesen Stellen:

$$\Delta (i_e)^2 = -\frac{2(\Delta i)^2}{2\pi}\int\limits_{\alpha}^{\alpha+ü} [f(\omega t) - (f(\omega t))^2] \, d\omega t$$

$$= -(\Delta i)^2 F(ü, \alpha) \quad \ldots \ldots \ldots \quad (238)$$

Wenn nun N Anstiege und Abfälle vorhanden sind, so müssen alle Änderungen summiert werden, so daß sich schließlich ergibt:

$$i_e = \sqrt{(i_e)^2_{ü=0} - \left[\sum_1^N (\Delta i)^2\right] F(ü, \alpha)} =$$

$$= i_e \sqrt{1 - \left[\sum_1^N \frac{(\Delta i)^2}{(i_e)^2_{ü=0}}\right] F(ü, \alpha)} \quad \ldots \ldots \ldots \quad (239)$$

In der Zahlentafel 3 sind die Zahlenwerte, die sich für den Ausdruck:

$$K = \sum_1^N \frac{(\Delta i)^2}{(i_e)^2_{ü=0}} \quad \ldots \ldots \ldots \quad (240)$$

ergeben, neben den Strömen angegeben. Allgemein ist also für effektiven Anodenstrom, Primärstrom und Netzstrom die Stromänderung bei Berücksichtigung des Umschaltvorganges durch den Faktor:

$$\sqrt{1 - K \cdot F(\ddot{u}, \alpha)} \quad . \quad . \quad . \quad . \quad . \quad . \quad . \quad (241)$$

gekennzeichnet, wobei der Wert der Konstanten aus Zahlentafel 3 und F ($\ddot{u}$, α) aus Kurvenblatt 24 zu entnehmen ist. Die Stromänderung ist durch den Ausdruck:

$$\frac{\Delta i_e}{i_e} = 1 - \sqrt{1 - K \cdot F(\ddot{u}, \alpha)} \quad . \quad . \quad . \quad . \quad . \quad . \quad . \quad (242)$$

gegeben, der Kurvenblatt 24 auch unmittelbar entnommen werden kann, für verschiedene Werte der Konstanten abhängig von F ($\ddot{u}$, α). In Kurvenblatt 24 ist der Gang der Ablesung durch einen Linienzug angedeutet.

Die Kenntnis der effektiven Ströme im Transformator dient auch zur Berechnung der Kupferverluste. Will man die Kupferverluste messen, so ist zu beachten, daß bei der Kurzschlußmessung bei primärem Nennstrom der Sekundärstrom einen anderen Wert hat wie im Gleichrichterbetrieb. Daher muß der Anteil der sekundären Kupferverluste erhöht werden entsprechend der Differenz $- N_A \cdot R_2 \left(i_{0e} \cdot \frac{i_{2eA}}{i_{0eA}}\right)^2 + N \cdot R_2 \cdot i_{2e}^2$. Hierin bedeutet N bzw. N_A die Anzahl der Wicklungen mit dem Widerstand R_2, die bei Gleichrichterbetrieb und bei der Kurzschlußmessung sekundär stromführend sind, und in der Klammer steht der (zu messende) Sekundärstrom bei der Kurzschlußmessung. Infolge der anderen Stromverteilung enthalten außerdem die Verluste bei der Kurzschlußmessung die zusätzlichen Verluste, die beispielsweise von den Streuflüssen in benachbarten Metallteilen durch Wirbelstromheizung hervorgerufen werden, nur unvollkommen.

4. Die Grundschwingung und die Oberschwingungen im Netzstrom.

Eine Gleichrichterschaltung entnimmt dem Netz einen nicht sinusförmigen Strom, dessen Effektivwert i_{0e} wir berechnet haben. Wir können diesen Strom i_0 zerlegen in eine Grundschwingung $(i_0)_1$ und einen Oberschwingungsanteil $\Sigma\,(i_0)_n$, der aus Oberschwingungen verschiedener Frequenzen $n \cdot f$ bestehen kann. Für die Augenblickswerte und die Effektivwerte dieser Ströme gelten dann die Beziehungen:

$$i_0 = (i_0)_1 + \Sigma\,(i_0)_n, \quad i_{0e} = \sqrt{(i_{0e})_1^2 + \Sigma\,(i_{0e})_n^2} \quad . \quad . \quad . \quad . \quad (243)$$

Wichtig für die Beurteilung einer Gleichrichterschaltung ist die Kenntnis der Grundschwingung sowie deren Phasenlage einerseits und die Kenntnis der Oberschwingungen nach Frequenz und Größe andererseits.

Wir setzen zunächst eine sinusförmige Netzspannung voraus bzw. ein Netz mit geringem inneren Widerstand. Ist φ_0 die Phasenverschiebung der Grundschwingung $(i_0)_1$, so können wir diese zerlegen in einen Wirkstrom und einen Blindstrom:

$$\sqrt{2}\,(i_{0\,e})_1 \sin(\omega t - \varphi_0) = \sqrt{2}\,(i_{0\,e})_1 \cos\varphi_0 \sin\omega t - \\ - \sqrt{2}\,(i_{0\,e})_1 \sin\varphi_0 \cos\omega t \quad . \; . \; . \; (244)$$

Wenn wir diesen Strom mit der zugehörigen sinusförmigen Netzphasenspannung u_0 multiplizieren und den Mittelwert bilden, erhalten wir die von der Gleichrichterschaltung je Phase aufgenommene mittlere Leistung. Einen Beitrag zur mittleren Leistung liefert nur der Wirkstrom in Höhe von: $(i_{0e})_1 \cdot u_{0e} \cdot \cos\varphi_0$. Diese mittlere Leistung wird als Wirkleistung $l_{0\,\mathrm{Wirk.}}$ bezeichnet.

Wir denken uns nun den unter Berücksichtigung des Ablösungsvorganges berechneten Sekundärstrom in einem verlustlosen Transformator fließen und erhalten dann für die mittlere aufgenommene und sekundär abgegebene Leistung die Gleichheitsbeziehung:

$$l_{0\,\mathrm{Wirk.}} = P_0 \cdot (i_{0\,e})_1\, u_{0\,e} \cos\varphi_0 = \frac{P_2}{2\pi} \int\limits_{a}^{a+\frac{2\pi}{P}+\ddot{u}} i_{22}\, u_{22\,L}\, d\omega t = \\ = \frac{P_2}{2\pi} \int\limits_{a}^{a+\frac{2\pi}{P}+\ddot{u}} i_{22} \sqrt{2}\, u_{2\,e\,L} \sin\left(\omega t + \frac{\pi}{2} - \frac{\pi}{P}\right) d\omega t \; . \; . \; . \; (245)$$

Tatsächlich tritt aber bei Belastung sekundär nicht die Leerlaufspannung $u_{2\,L}$ auf — der Spannungsabfall wird im nächsten Abschnitt berechnet —, sondern eine infolge des inneren Widerstandes abgesenkte Spannung. Die Einführung der inneren Widerstände ändert aber an der Netzleistung nichts, wenn nur i_2 der tatsächliche, unter Berücksichtigung der Widerstände berechnete Strom ist. Daher ist diese Gleichung allgemein gültig.

Wir stellen uns nun weiter vor, der sekundäre Strom bleibe in Phasenlage und -verlauf unverändert, die Netzspannungen sollen aber um $\frac{\pi}{2}$ nacheilen, dann tauschen Blindstrom und Wirkstrom ihre Rollen, und wir erhalten jetzt eine vom Netz je Phase abgegebene mittlere Leistung von $(i_{0e})_1 \cdot u_{0e} \cdot \sin\varphi_0$, die als Feldblindleistung $l_{0\,\mathrm{Feldbl.}}$ bezeichnet wird, und eine entsprechende Gleichheitsbeziehung zur mittleren sekundären Leistung in diesem Falle:

$$l_{0\,\mathrm{Feldbl.}} = P_0 \cdot (i_{0\,e})_1\, u_{0\,e} \sin\varphi_0 = \\ = \frac{P_2}{2\pi} \int\limits_{a}^{a+\frac{2\pi}{P}+\ddot{u}} - i_{22} \sqrt{2}\, u_{2\,e\,L} \cos\left(\omega t + \frac{\pi}{2} - \frac{\pi}{P}\right) d\omega t \; . \; . \; (246)$$

Neben der Feldblindleistung steht die Verzerrungsblindleistung, d. h. die Scheinleistung der Oberschwingungen $u_{0e} \cdot \sqrt{\Sigma (i_{0e})_n^2}$.

Diese beiden Gleichungen sind die Grundbeziehungen zur Bestimmung der Grundschwingung und deren Phasenverschiebung bei gegebenem Sekundärstrom.

Wenn wir den Ablösungsvorgang vernachlässigen, d. h. $\ddot{u} = 0$ und, unter Voraussetzung großer Kathodendrossel, $i_2 = i_{3m}$ einsetzen, so nehmen diese Gleichungen die einfache Form an:

$$P_0 (i_{0e})_1 \cdot u_{0e} \cdot \cos \varphi_0 = i_{3m} \cdot \frac{P_2}{2\pi} \int\limits_{\alpha}^{\alpha + \frac{2\pi}{P}} \sqrt{2}\, u_{2eL} \sin\left(\omega t + \frac{\pi}{2} - \frac{\pi}{P}\right) d\omega t$$

$$= i_{3m} \cdot u_{33mL} = i_{3m} (u_{33mL})_{\alpha=0} \cos \alpha$$

$$P_0 (i_{0e})_1 \cdot u_{0e} \cdot \sin \varphi_0 = i_{3m} \cdot \frac{P_2}{2\pi} \int\limits_{\alpha}^{\alpha + \frac{2\pi}{P}} -\sqrt{2}\, u_{2eL} \cos\left(\omega t + \frac{\pi}{2} - \frac{\pi}{P}\right) d\omega t =$$

$$= i_{3m} \cdot (u_{33mL})_{\alpha=0} \cdot \cos\left(\alpha - \frac{\pi}{2}\right)$$

$$= i_{3m} \cdot (u_{33mL})_{\alpha=0} \sin \alpha \qquad (247)$$

Daraus folgt, insbesondere, daß in diesem Falle das Leistungsverhältnis $\frac{l_{\text{Feldbl.}}}{l_{\text{Wirk.}}} = \operatorname{tg} \varphi_0 = \operatorname{tg} \alpha$ und $\varphi_0 = \alpha$ ist, d. h. mit Vernachlässigung des Ablösungsvorganges ist bei großer Kathodendrossel die Phasenverschiebung des Netzstromes gleich der Zündverzögerung.

Wird eine große Kathodendrossel vorausgesetzt und die Ablösung vernachlässigt, so ändert sich ja die Stromform mit der Zündverzögerung nicht, es verschiebt sich nur der Einsatz der Anodenströme gegenüber der sekundären Phasenspannung, und damit tritt auch eine gleiche Verschiebung der Netzströme ein. Für volle Aussteuerung zeigen uns die Abb. 99 bis 102 Netzstrom und Grundschwingung bei den Dreiphasen-, Doppeldreiphasen- und Sechsphasenschaltungen.

Um den Einfluß des Umschaltvorganges auf die Grundschwingung des Netzstromes zu berechnen, stellen wir uns vor, daß bei einem verlustlosen Transformator die rechteckige sekundäre Stromform in eine solche mit flachem Anstieg und Abfall übergeht. Die dabei auftretende Änderung der mittleren sekundären Leistung ist gleich der Netzleistungsänderung. Für diese ist es gleichgültig, daß ein Teil der Leistungsänderung durch die Leistungsaufnahme der Verlustwiderstände im Transformator selbst bedingt ist.

Wenn der Anstieg des Anodenstromes gleich $i_{3m} \cdot f(\omega t)$ gesetzt wird, bedeutet das gegenüber dem plötzlichen Anspringen auf i_{3m} eine Abnahme der mittleren Leistung (für die zweite Anode berechnet) von:

$$-\frac{P_2}{2\pi}\int_{\alpha}^{\alpha+ü} i_{3m}(1-f(\omega t))\,u_{22L}\,d\omega t \quad . \; . \; . \; . \; . \; . \quad (248)$$

Der allmähliche Abfall des Anodenstromes ergibt andererseits eine Leistungssteigerung (für die erste Anode berechnet) um:

$$+\frac{P_2}{2\pi}\int_{\alpha}^{\alpha+ü} i_{3m}(1-f(\omega t))\,u_{21L}\,d\omega t \quad . \; . \; . \; . \; . \quad (249)$$

Somit nimmt die mittlere Wirkleistung des Netzes insgesamt ab um:

$$\Delta l_{0\,\text{Wirk.}} = -i_{3m}\cdot\frac{P_2}{2\pi}\int_{\alpha}^{\alpha+ü}(u_{22L}-u_{21L})(1-f(\omega t))\,d\omega t$$

$$= -i_{3m}\cdot\frac{P_2}{2\pi}\cdot 2\sqrt{2}\,u_{2e}\sin\frac{\pi}{P_2}\int_{\alpha}^{\alpha+ü}\sin\omega t\,(1-f(\omega t))\,d\omega t$$

bzw. $$\frac{\Delta l_{0\,\text{Wirk.}}}{i_{3m}\cdot(u_{33mL})_{\alpha=0}} = -\int_{\alpha}^{\alpha+ü}\sin\omega t\,(1-f(\omega t))\,d\omega t \quad . \; . \; . \; . \; . \; . \quad (250)$$

Für die gesamte mittlere Netzleistung ergibt sich dann:

$$P_0(i_{0e})_1\cos\varphi_0\,u_{0e} = \left[\cos\alpha + \frac{\Delta l_{0\,\text{Wirk.}}}{i_{3m}(u_{33mL})_{\alpha=0}}\right] i_{3m}(u_{33mL})_{\alpha=0} \quad (251)$$

Ebenso läßt sich auch die Zunahme der Netzfeldblindleistung berechnen, wenn wir uns die Spannungen um 90^0 nacheilend denken:

$$\frac{\Delta l_{0\,\text{Blind.}}}{i_{3m}(u_{33mL})_{\alpha=0}} = -\int_{\alpha}^{\alpha+ü} -\cos\omega t\,(1-f(\omega t))\,d\omega t \quad . \; . \; . \quad (252)$$

und entsprechend gilt für die gesamte Netzfeldblindleistung:

$$P_0(i_{0e})_1\sin\varphi_0\,u_{0e} = \left[\sin\alpha + \frac{\Delta l_{0\,\text{Blind.}}}{i_{3m}(u_{33mL})_{\alpha=0}}\right] i_{3m}(u_{33mL})_{\alpha=0} \quad (253)$$

Aus beiden Beziehungen läßt sich dann $\operatorname{tg}\varphi_0$ und damit φ_0 und $(i_{0e})_1$ finden. Wenn wir die bestimmten Integrale zunächst auswerten für die Näherung geradlinigen Stromanstieges, d. h. $f(\omega t) = \frac{\omega t - a}{ü}$, erhalten wir für beide Leistungsbeziehungen:

$$\frac{P_0 \cdot (i_{0\,e})_1 \cos \varphi_0 \, u_{0\,e}}{i_{3\,m} \cdot (u_{33\,m\,L})_{\alpha=0}} = \cos\alpha - \int_{\alpha}^{\alpha+\ddot{u}} \sin \omega t \left(1 - \frac{\omega t - \alpha}{\ddot{u}}\right) d\omega t =$$

$$= \cos\left(\alpha + \frac{\ddot{u}}{2}\right) \frac{\sin\frac{\ddot{u}}{2}}{\frac{\ddot{u}}{2}}$$

und

$$\frac{P_0 \cdot (i_{0\,e})_1 \sin \varphi_0 \, u_{0\,e}}{i_{3\,m} \cdot (u_{33\,m\,L})_{\alpha=0}} = \sin\alpha + \int_{\alpha}^{\alpha+\ddot{u}} \cos \omega t \left(1 - \frac{\omega t - \alpha}{\ddot{u}}\right) d\omega t =$$

$$= \sin\left(\alpha + \frac{\ddot{u}}{2}\right) \frac{\sin\frac{\ddot{u}}{2}}{\frac{\ddot{u}}{2}} \qquad \ldots\ldots\ldots (254)$$

Aus diesen Gleichungen ersehen wir unmittelbar, daß durch den Ablösungsvorgang die Amplitude der Grundwelle des Netzstromes um $\frac{\sin\frac{\ddot{u}}{2}}{\frac{\ddot{u}}{2}}$ verringert und die Phasennacheilung um $\frac{\ddot{u}}{2}$ vergrößert wird. Wenn wir von einem rechteckigen Netzstromverlauf ausgehen und dann an den Sprungstellen einen geradlinigen Anstieg des Stromes einführen von der Breite $\ddot{u}$, können wir uns vorstellen, daß sich die Symmetrieachse der Stromkurve und damit auch die Grundwelle um $\frac{\ddot{u}}{2}$ verschiebt.

Die Näherung geradlinigen Stromanstieges genügt meist für den gesteuerten Gleichrichter. Im Falle vorwiegend induktiver Transformatorwiderstände kann die Abnahme der mittleren Wirkleistung $\Delta\, l_{\text{Wirk.}}$ durch den Ablösungsvorgang aus dem später berechneten Gleichrichterspannungsabfall $\Delta\, u_{33\,m}$ unmittelbar gefunden werden, weil auf den Transformator keine Wirkleistung entfällt. Daher ergibt sich für die mittlere Wirkleistung:

$$R_1 = R_2 = 0, \frac{P_0 \cdot (i_{0\,e})_1 \cos \varphi_0 \, u_{0\,e}}{i_{3\,m} \, (u_{33\,m\,L})_{\alpha=0}} = \cos\alpha - \frac{(\Delta\, u_{33\,m})_{\ddot{u} \neq 0}\, i_{3\,m}}{i_{3\,m} \cdot (u_{33\,m\,L})_{\alpha=0}} =$$

$$= \cos\alpha - \frac{1}{2}(\cos\alpha - \cos(\alpha + \ddot{u})) = \frac{1}{2}(\cos\alpha + \cos(\alpha + \ddot{u})) \qquad (255)$$

Die Zunahme der Blindleistung finden wir, indem wir für $f(\omega t)$ den Ausdruck nach Gl. (230) einführen und erhalten dann:

$$\frac{P_0 \cdot (i_{0\,e})_1 \cdot \sin\varphi_0\, u_{0\,e}}{i_{3\,m}\,(u_{33\,m\,L})_{\alpha=0}} = \sin\alpha + \int_{\alpha}^{\alpha+\ddot{u}} \cos\omega t \frac{\cos\omega t - \cos(\alpha+\ddot{u})}{\cos\alpha - \cos(\alpha+\ddot{u})}\, d\omega t =$$

$$= \frac{1}{2} \frac{\ddot{u} - \frac{1}{2}\sin 2(\alpha+\ddot{u}) + \frac{1}{2}\sin 2\alpha}{\cos\alpha - \cos(\alpha+\ddot{u})} \quad . \; . \; . \; (256)$$

Aus den beiden letzten Gleichungen finden wir insbesondere für den Fall voller Aussteuerung, mit $\alpha = 0$:

$$(\operatorname{tg}\varphi_0)_{\alpha=0} = \frac{2\,\ddot{u} - \sin 2\,\ddot{u}}{1 - \cos 2\,\ddot{u}}$$

$$\left[\frac{((i_{0\,e})_1)_{\ddot{u}\neq 0}}{((i_{0\,e})_1)_{\ddot{u}=0}}\right]_{\alpha=0} = \frac{1}{2}\,\frac{1+\cos\ddot{u}}{\cos\varphi_0} \quad . \; . \; . \; . \; . \; . \; . \; (257)$$

Der Kosinus der Phasenverschiebung der Grundschwingung $\cos\varphi_0$ wird auch als Verschiebungsfaktor bezeichnet und gibt bei sinusförmiger Netzspannung das Verhältnis von Wirkleistung zu Grundschwingungsscheinleistung an:

$$\cos\varphi_0 = \frac{u_{0\,e}\,(i_{0\,e})_1 \cos\varphi_0}{u_{0\,e}\,(i_{0\,e})_1} \quad . \; . \; . \; . \; . \; . \; . \; (258)$$

Demgegenüber bezeichnet man das Verhältnis von aufgenommener Wirkleistung zu aufgenommener Scheinleistung als Leistungsfaktor λ. Es gilt bei sinusförmiger Netzspannung:

$$\lambda = \frac{u_{0\,e}\,(i_{0\,e})_1 \cos\varphi_0}{u_{0\,e} \cdot i_{0\,e}} = v \cos\varphi_0 \quad . \; . \; . \; . \; . \; . \; . \; (259)$$

wenn $(i_{0e})_1 = v \cdot i_{0e}$ gesetzt wird, wobei v der Grundschwingungsgehalt des Netzstromes (Verzerrungsfaktor) ist.

Wir haben bisher vorausgesetzt, daß die Spannung am Eingang der Gleichrichterschaltung sinusförmig ist. In diesem Falle würde eine Wirk- und eine Feldblindleistungsmessung zur Bestimmung von $\operatorname{tg}\varphi_0 = \frac{l_{0\,\text{Feldbl.}}}{l_{0\,\text{Wirk.}}}$ ausreichen.

Die Spannung wird meist sinusförmig verlaufen, wenn die Gleichrichterschaltung nur einen kleinen Teil der Gesamtbelastung des Netzes ausmacht. Anderenfalls haben wir mit Spannungsabfällen an den inneren Widerständen des Netzes zu rechnen, die infolge des Oberschwingungsgehaltes der Netzströme die Eingangsspannung verzerren. Dabei würde der berechnete Phasenwinkel φ_0 die Phasenverschiebung der Grundschwingung gegen die innere Spannung des speisenden Generators angeben, wenn wir uns die Netzwiderstände denen der Schaltung zugezählt denken. Aus der Messung der Wirkleistung, die der Gleichrichter aufnimmt, kann auch bei nicht sinusförmiger Eingangsspannung der Leistungsfaktor bestimmt werden. Die gemessene mittlere Eingangsleistung ist in diesem Falle aber keine reine Grundschwingungsleistung mehr:

$$l_{0\,\text{Wirk.}} = \frac{1}{2\pi}\int_0^{2\pi} u_0\, i_0\, d\omega t =$$

$$= \frac{1}{2\pi}\int_0^{2\pi}\left[(u_0)_1 (i_0)_1 + (\Sigma(u_0)_n)(\Sigma(i_0)_n) + (u_0)_1 \Sigma(i_0)_n + (i_0)_1 \Sigma(u_0)_n\right] d\omega t \quad (260)$$

denn die Oberschwingungen geben jetzt auch einen Beitrag zur mittleren Leistung, indem in dieser Gleichung auch das zweite Glied einen Mittelwert hat, während die beiden letzten Glieder keinen solchen aufweisen. Den Verschiebungsfaktor könnte man in diesem Falle nur dann messen, wenn die Meßinstrumente über Filter angeschlossen werden, die nur die Grundschwingung durchlassen.

Wir wollen uns anschließend den Zusammenhang zwischen aufgenommener Netzleistung und abgegebener Gleichrichterleistung bei sinusförmiger Netzspannung noch näher überlegen. Wir gehen dabei aus von dem einfach zu übersehenen Beispiel des ungesteuerten Zweiphasengleichrichters mit ausschließlich netzseitigen rein induktiven inneren Widerständen nach Abb. 104 unten. Die augenblickliche Netzleistung ist das Produkt des unten gezeichneten Netzstromes i_0 mit der Netzspannung u_0. Es ist volle Aussteuerung und eine Umschaltzeit von $ü = 45^0$ angenommen. Der Grundschwingungsanteil $(i_0)_1$ ist im Strom gestrichelt hervorgehoben. Die Netzaugenblicksleistung setzt sich aus den Leistungen, die Grundschwingungs- und Verzerrungsanteile des Stromes bilden, zusammen:

$$u_0 \cdot i_0 = u_0\,[(i_0)_1 + \Sigma(i_0)_n] = u_0 \cdot (i_0)_1 + u_0 \cdot \Sigma(i_0)_n \quad . \; . \; . \quad (261)$$

Da die Grundschwingung gegenüber der Netzspannung nacheilt, können wir uns in bezug auf diese die Gleichrichterschaltung ersetzt denken durch eine Reihenschaltung von Induktivität und Widerstand nach Abb. 105 und dazu in bekannter Weise ein Vektordiagramm für die Spannungsabfälle und den Strom zeichnen, wie Abb. 105 links zeigt. Wenn wir den Strom $(i_0)_1$ in Augenblickswirk- und Blindstrom zerlegen, ergibt sich für die Augenblicksleistung, die die Grundschwingung mit der Spannung bildet:

$$\begin{aligned}
u_0 \cdot (i_0)_1 &= \sqrt{2}\, u_{0e} \cdot \sin \omega t\, [\sqrt{2} \cdot (i_{0e})_1 \cdot \sin(\omega t - \varphi_0)] \\
&= \sqrt{2}\, u_{0e} \cdot \sin \omega t \cdot [\sqrt{2}\,(i_{0e})_1 \cdot \cos\varphi_0 \sin\omega t - \sqrt{2}\,(i_{0e})_1 \cdot \sin\varphi_0 \cdot \cos\omega t] \\
&= 2\, u_{0e} \cdot (i_{0e})_1 \cdot \cos\varphi_0 \cdot \sin^2\omega t - 2\, u_{0e} \cdot (i_{0e})_1 \cdot \sin\varphi_0 \cdot \sin\omega t \cdot \cos\omega t \\
&= u_{0e} \cdot (i_{0e})_1 \cos\varphi_0 - u_{0e} \cdot (i_{0e})_1 \cdot \cos\varphi_0 \cdot \cos 2\,\omega t \\
&\quad - u_{0e} \cdot (i_{0e})_1 \cdot \sin\varphi_0 \cdot \sin 2\,\omega t \\
&= u_{0e} \cdot (i_{0e})_1 \cdot \cos\varphi_0 - u_{0e} \cdot (i_{0e})_1 \cdot \cos(2\,\omega t - \varphi_0) \quad . \; . \; . \; . \; . \quad (262)
\end{aligned}$$

Daraus sehen wir, daß die Augenblicksleistung des Wirkstromes in einen konstanten Anteil (die Wirkleistung), und überlagerten Wechselanteil doppelter Netzfrequenz zerfällt, während die Augenblicksleistung

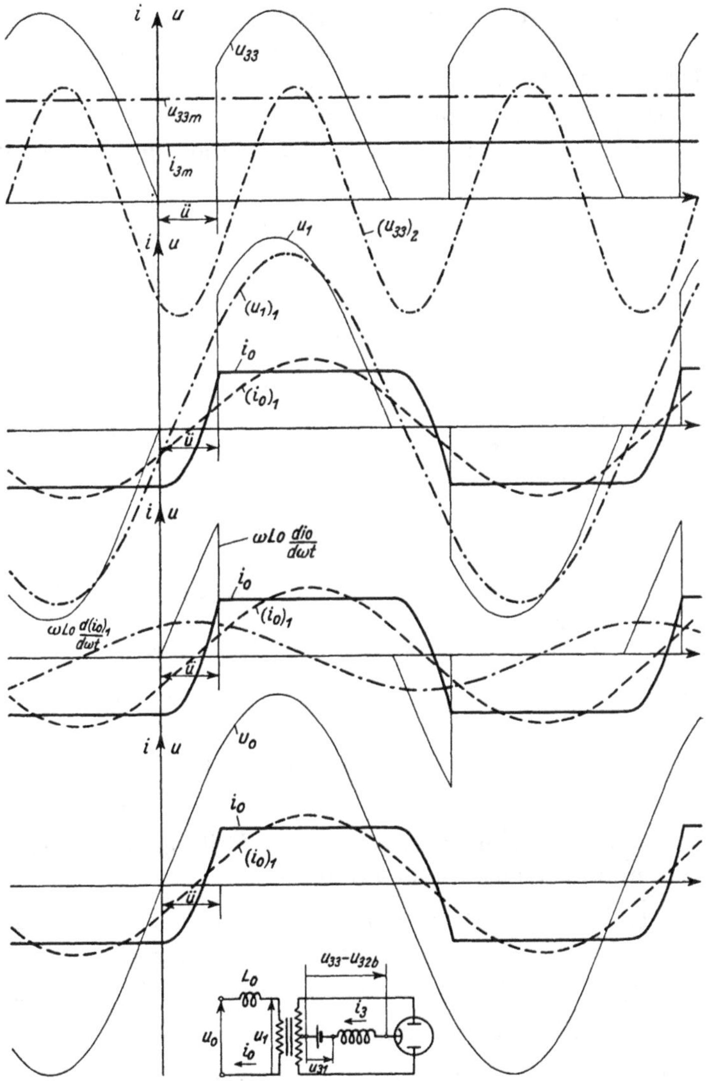

Abb. 104. Strom- und Spannungsverhältnisse eines ungesteuerten Zweiphasengleichrichters mit großer Kathodendrossel und Primärdrossel.

des Blindstromes durch einen Wechselanteil allein gebildet wird. Wir müssen betonen, daß es sich um Augenblickswerte handelt, weil die Begriffe Wirk- und Blindleistung Mittelwerte sind, die die wirkliche

Spannung und die um 90° nacheilende Spannung mit der Grundschwingung des Stromes bilden. Für die beiden Wechselanteile können wir ein Vektordiagramm mit doppelter Umlaufgeschwindigkeit aufstellen, wie Abb. 105 rechts zeigt. An den Vektoren sind die Längen angeschrieben. Wenn der Widerstand und die Induktivität parallel am Netz hängen, entspricht diese Aufteilung der Leistung auch der wirklichen Aufteilung auf Widerstand und Induktivität.

Bei der Reihenschaltung teilt sich aber nach Abb. 105 innerhalb der Schaltung die Spannung auf Widerstand und Induktivität auf

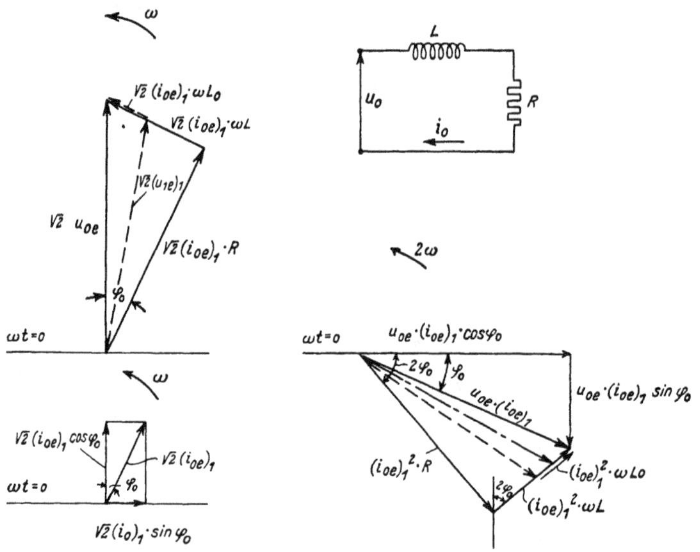

Abb. 105. Vektordiagramme der Spannungsabfälle und Wechselleistungen der Grundschwingung des Zweiphasengleichrichters nach Abb. 104.

und dem entspricht auch die wirkliche Aufteilung der Leistung. Der Widerstand nimmt eine Leistung auf:

$$(i_0)_1^2 \cdot R = [\sqrt{2}\,(i_{0e})_1 \cdot \sin(\omega t - \varphi_0)]^2 \cdot R =$$
$$= (i_{0e})_1^2 \cdot R - (i_{0e})_1^2 \cdot R \cdot \cos[(2(\omega t - \varphi_0)] =$$
$$= u_{0e} \cdot (i_{0e})_1 \cdot \cos\varphi_0 - u_{0e} \cdot (i_{0e})_1 \cdot \cos\varphi_0 \cdot \cos[2(\omega t - \varphi_0)] \quad (263)$$

und die Induktivität entsprechend:

$$(i_0)_1 \cdot \omega L \frac{d(i_0)_1}{d\omega t} = \sqrt{2}\,(i_{0e})_1 \cdot \sin(\omega t - \varphi_0) \cdot \omega L \cdot \sqrt{2}\,(i_{0e})_1 \cdot \cos(\omega t - \varphi_0) =$$
$$= (i_{0e})_1^2 \cdot \omega L \cdot \sin 2(\omega t - \varphi_0) =$$
$$= u_{0e} \cdot (i_{0e})_1 \cdot \sin\varphi_0 \cdot \sin 2(\omega t - \varphi_0) \quad \ldots\ldots \quad (264)$$

Die Wechselstromanteile dieser Leistung sind in Abb. 105 rechts ins Vektordiagramm eingetragen, mit $(i_{0e})_1^2 \cdot R$ und $(i_{0e})_1^2 \cdot \omega L$ bezeichnet;

sie haben gleiche Größe wie die entsprechenden Vektoren der aufgeteilten Netzleistung aber eine andere Phasenlage.

Wir wollen nun untersuchen, wie sich in der wirklichen Schaltung nach Abb. 104 die Leistung der Grundschwingung aufteilt. Abb. 104 zeigt im zweiten und dritten Teil Spannungsabfall und Strom an der Induktivität L_0 und am Transformator sowie deren Grundschwingungen. Die Induktivität nimmt in der Umschaltzeit die volle Netzspannung auf, während die Transformatorspannung Null ist, und in der übrigen Zeit ist es umgekehrt. Der Strom ist der Netzstrom. Die aus Abb. 104 entnommenen Spannungsabfälle sind im Vektordiagramm, Abb. 105, durch gestrichelte Pfeile angedeutet. Wir sehen, daß die Grundschwingung der Transformatorspannung dem Strom voreilt, so daß dieser Teil der Schaltung auch einen induktiven Spannungsabfall und eine entsprechende Blindleistung aufweist. Dementsprechend liegt an der Drossel L_0 nur ein Teil des gesamten induktiven Spannungsabfalls. Die überlagerten Wechselleistungen sind in Abb. 105 rechts durch gestrichelte Vektoren dargestellt.

Da der Transformator verlustlos angenommen wurde, muß die primär aufgenommene Leistung in der an den Kathodenzweig abgegebenen Leistung erscheinen. Diese Leistung ist das Produkt aus Gleichrichterspannung und Kathodenstrom, $u_{33} \cdot i_3$, und verläuft bei großer Kathodendrossel und damit konstantem Strom, $i_3 = i_{3m}$, wie die Gleichrichterspannung u_{33}, die in Abb. 104 oben gezeichnet ist. Man erkennt durch Vergleich mit dem darunter stehenden Bild, daß die Gleichheitsbeziehung:

$$u_1 \cdot i_0 = u_{33} \cdot i_{3m} \quad \ldots \ldots \ldots \quad (265)$$

erfüllt ist. Die Kathodendrossel nimmt die überlagerte Wechselspannung der Gleichrichterspannung auf, so daß schließlich an den Verbraucher, in diesem Falle an die Gegenspannung u_{31} zuzüglich u_{32b} ($u_{33m} = u_{31} + u_{32b}$), die konstante Leistung $u_{33m} \cdot i_{3m}$ abgegeben wird. Die Kathodendrossel nimmt also die überlagerte Wechselleistung auf. Die Grundschwingung dieser Leistung verläuft wie die überlagerte Wechselspannung der Gleichrichterspannung, die in Abb. 104 oben strichpunktiert eingezeichnet und mit dem konstanten Strom i_{3m} mal zu nehmen ist. Diese Grundschwingung hat doppelte Netzfrequenz und ist in das Leistungsdiagramm Abb. 105 rechts als strichpunktierter Vektor übertragen. Diese Leistung enthält außer der Wechselleistung doppelter Netzfrequenz, die von den primärseitigen Grundschwingungen in Transformatorspannung und Strom herrührt auch den Anteil der Verzerrungsleistung mit doppelter Netzfrequenz, der sich nicht aus der Gleichrichterleistung aussondern läßt. Daher fällt der strichpunktierte Vektor nicht mit dem gestrichelten Vektor zusammen.

An Hand von Abb. 104 kann man sich nun leicht vorstellen, wie sich die Verhältnisse bei Übergang auf geringere Aussteuerung ändern. Die Umschaltzeit nimmt ab, der Anstieg und Abfall des Stromes wird mehr gradlinig, die Grundschwingung bleibt nahezu gleich groß, ist nur in der Phase verschoben um etwa $\alpha + \frac{\ddot{u}}{2}$. Somit bleibt auch die Scheinleistung der Grundschwingung $(i_{0e})_1 \cdot u_{0e}$ und die Grundschwingung der Spannung an ωL_0 sowie die entsprechende Leistung nahezu konstant. Wir erhalten mit $\alpha + \frac{\ddot{u}}{2} = 60^0$ ein Spannungs- und Leistungsdiagramm nach Abb. 106, das uns im Vergleich zu Abb. 105 den Rückgang der überlagerten Wechselleistung am Ersatzwiderstand und die Zunahme der Wechselleistung an der Ersatzinduktivität zeigt.

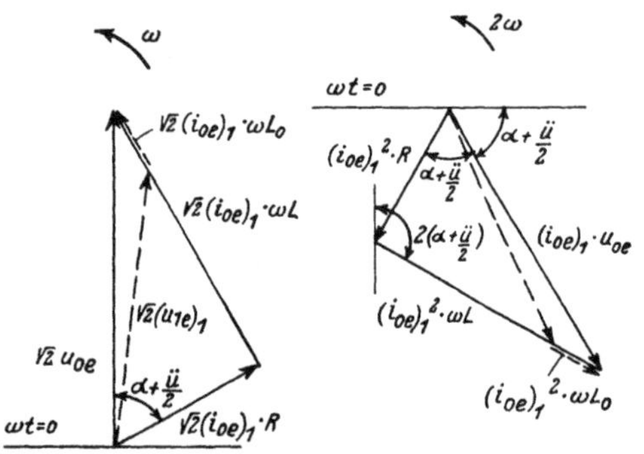

Abb. 106. Vektordiagramm der Spannungsabfälle und Wechselleistungen der Grundschwingung eines gesteuerten Zweiphasengleichrichters mit großer Kathodendrossel.

Zusammenfassend können wir für die Zweiphasenschaltung mit einphasigem Anschluß sagen:

Die in der Augenblicksleistung des Netzes dem konstanten Anteil überlagerte Wechselleistung, die sich aus der Augenblicksleistung von Wirkstrom, Blindstrom und Verzerrungsstrom zusammensetzt, findet sich in der an die Kathodendrossel abgegebenen Wechselleistung wieder. Der konstante Anteil der Netzleistung ist gleich der an den Verbraucher abgegebenen Leistung. Der Umschaltvorgang bewirkt ein Nacheilen der Grundschwingung des Netzstromes und damit Erhöhung der Augenblicksleistung des Blindstromes, die zum Teil in der Leistung der induktiven inneren Widerstände zum Teil in der Leistung der Kathodendrossel sich wiederfindet. Die Aussteuerung bzw. Zündverzögerung bewirkt ebenfalls eine Erhöhung der Augenblicksleistung des Blindstromes, die eine Erhöhung der Leistung der Kathodendrossel zur Folge hat.

Wir wollen anschließend die Verhältnisse bei dreiphasigem Anschluß betrachten.

Für jede der Netzphasen können wir eine Zerlegung der Augenblicksleistung nach Gl. (261) und (262) durchführen. Wir finden dann bspw. für die erste Phase:

$$u_{01} \cdot i_{01} = u_{01e} \cdot (i_{01e}) \cdot \cos\varphi_{01} - u_{0e} \cdot (i_{01e})_1 \cdot \cos(2\,\omega t - \varphi_{01}) + \\ + \sqrt{2}\, u_{01e} \cdot \sin\omega t \cdot \Sigma\,(i_{01})_n \quad (266)$$

Für die anderen Phasen ist der konstante Anteil gleich, die überlagerte Wechselleistung des zweiten Gliedes aber um $2 \cdot 120^0$ bzw. $2 \cdot 240^0$ nacheilend. Das entspricht aber bei doppelter Frequenz einer Voreilung um 120 bzw. 240^0, so daß diese Wechselleistungen ein gegenläufiges Dreiphasensystem doppelter Frequenz bilden. Diese Leistungen geben infolgedessen in der Summe den Wert Null, so daß sie in die Gesamtleistung herausfallen und damit auch in der an den Kathodenzweig abgegebenen Leistung. In diesem Falle nimmt die Kathodendrossel also nur die Summe der Verzerrungsleistungen auf (wobei sich auch Anteile, deren Frequenz ein gradzahliges vielfaches der Netzfrequenz ist, aufheben). Die Leistungsaufnahme der Drossel ist wieder gekennzeichnet durch die überlagerte Wechselspannung in der Gleichrichterspannung.

Für jeden einzelnen Primärzweig können wir eine Leistungsbetrachtung durchführen ähnlich der an Hand von Abb. 104 für den Zweiphasengleichrichter. Wir finden dann auch, daß die Schaltung an den primären Klemmen des Transformators für die Grundschwingung des Stromes einen ohmschen und induktiven Widerstand darstellt. Die dem induktiven Widerstand entsprechende Augenblicksleistung findet sich ebenso teils in der Leistung der induktiven inneren Widerstände, teils in der der Kathodendrossel wieder, wo sie durch die der anderen Phasen aufgehoben wird. Schon beim Zweiphasengleichrichter ist der Verlauf der Leistungsabgabe jeder einzelnen sekundären Phase verschieden von der gemeinsam an den Kathodenzweig abgegebenen Leistung. Insbesondere enthält die Augenblicksleistung der sekundären Phasen eine Grundschwingung mit Netzfrequenz, die in der gemeinsamen Leistung nicht enthalten ist. Im Transformator geschieht sozusagen eine Zerlegung der primären Leistung, die wieder durch Zusammenfassung zur Kathodenzweigleistung aufgehoben wird. Ganz ähnlich werden auch in den Schaltungen mit dreiphasigem Anschluß die primären bzw. sekundären Einzelleistungen zur gemeinsamen Kathodenleistung zusammengefaßt. In jedem Falle schafft die Kathodendrossel den Ausgleich zwischen der netzseitig zeitlich veränderlichen Leistung und der gleichstromseitig hinter der Kathodendrossel konstanten Leistung, abgesehen von der Leistungsaufnahme der inneren Widerstände.

Insbesondere bei großen Leistungen genügt die Kenntnis der Grundschwingung im Netzstrom nicht, sondern man möchte auch die O b e r s c h w i n g u n g e n in ihrer Größe und Phasenlage bestimmen, um ihren Einfluß auf den Netzspannungsabfall gesondert berechnen zu können.

Um nun die Oberschwingungen im Netzstrom zu bestimmen, denken wir uns die Sekundärströme, aus denen er sich nach Zahlentafel 1 zusammensetzt, in ihre Grund- und Oberschwingungen zerlegt. Dann gilt für jede der einzelnen Oberschwingungen eine Gleichung wie die allgemeine Gleichung für die Augenblickswerte in Zahlentafel 1. Wir können daher von der Zerlegung des Sekundär- bzw. Anodenstromes ausgehen.

Wir sehen zunächst von der Ablösung der Anodenströme ab und wählen nach Abb. 107 den Nullpunkt der Zeitzählung so, daß die Mittel-

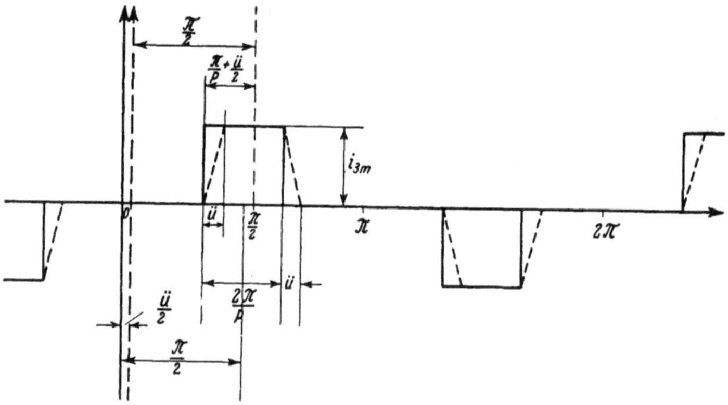

Abb. 107. Primärstrom eines Sechsphasengleichrichters mit gradlinigem Anstieg und Abfall des Stromes in der Ablösungszeit.

linie der rechteckigen Anodenströme bei $\omega t = \frac{\pi}{2}$ liegt. Für den Effektivwert der Grund- und Oberschwingungen irgendeiner Frequenz $\frac{n \cdot \omega}{2\pi}$, wobei n eine ganze Zahl ist, ergibt sich dann nach bekannter Regel:

$$(i_{22e})_n = \frac{1}{\sqrt{2}} \cdot i_{3m} \sqrt{(a)_n^2 + (b)_n^2} = \frac{1}{\sqrt{2}} \cdot i_{3m} \cdot \frac{2}{\pi \cdot n} \cdot \sin\left(\frac{n\pi}{P}\right)$$

$$a_n = \frac{1}{\pi} \int_{\frac{\pi}{2} - \frac{\pi}{P}}^{\frac{\pi}{2} + \frac{\pi}{P}} \sin n\omega t \cdot d\omega t = \frac{2}{\pi \cdot n} \cdot \sin \frac{n\pi}{P} \cdot \sin \frac{n\pi}{2}$$

$$b_n = \frac{1}{\pi} \int_{\frac{\pi}{2} - \frac{\pi}{P}}^{\frac{\pi}{2} + \frac{\pi}{P}} \cos n\omega t \cdot d\omega t = \frac{2}{\pi \cdot n} \cdot \sin \frac{n\pi}{P} \cdot \cos \frac{n\pi}{2} \quad . \; . \; (267)$$

Dabei hat jede der Oberschwingungen gegenüber dem gewählten Nullpunkt der Zeitzählung eine Phasenverschiebung, die gegeben ist durch:

$$\operatorname{tg} \varphi_n = \frac{b_n}{a_n} = \frac{1}{\operatorname{tg} \frac{n\pi}{2}}, \quad \varphi_n = -(n-1)\frac{\pi}{2} \quad . \; . \; . \; . \; (268)$$

Der gewählte Nullpunkt fällt für $\alpha = 0$ (volle Aussteuerung) mit dem der sekundären Phasenspannung zusammen und verschiebt sich mit α. Bei vernachlässigter Ablösungszeit sind die Oberschwingungen unabhängig von der Zündverzögerung α, nur ihre Phasenlage gegenüber der Netzspannung hängt von α ab. Das entspricht der Tatsache, daß sich die Phasenlage des Stromes mit der Zündverzögerung α ändert bei konstanter Stromform.

Wir sehen von vornherein, daß im Anodenstrom die Oberschwingungen mit Ordnungszahlen n, die ein ganzes Vielfaches von P sind, zu Null werden, weil für diese $\sin \frac{n \cdot \pi}{P} = 0$ wird. So fehlen bei der Zweiphasenschaltung alle gradzahligen Oberschwingungen, bei der Dreiphasen- und Doppeldreiphasen- bzw. Sechsphasenschaltung alle Oberschwingungen, deren Ordnungszahl ein Vielfaches von 3 bzw. 6 ist. Der Netzstrom setzt sich nun nach Zahlentafel 1 aus verschiedenen phasenverschobenen Sekundärströmen zusammen, so daß sich einzelne Oberschwingungen aufheben oder verstärken können. Wir wollen dies für die einzelnen Schaltungen an Hand der Gleichungen für den zweiten Netzstrom in Zahlentafel 1 verfolgen.

Bei den Zweiphasenschaltungen setzt sich der Netzstrom immer aus der Differenz der beiden um 180^0 gegeneinander verschobenen Anodenströme zusammen. Daher summieren sich die Grundfrequenz und alle ungradzahligen Oberschwingungen, während die gradzahligen ja bereits in den Anodenströmen fehlen. Das entspricht der Tatsache, daß Netzstrom und Anodenstrom, abgesehen von dessen Gleichanteil i_{2m}, gleiche Stromform haben. Da Zweiphasengleichrichter nur für kleine Leistungen ausgeführt werden, ist hier die Kennlinie der Netzstromoberschwingungen ohne praktische Bedeutung.

Die Dreiphasen-, Doppeldreiphasen- und Sechsphasenschaltungen sind in Zahlentafel 4 und den Abb. 99 bis 102 so zusammengestellt, wie auch in VDE 0555, daß die Schaltungen mit gleicher Netzstromform und damit gleichem Gehalt an Oberschwingungen eine Gruppe bilden. In Zahlentafel 4 ist im Anschluß an Zahlentafel 1 für die einzelnen Schaltungen außerdem angeschrieben, wie die Oberschwingung mit der Frequenz $\frac{n\,\omega}{2\,\pi}$ sich aus entsprechenden Oberschwingungen der Sekundärströme zusammensetzt. Dabei ist zu beachten, daß ja alle Sekundärströme gleich und nur gegeneinander phasenverschoben sind. Da uns der Effektivwert der entsprechenden Oberschwingung im Anodenstrom durch Gl. (267) gegeben ist, so können wir nach diesen Beziehungen den Effektivwert der gleichen Oberschwingung im Netzstrom bestimmen, indem wir die phasenverschobenen sekundären Oberschwingungen vektoriell summieren. Dabei ergeben sich folgende, noch zu beweisende, einfache Regeln:

1. Im Netzstrom erscheinen nur Oberschwingungen, für deren Ordnungszahl gilt:

$$n = k \cdot P \pm 1 \quad \ldots \ldots \ldots \ldots (269)$$

wobei $k = 1, 2, 3 \ldots$ ist.

2. Der Effektivwert einer Oberschwingung des Netzstromes ist gleich dem Effektivwert der Grundschwingung geteilt durch die Ordnungszahl:

$$(i_{0e})_n = \frac{1}{n} \cdot (i_{0e})_1 \quad \ldots \ldots \ldots \ldots (270)$$

Die Geltung der ersten Gleichung kann man aus Gl. (267) und Zahlentafel 4 ablesen. Bei den Dreiphasenschaltungen werden nach Gl. (267) alle Oberschwingungen im Sekundärstrom mit der Ordnungszahl $n = k \cdot 3$ zu Null. Dann bleiben unmittelbar nur solche mit $n = k \cdot P \pm 1 = k \cdot 3 \pm 1$ übrig. Bei den Doppeldreiphasenschaltungen mit $P = 2 \cdot 3$ fehlen im Sekundärstrom, der die gleiche Form wie in der Dreiphasenschaltung hat, auch alle Oberschwingungen mit $n = k \cdot 3$. Außerdem heben sich im Netzstrom nach Zahlentafel 4 alle gradzahligen Oberschwingungen auf, weil der Netzstrom aus der Differenz je zweier um $+n\pi$ oder $-n\pi$ verschobenen Schwingungen besteht. Bei den Sechsphasenschaltungen fehlen im Sekundärstrom nach Gl. (267) mit $P = 6$ alle Oberschwingungen mit der Ordnungszahl $n = k \cdot 6$. Nach Zahlentafel 4 fallen im Netzstrom außerdem alle gradzahligen Oberwellen heraus und alle diejenigen für die $\frac{2n}{P}$ eine ungerade Zahl ist. Damit bleiben bei allen Schaltungen nur Oberwellen mit der Ordnungszahl $n = k \cdot P \pm 1$ übrig.

Wenn wir nun diese Gleichung für n in die Gl. (267) für den Effektivwert der Oberschwingungen der Sekundärströme einführen, so ergibt sich:

$$(i_{2e})_{n=k \cdot P \pm 1} = \frac{i_{3m}}{\pi (k \cdot P \pm 1)} \sqrt{1 - \cos\left(k \cdot 2\pi \pm \frac{2\pi}{P}\right)} \quad (271)$$

Insbesondere gilt für die Grundwelle mit $n = 1$

$$(i_{2e})_1 = \frac{i_{3m}}{\pi} \sqrt{1 - \cos\frac{2\pi}{P}} \quad \ldots \ldots \ldots (272)$$

so daß sich zunächst für die Oberschwingungen der Sekundärströme ergibt:

$$\frac{(i_{2e})_{n=k \cdot P \pm 1}}{(i_{2e})_1} = \frac{1}{k \cdot P \pm 1} \quad \ldots \ldots \ldots (273)$$

d. h. der Effektivwert jeder phasenverschobenen sekundären Oberschwingung, aus denen sich der Netzstrom nach Zahlentafel 4 vektoriell zusammensetzt, folgt Gl. (270). Wir brauchen daher nur noch zu beweisen, daß die vektorielle Zusammensetzung für die Grundschwingung und jeder der Oberschwingungen übereinstimmt. Nach Zahlentafel 4 haben die in Betracht kommenden sekundären Oberschwingungen eine Phasenverschiebung von $\frac{n \cdot 2\pi}{P}$ gegeneinander, die mit $n = k \cdot P \pm 1$ zu $k \cdot 2\pi \pm \frac{2\pi}{P}$ wird, d. h. die Phasenverschiebung ist, abgesehen vom Vorzeichen, für alle möglichen Werte n immer die gleiche wie für $n = 1$. Bei den Doppeldreiphasen- und Sechsphasenschaltungen kommt außerdem noch eine Verschiebung um $n \cdot \pi$ vor, die aber bei ungradzahligem n immer einer Verschiebung um π entspricht.

Somit brauchen wir nur den Effektivwert der Grundwelle $(i_{0e})_1$ zu kennen, um nach Gl. (270) alle Oberschwingungen berechnen zu können. $\frac{(i_{0e})_1}{i_{3m}}$ ist in Zahlentafel 4 rechts angegeben. Diese Werte folgen aus Gl. (272) unter Beachtung der vektoriellen Zusammensetzung der Ströme nach Zahlentafel 4 mit $n = 1$.

(Bei diesen Werten ist zu beachten, daß wir für alle Wicklungen des Transformators das Windungsverhältnis 1 : 1 vorausgesetzt haben. Wenn man vom Übergangsverhältnis $\frac{u_{2e}}{u_{1e}} = 1$ ausgeht, sind diese Werte durch das bei uns vorliegende Übersetzungsverhältnis zu teilen.) Es ergeben sich danach ohne Berücksichtigung des Umschaltvorganges bei den Dreiphasenschaltungen folgende Oberschwingungen:

Ordnungszahl	2	4	5	7	8	10	11	13	14	16
Effektivwert in % der Grundschwingung .	50	25	20	14	12,5	10	9,1	7,7	7,1	6,2

Und bei Doppeldreiphasen- und Sechsphasenschaltungen:

Ordnungszahl	5	7	11	13	17	19	23	25	29	31
Effektivwert in % der Grundschwingung .	20	14	9,1	7,7	5,9	5,3	4,3	4,1	3,4	3,2

Wir haben bisher die Ablösung der Anodenströme außer acht gelassen. Wenn wir diese berücksichtigen, so können wir von vornherein feststellen, daß alle Gesichtspunkte für die Auswahl der möglichen Ordnungszahlen und die vektorielle Summation der einzelnen Oberschwingungen auch bei Berücksichtigung der Ablösung gelten. Die Beziehungen für die Zusammensetzung des Netzstromes aus den Anodenströmen gelten ja unabhängig von der Kurvenform. Wir brauchen daher nur zu wissen, wie sich für den Sekundärstrom der Effektivwert der Oberschwingung mit der Ordnungszahl $n = k \cdot P \pm 1$ unter Berücksichtigung der Überlappung ändert; in gleicher Weise ändert sich dann auch der Effektivwert der betreffenden Oberschwingung im Netzstrom.

Diese Änderung allgemein zu berechnen für den Anstieg des Anodenstromes nach Gl. (199) oder (201) führt zu sehr verwickelten Gleichungen. Wir wollen uns beschränken auf den praktisch wichtigsten Fall der Doppeldreiphasen- und Sechsphasenschaltungen und die Gleichungen auswerten mit der schon mehrfach benutzten Näherung eines gradlinigen Anstieges des Anodenstromes in der Ablösungszeit nach Gl. 231.

Wir können Zahlentafel 4 entnehmen, daß im Falle $P = 2 \cdot 3$ oder $P = 6$ bei Bildung des Netzstromes immer zwei um 180^0 verschobene Anodenströme voneinander abgezogen werden. Dadurch entstehen abszissensymmetrische Stromkurven, die nur ungradzahlige Oberschwingungen enthalten.

Wenn wir nun bei der harmonischen Analyse des Sekundärstromes den Nullpunkt der Zeitzählung nach Abb. 107 so wählen, daß $\omega t = \frac{\pi}{2}$ die Mittellinie des A odenstromes wird, so enthalten bei gradlinigem Anstieg und Abfall die ungradzahligen Oberschwingungen nur Sinusglieder. Der Anodenstrom ist zur Mittellinie $\omega t = \frac{\pi}{2}$ symmetrisch und die Kosinusfunktion links und rechts von dieser Linie hat verschiedenes Vorzeichen, so daß $\int\limits_{\frac{\pi}{2}-\frac{\pi}{P}-\frac{ü}{2}}^{\frac{\pi}{2}+\frac{\pi}{P}+\frac{ü}{2}} i_{22} \cos n\omega t \, d\omega t$ zu Null wird. Es genügt daher die Berechnung der Änderung der Sinuskoeffizienten bei Berücksichtigung gradlinigen Stromanstieges.

Unter diesen Voraussetzungen ergibt sich nach Abb. 107 ohne Berücksichtigung der Ablösung für den Koeffizienten a_n:

$$n = k \cdot P \pm 1, \quad P = 6, \quad ü = 0$$

$$a_n = \frac{2}{\pi} \cdot \frac{1}{n} \int\limits_{\frac{\pi}{2}-\frac{\pi}{P}}^{\frac{\pi}{2}} \sin n\omega t \, dn\omega t = \frac{2}{\pi \cdot n}\left(\pm \sin \frac{\pi}{P} \cdot n\right) \quad . \; . \; . \quad (274)$$

und mit Berücksichtigung der Ablösung:

$$n = k \cdot P \pm 1, \quad a_n = \frac{2}{\pi \cdot n}\left[\int\limits_{\frac{\pi}{2}-\frac{\pi}{P}+\frac{ü}{2}}^{\frac{\pi}{2}} \sin n\omega t \, dn\omega t + \right.$$

$$\left. + \int\limits_{\frac{\pi}{2}-\frac{\pi}{P}-\frac{ü}{2}}^{\frac{\pi}{2}-\frac{\pi}{P}+\frac{ü}{2}} \frac{\omega t - \left(\frac{\pi}{2} - \frac{\pi}{P} - \frac{ü}{2}\right)}{ü} \sin n\omega t \, dn\omega t\right] \quad (275)$$

In letzterem Falle ist, wie Abb. 107 zeigt, die Nullachse um $\frac{ü}{2}$ zu verschieben, um die Voraussetzung, daß nur Sinusglieder vorhanden sind, zu erfüllen. Wenn wir diese Gleichungen auswerten und beachten, daß $n = k \cdot p \pm 1$ ist, so ergibt sich für das Verhältnis der Koeffizienten mit und ohne Berücksichtigung der Ablösung der Anodenströme:

$$\frac{(a)_{n,\,ü \neq 0}}{(a)_{n,\,ü = 0}} = \frac{\sin \frac{n \cdot ü}{2}}{\frac{n \cdot ü}{2}}, \quad n = k \cdot P \pm 1 \tag{276}$$

Diese Gleichung nimmt für die Grundschwingung mit $n = 1$ den Wert:

$$\frac{(a)_{1\,ü \neq 0}}{(a)_{1\,ü = 0}} = \frac{\sin \frac{ü}{2}}{\frac{ü}{2}} \quad \ldots\ldots\ldots\ldots \tag{277}$$

an, den wir schon auf S. 188 bestimmt haben. Im übrigen zeigt uns diese Gleichung, daß durch den Ablösungsvorgang alle Oberschwingungen unterdrückt werden, für die $n \cdot \frac{ü}{2} = \pi$ oder ein ganzzahliges Vielfaches von π wird. Die übrigen werden mehr oder weniger geschwächt, und zwar besonders die für hohe Ordnungszahlen und können auch negatives Vorzeichen erhalten. Da wir bei Gleichrichterschaltungen für große Leistungen bei Vollast und hoher Aussteuerung immer mit dem Ablösungsvorgang zu rechnen haben, so ist es notwendig, die dadurch bedingte Abnahme des Oberschwingungs-Effektivwertes gegenüber dem auf S. 198 angegebenen Wert zu berücksichtigen.

Bei rein induktiven Transformatorverlustwiderständen ist unsere angenäherte Berechnung, die mit gradlinigen Anodenstromanstieg rechnet, um so genauer, je größer die Zündverzögerung α ist.

Schließlich muß noch die Phasenlage der Oberschwingungen beachtet werden, weil man u. U. mehrere Anlagen so zusammenschalten kann, daß einzelne Oberwellen sich aufheben. Wir übersehen das sofort aus den vollständigen Gleichungen für die Netzströme der vier Gruppen ohne Berücksichtigung des Umschaltvorganges nach Abb. 99 bis 102. Da bei voller Aussteuerung die Grundschwingung des Stromes mit der Netzspannung in Phase liegt und sich nur mit der Zündverzögerung verschiebt, so sind die Grundschwingungen der Netzströme aller Gruppen bei gleicher Zündverzögerung in Phase. Für die Gleichungen gelten die Nullpunkte der Zeitzählung nach Abb. 99 bis 102. Wir gehen dabei aus von den Schwingungen im Sekundärstrom nach Gl. 267, beachten die Zusammensetzung der Schwingungen zum Netzstrom nach Zahlentafel 4 und die in einigen Fällen verschiedene Lage des

Nullpunktes der Zeitzählung, da für Gl. (267) der Nulldurchgang der sekundären Phasenspannung und für Abb. 99 bis 102 der der Netzphasenspannung den Nullpunkt festlegt. Dann erhalten wir:

$$\text{Abb. 99:}\quad i_0 = \sqrt{2}\,(i_{0e})_1 \left[\sin\omega t - \frac{1}{2}\cos 2\,\omega t - \frac{1}{4}\cos 4\,\omega t - \right.$$
$$\left. - \frac{1}{5}\sin 5\,\omega t - \frac{1}{7}\sin 7\,\omega t - \ldots\right]$$

$$\text{Abb. 100:}\quad i_0 = \sqrt{2}\,(i_{0e})_1 \left[\sin\omega t + \frac{1}{2}\sin 2\,\omega t + \frac{1}{4}\sin 4\,\omega t + \right.$$
$$\left. + \frac{1}{5}\sin 5\,\omega t + \frac{1}{7}\sin 7\,\omega t + \ldots\right]$$

$$\text{Abb. 101:}\quad i_0 = \sqrt{2}\,(i_{0e})_1 \left[\sin\omega t - \frac{1}{5}\sin 5\,\omega t + \frac{1}{7}\sin 7\,\omega t - \right.$$
$$\left. - \frac{1}{11}\sin 11\,\omega t + \frac{1}{13}\sin 13\,\omega t - \ldots\right]$$

$$\text{Abb. 102:}\quad i_0 = \sqrt{2}\,(i_{0e})_1 \left[\sin\omega t + \frac{1}{5}\sin 5\,\omega t - \frac{1}{7}\sin 7\,\omega t - \right.$$
$$\left. \frac{1}{11}\sin 11\,\omega t + \frac{1}{13}\sin 13\,\omega t + \ldots\right] \quad \ldots\ldots\ldots \quad (278)$$

Der Vergleich der beiden letzten Gleichungen für die beiden Netzstromformen der Doppeldreiphasen- und Sechsphasengleichrichterschaltungen zeigt uns, daß sich bei Zusammenschaltung derartiger Schaltungen bei gleichen Grundschwingungen die 5. und 7. Oberschwingung aufheben.

Bei Berücksichtigung des Ablösungsvorganges mit der Näherung gradlinigen Anstieges und Abfalles des Sekundärstromes ergibt sich eine Verschiebung der gesamten Kurve um $\frac{ü}{2}$ unter Beachtung der Änderung der Größe der Oberschwingungen nach Gl. (276).

5. Der Spannungsabfall.

Bei großer Kathodendrossel ist es ohne Bedeutung, welcher Art der Verbraucher ist; ob er einen ohmschen Widerstand, einen induktiven und ohmschen Widerstand oder eine Gegenspannung in Verbindung mit beiden Widerständen darstellt, in jedem Falle gilt für die mittlere Spannung am Verbraucher, die wir hier mit u_{31m} bezeichnen wollen (in den vorangehenden Kapiteln war u_{31m} die Gegenspannung!) nach Abb. 87:

$$u_{31m} = u_{33m} - u_{32b} - i_{3m} \cdot R_3 = u_{33mL} - \Delta u_{33m} - u_{32b} - i_{3m} \cdot R_3 \quad (279)$$

d. h. die mittlere Spannung am Verbraucher ist gleich der inneren Gleichrichterspannung abzüglich der Brennspannung abzüglich des mittleren Spannungsabfalles an dem ohmschen Kathodenzweigwiderstand. Da die Brennspannung als Meßwert gegeben ist und der mittlere ohmsche Spannungsabfall mit i_{3m} festliegt, bleibt die Untersuchung des Verhaltens der inneren Gleichrichterspannung übrig bzw. die Berechnung des Abfalles dieser Spannung u_{33m} bei Belastung gegenüber der Leerlaufspannung u_{33mL}, die wir nunmehr durchführen wollen.

Wir haben im ersten Abschnitt gesehen, daß die Gleichrichterspannung zu Beginn des lückenlosen Kathodenstromes, die Leerlaufspannung des Gleichrichters bei großer Kathodendrossel, durch Ausschnitte aus den Leerlaufphasenspannungen des Transformators gebildet wird, deren Mittelwert Gl. (175) angibt. Gegenüber dieser Leerlaufspannung u_{33mL} tritt zunächst ohne Berücksichtigung des Umschaltvorganges ein Spannungsabfall auf, der sich aus der Summe der Spannungsabfälle derjenigen Wicklungen, die an der Bildung einer sekundären Phasenspannung beteiligt sind, zusammensetzt. Dabei tritt ein Spannungsabfall nur an den ohmschen Widerständen auf, da der Strom innerhalb der Stromführungsdauer einer Anode konstant ist. Wir bezeichnen den Spannungsabfall ohne Berücksichtigung des Umschaltvorganges mit $\Delta u_{33m\ddot{u}=0}$. In Zahlentafel 3 ist für die einzelnen Schaltungen der wirksame Widerstand angegeben, der mit i_{3m} mal genommen den Spannungsabfall ergibt unter der Voraussetzung unter sich gleicher primärer und sekundärer ohmscher Widerstände. Für den sekundären Spannungsabfall ist die Summe der Widerstände, die an der Stromführung beteiligt sind, maßgebend. Für den primären Spannungsabfall ist die Stromverteilung zu berücksichtigen und der Spannungsabfall der Wicklungen zu summieren, die mit den stromführenden sekundären Wicklungen auf dem gleichen Schenkel liegen.

Bei gleichem mittleren Kathodenstrom bleiben bei Berücksichtigung des Umschaltvorganges in den Zeitabschnitten außerhalb der Umschaltung die Ströme unverändert. Infolgedessen bleibt auch der augenblickliche Spannungsabfall in diesen Zeitabschnitten unverändert. Zum gesamten mittleren Spannungsabfall geben also diese Zeitabschnitte

dann den Anteil: $\Delta u_{33m\ddot{u}=0}\,\dfrac{\dfrac{2\pi}{p}-\ddot{u}}{\dfrac{2\pi}{p}}$

Der Anteil, den der Spannungsabfall in der Umschaltzeit liefert, soll im folgenden gesondert berechnet werden. Wir gehen dazu von den Prinzipschaltbildern bei anodenseitig liegenden inneren Widerständen nach Abb. 92 aus. Wir hatten gesehen, daß man die Stromänderung beim Zünden der folgenden Anode durch Einschalten der umgekehrten, an der Kurzschlußstelle ohne Zündung vorhandenen, Anodenspannung gewinnen kann. Nach dieser Vorstellung kann man den Spannungsabfall in der Umschaltzeit so berechnen, daß man dem ursprünglichen

Spannungsabfall den neuen Spannungsabfall, den der Umschaltstrom bewirkt, zuzählt. In den Prinzipschaltbildern nach Abb. 92 herrscht im hinzukommenden zweiten Anodenzweig kein Spannungsabfall, und an der Kurzschlußstelle besteht die Spannung:

$$u_{32} \doteq u_{22\,L} - [u_{21\,L} - (\Delta\, u_{33\,m})_{\ddot{u}=0}] = u_{22\,L} - u_{21\,L} + (\Delta\, u_{33\,m})_{\ddot{u}=0} \quad (280)$$

Die umgekehrte Spannung muß an den Klemmen des Schalters A (2) nach Abb. 92 eingeschaltet werden und erzeugt einen Spannungsabfall, der sich auf beide Anodenzweige gleichmäßig aufteilt. Die Umkehr der Spannung kann aber auch durch Umkehr des Spannungspfeiles in Abb. 92 hervorgerufen werden, wie es durch den gestrichelten Pfeil angedeutet ist; dann bleibt der Ausdruck für die Spannung unverändert. Wir sehen, daß die Richtung des Stromes i_{22} mit der der umgekehrten Spannung übereinstimmt, so daß wir im zweiten Anodenzweig einen Spannungsabfall in der Umschaltzeit erhalten von:

$$\frac{1}{2}\, u_{32} = \frac{1}{2}\,(u_{22\,L} - u_{21\,L} + (\Delta\, u_{33\,m})_{\ddot{u}=0}) \; . \; . \; . \; . \; . \quad (281)$$

Dieser Spannungsabfall ergibt einen Beitrag zum gesamten mittleren Spannungsabfall von:

$$\frac{1}{\left(\frac{2\,\pi}{P}\right)} \cdot \frac{1}{2} \cdot \int\limits_{\alpha}^{\alpha+\ddot{u}} (u_{22\,L} - u_{21\,L})\, d\,\omega\, t + \frac{1}{2}\,(\Delta u_{33\,m})_{\ddot{u}=0} \cdot \frac{\ddot{u}}{\left(\frac{2\,\pi}{P}\right)} \quad . \quad (282)$$

Damit ergibt sich schließlich für den gesamten Spannungsabfall:

$$(\Delta\, u_{33\,m})_{\ddot{u}+0} = (\Delta\, u_{33\,m})_{\ddot{u}=0} \cdot \frac{\frac{2\,\pi}{p} - \ddot{u}}{\frac{2\,\pi}{P}} + \\ + \frac{1}{2}\,(\Delta\, u_{33\,m})_{\ddot{u}=0} \cdot \frac{\ddot{u}}{\frac{2\,\pi}{P}} + \frac{1}{\frac{2\,\pi}{P}} \cdot \frac{1}{2} \int\limits_{\alpha}^{\alpha+\ddot{u}} (u_{22\,L} - u_{21\,L})\, d\,\omega\, t \quad (283)$$

Wenn wir vom vereinfachten Prinzipschaltbild nach 92 auf die wirkliche Schaltung mit Transformator übergehen, müssen wir beachten, daß in dieser auch der hinzugeschaltete Anodenzweig einen Spannungsabfall vor der Zündung aufweist, weil die primären Wicklungen, die zur Bildung der Spannung u_{22} beitragen, auch Strom führen. Wir bezeichnen diesen Spannungsabfall mit $\Delta\, u_{2(1)}$, und es zeigt sich, daß er einen negativen Wert hat, also physikalisch gesehen eine Spannungszunahme bedeutet.

Betrachten wir als Beispiel die Verhältnisse bei der Dreiphasenschaltung nach Abb. 96. Vor der Zündung von Anode *2* ist die Stromverteilung so:

$$i_{21} = i_{3m}, \quad i_{22} = 0, \quad i_{23} = 0,$$

$$i_{11} = \frac{2}{3} i_{3m}, \quad i_{12} = -\frac{1}{3} i_{3m}, \quad i_{13} = -\frac{1}{3} i_{3m} \quad . \; . \; . \quad (284)$$

Infolgedessen erhält die zweite Phasenspannung eine Spannungsänderung durch den primären Abfall von:

$$\Delta u_{2(1)} = i_{12} \cdot R_1 = - i_{3m} \cdot \frac{1}{3} \cdot R_1 \quad . \; . \; . \; . \; . \quad (285)$$

Auf diese Weise kann man den entsprechenden Spannungsabfall auch in den anderen Schaltungen finden. In Zahlentafel 3 ist der wirksame Widerstand angegeben, der mit i_{3m} mal genommen $\Delta u_2(_1)$ ergibt. Bei Berücksichtigung dieses Spannungsabfalles ist in der praktischen Schaltung die Spannung an der Kurzschlußstelle:

$$\begin{aligned} u_{32} &= (u_{22\,L} - \Delta u_{2(1)}) - (u_{21\,L} - (\Delta u_{33\,m})_{\ddot{u}=0}) = \\ &= (u_{22\,L} - u_{21\,L}) + ((\Delta u_{33\,m})_{\ddot{u}=0} - \Delta u_{2(1)}) \quad . \; . \; . \quad (286) \end{aligned}$$

und die Hälfte davon der zusätzliche Spannungsabfall nach dem Kurzschluß, der dem ursprünglichen Spannungsabfall überlagert werden muß. Somit ergibt sich für den Spannungsabfall in der Umschaltzeit:

$$\begin{aligned} &\Delta u_{2(1)} + \frac{1}{2}(u_{22\,L} - u_{21\,L}) + \frac{1}{2}(\Delta u_{33\,m\,\ddot{u}=0} - \Delta u_{2(1)}) = \\ &= \frac{1}{2}(u_{22\,L} - u_{21\,L}) + \frac{1}{2}(\Delta u_{33\,m\,\ddot{u}=0} + \Delta u_{2(1)}) \quad . \; . \quad (287) \end{aligned}$$

damit wird der gesamte mittlere Spannungsabfall:

$$\begin{aligned} \ddot{u} \neq 0, \quad \Delta u_{33\,m} &= (\Delta u_{33\,m})_{\ddot{u}=0} \cdot \frac{\frac{2\pi}{P} - \ddot{u}}{\frac{2\pi}{P}} + \frac{1}{\left(\frac{2\pi}{P}\right)} \int\limits_{a}^{a+\ddot{u}} \Delta u_{33} \cdot d\omega t = \\ &= (\Delta u_{33\,m})_{\ddot{u}=0} \cdot \frac{\frac{2\pi}{P} - \ddot{u}}{\frac{2\pi}{P}} + \frac{\frac{1}{2}\ddot{u}(\Delta u_{2(1)} + (\Delta u_{33\,m})_{\ddot{u}=0})}{\frac{2\pi}{P}} + \\ &+ \frac{1}{\left(\frac{2\pi}{P}\right)} \cdot \frac{1}{2} \int\limits_{a}^{a+\ddot{u}} (u_{22\,L} - u_{21\,L})\, d\omega t \quad . \; . \; . \; . \; . \; . \; . \quad (288) \end{aligned}$$

den wir in üblicher Weise auf die Leerlaufspannung bei voller Aussteuerung beziehen. Dann ergibt sich, wenn wir die Glieder mit $\Delta u_{33\,m\,\ddot{u}=0}$ zusammenfassen und das letzte Glied auswerten:

$$\frac{\Delta u_{33\,m}}{(u_{33\,m\,L})_{\alpha=0}} = \frac{(\Delta u_{33\,m})_{\ddot{u}=0}}{(u_{33\,m\,L})_{\alpha=0}} \cdot \frac{\frac{2\pi}{P} - \frac{\ddot{u}}{2}}{\frac{2\pi}{P}} + \frac{\Delta u_{2\,(1)}}{(u_{33\,m\,L})_{\alpha=0}} \cdot \frac{\frac{\ddot{u}}{2}}{\frac{2\pi}{P}} +$$

$$+ \frac{1}{2}(\cos\alpha - \cos(\alpha + \ddot{u})) \quad \ldots\ldots\ldots\ldots \quad (289)$$

Hierin sind die ersten Glieder nach Zahlentafel 3 zu berechnen und das letzte Glied aus Kurvenblatt 25 zu entnehmen.

Daß das letzte Glied diese Form annimmt, ist leicht zu übersehen. Es erfaßt den Spannungsabfall, den der Einschaltwechselstromanteil im Umschaltstrom allein hervorruft. Der Augenblickswert dieses Spannungsabfalles ist $\frac{1}{2}(u_{22\,L} - u_{21\,L})$, so daß der Ausgang der zweiten sekundären Wicklung gegenüber dem Sternpunkt die Spannung hat:

$$u_{22\,L} - \frac{1}{2}(u_{22\,L} - u_{21\,L}) = \frac{u_{22\,L} + u_{21\,L}}{2} \quad \ldots\ldots \quad (290)$$

Diese Spannung ist zugleich während des Umschaltvorganges die Spannung der. Kathode gegen den Sternpunkt, die Gleichrichterspannung, abgesehen von den übrigen Spannungsabfällen. Sie besagt, daß die Gleichrichterspannung während der Umschaltzeit $\ddot{u}$ auf der Mitte zwischen den sich ablösenden Phasenspannungen verläuft und um die halbe Differenz der Phasenspannungen kleiner ist als die folgende Phasenspannung. Wir vergleichen damit den Fall, daß im Leerlauf die Zündverzögerung von α auf $\alpha + \ddot{u}$ erhöht wird und finden, daß dann die Gleichrichterspannung statt im Zeitpunkt α von $u_{21\,L}$ auf $u_{22\,L}$ überzugehen erst im Zeitpunkt $\alpha + \ddot{u}$ überspringt, also im Zeitbereich α bis $\alpha + \ddot{u}$ um die volle Differenz der Phasenspannungen kleiner ist als die folgende Phasenspannung. Wir erhalten durch die erhöhte Zündverzögerung eine verhältnismäßige Abnahme der mittleren Leerlaufgleichrichterspannung von:

$$\cos\alpha - \cos(\alpha + \ddot{u}) = \frac{(u_{33\,m\,L})_{\alpha=0} \cdot \cos\alpha - (u_{33\,m\,L})_{\alpha=0}\cos(\alpha + \ddot{u})}{(u_{33\,m\,L})_{\alpha=0}} \quad . \quad (291)$$

die daher gerade doppelt so groß ist als die Abnahme, die der Einschaltwechselstrom in der Umschaltzeit verursacht. In Abb. 94 und 95 ist die dem Spannungsabfall, den der Einschaltwechselstrom allein verursacht, entsprechende Spannungszeitfläche gestrichelt hervorgehoben und die bei Vernachlässigung der übrigen Spannungsabfälle sich ergebende Gleichrichterspannung stark hervorgehoben. Die Kurven auf Kurvenblatt 25, die den Spannungsabfall des Wechseleinschaltstromes allein erfassen, brechen bei solchen Werten der Umschaltzeit $\ddot{u}$ ab, wo dieser Spannungsabfall bereits so angestiegen ist, daß die mittlere Gleichrichterspannung Null wird, ganz abgesehen von den übrigen Spannungsabfällen. Einen solchen Fall veranschaulicht uns Abb. 95.

Die dort für $\alpha = 75^0$ und $\ddot{u} = 30^0$ gezeichnete Gleichrichterspannung ist bereits in ihrem Mittelwert, $u_{33\,m}$, Null. Mit Berücksichtigung der übrigen Spannungsabfälle würde schon für eine kleinere Umschaltzeit, $\ddot{u} < 30^0$, $u_{33\,m} = 0$ werden.

Für rein induktive Transformatorwiderstände haben wir nur mit dem vom Umschaltwechselstrom verursachten Spannungsabfall zu rechnen. In Gl. (289) fallen die ersten beiden Glieder fort und das letzte Glied vereinfacht sich, wenn wir die für diesen Fall gültige einfache Beziehung zwischen der Umschaltzeit $\ddot{u}$ und dem mittleren Kathodenstrom $i_{3\,m}$ nach Gl. (200) beachten:

$R_{1,2} \ll \omega L_{1,2}$

$$\frac{1}{2}(\cos\alpha - \cos(\alpha + \ddot{u})) \approx \frac{1}{2\sqrt{2}} \cdot \frac{i_{3\,m}}{i_{2\,e\,V}} \left(\approx \frac{1}{4\sqrt{2}} \frac{i_{3\,m}}{i_{2\,e\,V}} \text{ für } P = 2\times 3\right) \quad (292)$$

Der Spannungsabfall ist dem Gleichstrom $i_{3\,m}$ proportional. $i_{3\,m}$ ist gleich dem Wert des Anodenstromes, den dieser am Ende der Ablösungszeit bzw. des Anstieges erreicht. Dieser Wert ist bei rein induktiven Trafowiderständen aber der gleichen Spannungszeitfläche proportional, die in Abb. 94 und 95 gestrichelt ist, und dem Spannungsabfall entspricht. Das drückt sich in den Gleichungen aus:

$$i_{3\,m} = \frac{2}{\Sigma\,\omega L} \int\limits_{\alpha}^{\alpha+\ddot{u}} \frac{u_{22} - u_{21}}{2}\, d\omega t$$

$$\Delta u_{33\,m} = \frac{P}{2\pi} \int\limits_{\alpha}^{\alpha+\ddot{u}} \frac{u_{22} - u_{21}}{2}\, d\omega t \quad \ldots\ldots\ldots \quad (293)$$

Wir haben $\frac{i_{3\,m}}{i_{2\,e\,V}}$ auf das Verhältnis des Netzstromes zum Netzkurzschlußstrom bei Anodenkurzschluß $\frac{i_{0\,e}}{i_{0\,e\,A}}$ zurückgeführt, der gleich der verhältnismäßigen Kurzschlußspannung des Transformators $\frac{u_{0\,e\,A}}{u_{0\,e}}$ ist. Wenn wir die auf S. 177 angegebenen Werte in Gl. (292) einführen, finden wir:

$$R_{1,2} \ll \omega L_{1,2} \quad P = 2 \qquad \frac{1}{2}(\cos\alpha - \cos(\alpha + \ddot{u})) \approx \frac{1}{\sqrt{2}} \cdot \frac{i_{0\,e}}{i_{0\,e\,A}}$$

$$= 3 \qquad \approx \frac{\sqrt{3}}{2} \cdot \frac{i_{0\,e}}{i_{0\,e\,A}}$$

$$= 2\times 3 \qquad \approx \frac{1}{2} \cdot \frac{i_{0\,e}}{i_{0\,e\,A}}$$

$$= 6 \text{ (Dreieck - Stern)} \qquad \approx \frac{3}{2} \cdot \frac{i_{0\,e}}{i_{0\,e\,A}}$$

$$= 6 \text{ (Stern, Dreieck - Gabelstern)} \qquad \approx \left(\frac{1}{2}\right) \cdot \frac{i_{0\,e}}{i_{0\,e\,A}} \quad (294)$$

Bei Beurteilung der Schaltungen auf Grund dieser Zahlen müssen wir noch bedenken, daß die verhältnismäßige Kurzschlußspannung des Gleichrichtertransformators für die einzelnen Schaltungen etwas andere Werte als die des normalen Transformators hat. Das rührt daher, daß ein Gleichrichtertransformator primär und sekundär nicht für die gleiche Scheinleistung bemessen ist. Anders ausgedrückt: beim Übersetzungsverhältnis 1 : 1 aller Wicklungen zueinander, wie hier immer angenommen, sind primäre und sekundäre Wicklungen nicht für gleichen Strom bemessen. Aus diesem Grunde müssen der Rechnung unbedingt die am Gleichrichtertransformator gemessenen verhältnismäßigen Kurzschlußspannungen zugrunde gelegt werden und nicht Kurzschlußspannungen normaler Transformatoren.

Für Überschlagsrechnungen ist Gl. (289) nicht geeignet, da sie die Kenntnis der ohmschen Widerstände des Transformators für das Übersetzungsverhältnis 1 : 1 aller Wicklungen zueinander voraussetzt, die nur für den ausgeführten Transformator bekannt sein werden. In diesem Falle geht man von den Kupferverlusten aus, die zur angenäherten Berechnung des Spannungsabfalls ohne Berücksichtigung der Umschaltzeit $\Delta u_{33\,m\,ü=0}$ genügen:

$$\frac{(\Delta u_{33\,m})_{ü=0}}{(u_{33\,m\,L})_{\alpha=0}} \approx \frac{l_{Cu}}{i_{3\,m}\,(u_{33\,m\,L})_{\alpha=0}} = \frac{l_{Cu\,\%}}{100}\left[\frac{l_{Trafo}}{i_{3\,m}\,(u_{33\,m\,L})_{\alpha=0}}\right]. \quad (295)$$

Der Fehler, den man hierbei macht, besteht nur darin, daß die Kupferverluste ohne Berücksichtigung der Umschaltung wenig größer eingesetzt werden müssen, da die effektiven Ströme ohne Berücksichtigung der Umschaltung wenig größer sind als die wirklichen Ströme. Da die Abweichung der Ströme praktisch nur wenige Prozent ausmachen und in die Kupferverluste das Quadrat der Ströme eingeht, so ist der Fehler meist vernachlässigbar klein. Somit ergibt sich für die angenäherte Berechnung des Spannungsabfalls:

$$\frac{\Delta u_{33\,m}}{(u_{33\,m\,L})_{\alpha=0}} \approx \frac{l_{Cu\,\%}}{100}\left[\frac{l_{Trafo}}{i_{3\,m}\cdot(u_{33\,m\,L})_{\alpha=0}}\right]\left[\frac{\frac{2\pi}{P}-\frac{ü}{2}}{\frac{2\pi}{P}} + \frac{\frac{ü}{2}}{\frac{2\pi}{P}}\cdot\frac{\Delta u_{2(1)}}{(\Delta u_{33\,m})_{ü=0}}\right] + \frac{1}{2}\left[\cos\alpha - \cos(\alpha+ü)\right]$$

oder mit

$R_{1,2} \ll \omega L_{1,2}$:

$$\frac{\Delta u_{33\,m}}{(u_{33\,m\,L})_{\alpha=0}} \approx \frac{l_{Cu\,\%}}{100}\left[\frac{l_{Trafo}}{i_{3\,m}\,(u_{33\,m\,L})_{\alpha=0}}\right] + \text{konst.}\left(\frac{i_{0\,e}}{i_{0\,e\,A}}\right)$$

$$\text{konst.} = \frac{\frac{1}{2}\left[\cos\alpha - \cos\alpha + ü\right]}{\frac{i_{0\,e}}{i_{0\,e\,A}}} \quad \text{nach Gl. 294}$$

oder mit Gl. 279:

$$(u_{33\,m\,L})_{\alpha=0} = \frac{u_{31\,m} + u_{32\,b} + i_{3\,m} \cdot R_3}{1 - \dfrac{\Delta\, u_{33\,m}}{(u_{33\,m\,L})_{\alpha=0}}} \quad \ldots\ldots\ldots\ldots \quad (296)$$

Die Verwendung dieser Gleichung zur praktischen Berechnung zeigt das letzte Anwendungsbeispiel.

6. Die Doppeldreiphasenschaltung.

Bisher haben wir für die Doppeldreiphasenschaltung vorausgesetzt, daß jedes der beiden Dreiphasensysteme wie ein Dreiphasengleichrichter arbeitet. Das setzt voraus, daß der Ausgleichsstrom zwischen den parallel geschalteten Systemen über die Saugdrossel zu vernachlässigen ist. Damit ist gleichwertig die Bedingung, daß die Doppeldreiphasenbetriebsweise bereits bei einem Strom einsetzt, der klein ist gegenüber dem Strom, für den die Ströme und der Spannungsabfall berechnet werden soll. Wir wollen in diesem Abschnitt behandeln, wie diese Bedingung die Größe und die Typenleistung der Saugdrossel bestimmt. Hierzu müssen wir zunächst den Übergang auf Doppeldreiphasenbetriebsweise näher untersuchen.

Für den ungesteuerten Gleichrichter ist das bereits auf S. 124 an Hand von Abb. 71 geschehen. Es zeigte sich, daß bei kleinem Belastungsstrom der Doppeldreiphasengleichrichter in Sechsphasenbetriebsweise arbeitet. Der Zündwinkel liegt wie beim ungesteuerten Sechsphasengleichrichter bei $z = 60^0$. Die Anoden lösen sich in sechsphasiger Reihenfolge ab, der Umschaltstrom $i_{22\,V}$ wird durch die Größe der Saugdrossel bestimmt und ist rein induktiv:

$$\dot{i}_{2\,e\,V} = \frac{u_{2\,e}}{\omega\, L_{33}} \quad \ldots\ldots\ldots\ldots \quad (297)$$

Bei weiterer Zunahme des Belastungsstromes setzt die dreiphasige Ablösung der Anodenströme ein; der Zündwinkel springt von $z = 60^0$ auf $z = 30^0$. Der Anodenstrom ist zunächst noch unterbrochen, um mit $\beta = 120^0$ gerade ununterbrochen zu werden, wie es uns Abb. 71 zeigte. Die Ablösung der kleinen Anodenströme bei $z = 30^0$ geschieht dabei noch nahezu sprunghaft. Hier beginnt die Doppeldreiphasenbetriebsweise, die mittlere Gleichrichterspannung ist auf die Leerlaufspannung des Dreiphasensystems abgesunken. Aus Abb. 71 entnehmen wir für den Anstieg des Anodenstromes die Gleichung

$$(i_{22})_{\omega t = \frac{\pi}{2} + \frac{\pi}{6}} = (i_{3\,m})_{P \to 2\times 3} = \frac{2 \cdot \sqrt{2}\, u_{2\,e}}{\omega\, L_{33}} (1 - \cos 30^0) = 0{,}38 \cdot \frac{u_{2\,e}}{\omega\, L_{33}}$$

$$\text{oder } \omega\, L_{33} = \frac{0{,}38 \cdot u_{2\,e}}{(i_{3\,m})_{P \to 2\times 3}} \quad (298)$$

wenn wir mit $(i_{3m})_{P \to 2\times 3}$ den Belastungsstrom bei Erreichung der Doppeldreiphasenbetriebsweise bezeichnen. Diese Gleichung ermöglicht uns für den ungesteuerten Gleichrichter die Induktivität der Saugdrossel zu berechnen, wenn wir den Beginn der Doppeldreiphasenbetriebsweise bei einem bestimmten kleinen Belastungsstrom erreichen wollen. Das ist von Bedeutung, wenn der Spannungsabfall von der Leerlaufspannung bei Sechsphasenbetriebsweise auf die Spannung zu Beginn der Doppeldreiphasenbetriebsweise außerhalb des Arbeitsbereiches des Gleichrichters liegen soll.

Wir wenden uns nun dem gesteuerten Doppeldreiphasengleichrichter zu. Im Leerlauf ist auch hier Sechsphasenbetriebsweise zu erwarten. Die Tatsache, daß der Zündwinkel des ungesteuerten Sechsphasengleichrichters bei $z = 60^0$ liegt, der auch der kleinste Zündwinkel des gesteuerten Sechsphasengleichrichters ist, führt zu folgender Überlegung: Wenn ein gesteuerter Doppeldreiphasengleichrichter im Leerlauf hochgefahren werden, d. h. auf volle Aussteuerung gebracht werden soll, so kann infolge der sechsphasigen Betriebsweise nur ein Zündwinkel von $z = 60^0$ erreicht werden. Das bedeutet aber, daß vom Standpunkt der späteren Doppeldreiphasenbetriebsweise noch eine Zündverzögerung von $\alpha = 30^0$ bestehen bleibt. Wird mit breiten, positiven Halbwellen gesteuert, so bleibt bei Verringerung der Zündwinkeleinstellung unter $z = 60^0$ der tatsächliche Zündwinkel bei $z = 60^0$ bestehen. Der Übergang in Doppeldreiphasenbetriebsweise mit steigender Belastung erfolgt dann ähnlich wie beim ungesteuerten Gleichrichter, für den ja auch mit anfänglich bei $z = 60^0$ liegendem Zündwinkel eine Möglichkeit zur Zündung bei Zündwinkeln, die kleiner als 60^0 sind, besteht, sofern nur die Anodenspannung positiv wird.

Wird dagegen mit schmalen Spitzen gesteuert, so würde der Gleichrichter bei weiterer Verringerung des Zündwinkels in Dreiphasenbetriebsweise eines Systems übergehen, indem jede zweite Anode ausfällt. Aus diesem Grunde muß für den gesteuerten Gleichrichter die Forderung aufgestellt werden, daß bei kleinster Belastung und $\alpha = 30^0$ Doppeldreiphasenbetriebsweise möglich ist, wenn man volle Aussteuerung bei kleinster Belastung erreichen will. Das deckt sich meist mit der Forderung, daß beim gesteuerten Gleichrichter bis zu größter Zündverzögerung und kleinstem Belastungsstrom die Doppeldreiphasenbetriebsweise erhalten bleibt.

Die dazu notwendige Größe der Saugdrossel bzw. die untere Grenze des Belastungsstromes wollen wir an Hand von Abb. 108 bestimmen. Wir sehen oben die Sechsphasenspannungen und die Gleichrichterspannung an der Grenze der Sechsphasenbetriebsweise mit $z = 60^0$ und $\ddot{u} = 60^0$. Der Umschaltstrom über die Saugdrossel ist rein induktiv, die stark gezeichnete Gleichrichterspannung verläuft in der Umschaltzeit auf der Mitte zwischen den Phasenspannungen. Mit $\ddot{u} = 60^0$ be-

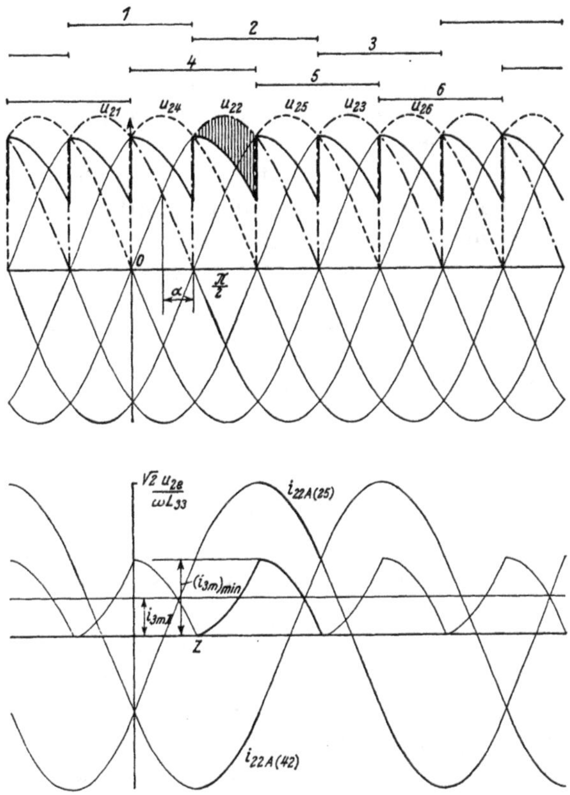

Abb. 108. Gleichrichterspannung und Anodenstrom des Doppeldreiphasengleichrichters zu Beginn lückenlosen Kathodenstromes jedes Dreiphasensystemes.

ginnt die Doppeldreiphasenbetriebsweise und die Bildung der Gleichrichterspannungen der beiden Dreiphasensysteme, für die mit $z = 60^0$, $\alpha = 30^0$ gilt. Sie sind gestrichelt und strichpunktiert hervorgehoben. Die Mittelwerte der Gleichrichterspannung sind gleich. Unten ist der Anodenstrom konstruiert. Anstieg und Abfall sind Teile der beiden Umschaltströme $i_{22\,A\,(42)}$ und $i_{22\,A\,(25)}$, deren Effektivwert $\frac{u_{2e}}{\omega L_{33}}$ ist, also von der Größe der Saugdrossel abhängt. Für den gezeichneten Fall des Beginns der Doppeldreiphasenbetriebsweise hat der Anstieg eine zeitliche Ausdehnung von $\ddot{u} = 60^0$ und, da der Anodenstrom am Ende des Anstieges die Höhe des mittleren Kathodenstromes i_{3m} erreicht, so gilt die Gleichung:

$\alpha = 30^0, \quad P = 2\times 3$

$$(i_{22})_{\omega t = \frac{\pi}{6} + \ddot{u}} = (i_{3m})_{P \to 2\times 3} = \frac{\sqrt{2}\, u_{2e}}{\omega L_{33}} (1 - \cos 60^0) = 0{,}707 \cdot \frac{u_{2e}}{\omega L_{33}}$$

$$\text{oder } \omega L_{33} = \frac{0{,}707 \cdot u_{2e}}{(i_{3m})_{P \to 2\times 3}} \quad \ldots\ldots\ldots\ldots \quad (299)$$

wie man aus Abb. 108 ablesen kann.

Wenn nun z nicht 60^0, sondern größer als 60^0 eingestellt wird, und damit auch α größer als 30^0 wird, nimmt diese Gleichung die allgemeine Form an:

$\alpha > 30^0, \quad P = 2\times 3$

$$(i_{3m})_{P \to 2\times 3} = \frac{\sqrt{2}\, u_{2e}}{\omega L_{33}} [\cos(\alpha - 30^0) - \cos(\alpha - 30^0 + 60^0)] =$$

$$= \frac{\sqrt{2}\, u_{2e}}{\omega L_{33}} \cdot \sin\alpha \quad \text{oder } \omega L_{33} = \frac{\sqrt{2}\, u_{2e} \cdot \sin\alpha}{(i_{3m})_{P \to 2\times 3}} \quad (300)$$

und zeigt uns für den gesteuerten Doppeldreiphasengleichrichter, daß die Induktivität, die zur Erreichung der Doppeldreiphasenbetriebsweise bei einem bestimmten kleinsten Belastungsstrom notwendig ist, dem Sinus der Zündverzögerung proportional ist, sofern die Aussteuerung $\cos\alpha < 0{,}866$ ist.

Der Spannungsabfall beim Übergang von Sechsphasen- auf Doppeldreiphasenbetriebsweise ist die Differenz der Sechsphasenleerlaufspannung mit der dreiphasigen Leerlaufspanung. Für den ungesteuerten Gleichrichter ist diese Differenz:

$$(\varDelta u_{33m})_{P \to 2\times 3} = \sqrt{2}\, u_{2e} \frac{6}{\pi} \sin\frac{\pi}{6} - \sqrt{2}\, u_{2e} \frac{3}{\pi} \sin\frac{\pi}{3} = 0{,}18 \cdot u_{2e} \quad (301)$$

und für den gesteuerten Doppeldreiphasengleichrichter mit $\alpha > 30^0$:

$$(\varDelta u_{33m})_{P \to 2\times 3} = \sqrt{2}\, u_{2e} \frac{6}{\pi} \sin\frac{\pi}{6} \cdot \cos(\alpha - 30^0) - \sqrt{2}\, u_{2e} \frac{3}{\pi} \sin\frac{\pi}{3} \cdot \cos\alpha =$$

$$= 0{,}675 \cdot u_{2e} \cdot \sin\alpha \quad \ldots\ldots\ldots\ldots \quad (302)$$

Infolge des rein induktiven Umschaltstromes erfolgt nach Gl. (292) der Abfall der Gleichrichterspannung bei Sechsphasenbetriebsweise mit steigender Belastung bis zu diesem Wert in geraden Linien, die uns Kurvenblatt 26 zeigt. Vorausgesetzt ist dabei eine genügend große Kathodendrossel. Die Linien gelten für verschiedene Zündverzögerungen und gehen bei Erreichung der Doppeldreiphasenbetriebsweise in die flacher verlaufenden Kennlinien über. Diese gestrichelten Kennlinien sind hier auch gradlinig angenommen, trotzdem sie erst im weiteren Verlauf bei hoher Belastung gradlinig verlaufen.

In Abb. 71 und 108 sind unten auch die übrigen Anodenströme des einen Systems eingezeichnet. Wir erhalten zu Beginn der Doppeldreiphasenbetriebsweise einen ununterbrochenen Strom, der aus einem Gleichstromanteil und überlagerten Wechselstromanteil besteht. Den Wechselstromanteil können wir auch als Magnetisierungsstrom der Saugdrossel auffassen, der bei weiterer Steigerung des Gleichstromanteiles größenordnungsmäßig gleich bleibt und schließlich gegenüber diesen vernachlässigt werden kann. Dabei bestimmt der Umschaltvorgang in jedem Dreiphasensystem die Spannungs- und Stromverhältnisse. Abb. 72 und 109 zeigen im Gebiet vollendeter Doppeldreiphasenbetriebsweise die Verhältnisse für den ungesteuerten und gesteuerten Gleichrichter bei vorwiegend induktiven inneren Transformatorwiderständen. In Abb. 109 sehen wir oben die Gleichrichterspannungen der beiden Systeme, die des zweiten negativ gezeichnet. Die gemeinsame Gleichrichterspannung ist strichpunktiert angegeben.

Die Anodenströme des einen Systems sind unten gezeichnet und stimmen mit den Strömen des Dreiphasengleichrichters überein. Gegenüber den hier benutzten dreiphasigen Umschaltströmen, die durch die

Streuinduktivität des Transformators begrenzt sind, sind die sechsphasigen Umschaltströme in Abb. 108, die durch die Saugdrossel begrenzt werden, als sehr klein anzusehen. Diesen sechsphasigen Umschaltströme, die vergleichsweise in Abb. 108 stark vergrößert wiedergegeben sind, entsprechen bei Doppelphasenbetriebsweise größenordnungsmäßig gleiche Magnetisierungsströme der Saugdrossel, die wir uns dem Gesamtstrom des Systems in Abb. 109 unten überlagert zu denken haben. Beim Beginn der Doppeldreiphasenbetriebsweise wird durch die dreiphasigen Umschaltströme nicht der mittlere Strom jedes Systems umgeschaltet, sondern, wie Abb. 108 zeigt, vom Wert Null mit steigender Belastung allmählich anwachsende Ströme, bis schließlich die Verhältnisse der Abb. 109 praktisch erreicht werden. Daher verlaufen die auf Kurvenblatt 26 gestrichelten Doppeldreiphasenkennlinien zunächst angenähert waagerecht und gehen erst im weiteren Verlauf auf die gestrichelt gezeichneten geneigten Geraden über.

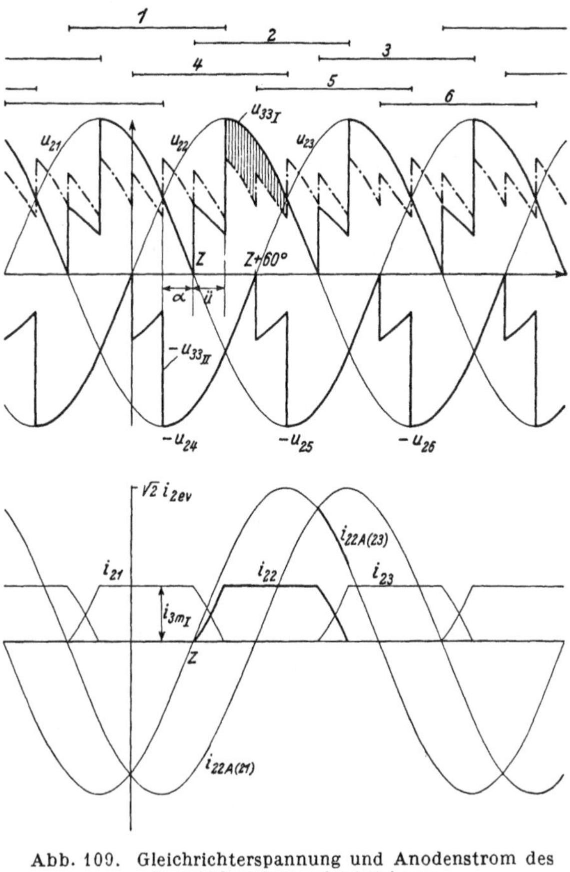

Abb. 109. Gleichrichterspannung und Anodenstrom des Doppeldreiphasengleichrichters.

Im Anschluß an diese Überlegungen wollen wir die Typenleistung der Saugdrossel bestimmen, die unabhängig von der durch Gl. (299) und (300) festgelegten Induktivität notwendig ist. Beide Wicklungen der Saugdrossel führen den halben Kathodenstrom, der bei Vollast als reiner Gleichstrom angesehen werden kann. Die Amperewindungen beider Wicklungen heben sich gegenseitig auf, wie beim Einphasentransformator, so daß ein Luftspalt wegfallen kann und man auch von Saugtransformator spricht.

Jede Wicklung hat außerdem die halbe Differenz der Gleichrichterspannungen beider Systeme als Spannung aufzunehmen, die z. B. aus

Abb. 108 und 109 zu entnehmen ist. Es ist dies eine nicht sinusförmige Wechselspannung dreifacher Netzfrequenz, deren negative Halbwelle das Spiegelbild der positiven ist. Wir fragen nun nach der Ersatzsinusspannung, die bei Netzfrequenz die gleichen Eisenverluste verursacht wie die Saugtransformatorspannung bei dreifacher Netzfrequenz. Hierzu müssen wir zuerst auf die Abhängigkeit der Eisenverluste von der Frequenz eingehen, für die die bekannten Gleichungen gelten[1]):

Wirbelstromverluste je cm³ Eisenvolumen

$$= \frac{4}{3} \cdot \frac{(\xi)_n^2 \cdot \varDelta^2}{\varrho} \cdot (f)_n^2 \cdot (b_h)_n^2 \quad \ldots\ldots \quad (303)$$

Hysteresisverluste je cm³ Eisenvolumen

$$= \eta \cdot (f)_n \cdot (b_h)_n^{1,6} \quad \ldots\ldots\ldots\ldots \quad (304)$$

(empirische Formel von Steinmetz)

Hierbei bedeuten:

$\varDelta$ = Eisenblechdicke,
ϱ = spezifischer Widerstand,
η = empirische Materialkonstante,
$(f)_n$ = $n$fache Netzfrequenz,
$(b_h)_n$ = höchste Induktion bei $n$facher Netzfrequenz,
$(\xi)_n$ = Formfaktor der Spannung bei $n$facher Netzfrequenz (Effektivwert geteilt durch Mittelwert der positiven Halbwelle).

Wenn wir nun erreichen wollen, daß die Eisenverluste bei $n$facher Netzfrequenz die gleichen sind wie bei Netzfrequenz, so muß die maximale Induktion bei $n$facher Netzfrequenz der Gleichung genügen:

$$\frac{4}{3} \cdot \frac{(\xi)_n^2 \cdot \varDelta^2}{\varrho} \cdot (f)_n^2 (b_h)_n^2 + \eta (f)_n \cdot (b_h)_n^{1,6} =$$
$$\frac{4}{3} \cdot \frac{(\xi)_1^2 \cdot \varDelta^2}{\varrho} \cdot (f)_1^2 \cdot (b_h)_1^2 + \eta (f)_1 \cdot (b_h)_1^{1,6} = \text{konst.} \quad \ldots \quad (305)$$

Nun besteht allgemein zwischen höchster Induktion und effektiver Spannung die Beziehung:

$$S \frac{d b_h \cdot Q}{d t} = (u)_n \quad \text{oder} \quad (b_h)_n = \frac{1}{2} \cdot \frac{1}{S \cdot Q} \int\limits_0^{\frac{1}{2f}} (u)_n \, dt =$$
$$= \frac{1}{4} \cdot \frac{1}{S \cdot Q} \cdot \frac{(u_e)_n}{(\xi)_n} \cdot \frac{1}{(f)_n} \quad \ldots \quad (306)$$

---

[1]) Die folgende Ableitung verdankt der Verf. Herrn Dipl.-Ing. Kl. Freudenhammer, Berlin.

wenn wir mit S die Windungszahl und mit Q den Eisenquerschnitt bezeichnen und das Integral über die positive Halbwelle der Spannung genommen wird. Wir können also auch sagen, daß die obige Gleichung die effektive Spannung bei Netzfrequenz festlegt, wenn die effektive Spannung und der Formfaktor bei n facher Frequenz bekannt ist. Wir formen die Gleichung zunächst um in:

$$\frac{4}{3} \cdot \frac{(\xi)_n^2 \cdot \Delta^2}{\varrho} \cdot \left[\frac{(f)_n \cdot (b_h)_n}{(f)_1 \cdot (b_h)_1}\right]^2 \cdot \left[(f)_1 \cdot (b_h)_1\right]^2 + \\ + \eta \left[\frac{(f)_n \cdot (b_h)_n}{(f)_1 \cdot (b_h)_1}\right]^{1,6} \cdot \left[\frac{(f)_1}{(f)_n}\right]^{0,6} \cdot (f)_1 \cdot (b_h)_1^{1,6} = \text{konst.} \quad . \quad . \quad . \quad (307)$$

Die eckigen Klammern können wir dann durch die Spannungen ausdrücken:

$$\left[\frac{(f)_n \cdot (b_h)_n}{(f)_1 \cdot (b_h)_1}\right] = \left[\frac{(u_e)_n \cdot (\xi)_1}{(u_e)_1 \cdot (\xi)_n}\right] . \quad . \quad . \quad . \quad . \quad . \quad . \quad . \quad (308)$$

und erhalten dann:

$$\frac{4}{3} \cdot \frac{\Delta^2}{\varrho} \cdot (\xi)_1^2 \left[\frac{(u_e)_n}{(u_e)_1}\right]^2 \cdot (f)_1 \cdot (b_h)_1^2 + \\ + \eta \left[\frac{(\xi)_1}{(\xi)_n}\right]^{1,6} \cdot \left[\frac{(u_e)_n}{(u_e)_1}\right]^{1,6} \cdot \left[\frac{(f)_1}{(f)_n}\right]^{0,6} \cdot (f_1) \cdot (b_h)_1^{1,6} = \text{konst.} \quad (309)$$

Hieraus sehen wir, daß bei konstanter effektiver Spannung und konstantem Formfaktor die Wirbelstromverluste konstant bleiben und die Hysteresisverluste mit steigender Frequenz abnehmen würden; das besagt aber, daß die Spannung mit steigender Frequenz gesteigert werden kann, so daß die Summe der Verluste den konstanten Wert behält, oder umgekehrt die Netzfrequenzspannung kleiner ist als die bei n facher Netzfrequenz, so daß die Typenleistung bei Netzfrequenz kleiner ist als die Scheinleistung bei n facher Netzfrequenz. Die Gleichung zeigt uns in dieser Form auch, daß die Wirbelstromverluste ausschließlich vom Quadrat der effektiven Spannung abhängen, während die Hysteresisverluste von dem Mittelwert der positiven Halbwelle der Spannung, ξu_e, und der Frequenz bestimmt werden.

Nun sind bei Netzfrequenz die Wirbelstromverluste erfahrungsgemäß das 0,4- bis 0,2fache der Hysteresisverluste. Mit steigender Frequenz nimmt aber der Einfluß der Wirbelstromverluste zu. Man findet aus den Gleichungen:

$$\frac{\text{Wirbelstromverluste}}{\text{Hysteresisverluste}} = \\ (0,4 \div 0,2) \left[\frac{(u_e)_n}{(u_e)_1} \cdot \frac{(\xi)_1}{(\xi)_n}\right]^{0,4} \cdot \left[\frac{(f)_n}{(f)_1}\right]^{0,6} \quad . \quad . \quad . \quad . \quad . \quad . \quad (310)$$

so daß, abgesehen von der Spannungssteigerung bei 3facher Netzfrequenz $\left(\frac{(f)_n}{(f)_1} = 3\right)$ das Verhältnis mindestens auf:

$$(0{,}4 \div 0{,}2) \cdot 3^{0,6} = 0{,}8 \div 0{,}4 \cdot \quad \ldots \ldots \quad (311)$$

gestiegen ist. Daher ist es notwendig, beide Eisenverlustanteile zu berücksichtigen, und bei 3facher Netzfrequenz ist weder die effektive Spannung noch der Mittelwert der positiven Halbwelle allein ausschlaggebend.

Die Gl. (309) für die Summe der Verluste läßt sich nur nach dem Frequenzverhältnis auflösen. Wir teilen die Gleichung zunächst durch die Hysteresisverluste bei Netzfrequenz und führen für das Verhältnis der Wirbelstromverluste zu den Hysteresisverlusten bei Netzfrequenz die Abkürzung $(v)_1$ ein:

Dann ergibt sich:

$$\left[\frac{(u_e)_n}{(u_e)_1}\right]^2 \cdot (v)_1 + \left[\frac{(u_e)_n}{(u_e)_1}\right]^{1,6} \cdot \left(\frac{(\xi)_1}{(\xi)_n}\right)^{1,6} \cdot \left[\frac{(f)_1}{(f)_n}\right]^{0,6} = (v)_1 + 1 \qquad (312)$$

oder nach der Frequenz aufgelöst:

$$\left[\frac{(\xi)_n}{(\xi)_1}\right]^{\overset{1,6}{0,6}} \cdot \frac{(f)_n}{(f)_1} = \sqrt[0,6]{\frac{\left[\frac{(u_e)_n}{(u_e)_1}\right]^{1,6} \cdot}{(v)_1 + 1 - (v)_1 \left[\frac{(u_e)_n}{(u_e)_1}\right]^2}} \quad \ldots \quad (313)$$

Bei gegebenem Verlustverhältnis $(v)_1$ zeichnet man sich den Ausdruck der rechten Seite abhängig vom Spannungsverhältnis auf. Wenn dann der Formfaktor und das Frequenzverhältnis bekannt sind, kann man die zulässige Spannungssteigerung oder umgekehrt Typenleistungsherabsetzung entnehmen. Kurvenblatt 27 enthält diesen Ausdruck für $(v)_1 = 0{,}1$ bis $0{,}5$.

Damit ergibt sich schließlich für die Typenleistung des Saugtransformators:

Typenleistung des Saugtransformators bei Netzfrequenz

$$= \frac{1}{2} i_{3m} \cdot (u_e)_3 \cdot \left[\frac{(u_e)_1}{(u_e)_3}\right]$$

$$= \text{Scheinleistung bei 3facher Netzfrequenz} \cdot \left[\frac{(u_e)_1}{(u_e)_3}\right] \quad \ldots \quad (314)$$

Unsere Aufgabe hier besteht also darin, die effektive Saugdrosselspannung und den Formfaktor ξ zu bestimmen. Das Ergebnis enthält Kurvenblatt 28.

Man gewinnt die effektive Spannung und Mittelwert der positiven Halbwelle durch Auswerten der Saugdrosselspannung, die die Differenz von gemeinsamer Gleichrichterspannung und Phasenspannung ist, wie uns Abb. 108 und Abb. 109 für zwei Beispiele zeigten.

Man kann den Verlauf der Saugdrosselspannung auch in einfacher Weise unmittelbar konstruieren.

Wenn wir uns auf den Bereich beschränken, in dem die dreiphasige Umschaltzeit $ü$ kleiner als 60^0 ist, so überschneiden sich die Umschaltvorgänge der Systeme nicht. Wenn wir nun einen Ausschnitt aus der Saugdrosselspannung betrachten vom Zündzeitpunkt z bis $z + 60$ des einen Systems gerechnet (Abb. 109), so verläuft innerhalb dieser Zeit die Gleichrichterspannung des anderen Systems auf der Phasenspannung, weil ja weder Anodenwechsel noch Umschaltvorgang in diesen Zeitbereich hineinfallen kann. Die Gleichrichterspannung des betrachteten Systems kann in der gleichen Zeit während der Umschaltzeit (z bis $z + ü$) auf der Mitte der Phasenspannungen und in der übrigen Zeit $\left(z + ü \text{ bis } z + \frac{2\pi}{6}\right)$ auf der Phasenspannung selbst verlaufen. Die Differenz der Gleichrichterspannungen hat also folgenden Verlauf nach Abb. 109:

$$z \text{ bis } z + ü, \quad u_{24} - \frac{u_{21} + u_{22}}{2} = \frac{u_{24}}{2}$$

$$z + ü \text{ bis } z + 60^0, \quad u_{24} - u_{22} = u_{21} \quad . \quad . \quad . \quad . \quad . \quad (315)$$

An einer Wicklung der Saugdrossel tritt die Hälfte dieser Spannung auf. In Abb. 110 sind diese Gleichungen vektoriell dargestellt und unten die Spannungen in ihrem zeitlichen Verlauf angegeben. Es ist für $\alpha = 30^0$ und $ü = 15^0$ gezeigt, wie sich darauf die Konstruktion der Saugdrosselspannung aufbaut. Der Bereich von z bis $z + 60^0$ ist durch starke Linien eingegrenzt. 60^0 entspricht einer Halbperiode der Saugdrosselspannung mit 3facher Netzfrequenz, und da die Saugdrosselspannung abszissensymmetrisch ist, genügt die Kenntnis ihres Verlaufes innerhalb einer Halbperiode. Wir sehen, daß die strichpunktierte Saugdrosselwicklungsspannung innerhalb von

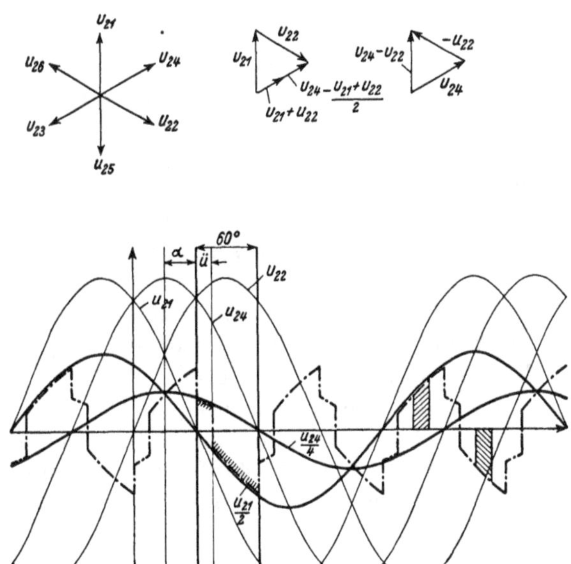

Abb. 110. Saugdrosselspannung des Doppeldreiphasengleichrichters.

z bis $z + \ddot{u}$ der Spannung $\frac{u_{24}}{4}$ und dann der Spannung $\frac{u_{21}}{2}$ folgt. In der folgenden Halbperiode wiederholt sich der Verlauf spiegelbildlich.

Bei festgehaltener Zündverzögerung übersehen wir die Änderung der Saugdrosselspannung, indem wir die Gerade, die durch $\omega t = \ddot{u}$ geht, uns verschoben denken innerhalb des Bereiches z bis $z + 60^0$. Veränderung der Zündverzögerung bedeutet eine Verschiebung des Bereiches selbst. An diese Konstruktion schließt sich die Berechnung der effektiven Saugdrosselspannung und des Formfaktors an.

Die effektive Saugdrosselspannung und der Formfaktor sind in Kurvenblatt 28 aufgetragen in Abhängigkeit von der dreiphasigen Umschaltzeit $\ddot{u}$ von Beginn der Doppeldreiphasenbetriebsweise mit $\ddot{u} = 0$ bis $\ddot{u} = 60^0$, wo die beiden Systeme beginnen, sich gegenseitig zu beeinflussen. Praktisch wird $\ddot{u}$ meist im Bereich von 20 bis 0^0 liegen. Aus Kurvenblatt 27 kann man unmittelbar zu einem (ξ) -Wert nach Kurvenblatt 28 das Spannungsverhältnis $\frac{(u_e)_1}{(u_e)_3}$ entnehmen, wenn man von den rechts angegebenen $(\xi)_n$-Werten ausgeht und die Ablesung nach dem Vorbild des eingezeichneten Linienzuges durchführt. Damit ist die Berechnung der Typenleistung der Saugdrossel nach Gl. (314) möglich. Schließlich muß geprüft werden, ob die Induktivität der so bestimmten Saugdrossel den Gl. (299) und (300) genügt.

7. Der Kurzschlußstrom.

Die Berechnung des Spannungsabfalls im fünften Abschnitt gibt den ersten Teil der Kennlinie von Leerlauf bis zum Kurzschluß. Dieser erste Teil der Kennlinie beschränkt sich auf den Fall, daß nur zwei Anoden jeweilig am Umschaltvorgang beteiligt sind. Diese Voraussetzung ist bei normaler Belastung erfüllt. Den vollständigen Verlauf der Kennlinie bis zum Kurzschluß haben wir für den ungesteuerten Gleichrichter mit Vordrossel und großer Kathodendrossel im Kapitel F kennengelernt. Grundsätzlich haben wir auch beim gesteuerten Gleichrichter ähnliche Kennlinien zu erwarten, wobei zu berücksichtigen ist, daß bei den Schaltungen dieses Kapitels an Stelle der Vordrossel meist die inneren Widerstände des Transformators und des Netzes treten, in besonderen Fällen auch Vordrosseln, die aber verhältnismäßig klein sind. Es kommt uns nun für die Schaltungen dieses Kapitels nicht auf den vollständigen Verlauf der Kennlinien an, sondern auf den Kurzschlußstrom, der hier nur im Störungsfalle auftritt. Wir können uns hierbei auf den Fall rein induktiver Netz- und Transformatorwiderstände beschränken, da der Kurzschlußstrom hauptsächlich bei Schaltungen für größere Leistungen interessiert. Im Gegensatz zu den Bedingungen für die Schaltungen im sechsten Kapitel sind die Streuinduktivitäten des

Transformators teils als unverkettete teils als verkettete Anoden- oder Primärdrosseln anzusehen. Wir wollen von den Grenzfällen ausgehen, daß nur anodenseitig verkettete und primärseitige Induktivitäten oder nur anodenseitige unverkettete Induktivitäten vorhanden sind und dann die praktischen Verhältnisse mit beiden Induktivitätsarten behandeln.

Schließlich ist zu bedenken, daß wir die Voraussetzung einer großen Kathodendrossel im Kurzschlußfall nicht uneingeschränkt machen können, denn bei den hier verhältnismäßig hohen Kurzschlußströmen und der daraus folgenden Eisensättigung kann der induktive Widerstand der Kathodendrossel auf einen Bruchteil des normalen Wertes absinken; demgegenüber steht aber, daß bei den hohen Kurzschlußströmen auch eine wesentlich geringere Kathodendrossel einen gegen den Gleichanteil des Stromes kleinen Wechselanteil bewirken kann.

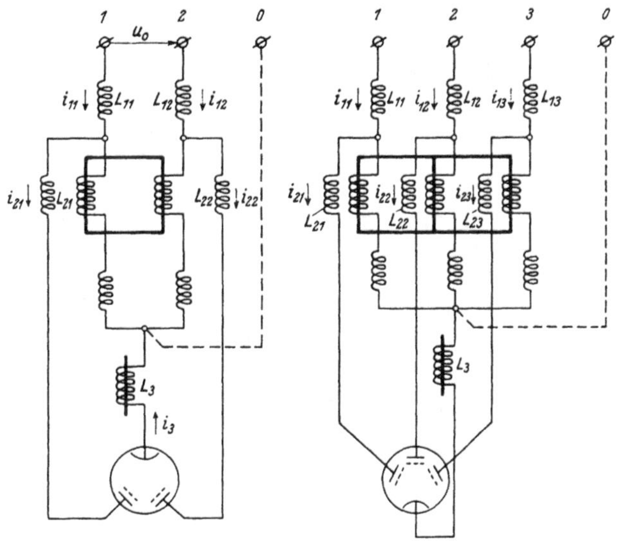

Abb. 111. Ersatzschaltbild des Zweiphasen- und Dreiphasengleichrichters mit Kathodendrossel im Kurzschluß.

Für den gesteuerten Gleichrichter mit großer Kathodendrossel im Kurzschluß gehen wir von der Zündverzögerung $\alpha = 90^0$ aus, wofür die Gleichrichterspannung Null wird. Dann ist auch der Kurzschlußstrom Null, bzw. es fließt nur ein kleiner lückenhafter Kathodenstrom. Wenn die Zündverzögerung verringert wird, so setzt ein Kurzschlußstrom ein. Für den Zwei- und Dreiphasengleichrichter im Kurzschluß legen wir der Betrachtung das Ersatzschaltbild der Abb. 111 zugrunde.

Das Verfahren zur Bestimmung des Kurzschlußstromes schließt sich eng an das des Kapitels F an. Wir gehen bei einem bestimmten Zündwinkel von der Gleichrichterspannung aus, die hier immer Null sein muß, und setzen den Anodenstrom aus Teilen der den Umschaltvorgang bewirkenden Wechselströme zusammen. Dabei muß geprüft werden, ob die Zündspannungsverhältnisse die Zündung bei dem eingestellten Zündwinkel zulassen.

Abb. 112 zeigt uns so die Konstruktion des Kurzschlußstromes der Zweiphasengleichrichter bei 60^0 Zündverzögerung. Oben sind die beiden sekundären Phasenspannungen und die Gleichrichterspannung gezeichnet. Das Brenndauerschema darüber folgt aus der Bedingung, daß die Gleichrichterspannung Null ist. Es stellt sich eine entsprechende Überschneidung der Anodenströme ein. Unten ist die Zusammensetzung des Anodenstromes aus Teilen des Kurzschlußstromes i_{2eV}, der die Umschaltung bewirkt, und dem konstanten Teil gezeigt (vgl. Abb. 63). Der Kurzschlußstrom bei Kurzschluß der verketteten Spannungen i_{2eV} und der Anodenkurzschlußstrom i_{2eA} sind beim Zweiphasengleichrichter gleich. Außerdem besteht beim Zweiphasengleichrichter mit großer Kathodendrossel kein Unterschied, ob die Strombegrenzung durch unverkettete oder verkettete Streuinduktivitäten bzw. Anodendrosseln oder eine Primärdrossel erfolgt, sofern man den Anodenkurzschlußstrom kennt.

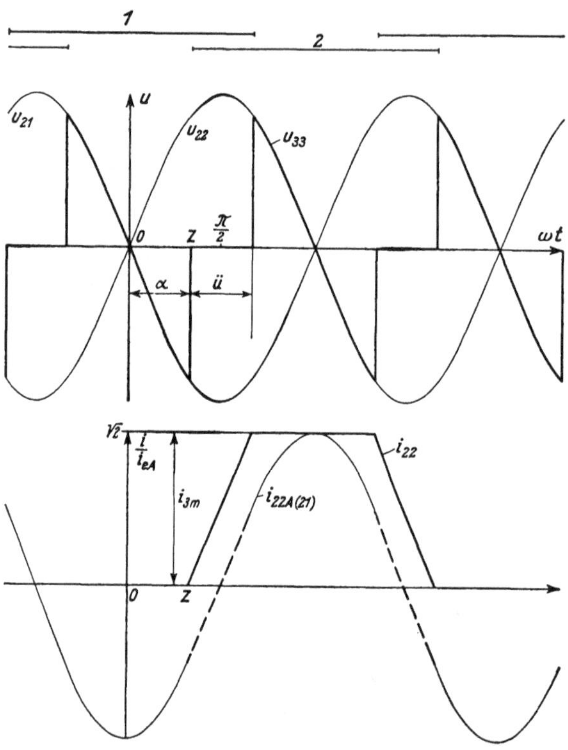

Abb. 112. Gleichrichterspannung und Kurzschlußstrom des gesteuerten Zweiphasengleichrichters mit großer Kathodendrossel bei $\alpha = 60°$.

Wenn nur eine Anode Strom führt, liegt nach Abb. 111 immer die Wechselspannung vorwiegend an der Kathodendrossel, so daß die Anode, die zünden soll, die volle verkettete Spannung erhält. Abb. 112 zeigt uns, daß bei Verringerung der Zündverzögerung α die Umschaltzeit $ü$ um den doppelten Winkel ansteigt und der Kathodenstrom bzw. mittlere Anodenstrom proportional mit $\cos \alpha$ zunimmt, wie Kurvenblatt 29 angibt.

Abb. 113 und 114 zeigen die Konstruktion des Kurzschlußstromes des Dreiphasengleichrichters und sind zu vergleichen mit Abb. 66 bis 68. Auch beim Dreiphasengleichrichter mit großer Kathodendrossel ist die Verkettung der Induktivitäten ohne Bedeutung, da sie keinen Einfluß auf die Zündspannungsverhältnisse hat. Im Bereich geringer Aussteuerung (Abb. 113, $\alpha = 60°$, $\cos \alpha = 0{,}5$) überschneiden sich nur

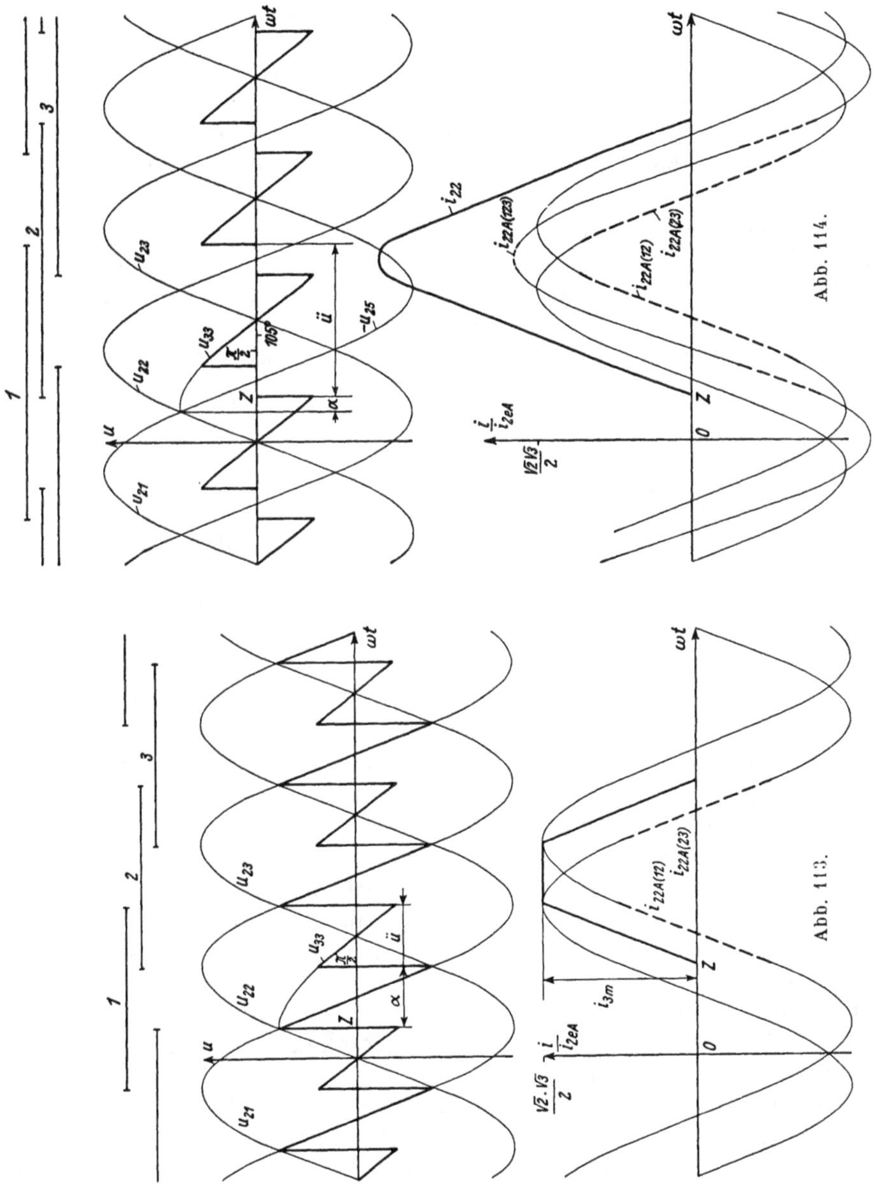

Abb. 113. Abb. 114.

Abb. 113 und 114. Gleichrichterspannung und Kurzschlußstrom des gesteuerten Dreiphasengleichrichters mit großer Kathodendrossel bei $\alpha = 60°$ und $\alpha = 15°$.

zwei Anodenströme, während bei höherer Aussteuerung (Abb. 114, $\alpha = 15^0$, $\cos\alpha = 0{,}96$) auch alle drei Anodenströme gleichzeitig Strom führen können. Abb. 113 und 114 zeigt wieder oben die Phasenspannungen und die Gleichrichterspannung. Unten sind die Umschaltwechselströme gezeichnet, die auch in Abb. 66 und 68 benutzt wurden.

Wir sehen den Zusammenhang zwischen Brenndauerschema und Gleichrichterspannung sowie die Zusammensetzung des Anodenstromes. Bis zur Zündverzögerung $\alpha = 30^0$ ($\cos\alpha = 0{,}87$) tritt noch kein Überschneiden aller drei Anodenströme ein, bis dahin steigt der Kurzschlußstrom, wie Blatt 29 zeigt, auch proportional der Aussteuerung an, aber weniger steil wie beim Zweiphasengleichrichter. Von $\alpha = 30^0$ ($\cos\alpha = 0{,}87$) bis $\alpha = 0$ ($\cos\alpha = 1$) ist der Anstieg des Stromes mit der Aussteuerung bedeutend steiler. Bei voller Aussteuerung, $\alpha = 0$, ist der Zündwinkel $z = 30^0$, und daher ist noch nicht der Kurzschlußstrom des ungesteuerten Gleichrichters erreicht, denn bei diesem liegt der Zündwinkel im Kurzschluß bei $z = 0^0$, wie wir im Kapitel F an Hand von Abb. 68 gesehen haben. Für den voll ausgesteuerten Dreiphasengleichrichter ist dementsprechend $\frac{i_{2\,m\,K}}{i_{2\,e\,A}} = 1{,}2$ gegenüber 1,41 beim ungesteuerten Gleichrichter (vgl. Kurvenblatt 17).

Unsere Überlegungen gelten nicht nur für die Stern-Stern- oder Dreieck-Sternschaltung, für welche die Ersatzschaltung nach Abb. 111 gilt, sondern auch für die anderen Zwei- und Dreiphasenschaltungen.

Während bei diesen Schaltungen die Zündspannungsverhältnisse bei unverketteten anodenseitigen Induktivitäten die gleichen sind, wie bei verketteten anodenseitigen Induktivitäten und Primärinduktivitäten, tritt bei den Doppeldreiphasen- und Sechsphasenschaltungen im zweiten Falle eine Beeinflussung der Zündspannungsverhältnisse ein, die im ersten Falle fehlt. Wir betrachten daher für diese Schaltungen die beiden Grenzfälle gesondert: 1. Die Kurzschlußstrombegrenzung liegt vorwiegend in unverketteten anodenseitigen Induktivitäten (unverketteten Streuinduktivitäten, unverketteten Anodendrosseln), oder 2. sie liegt vorwiegend in verketteten oder unverketteten, primärseitigen Induktivitäten und verketteten anodenseitigen Induktivitäten.

Der Doppeldreiphasengleichrichter mit unverketteten anodenseitigen Induktivitäten hat genau die gleichen Stromverhältnisse wie der Dreiphasengleichrichter nach Abb. 113 und 114, da keine gegenseitige Beeinflussung der beiden phasenverschobenen Gleichrichter möglich ist. So gilt hier auch die Kurzschlußstromkennlinie der Dreiphasengleichrichter nach Kurvenblatt 29.

Bei Verkettung der Anodeninduktivitäten oder primärseitigen Induktivitäten tritt solange keine Beeinflussung ein, als der Umschaltvorgang des einen Systems den des anderen nicht überschneidet. Die Grenze zeigte uns für den ungesteuerten Doppeldreiphasengleichrichter Abb. 72. Für den gesteuerten Doppeldreiphasengleichrichter im Kurzschluß würde Abb. 113 mit $\alpha = 60^0$ für eines der Dreiphasensysteme gelten. Wenn wir uns ein zweites Brenndauerschema um 60^0 verschoben denken, so erhalten wir das der Abb. 72. Die Abb. 73 bis 75 haben uns gezeigt, wie beim ungesteuerten Doppeldreiphasengleichrichter im Kurz-

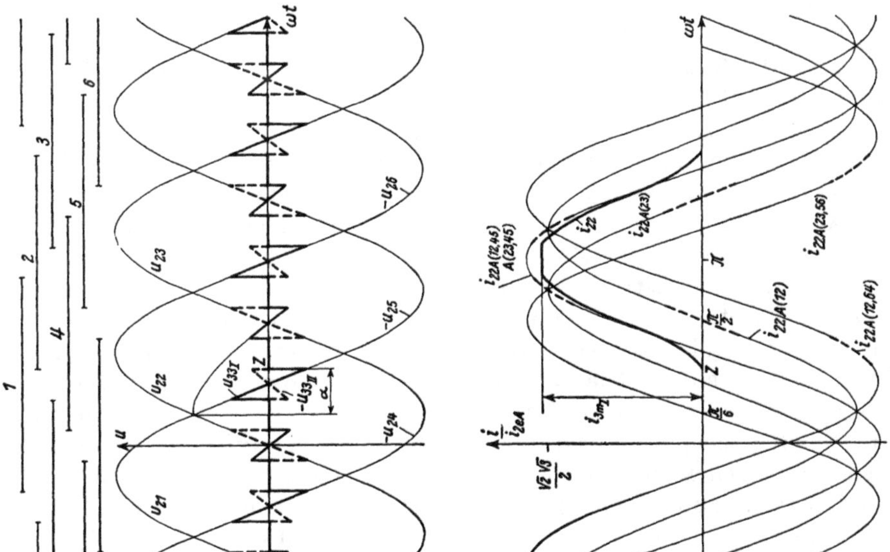

Abb. 115.

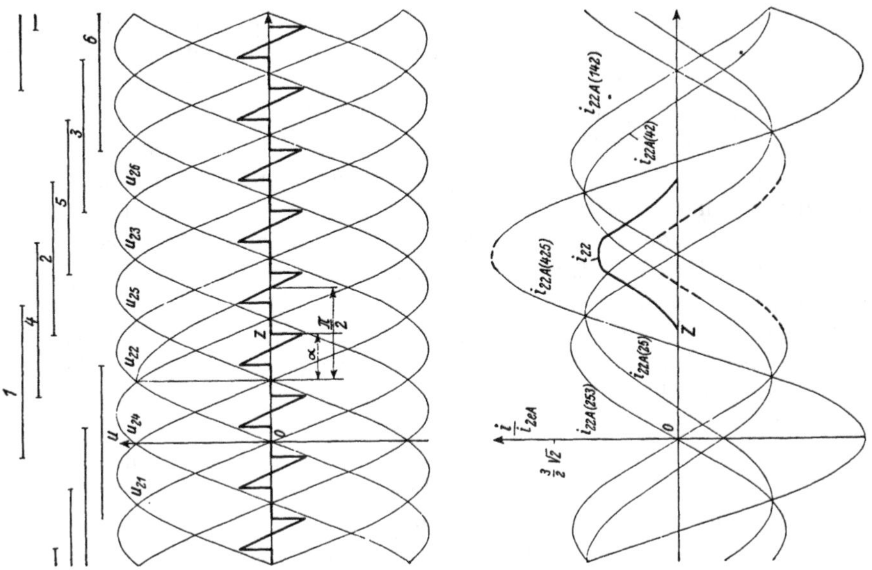

Abb. 116.

Abb. 115 und 116. Gleichrichterspannung und Kurzschlußstrom des gesteuerten Doppeldreiphasen- und Sechsphasengleichrichters mit großer Kathodendrossel bei $\alpha = 45°$.

schluß eine Zündverzögerung von 30⁰ entsteht. Auf den gleichen Kurzschlußstrom kommen wir daher auch beim gesteuerten Gleichrichter mit $\alpha = 30^0$. Im Zwischenbereich ($30^0 < \alpha < 60^0$), z. B. für $\alpha = 45^0$, ergeben sich Spannungs- und Stromverhältnisse nach Abb. 115, die leicht im Zusammenhang mit Abb. 75 zu verstehen sind.

Wenn wir die Zündverzögerung unter 30° herabsetzen, so stellen sich je nach der Art der Steuerung verschiedene Verhältnisse ein. Wird mit breiten positiven Halbwellen, z. B. mit einer sinusförmigen Spannung gesteuert, so bleiben die Stromverhältnisse des ungesteuerten Gleichrichters erhalten. Die Zündverzögerung bleibt bei 30° bestehen. Wird dagegen mit schmalen positiven Spannungsspitzen, die einer negativen Vorspannung überlagert sind, gesteuert und ist nur beim eingestellten Zündzeitpunkt eine Zündung möglich, so fällt eines der Dreiphasensysteme aus. Bei 15° Zündverzögerung z. B. wird eines der Systeme rein dreiphasige Stromverhältnisse nach Abb. 114 zeigen. Betrachten wir an einem Beispiel, daß tatsächlich die Anoden des zweiten Systems nicht zünden können. Während des Ablösungsvorganges von Anode *1* auf *2* müßte nach Abb. 114 Anode *5* bei $\omega t = 105^0$ zünden können. Die Anodenspannung der Anode *5* ist aber dabei $-2u_{33\,\mathrm{I}}$, wie auf. S. 127 gezeigt, so daß erst nach $\omega t = 120^0$, dem Nulldurchgang von $u_{33\,\mathrm{I}}$, eine Zündung möglich ist. Im Kurvenblatt 29 folgt also die Kurzschlußstromkennlinie des Doppeldreiphasengleichrichters mit primärseitigen Induktivitäten zunächst der des Dreiphasengleichrichters und verläuft dann sehr flach. Der letzte Teil ist gestrichelt, weil hier bei Spitzensteuerung die des Dreiphasengleichrichters gilt. Es ist zu beachten, daß bei der hier möglichen Dreiphasenbetriebsweise nur eines Systems der gesamte Kathodenkurzschlußstrom $i_{3\,m\,K}$, nur das Dreifache des Anodenkurzschlußstromes $i_{2\,m\,K}$ ist.

Beim Sechsphasengleichrichter sind die Stromverhältnisse im Kurzschluß für unverkettete Anodendrosseln ebenfalls verschieden von denen für verkettete Anodendrosseln oder Primärdrosseln. Die Konstruktion der Anodenströme im Kurzschluß bei unverketteten Anodendrosseln sei hier nur angedeutet. Man geht wieder von 90° Zündverzögerung aus, wobei jeder Anodenstrom 60° Brenndauer hat. Bei abnehmender Zündverzögerung steigt die Brenndauer immer um den doppelten Betrag, um den die Zündverzögerung abnimmt. Daraus ergibt sich das jeweilige Brenndauerschema. Die zugehörige Gleichrichterspannung folgt in jedem Zeitabschnitt dem der mittleren Spannung zwischen allen beteiligten Phasenspannungen. Den Anodenstromverlauf findet man dann wieder aus Teilen der entsprechenden Umschaltströme. Den mittleren Anodenstrom abhängig von der Aussteuerung enthält Kurvenblatt 29 strichpunktiert. Bei voller Aussteuerung (Zündwinkel $z = 60^0$) wird noch nicht der Strom des ungesteuerten Gleichrichters erreicht. Es führen dauernd nur 4 Anoden Strom, während beim ungesteuerten Gleichrichter der Zündwinkel bei $z = 0$ liegt, und dauernd alle 6 Anoden Strom führen. So endigt die Kennlinie in Kurvenblatt 29 bei $\frac{i_{2\,m\,K}}{i_{2\,e\,A}} = 0{,}81$, während beim ungesteuerten Gleichrichter $\frac{i_{2\,m\,K}}{i_{2\,e\,A}}$ auf $\sqrt{2}$ ansteigt.

Während bei unverketteten Anodendrosseln die augenblickliche Gleichrichterspannung erst dann Null ist, wenn alle sechs Anoden gleichzeitig Strom führen, wird im Gegensatz dazu der Augenblickswert der Gleichrichterspannung bei verketteten Anodendrosseln oder Primärdrosseln bereits dann Null, wenn drei aufeinanderfolgende Anoden gleichzeitig stromführend sind. Die Konstruktion des Anodenstromes des gesteuerten Gleichrichters im Kurzschluß schließt sich an die des ungesteuerten bei abnehmender Gleichrichterspannung nach Abb. 77 u. 78 an. Als Beispiel diene Abb. 116 für 45° Zündverzögerung. Die Gleichrichterspannung verläuft entweder auf der Phasenspannung oder auf der mittleren Spannung zwischen zwei aufeinanderfolgenden Phasenspannungen, oder sie ist Null, je nachdem ob 1, 2 oder 3 Anoden gleichzeitig stromführend sind. Die mittlere Gleichrichterspannung muß im Kurzschluß Null sein. Danach ergibt sich Brenndauerschema und Verlauf der Gleichrichterspannung bei verschiedener Zündverzögerung. Im Bereich zwischen 90 und 60° Zündverzögerung entsprechen die Stromverhältnisse denen des Dreiphasengleichrichters nach Abb. 114. Das Brenndauerschema bei $\alpha = 60^0$ stimmt mit dem in Abb. 77 überein, ist nur dagegen um 60° verzögert. Man kann sich an Hand von Abb. 77 leicht klarmachen, welche Stromform und Gleichrichterspannung sich bei einer Verschiebung des Brenndauerschemas um 60° einstellen. Die Konstruktion von Gleichrichterspannung und Stromform im Bereich zwischen 60° und 30° schließt an Abb. 78 an. Wenn wir das Brenndauerschema dort um 15° verschieben, erhalten wir die Lage in Abb. 116 mit 45° Zündverzögerung (der ungesteuerte Gleichrichter enthält in dem Betriebsfall nach Abb. 78 bereits 30° Zündverzögerung) und erkennen den Übergang auf die Gleichrichterspannung der Abb. 116. Der Anodenstrom in Abb. 116 unten ergibt sich auf Grund des Brenndauerschemas aus Teilen der gleichen Umschaltströme wie in Abb. 78, da der ungesteuerte Gleichrichter im Kurzschluß 30° Zündverzögerung aufweist, so weist der gesteuerte Gleichrichter bei dieser Zündverzögerung den Kurzschlußstrom des ungesteuerten auf, der in Abb. 78 unten strichpunktiert ist. Wenn mit breiten positiven Halbwellen gesteuert wird, bleibt dieser Zustand auch für eingestellte Zündverzögerungen zwischen 30 und 0 erhalten. Wenn aber mit schmaler Spitze gesteuert wird, so fallen im Bereich 30° bis 0° eingestellte Zündverzögerung einzelne Anoden aus, worauf wir nicht weiter eingehen wollen.

Auf Grund der Konstruktion des Anodenstromes läßt sich leicht der mittlere Anodenstrom berechnen, indem man zu irgendeinem Zeitpunkt die Summe der augenblicklichen Anodenströme, entsprechend dem Brenndauerschema, d. h. den Kathodenstrom, berechnet und durch $P = 6$ teilt. Kurvenblatt 29 zeigt, daß die Abhängigkeit des mittleren Anodenstromes von der Aussteuerung ähnlich der des Doppel-Dreiphasengleichrichters ist.

Da die Kathodendrossel, wie gesagt, im Kurzschlußfalle infolge Übersättigung versagen kann und außerdem ungesteuerte Gleichrichter häufig ohne Kathodendrossel ausgeführt werden, ist es notwendig, noch die Kurzschlußverhältnisse ohne Kathodendrossel zu betrachten. Wir beschränken uns dabei auf den ungesteuerten und voll ausgesteuerten Gleichrichter. Für den ungesteuerten Gleichrichter mit verketteten anodenseitigen oder primären Induktivitäten gelten die Anfangswerte der Kurven in Blatt 12 bis 14a. Es besteht kein Unterschied zwischen voll ausgesteuertem und ungesteuertem Gleichrichter, weil nach Kapitel F der Zündwinkel im Kurzschluß mindestens größer als der kleinste Zündwinkel bei voller Aussteuerung ist.

Bei unverketteten anodenseitigen Induktivitäten sind in den Schaltungen ohne Kathodendrossel die Anodenströme unabhängig voneinander gleich denen des Einphasengleichrichters mit Anodeninduktivität. Es gelten dafür die Werte in Kurvenblatt 2. Beim ungesteuerten Gleichrichter ist der Zündwinkel im Kurzschluß $z = 0$, beim voll ausgesteuerten Gleichrichter ist $z = 30^0$ für $P = 3$ oder $2 \cdot 3$ und $z = 60^0$ für $P = 6$.

Die Kurzschlußstromwerte sind in Zahlentafel 5 zusammengefaßt, und zwar für den ungesteuerten und voll ausgesteuerten Gleichrichter. Allgemein können wir feststellen, daß nur dann ein Unterschied zwischen beiden Fällen besteht, wenn der Zündwinkel des ungesteuerten Gleichrichters im Kurzschluß kleiner ist als der Zündwinkel des gesteuerten Gleichrichters bei voller Aussteuerung.

Bei den Doppel-Dreiphasen- und Sechsphasenschaltungen ist als Bezugswert der Wechselkurzschlußstrom bei Kurzschluß aller sechs sekundären Phasen, $i_{2eA(1:6)}$ gewählt, im Gegensatz zu dem bisher benutzten Kurzschlußstrom bei Kurzschluß nur dreier Phasen, i_{2eA}. Bei nur unverketteten anodenseitigen Induktivitäten sind beide Kurzschlußströme gleich, bei nur anodenseitigen verketteten und primärseitigen Induktivitäten ist der sechsphasige Kurzschlußstrom $i_{2eA(1:6)}$ halb so groß, und entsprechend verdoppeln sich die Verhältniswerte in Zahlentafel 5. Die Wahl von $i_{2eA(1:6)}$ als Bezugswert ermöglicht die Stromverhältnisse in der praktischen Schaltung zu beurteilen, wo beide Arten von Induktivitäten vorhanden sind.

Verkettung der anodenseitigen Induktivitäten bedeutet zunächst, daß diese auf einem dreischenkligen Kern angeordnet sind. Ebenso wie verkettete anodenseitige Induktivitäten wirken unverkettete oder verkettete primärseitige Induktivitäten. Im natürlichen Transformator sind nun in der Hauptsache folgende Induktivitätsarten enthalten:

1. Unverkettete primärseitige Streuinduktivitäten. Ihre Wirkung entspricht dreischenklig verketteten Anodendrosseln.

2. Verkettete sekundäre Streuinduktivitäten. Dabei ist die Verkettung nur so, daß alle auf dem gleichen Schenkel liegenden Sekundär-

wicklungen einen gemeinsamen Streufluß besitzen. Diese Art der Verkettung ist von Bedeutung, wenn mehrere Sekundärwicklungen auf einen Schenkel sind. Die Untersuchung der Zündspannungsverhältnisse und der Umschaltströme zeigt für die entsprechenden Schaltungen mit und ohne Kathodendrossel: Bei sekundärer Zickzack- und Gabelschaltung haben je Schenkel verkettete Streuinduktivitäten die gleiche Wirkung wie dreischenklig verkettete Anodendrosseln. Das gleiche gilt für die Doppel-Dreiphasenschaltungen. Anders ist es bei der Sechsphasenschaltung mit Dreieck-Sternschaltung des Transformators. Hier arbeiten ohne Kathodendrossel im Kurzschluß die beiden Wicklungen jeden Schenkels wie ein Zweiphasengleichrichter mit verketteten Anodendrosseln. Dementsprechend ist die Brenndauer im Kurzschluß $\beta_K = 180^0$, es tritt 30^0 Zündverzögerung ein und für den mittleren Anodenstrom gilt $\frac{\dot{i}_{2\,m\,K}}{\dot{i}_{2\,c\,A\,(1\,:\,6)}} = 0{,}90$ an Stelle des Wertes von 0,78 in Zahlentafel 5. Mit großer Kathodendrossel kommt man in diesem Falle zu einem Kurzschlußstrom, der übereinstimmt mit dem des Doppel-Dreiphasengleichrichters nach Abb. 75 und dementsprechend den gleichen Verhältniswert hat. Diese Werte enthält Zahlentafel 5 unten.

3. Unverkettete sekundäre Streuinduktivitäten, die zu Streuflüssen gehören, die nur je eine sekundäre Wicklung umfassen. Ihre Wirkung entspricht unverketteten Anodendrosseln.

Bei den Sechsphasenschaltungen mit sekundärer Gabelschaltung haben wir noch den Fall zu berücksichtigen, daß die Ausgangswicklungen eines Schenkels so verkettet sind, daß sie nur einen gemeinsamen Streufluß aufweisen. Die Untersuchung der Zündspannungsverhältnisse und der Umschaltströme zeigt hier Kurzschlußstromformen und Verhältniswerte, die von den bisher behandelten abweichen. Das Ergebnis enthält Zahlentafel 5 unten. Beim ungesteuerten Gleichrichter erhalten wir mit und ohne Kathodendrossel 300^0 Brenndauer im Kurzschluß, bei einem Zündwinkel von 30^0, übereinstimmende Stromformen und daher gleiche Verhältniswerte. Beim vollausgesteuerten Gleichrichter mit $z = 60^0$ wird mit und ohne Kathodendrossel die Brenndauer 240^0, die Stromformen sind verschieden voneinander und damit auch die Verhältniswerte. Die Kurzschlußströme haben im wesentlichen Trapezform mit Anstieg und Abfall innerhalb von 120^0 bzw. 60^0 und konstanten 60^0 breiten Teil bzw. schwach welligen 120^0 breiten Teil. Auf die Wiedergabe sei hier verzichtet[1]).

Die bisherige Betrachtung setzt voraus, daß ausschließlich eine der Induktivitätsarten vorhanden ist.

Die Zahlentafel zeigt uns dabei, daß die Verkettung der sekundärseitigen Induktivitäten ebenso wie primärseitige Induktivitäten wesentlich kleinere Kurzschlußströme ergeben als unverkettete sekundärseitige In-

[1]) Vgl. Schilling, Berechnung der Kurzschlußströme in Gleichrichterschaltungen. E. u. M. 1938.

duktivitäten. Der Grund liegt darin, daß die Verkettung Zündverzögerung und kleine Brenndauer im Kurzschluß verursacht, während bei unverketteten Induktivitäten beim ungesteuerten Gleichrichter sogar Zündverfrühung und damit große Brenndauer erreicht wird[1]).

Wenn nun im praktischen Transformator die Streuinduktivitäten alle Arten von Induktivitäten darstellen, ist es fraglich, ob der Anteil der unverketteten sekundären Induktivitäten ausreicht, um der Zündverzögerung entgegenzuwirken bzw. die Zündverfrühung beim ungesteuerten Gleichrichter zu erzwingen. Das hängt auch ab von der Sekundärspannung des Transformators, denn je größer diese ist, desto mehr Spannungsabfall entfällt im Kurzschluß auf die unverketteten Streuinduktivitäten. Da meist die Größe der unverketteten Streuinduktivität nicht vorliegt, so kann der praktische Kurzschlußstrom nur durch die Werte unter U und V eingegrenzt werden.

Meßtechnisch kann man die Frage, ob die unverketteten Induktivitäten maßgebend für die Stromform sind, entscheiden, indem man den Kurzschlußstrom bei Kurzschluß aller Anoden aus der verhältnismäßigen Kurzschlußspannung berechnet und dem Transformator an der geöffneten Kurzschlußstelle einer Anode aufzwingt, bei netzseitigem Kurzschluß. Man mißt dann eine Spannung, die vorwiegend dem Spannungsabfall an den unverketteten Induktivitäten entspricht und die Anodenspannung der betreffenden Anode vor der Zündung darstellt. Es hängt dann von der Zündspannung der Stromrichter bei der Kurzschlußbelastung ab, ob eine Zündung im Nulldurchgang dieser Spannung möglich ist.

Es zeigt sich bei den ungesteuerten Doppel-Dreiphasen- und Sechsphasenschaltungen für den Fall, daß verkettete und unverkettete Streuinduktivitäten vorhanden sind, diese aber die Stromform bestimmen, daß die verketteten Streuflüsse im Kurzschluß immer so erregt werden wie beim sechsphasigen Transformatorkurzschluß. Das ergibt sich, wenn wir den sechsphasigen Kurzschluß vergleichen mit dem Kurzschluß entsprechend der Zahl der bei Kathodenkurzschluß gleichzeitig stromführenden Anoden. Daher sind bei Wahl des sechsphasigen Kurzschlußstromes als Bezugswert die unter U angegebenen Zahlenwerte, die zunächst berechnet wurden für den Fall ausschließlich anodenseitiger unverketteter Induktivitäten, auch hierfür gültig.

Wenn umgekehrt die verketteten Streuinduktivitäten die Stromform bestimmen, wäre es in den Fällen mit einer Brenndauer im Kurzschluß $\beta_K < 180^0$ richtiger den dreiphasigen Kurzschlußstrom als Bezugswert zu wählen, weil die Erregung der verketteten Streuflüsse im Kurzschluß dem dreiphasigen Kurzschluß entspricht. In diesen Fällen gilt dann für $\frac{i_{2mK}}{i_{2eA}}$ die Hälfte des in Tabelle 5 angegebenen Wertes für $\frac{i_{2mK}}{i_{2eA(1 \div 6)}}$.

[1]) Man beachte, daß bei gesonderten Anodendrosseln durch Verkettung (Aufeinanderlegen von Luftspulen) der Bezugswert $i_{2eA(1 \div 6)}$ auf den halben Wert sinkt.

Bei geringem Anteil der unverketteten Streuinduktivitäten gilt für die beiden Kurzschlußströme $i_{2eA} = 2i_{2eA(1\div 6)}$, so daß die Wahl des Bezugswertes gleichgültig wäre. Praktisch muß aber möglichst die Kurzschlußmessung gewählt werden, bei der die Stromverteilung im Transformator mit der bei Kathodenkurzschluß übereinstimmt. In Tabelle 5 wurde trotzdem auch in diesen Fällen $i_{2eA(1\div 6)}$ als Bezugswert beibehalten, um übersichtlich zu zeigen, durch welche Werte der praktische Kurzschlußstrom eingegrenzt wird, wenn alle Induktivitätsarten vorhanden sind.

Praktisch liegt der mittlere Anodenstrom im Kurzschluß unter den Werten nach Zahlentafel 5. Die nicht berücksichtigten ohmschen Widerstände in allen Zweigen der Schaltung und die Brennspannung, die immer noch als restliche Gegenspannung übrigbleibt und bei den hohen Kurzschlußströmen wesentlich höher als normal sein kann, setzen den Kurzschlußstrom herab. Wir können den Einfluß des ohmschen Widerstandes im Kathodenzweig und der Brennspannung abschätzen an Hand des Verlaufes der Kennlinien in Kurvenblatt 12 bis 19. Diese zeigen uns die Abnahme des Kurzschlußstromes mit steigender Gegenspannung (= Brennspannung + ohmscher Spannungsabfall in diesem Falle) für den ungesteuerten Gleichrichter mit verketteten anodenseitigen Induktivitäten oder primärseitigen Induktivitäten. Diese Kennlinien gelten zum Teil auch für den voll ausgesteuerten Gleichrichter. Für den Fall unverketteter, anodenseitiger Induktivitäten ohne Kathodendrossel gilt Kurvenblatt 11, mit Kathodendrossel gelten meist die gleichen Kennlinien wie bei verketteten Induktivitäten. In Zahlentafel 5 ist angegeben, welches Blatt dem Einzelfalle zugehört. Wenn die Kennlinien im Kurzschlußpunkt flach verlaufend beginnen, ist der Einfluß der Brennspannung und des ohmschen Spannungsabfalles auf die Höhe des Kurzschlußstromes gering. Verläuft aber die Kennlinie steil abfallend vom Kurzschlußpunkt aus, so ist die erhöhte Brennspannung zu berücksichtigen. Man vergleiche in dieser Beziehung z. B. Kurvenblatt 14 mit 11.

Damit wir uns eine Vorstellung von der Größe des Anodenstromes im Kurzschluß gegenüber dem Normalstrom machen können, sei der in Zahlentafel 5 angegebene Wert $\frac{i_{2mK}}{i_{2eA}}$ verglichen mit dem Stromverhältnis bei Normallast $\frac{i_{2m}}{i_{2eA}}$. Dieses können wir auf die verhältnismäßige Kurzschlußspannung des Transformators bzw. der Anlage zurückführen.

$$\frac{i_{2m}}{i_{2eA}} = \left[\frac{1}{P}\frac{i_{3m}}{i_{0e}} \cdot \frac{i_{0eA}}{i_{2eA}}\right] \cdot \frac{i_{0e}}{i_{0eA}} \quad (316)$$

Die eckige Klammer hat nach Zahlentafel 3 für $P = 3$ den Wert $= 0{,}707$ unabhängig von der besonderen Transformatorschaltung. Bei einer

Kurzschlußspannung der Anlage von bspw. 8%, wird für die Dreiphasenschaltung $\frac{i_{2m}}{i_{2eA}} = 0{,}08 \cdot 0{,}707 = 0{,}0565$, und da nach Zahlentafel 5 $\frac{i_{2mK}}{i_{2eA}} = 1{,}17 \div 1{,}41$ ist, so ist mit 20÷25facher Stromsteigerung im Kurzschluß zu rechnen. Für die Doppel-Dreiphasen- und Sechsphasenschaltungen gehen wir auf die verhältnismäßige Kurzschlußspannung bei sechsphasigem Kurzschluß zurück

$$\frac{i_{2m}}{i_{2eA(1:6)}} = \left[\frac{1}{P}\frac{i_{3m}}{i_{0e}} \cdot \frac{i_{0e}}{i_{2eA(1:6)}}\right] \cdot \frac{i_{0e}}{i_{0eA(1:6)}}$$

und erhalten für den Klammerausdruck:

$$P = 2 \times 3 \qquad [\;] = 0{,}816$$
$$P = 6 \qquad [\;] = 0{,}70$$

8. Die Viermal-Dreiphasenschaltung und die Dreimal-Vierphasenschaltung.

Nach dem Vorbild der Doppel-Dreiphasenschaltung lassen sich höherphasige Schaltungen bilden, die den Vorteil aufweisen, daß der Oberschwingungsgehalt im Netzstrom geringer ist und sich nach höheren Frequenzen hin verschiebt.

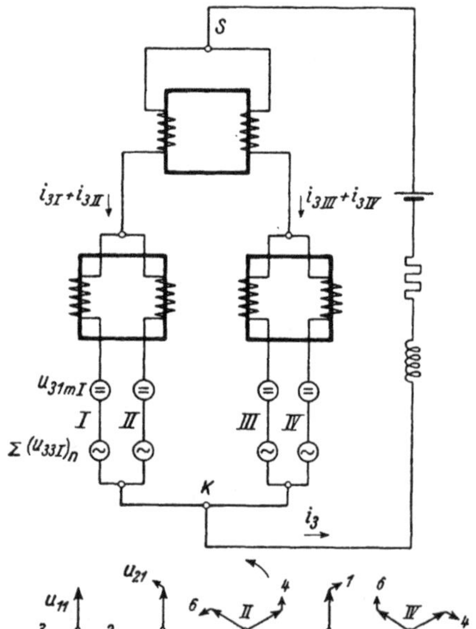

Abb. 117. Schema zur Veranschaulichung der Wirkungsweise der Viermal-Dreiphasenschaltung.

Wir haben an Hand von Abb. 39 gesehen, daß die Doppel-Dreiphasenschaltung die Parallelschaltung zweier Dreiphasensysteme über eine Saugdrossel darstellt, deren Spannungssterne um 60° gegeneinander verschoben sind. Man kannn nun zwei solcher Doppel-Dreiphasenschaltungen, deren Spannungssterne gegeneinander in der Phase um 30° verschoben sind, wieder über eine weitere Saugdrossel parallelschalten. So entsteht die Viermal-Dreiphasenschaltung. Die vier Spannungssterne sind im Zusammenhang mit dem Netzphasenspannungsstern in Abb. 117 unten gezeichnet. Man erreicht die Phasenverschiebung von 30° zwischen den Sternpaaren, indem eine verkürzte Zickzackwicklung angewendet wird, so daß das eine Sternpaar um 15° voreilt und das andere Paar um 15° nacheilt. Die verkürzte Wicklung muß eine um den Faktor $\frac{\sin 15^0}{\sin 45^0} = 0{,}366$ kleinere Windungszahl als die Hauptwicklung aufweisen.

Um die Parallelschaltung zu verstehen, denken wir uns nach Abb. 117 jedes der Dreiphasensysteme ersetzt durch eine Gleichspannungsquelle, die die mittlere Gleichspannung liefert und eine Wechselspannungsquelle, die die Oberschwingungen liefert, deren Frequenzen das $n$fache der Netzfrequenz betragen. Am Kathodenzweig zwischen K und S erscheint zunächst die für alle Systeme gleiche mittlere Gleichspannung. Bezeichnen wir weiter die einzelnen Oberschwingungen der vier Dreiphasensysteme mit $(u_{33\,\mathrm{I}})_n$, $(u_{33\,\mathrm{II}})_n$, $(u_{33\,\mathrm{III}})_n$ und $(u_{33\,\mathrm{IV}})_n$, so liegen an den Saugdrosseln folgende verkettete Spannungen:

An der Saugdrossel des ersten bzw. zweiten Systems

$$\Sigma\,(u_{33\,\mathrm{I}})_n - \Sigma\,(u_{33\,\mathrm{II}})_n \text{ bzw. } \Sigma\,(u_{33\,\mathrm{III}})_n - \Sigma\,(u_{33\,\mathrm{IV}})_n \quad . \; . \; (317)$$

und an der gemeinsamen Saugdrossel

$$\frac{1}{2}\,[\Sigma\,(u_{33\,\mathrm{I}})_n + \Sigma\,(u_{33\,\mathrm{II}})_n] - \frac{1}{2}\,[\Sigma\,(u_{33\,\mathrm{III}})_n + \Sigma\,(u_{33\,\mathrm{IV}})_n]. \quad . \; (318)$$

Die gemeinsame Gleichrichterspannung zwischen den Punkten K und S weist eine überlagerte Wechselspannung auf, die der Mittelwert aller vier System-Wechselspannungen ist:

$$\frac{1}{4}\,[\Sigma\,(u_{33\,\mathrm{I}})_n + \Sigma\,(u_{33\,\mathrm{II}})_n + \Sigma\,(u_{33\,\mathrm{III}})_n + \Sigma\,(_{33\,\mathrm{IV}})_n] \quad . \; . \; . \; (319)$$

Wenn wir nun bedenken, daß die einzelnen Wechselspannungen jedes Dreiphasensystems gegeneinander um je 30°, bezogen auf die Netzfrequenz, verschoben sind und Frequenzen enthalten, deren Ordnungszahl $n = k \cdot P$ ist, wobei $P = 3$ und $k = 1, 2, 3$ ist, so ergeben sich folgende Phasenverschiebungen zwischen den einzelnen Oberschwingungen und daraus die einzelnen Spannungen:

P	k	n	I $n \cdot 0$	II $n \cdot 30^0$	III $n \cdot 2 \cdot 30$	IV $n \cdot 3 \cdot 30$	u_{Drossel} $P = 2 \times 3$	u_{Drossel} $P = 2 \times (2 \times 3)$	u_{33}
3	1	3	0	90	180	270	$2 \cdot (u_{33\,\mathrm{I}})_3$	0	0
	2	6	0	180	360	180 + 360	0	$2 \cdot (u_{33\,\mathrm{I}})_6$	0
	3	9	0	270	180 + 360	90 + 2 · 360	$2 \cdot (u_{33\,\mathrm{I}})_9$	0	0
	4	12	0	360	2 · 360	3 · 360	0	0	$(u_{33\,\mathrm{I}})_{12}$
	5	15	0	90 + 360	180 + 2 · 360	270 + 3 · 360	$2 \cdot (u_{33\,\mathrm{I}})_{15}$	0	0
	6	18	0	180 + 360	360 + 2 · 360	180 + 4 · 360	0	$2 \cdot (u_{33\,\mathrm{I}})_{18}$	0
	7	21	0	270 + 360	180 + 3 · 360	90 + 5 · 360	$2 \cdot (u_{33\,\mathrm{I}})_{21}$	0	0
	8	24	0	2 · 360	4 · 360	6 · 360	0	0	$(u_{33\,\mathrm{I}})_{24}$

Die Kenntnis der Phasenverschiebungen ermöglicht die einzelnen Oberschwingungen der Saugdrosselspannungen durch Oberschwingungen der Spannung des ersten Systems auszudrücken, wie sie in der Aufstellung rechts enthalten sind. Man übersieht danach, wie sich die einzelnen Oberschwingungen der Ausgangsspannungen auf die Saugdrosseln und den Kathodenzweig verteilen. An diesem erscheinen nur Oberschwingungen $k \cdot 12$facher Netzfrequenz. Die Schaltung hat somit den Charakter einer Zwölfphasenschaltung.

Die einzelnen Anodenströme haben aber die günstige Stromführungsdauer der Dreiphasenschaltung von $\beta = 120^0$ gegenüber $\beta = 30^0$ einer einfachen Zwölfphasenschaltung. Dadurch hat das Verhältnis des effektiven Anodenstromes, der auch der Wicklungsstrom ist, zum mittleren Anodenstrom den günstigen Wert der Dreiphasenschaltung. Der Viermal-Dreiphasenbetrieb ist gewährleistet, wenn jedes der Dreiphasensysteme lückenlosen Kathodenstrom führt, d. h. der mittlere Kathodenstrom größer ist als der negative Höchstwert des überlagerten Wechselstromes.

Nun setzt sich der überlagerte Wechselstrom in jedem der Dreiphasensysteme aus dem Magnetisierungsstrom der zugehörigen Saugdrossel und dem halben Magnetisierungsstrom der dritten gemeinsamen Saugdrossel zusammen. (Dabei setzen wir voraus, daß die Kathodendrossel die Wechselströme 12facher Netzfrequenz und deren Vielfache unterdrückt.)

Die Grundfrequenz des einen Stromes beträgt das Dreifache der Netzfrequenz, die des anderen das Sechsfache, der maßgebende Höchstwert ist daher etwa gleich der Summe der Höchstwerte der beiden Magnetisierungsströme. Soll bis zu einem bestimmten kleinsten Belastungsstrom $i_{3m} = (i_{3m})_{\min}$ die Viermal-Dreiphasenbetriebsweise erhalten bleiben, so gilt für die Magnetisierungsinduktivitäten der Saugdrosseln:

$$(i_{3m})_{\min} \gtrsim \sqrt{2}\, \frac{2\,(u_{33\,\mathrm{I}})_3}{3\,(\omega L_{33})_{P=2\times 3}} + \sqrt{2}\, \frac{2\,(u_{33\,\mathrm{I}})_6}{6\,(\omega L_{33})_{P=2\times(2\times 3)}} \tag{320}$$

Umgekehrt kann bei Kenntnis der induktiven Widerstände der minimale Belastungsstrom bestimmt werden. Die induktiven Widerstände hängen ab von der Typenleistung der Saugdrosseln. Für die Saugdrossel der Doppel-Dreiphasenschaltung ist auf S. 213 ff. die Berechnung der Typenleistung, ausgehend von der Scheinleistung, durchgeführt. Die Scheinleistung der entsprechenden Saugdrosseln der Viermal-Dreiphasenschaltung stimmt ohne Berücksichtigung des Umschaltvorganges mit der einer einfachen Doppel-Dreiphasenschaltung überein, die den halben Strom führt. Wenn die Umschaltzeit auf $0 \leq \ddot{u} \leq 30^0$ beschränkt wird, was praktisch bei normalem Betrieb vorliegt, so überschneiden sich die Umschaltzeiten der vier Dreiphasensysteme nicht. Es wird unten gezeigt, daß der Umschaltvorgang eines Systemes die Gleichrichterspannung des mit ihm durch die Saugdrossel verbundenen Systemes nicht ändert, während die Gleichrichterspannungen der beiden anderen Dreiphasensysteme beeinflußt werden. Diese Beeinflussung ist für beide entgegengesetzt gleich, so daß sie in der gemeinsamen Doppel-Dreiphasengleichrichterspannung nicht zum Ausdruck kommt. Daher läßt sich die Spannung der dritten Saugdrossel nach dem Vorbild der Abb. 110 konstruieren, indem man von den unbeeinflußten Dreiphasenspannungen ausgeht, da an dieser Drossel die Differenz der beiden Doppeldreiphasengleichrichterspannungen liegt.

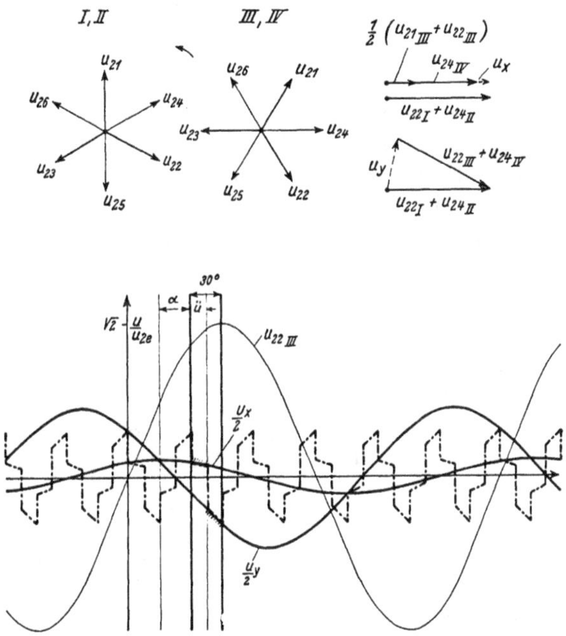

Abb. 118. Saugdrosselspannung der dritten Saugdrossel in der Viermal-Dreiphasenschaltung.

Die Anoden zünden in der Reihenfolge: 1_I 1_{III} 4_{II} 4_{IV} 2_I 2_{III} 5_{II} 5_{IV} 3_I 3_{III} 6_{II} 6_{IV}. Wir betrachten einen Ausschnitt aus der Saugdrosselspannung vom Zündzeitpunkt z der zweiten Anode des dritten Systems an bis zum Zündzeitpunkt $z + 30^0$ der fünften Anode des zweiten Systems. Diesen Bereich teilen wir in zwei Teile: Von z bis $z + ü$ findet der Umschaltvorgang von Anode *1* auf Anode *2* im III. System statt, im I. System führt Anode *2*, im II. System und IV. System Anode *4* Strom. Die an der Saugdrossel liegende Spannung ist in diesem Bereich:

$$z \leq \omega t \leq z + ü,$$

$$\frac{u_x}{2} = u_{\text{Drossel } P=2\times(2\times 3)} = \frac{1}{2}\left[u_{33\,\text{I}} + u_{33\,\text{II}}\right] - \frac{1}{2}\left[u_{33\,\text{III}} + u_{33\,\text{IV}}\right] =$$

$$= \frac{1}{2}\left[u_{22\,\text{I}} + u_{24\,\text{II}} - \frac{(u_{21} + u_{22})_{\text{III}}}{2} - u_{24\,\text{IV}}\right]$$

$$u_{x\,e} = 0{,}23\, u_{2\,e} \quad \ldots \ldots \ldots \ldots \quad (321)$$

Diese Spannung ist in Abb. 118 oben rechts aus den links oben gezeichneten sekundären Spannungen vektoriell konstruiert und unten in ihrem Verlauf dargestellt.

Im zweiten Zeitbereich von $z + ü$ bis $z + 30^0$ findet in keinem der Systeme ein Umschaltvorgang statt; es führen im I. und III. System Anode *2*, im II. und IV. Anode *4* Strom. Die Saugdrosselspannung ist hier:

$$z + \ddot{u} \leq \omega t \leq z + 30^0,$$

$$\frac{u_y}{2} = u_{\text{Drossel } P = 2\times(2\times3)} = \frac{1}{2}\left[u_{33\,\mathrm{I}} + u_{33\,\mathrm{II}}\right] - \frac{1}{2}\left[u_{33\,\mathrm{III}} + u_{33\,\mathrm{IV}}\right] =$$

$$= \frac{1}{2}\left[u_{22\,\mathrm{I}} + u_{24\,\mathrm{II}} - u_{22\,\mathrm{III}} - u_{24\,\mathrm{IV}}\right]$$

$$u_{y\,e} = 0{,}9 \cdot u_{2\,e} \qquad \qquad (322)$$

Diese Spannung ist ebenfalls in Abb. 118 rechts oben konstruiert und unten in ihrem zeitlichen Verlauf eingetragen. Aus diesen Spannungen läßt sich die Saugdrosselspannung konstruieren, wie es für $\alpha = 30^0$ und $\ddot{u} = 15^0$ durchgeführt ist. Da dieser Bereich einer Halbperiode der Saugdrosselspannung entspricht, und diese gleiche Form der positiven und negativen Halbwelle aufweist, so ist die Saugdrosselspannung damit vollständig gegeben. Der Änderung der Zündverzögerung entspricht die Verschiebung des durch starke senkrechte Striche hervorgehobenen Bereiches von 30^0 Breite und der Änderung der Umschaltzeit $\ddot{u}$ die Verschiebung der dünnen senkrechten Linie innerhalb des Bereiches.

An einer Wicklung der Saugdrossel liegt die halbe so konstruierte Spannung (in Abb. 110 ist bereits von vornherein die halbe Spannung konstruiert), deren Effektivwert mal $\frac{i_{3\,m}}{2}$ die Scheinleistung bestimmt. Die effektive und mittlere Wicklungsspannung, deren Quotient den Formfaktor bestimmt, sind in Kurvenblatt 31 abhängig von $\cos\alpha$ und $\ddot{u}$ angegeben.

Der Übergang von der Scheinleistung auf die Typenleistung entsprechend dem Übergang von der wirklichen Spannung sechsfacher Netzfrequenz auf eine Spannung mit Netzfrequenz bei gleichen Eisenverlusten geschieht wie auf S. 216 beschrieben. Es ist hier auch Kurvenblatt 27 zu verwenden mit der Hilfskurve für $\frac{(f)_n}{(f)_1} = 6$.

Die Beeinflussung der Dreiphasenspannungen der zweiten Doppel-Dreiphasengruppe, wenn in der ersten ein Umschaltvorgang stattfindet und umgekehrt, ist allgemein nicht anzugeben, da sie abhängt von dem Verhältnis der unverketteten sekundären Streuinduktivität zu den verketteten und primärseitigen Streuinduktivitäten. Nur über die letzten beiden kann eine Beeinflussung erfolgen. Wir wollen hier annehmen, daß nur verkettete sekundäre Streuinduktivitäten und primäre Streuinduktivitäten vorhanden sind und damit die größtmögliche Beeinflussung betrachten. Dabei läßt sich zeigen, daß beide Arten von Streuinduktititäten in gleicher Weise wirken, so daß wir für die nähere Betrachtung nur eine der beiden Arten annehmen können.

(Verkettung der sekundären Streuinduktivitäten bedeute dabei, daß alle auf einem Schenkel liegenden sekundären Amperewindungen einen Streufluß erzeugen, der alle sekundären Wicklungen dieses Schenkels durchsetzt.) Wir betrachten wieder den Fall, daß Anode 2 und Anode 1 des dritten Systems sich abslösen, während Anode 4 des vierten, Anode 4 des zweiten und Anode 2 des ersten Systems stromführend sind. Der Ablösungsvorgang sei durch Einschalten der Spannung vor der Ablösung, der verketteten Spannung $u_{2VL} = u_{22\,III\,L} - u_{21\,III\,L}$, nach Abb. 119 in umgekehrter Richtung hervorgerufen. Dabei ist der Transformator netzseitig kurzgeschlossen und über die sekundären Streuinduktivitäten gespeist oder durch die primärseitigen Streuinduktivitäten belastet gedacht.

Wir nehmen zunächst an, wir hätten nur je Schenkel verkettete sekundäre Streuinduktivitäten. Wenn wir den Umschaltstrom mit i_{2V} und die sekundäre Streuinduktivität bezogen auf die Windungszahl einer

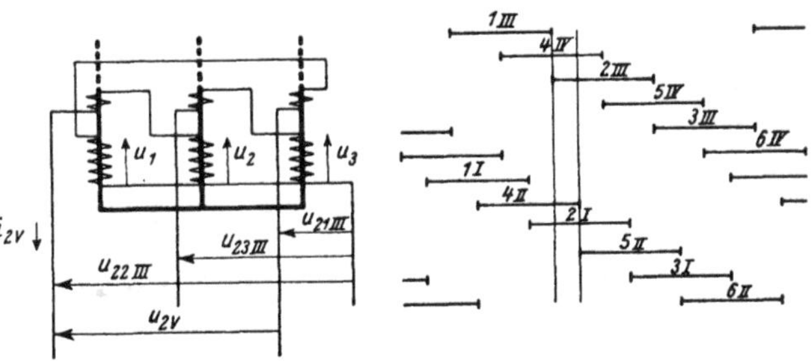

Abb. 119. Die drei Wicklungszweige eines Dreiphasensystemes des Zwölfphasengleichrichter-Transformators.

vollen Wicklung mit L_2 bezeichnen, ergibt sich an Hand von Abb. 119 für die Summe der Spannungsabfälle in den einzelnen Wicklungen, wenn wir mit der verkürzten Wicklung auf dem dritten Schenkel beginnen:

$$\omega L_2 [0{,}366 \cdot 0{,}366 + 1 \cdot 1{,}366 + 1 \cdot 1 + 0{,}366 \cdot 1{,}366] \frac{d\, i_{2V}}{d\, \omega t} = u_{2VL} \quad (323)$$

Darin entspricht die erste Zahl der Windungszahl und die zweite Zahl der Erregung des Streuflusses. Daraus folgt für den Spannungsabfall der vollen Wicklung auf dem zweiten Schenkel:

$$\Delta u_2 = \omega L_2 \frac{d\, i_{2V}}{d\, \omega t} = \frac{u_{2VL}}{3} \quad \ldots\ldots\ldots (324)$$

und für den der vollen Wicklung auf dem ersten und dritten Schenkel:

$$\Delta u_1 = -1{,}366 \cdot \frac{u_{2VL}}{3}, \quad \Delta u_3 = 0{,}366\, \frac{u_{2VL}}{3},$$

wenn wir die in der Abbildung bezeichneten Richtungen der Wicklungsspannungen beachten. Diese Spannungsabfälle sind von den ursprünglichen Wicklungsspannungen abzuziehen.

Genau die gleichen Werte erhalten wir, wenn wir nur primärseitige Streuinduktivitäten annehmen. In diesem Falle wird der Transformator sekundärseitig durch die Spannung u_{2V} mit umgekehrter Richtung wie in Abb. 119 erregt und wir erhalten dann folgende Fluß- und Spannungsverteilung, die wir der ursprünglichen zu überlagern haben: Wir bezeichnen die Flüsse in den drei Schenkeln mit ψ_1, ψ_2, ψ_3. Sie werden vom gleichen Magnetisierungsstrom i_{2V}'' erregt. Dann gilt:

$$\left.\begin{aligned} \psi_1 &= \frac{S}{M}\left[-\frac{2}{3}(1+0{,}366)-\frac{1}{3}0{,}366-\frac{1}{3}\cdot 1\right]\cdot i_{2V}'' \\ &= -\frac{S}{M}\cdot 1{,}366\cdot i_{2V}'' \\ \psi_2 &= \frac{S}{M}\left[\frac{2}{3}\cdot 1+\frac{1}{3}(1+0{,}366)-\frac{1}{3}\cdot 0{,}366\right]\cdot i_{2V}'' \\ &= \frac{S}{M}\cdot 1\cdot i_{2V}'' \\ \psi_3 &= \frac{S}{M}\left[\frac{2}{3}0{,}366+\frac{1}{3}(1+0{,}366)-\frac{1}{3}\cdot 1\right]\cdot i_{2V}'' \\ &= \frac{S}{M}\cdot 0{,}366\cdot i_{2V}'' \end{aligned}\right\} \quad (325)$$

Daraus folgt für den Fluß des mittleren Schenkels, der nur eine stromführende volle Wicklung durchsetzt im Vergleich zu den anderen Flüssen:

$$\psi_1 = -1{,}366\,\psi_2,\quad \psi_3 = 0{,}366\cdot\psi_2 \quad \ldots\ldots \quad (326)$$

Daraus ergibt sich die Spannungsverteilung, wenn wir die Spannung an der vollen Wicklung des zweiten Schenkels mit u_2 bezeichnen:

$$[0{,}366\cdot 0{,}366+1\cdot 1{,}366+1\cdot 1+0{,}366\cdot 1{,}366]\,u_2+u_{2VL}=0$$

$$u_2 = -\frac{u_{2VL}}{3} \quad \ldots\ldots \quad (327)$$

An den vollen Wicklungen der beiden anderen Schenkel entsteht dann entsprechend der Flußverteilung:

$$u_1 = 1{,}366\cdot\frac{u_{2VL}}{3},\quad u_3 = -0{,}366\cdot\frac{u_{2VL}}{3} \quad \ldots \quad (328)$$

Diese Spannungen haben sinngemäß umgekehrtes Vorzeichen, wie die vorher berechneten Spannungsabfälle.

Dann überlagert sich der ursprünglichen Spannung $u_{22\,III\,L}$ die Spannung:

$$\begin{aligned} u_2-u_1\cdot 0{,}366 &= -\frac{u_{2VL}}{3}-0{,}366\cdot 1{,}366\cdot\frac{u_{2VL}}{3} \\ &= -0{,}5\cdot u_{2VL}\cdot \quad \ldots\ldots \quad (329) \end{aligned}$$

Ebenso lassen sich auch die überlagerten Spannungen der übrigen Phasenspannungen angeben, die gleichzeitig stromtreibend sind, wenn wir die Zusammensetzung dieser Spannungen beachten. Zur Spannung $u_{24\,IV\,L}$ kommt hinzu:

$$-u_3 + 0{,}366 \cdot u_2 = 0{,}366 \cdot \frac{u_{2\,V\,L}}{3} - 0{,}366 \cdot \frac{u_{2\,V\,L}}{3} = 0 \quad . \quad . \quad (330)$$

Diese Spannung, die zur gleichen Doppel-Dreiphasengruppe gehört, wird also nicht beeinflußt. Den Spannungen $u_{22\,I\,L}$ und $u_{24\,II\,L}$ überlagert sich:

$$\left.\begin{aligned} u_2 - 0{,}366 \cdot u_3 &= -\frac{u_{2\,V\,L}}{3} + 0{,}366 \cdot 0{,}366 \cdot \frac{u_{2\,V\,L}}{3} \\ \text{und} \qquad &= -0{,}866 \cdot \frac{u_{2\,V\,L}}{3} = \frac{u_{21\,I\,L}}{2} \\ -u_3 + 0{,}366\, u_1 &= 0{,}366 \cdot \frac{u_{2\,V\,L}}{3} + 0{,}366 \cdot 1{,}366 \cdot \frac{u_{2\,V\,L}}{3} \\ &= 0{,}866 \cdot \frac{u_{2\,V\,L}}{3} = -\frac{u_{21\,I\,L}}{2} \end{aligned}\right\} \quad . \quad (331)$$

Wir sehen zunächst, daß diese Spannungen entgegengesetzt gleich sind, und daher in der gemeinsamen Doppel-Dreiphasenspannung bei der Mittelwertbildung herausfallen. Wenn wir an Hand der Vektordiagramme feststellen, daß $u_{2\,V\,L} = -\sqrt{3} \cdot u_{21\,I\,L}$ ist, so ergibt sich unter Berücksichtigung dieser überlagerten Spannungen für die Spannung an der Saugdrossel:

$$u = u_{24\,II} - u_{22\,I} = \left(u_{24\,II\,L} - \frac{u_{21\,I\,L}}{2}\right) - \left(u_{22\,I\,L} + \frac{u_{21\,L}}{2}\right) = 0 \quad (332)$$

Dieses Ergebnis bedeutet allgemein:

In einer Viermal-Dreiphasenschaltung mit vorwiegend verketteten sekundären Streuinduktivitäten und primären Streuinduktivitäten, deren Umschaltzeit $\ddot{u} < 30^0$ ist, wird die Saugdrosselspannung der nicht an der Umschaltzeit beteiligten Doppel-Dreiphasengruppe in der Umschaltzeit eines Systems der anderen Gruppe auf Null abgesenkt. Abb. 110 hat uns die Saugdrosselwicklungsspannung der Doppel-Dreiphasenschaltung für $\alpha = 30^0$ und $\ddot{u} = 15^0$ gezeigt. In der Viermal-Dreiphasenschaltung fehlen in der Saugdrosselwicklungsspannung bei gleicher Zündverzögerung und gleicher Umschaltzeit $\ddot{u}$ die in Abb. 110 rechts gestrichelt hervorgehobenen Spannungszeitflächen, die in der Umschaltzeit der 30^0 nacheilenden Doppel-Dreiphasengruppe liegen. Dadurch wird die Saugdrosselspannung in der Viermal-Dreiphasenschaltung bei Belastung stark abgesenkt, ausgehend von den gleichen Werten bei $\ddot{u} = 0$ wie in der Doppel-Dreiphasenschaltung. Sind die unverketteten sekundären Streuinduktivitäten nicht vernachlässigbar, so geschieht die Absenkung der Saugdrosselspannung in der Umschaltzeit der anderen Gruppe nicht auf Null, sondern nur auf einen Bruchteil der ursprünglichen Spannung. Die überlagerte Saugdrosselspannung ist dann in diesen Zeitabschnitten nicht entgegengesetzt gleich der vollen ursprünglichen Spannung, sondern nur einem Bruchteil. In Abb. 110 bedeutet das, daß die Einsenkung der Saugdrosselspannung beispielsweise nur bis auf $1/3$ der ursprünglichen Spannung geschieht.

Dieser Einschnitt im Verlauf der Saugdrosselspannung läßt sich oszillographisch nachweisen. Praktisch beträgt bei $\alpha = 30^0$, entsprechend Abb. 110, *ü* meist nur wenig Grade, so daß der Einschnitt schmal ist und die Herabsetzung der Saugdrosselspannung keine Bedeutung hat. Die gestrichelten Kurven in Blatt 28 zeigen die Saugdrosselspannung in der Viermal-Dreiphasenschaltung unter der Annahme höchstmöglicher Beeinflussung abhängig von *ü*.

Da die gegenseitige Beeinflussung der Doppel-Dreiphasengruppe sich in der Doppel-Dreiphasengleichrichterspannung nicht auswirkt, kann für die Berechnung des Spannungsabfalles angenommen werden, daß jedes der Dreiphasensysteme in ungestörter Dreiphasenbetriebsweise arbeiten würde.

Umschaltvorgang und Spannungsabfall sind dann übereinstimmend mit einer Dreiphasenschaltung, die den Strom $\frac{i_{3m}}{4}$ führt. Es ist nur zu beachten, daß die Kurzschlußmessung des Transformators und der den Umschaltvorgang bestimmende Verhältniswert $\frac{i_{3m}}{4 \cdot i_{2e\,V}}$ hier in anderer Weise zusammenhängen.

Wir gehen von den Stromverhältnissen ohne Berücksichtigung der Umschaltzeit *ü* aus. Der effektive Anodenstrom ist wie beim Dreiphasengleichrichter:

$$i_{2e} = \frac{\left(\frac{i_{3m}}{4}\right)}{\sqrt{3}} \quad \text{bzw.} \quad \frac{i_{2e}}{i_{3m}} = 0{,}144 \qquad (333)$$

An Hand des Spannungsvektordiagramms in Abb. 117 läßt sich entscheiden, welche Wicklungen sekundär auf einem Schenkel liegen und daraus Primärstrom und Netzstrom berechnen. Wir finden bei primärer Sternschaltung:

Primärstrom und Netzstrom:

$$i_{12} = i_{02} = i_{22\,I} + i_{22\,III} - i_{26\,II} - i_{26\,IV} + 0{,}366\,[i_{25\,II} + i_{24\,IV} - i_{21\,I} - i_{23\,III}]$$

$$\frac{i_{0e}}{i_{3m}} = \frac{i_{1e}}{i_{3m}} = 0{,}485 \text{ bei } \frac{u_{2e}}{u_{1e}} = 1{,}225 \quad \ldots\ldots \quad (334)$$

Bei primärer Dreiecksschaltung ergibt sich der gleiche Primärstrom, der Netzstrom setzt sich aus zwei Primärströmen zusammen:

$$\frac{i_{0e}}{i_{3m}} = \sqrt{3}\,\frac{i_{1e}}{i_{3m}} = 0{,}837$$

Diese Werte ermöglichen uns, den für die Bestimmung von $\ddot{u}$ maßgebenden Wert $\frac{\left(\frac{i_{3m}}{4}\right)}{i_{2eV}}$ auf die verhältnismäßige Kurzschlußspannung des Transformators zurückzuführen:

$$\frac{\left(\frac{i_{3m}}{4}\right)}{i_{2eV}} = \frac{1}{4} \cdot \frac{i_{3m}}{i_{0e}} \cdot \frac{i_{0eA}}{i_{2eA}} \cdot \frac{i_{2eA}}{i_{2eV}} \cdot \left(\frac{i_{0e}}{i_{0eA}}\right) =$$

$$= \frac{1}{4} \cdot \frac{1}{0{,}485} \cdot 1{,}225 \cdot \frac{2}{\sqrt{3}} \cdot \left(\frac{i_{0e}}{i_{0eA}}\right) = 0{,}732 \cdot \left(\frac{i_{0e}}{i_{0eA}}\right) \quad . \quad (335)$$

Es sind die Werte für die primäre Sternschaltung eingesetzt. Die Kurzschlußmessung sei so durchgeführt, daß nur ein sekundäres Dreiphasensystem kurzgeschlossen und primär der Nennstrom eingestellt wird. Das Verhältnis von Netzstrom i_{0eA} zu Sekundärstrom i_{2eA} bei einem solchen Kurzschluß ist gleich dem Spannungsverhältnis: $\frac{i_{0eA}}{i_{2eA}} = \frac{u_{2e}}{u_{1e}} = 1{,}225$. Ferner ist der sekundäre Kurzschlußstrom i_{2eA} im Verhältnis zum sekundären Kurzschlußstrom bei Kurzschluß der verketteten Spannung i_{2eV} der gleiche wie bei der einfachen Dreiphasenschaltung und Zahlentafel 3 zu entnehmen: $\frac{i_{2eA}}{i_{2eV}} = \frac{2}{\sqrt{3}}$. Zu dem so berechneten Wert $\frac{\left(\frac{i_{3m}}{4}\right)}{i_{2eV}}$ kann die Umschaltzeit $\ddot{u}$ dem Kurvenblatt 23 entnommen werden.

Den Einfluß der Umschaltzeit auf die Ströme gibt Gl. (241) an. In diesem Falle gilt als Konstante für den Sekundärstrom: $K_2 = 3$, und für die übrigen Ströme: $K_0 = K_1 = 1{,}61$. Die Umschaltfunktion $F(\ddot{u}, \alpha)$ ist Kurvenblatt 24 zu entnehmen. Unter der Voraussetzung vorwiegend induktiver innerer Widerstände gilt für den Spannungsabfall Gl. (296). Hierin ist nach Gl. (292) sinngemäß in diesem Falle:

$$\frac{1}{2}(\cos\alpha - \cos(\alpha + \ddot{u})) = \frac{\frac{i_{3m}}{4}}{2\sqrt{2} \cdot i_{2eV}} = \frac{0{,}732}{2\sqrt{2}} \cdot \left(\frac{i_{0e}}{i_{0eA}}\right) = 0{,}26 \cdot \left(\frac{i_{0e}}{i_{0eA}}\right) \quad (336)$$

einzusetzen.

Der Netzstrom hat bei Viermal-Dreiphasenschaltung den Verlauf einer Treppenkurve, die sich der Sinusform anschmiegt. Ihre Gleichung lautet:

$$i_0 = \sqrt{2}\,(i_{0e})_1 \left[\sin\omega t - \frac{1}{11}\sin 11\,\omega t + \frac{1}{13}\sin 13\,\omega t - \right.$$

$$\left. - \frac{1}{23} \cdot \sin 23\,\omega t + \frac{1}{25}\sin 25\,\omega t - \cdots \right] \quad (337)$$

Hierin ist $(i_{0e})_1$ für $ü = 0$ nach Gl. (247) aus $\frac{(i_{0e})_1}{i_{3m}} = 0{,}478$ zu bestimmen. Um den Einfluß der Umschaltzeit zu berücksichtigen, dient auch hier Gl. (254).

Schließlich seien noch die Kurzschlußverhältnisse in dieser Schaltung überlegt. Es läßt sich in gleicher Weise wie oben die Beeinflussung berechnet wurde, zeigen, daß ein vollständiger Kurzschluß des Transformators entsteht, wenn in beiden Doppel-Dreiphasengruppen Umschaltvorgänge gleichzeitig stattfinden. Wenn wir uns die entsprechenden verketteten Spannungen auf den primärseitig kurzgeschlossenen und beispielsweise durch Streuinduktivitäten belasteten Transformator in umgekehrter Richtung geschaltet denken, erhalten wir eine Spannungsverteilung, die der ursprünglichen gerade entgegengesetzt gleich ist. Daraus folgt, daß im Kurzschluß nur 6 Anoden gleichzeitig stromführend sein können (4 Anoden sind normal stromführend, 2 kommen hinzu bei den aufeinanderfolgenden Umschaltvorgängen) und die Stromführungsdauer im Kurzschluß $\beta_K = 180^0$ ist. Das Brenndauerschema in diesem Falle zeigt Abb. 120. Außerdem tritt im Kurzschluß noch eine Zündverzögerung von 60^0 auf, gegenüber dem Zündzeitpunkt bei voller Aussteuerung. Betrachten wir beispielsweise die Zündverhältnisse der Anode 5 des zweiten Systems. Auf Grund des Brenndauerschemas soll diese Anode zünden, wenn 1_{I} die Stromführung beendet hat, 2_{I}, 4_{II} und 4_{IV} stromführend sind und 1_{III} mit 2_{III} im Umschaltvorgang steht. Für diesen Fall haben wir die Beeinflussung ausgerechnet. Wenn wir die auf den vollen Wicklungen liegenden überlagerten Spannungen nach Gl. (327, 328) beachten, erhalten wir für die Anodenspannung von Anode 5_{II}

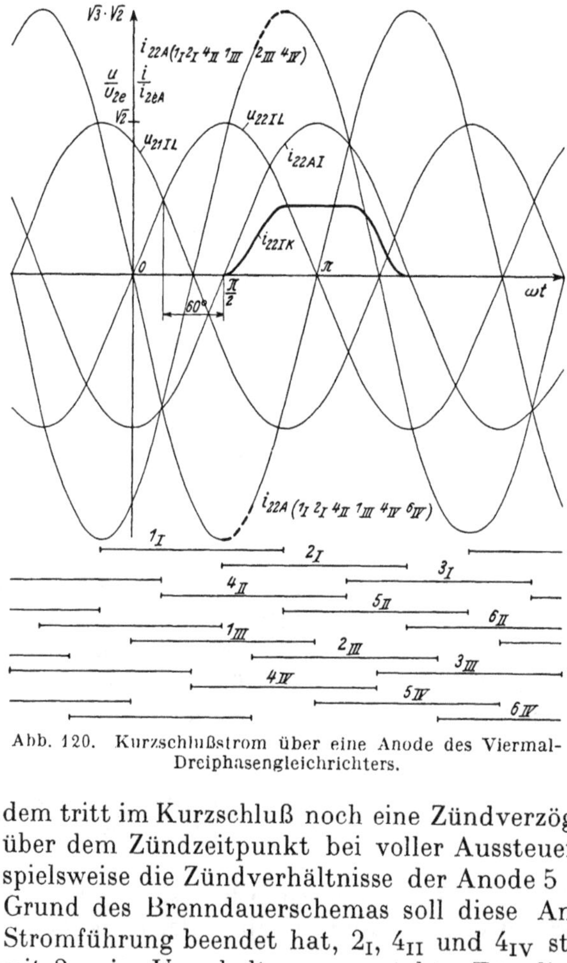

Abb. 120. Kurzschlußstrom über eine Anode des Viermal-Dreiphasengleichrichters.

$$u_{25\,II} - u_{24\,II} = (u_{25\,II\,L} - u_{21\,I\,L}) - \left(u_{24\,II\,L} - \frac{u_{21\,L}}{2}\right) = - u_{24\,IV\,L} \cdot \frac{\sqrt{3}}{2} \quad \ldots\ldots (338)$$

Wir hatten schon oben für die Beeinflussung der Phasenspannung $u_{24\,L}$ den Wert $-\frac{u_{21\,I\,L}}{2}$ ausgerechnet. Die Beeinflussung der Phasenspannung $u_{25\,II\,L}$ beträgt unter Beachtung der Zusammensetzung der Wicklungen:

$$\begin{aligned} -u_1 + 0{,}366\,u_2 &= -1{,}366 \cdot \frac{u_{2\,V\,L}}{3} - 0{,}366 \cdot \frac{u_{2\,V\,L}}{3} \\ &= -1{,}366 \cdot \frac{u_{21\,L} \cdot \sqrt{3}}{3} - 0{,}366 \frac{u_{21\,L} \cdot \sqrt{3}}{3} \\ &= -u_{21\,L} \quad \ldots\ldots\ldots\ldots\ldots\ldots (339) \end{aligned}$$

Die so gerechnete Anodenspannung von Anode 5_{II} ist auf Grund des Vektordiagramms in Abb. 117 der Phasenspannung $u_{25\,II}$ 90^0 nacheilend. Erst im Nulldurchgang dieser Spannung ist eine Zündung der Anode 5_{II} möglich. Da die Zündung normal 30^0 nach dem Nulldurchgang von $u_{25\,II}$ einsetzt beim Schnittpunkt von $u_{25\,II}$ mit $u_{24\,II}$, so entsteht im Kurzschluß eine zusätzliche Zündverzögerung von $90^0 - 30^0 = 60^0$. In Abb. 120 ist die Konstruktion des Kurzschlußstromes über Anode 2_I gezeigt. Die Zündverzögerung ist eingezeichnet, entsprechend liegt unten das Brenndauerschema. Zu dem Brenndauerschema müssen die Umschaltströme berechnet werden. Die beiden Umschaltströme, die den Anstieg des Anodenstromes bestimmen, sind angegeben und die zur Konstruktion benutzten Teile gestrichelt hervorgehoben. Diese Ströme sind um $\sqrt{3}$ mal größer als die Kurzschlußströme bei normalem Dreiphasenkurzschluß des Transformators, von denen der zu $u_{22\,I}$ gehörige $i_{22\,I\,A}$, bei Kurzschluß des Systems I angegeben ist. Man berechnet die Umschaltströme durch Aufstellung der Gleichungen ähnlich der Gl. (323) und Vergleich mit den Gleichungen für die Kurzschlußströme bei Kurzschluß nur eines Dreiphasensystems. Solange im I. System kein Umschaltvorgang stattfindet, ist der Anodenstrom konstant. Dann beginnt der Abfall spiegelbildlich zum Anstieg. Die zugehörigen Umschaltströme sind um 120^0 gegen die ersten nacheilend und negativ dagegen. Das ist leicht aus dem Brenndauerschema und dem Vektordiagramm abzulesen. Aus dem so konstruierten Anodenstrom ergibt sich dessen Mittelwert zu: $\frac{i_{2\,m\,K}}{i_{2\,c\,A}} = 0{,}2$.

Diese Überlegungen, wie auch die Berechnung der Beeinflussung der Spannungen, setzen voraus, daß die sekundären Streuflüsse des Transformators alle sekundären Wicklungen eines Schenkels zugleich durchsetzen und daß die ohmschen gegenüber den induktiven inneren Widerständen des Transformators für die Umschaltströme zu vernachlässigen sind.

Es besteht die Möglichkeit, die drei Saugdrosseln zu einer vierphasigen Saugdrossel zusammenzufassen, was aber praktisch nicht ausgenutzt wird, da vierschenklige Kerne ungebräuchlich sind. Wir wollen die Wirkungsweise einer mehrphasigen Saugdrossel uns abschließend klarmachen, an der dreimal vierphasigen Schaltung mit dreiphasiger Saugdrossel nach Abb. 121. Das Vektordiagramm unten zeigt, wie die Vierphasensysteme gebildet werden. Die drei Vierphasensysteme sind wieder ersetzt gedacht durch je eine Gleichspannungsquelle und eine Wechselspannungsquelle, die der mittleren Gleichrichterspannung und der überlagerten Wechselspannung entsprechen. Diese besteht bei der Vierphasenschaltung aus einer Grundschwingung vierfacher Netzfrequenz und Oberschwingungen, deren Frequenzen ganzzahlige vielfache dieser Frequenz sind. Wie man leicht übersieht, erscheint am Kathodenzweig zwischen den Punkten K und S eine gemeinsame Gleichrichterspannung:

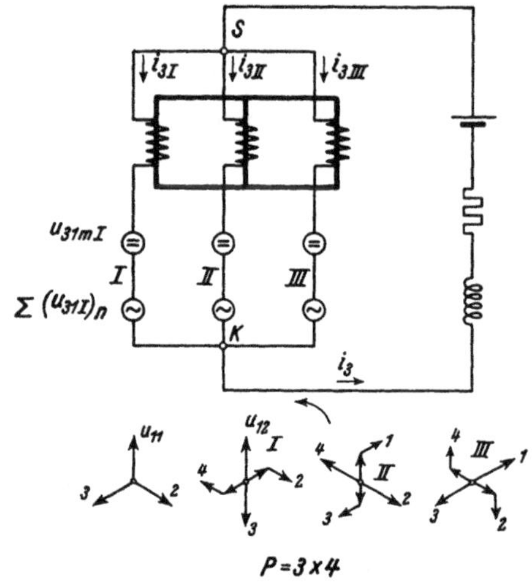

Abb. 121. Schema zur Veranschaulichung der Wirkungsweise der Dreimal-Vierphasenschaltung.

$$u_{33} = \frac{u_{33\,\mathrm{I}} + u_{33\,\mathrm{II}} + u_{33\,\mathrm{III}}}{3} \quad \ldots\ldots\ldots \quad (340)$$

deren Wechselspannungsanteil:

$$\Sigma(u_{33})_n = \frac{\Sigma(u_{33\,\mathrm{I}})_n + \Sigma(u_{33\,\mathrm{II}})_n + \Sigma(u_{33\,\mathrm{III}})_n}{3} \quad \ldots \quad (341)$$

beträgt. An den drei Wicklungen der dreiphasigen Saugdrossel erscheinen die Spannungen:

$$\frac{2}{3}\Sigma(u_{33\,\mathrm{I}})_n - \frac{1}{3}\left[\Sigma(u_{33\,\mathrm{II}})_n + \Sigma(u_{33\,\mathrm{III}})_n\right]$$

$$\frac{2}{3}\Sigma(u_{33\,\mathrm{II}})_n - \frac{1}{3}\left[\Sigma(u_{33\,\mathrm{I}})_n + \Sigma(u_{33\,\mathrm{III}})_n\right]$$

$$\frac{2}{3}\Sigma(u_{33\,\mathrm{III}})_n - \frac{1}{3}\left[\Sigma(u_{33\,\mathrm{I}})_n + \Sigma(u_{33\,\mathrm{II}})_n\right] \quad \ldots\ldots \quad (342)$$

Wenn wir nun bedenken, daß die einzelnen Wechselspannungen um je 60° bezogen auf die Netzfrequenz gegeneinander verschoben sind, wie aus dem Vektordiagramm Abb. 121 unten abzulesen ist, so ergibt sich folgende Aufstellung für die Phasenverschiebung der einzelnen Oberschwingungen und für die daraus zusammengesetzten Spannungen:

P	K	$n=K\cdot P$	$n\cdot 0$	$n\cdot 60^\circ$	$n\cdot 120^\circ$	u_{33}	u_{Drossel}
4	1	4	0	240	120 + 360	0	$(u_{33\,\mathrm{I}})_4$
	2	8	0	120 + 360	240 + 2 · 360	0	$(u_{33\,\mathrm{I}})_8$
	3	12	0	2 · 360	4 · 360	$(u_{33\,\mathrm{I}})_{12}$	0
	4	16	0	240 + 2 · 360	120 + 5 · 360	0	$(u_{33\,\mathrm{I}})_{16}$
	5	20	0	120 + 3 · 360	240 + 6 · 360	0	$(u_{33\,\mathrm{I}})_{20}$
	6	24	0	4 · 360	8 · 360	$(u_{33\,\mathrm{I}})_{24}$	0
	7	28	0	240 + 4 · 360	120 + 9 · 360	0	$(u_{33\,\mathrm{I}})_{28}$
	8	32	0	120 + 5 · 360	240 + 10 · 360	0	$(u_{33\,\mathrm{I}})_{32}$

Wir sehen, daß als Spannung am Kathodenzweig genau wie in der Viermal-Dreiphasenschaltung nur Oberschwingungen 12facher Netzfrequenz und vielfacher davon erscheinen. In anderer Auffassung kann man sagen, die dreiphasige Saugdrossel bietet den gleichphasigen Oberschwingungen 12- und $k\cdot$ 12facher Netzfrequenz im Strom jeden Systems keinen Widerstand, da sich die Amperewindungen aller drei Schenkel gegenseitig aufheben. Somit sind diese Ströme nur durch den Kathodenzweigwiderstand begrenzt, an dem die entsprechenden Spannungen erscheinen.

Die übrigen Oberschwingungen der Gleichrichterspannungen jedes Systems erscheinen als Wicklungsspannungen der zugehörigen Saugdrosselwicklung und bilden je ein rechts- oder linksläufiges Dreiphasensystem. Die Summe der Spannungen gleicher Frequenz ist jeweilig Null.

Die Konstruktion der Saugdrosselspannung, die Bestimmung der Typenleistung und die Berechnung der Ströme geschieht nach dem Vorbild der Viermal-Dreiphasenschaltung. Auf die Durchführung sei hier verzichtet.

J. Anwendungsbeispiele.

1. Einphasiger Gleichrichter für Verstellmotor.

Ein Verstellmotor mit konstantem Drehmoment soll über einen gesteuerten einphasigen Gleichrichter für Rechts- und Linkslauf ein- und ausgeschaltet und geregelt werden.

Gegeben: Gleichstromleistung 220 V, 6,5 A.
(Gleichstrommotor für 220 V, 10 A mit $R_3 = 1{,}75$ Ohm ohmschem und $\omega L_3 = 9{,}4$ Ohm induktivem Ankerwiderstand (letzterer gemessen bei 50 Hz im Stillstand des Motors).)

Gesucht: Transformator, Vordrossel, Stromrichtertype.

Da bereits der induktive Ankerwiderstand den ohmschen bedeutend überwiegt und noch die Vordrossel als induktiver Widerstand hinzukommt, legen wir der Berechnung die Kennlinien für den einphasigen Gleichrichter mit rein induktiver Strombegrenzung nach Kurvenblatt 8, 9 und 10 zugrunde. Bei konstantem Drehmoment, d. h. konstantem mittlerem Anodenstrom, besteht im Kennlinienfeld Kurvenblatt 8 eine wagrechte Arbeitslinie, die von der Grenzkurve ausgeht. Der Ausgangspunkt gehört zur höchsten Drehzahl und damit höchsten Gegenspannung und ist so zu wählen, daß sowohl die Ausnutzung des Motors als auch die des Transformators und die notwendige Drosselleistung möglichst günstig werden. Nach Kurvenblatt 10 ist die Ausnutzung des Transformators am höchsten bei einer verhältnismäßigen Gegenspannung von $\frac{u_{31\,m} + u_{32\,b}}{u_{2\,e}} = \frac{u_{3\,m}}{u_{2\,e}} = 1{,}05$, und die notwendige Drosselleistung wird bei höchster vhg. Gegenspannung zu Null. Die Ausnutzung des Motors ist gekennzeichnet durch das Stromverhältnis $\frac{i_{2\,m}}{i_{2\,e}}$, denn die Ankererwärmung wird durch $i_{2\,e}$ bestimmt, so daß $i_{2\,e}$ nur bis zur Nennstromstärke gesteigert werden kann, während nur der Gleichstromanteil $i_{2\,m}$ nutzbar ist. Nach Kurvenblatt 9 ist $\frac{i_{2\,m}}{i_{2\,e}}$ für die vhg. Gegenspannung $\frac{u_{31\,m} + u_{32\,b}}{u_{2\,e}} = 0$ am größten bzw. $\frac{i_{2\,e}}{i_{2\,m}}$ am kleinsten. (Bei Verwendung eines Glühkathodenstromrichters würde auch eine möglichst kleine vhg. Gegenspannung und damit günstiger Wert von $\frac{i_{2\,h}}{i_{2\,m}}$ vorteilhaft sein.) Diese Überlegungen führen zur Wahl eines mittleren Wertes der vhg. Gegenspannung: $\frac{u_{3\,m}}{u_{2\,e}} = 0{,}5$. Dann ist nach Kurvenblatt 9 $\frac{i_{2\,e}}{i_{2\,m}} = 1{,}55$ bzw. $\frac{i_{2\,m}}{i_{2\,e}} = 0{,}64$, d. h. wir können den Motor nur zu zwei Drittel ausnutzen und erhalten mit $i_{2\,m} = 6{,}5$ A $i_{2\,e} = 6{,}5 \cdot 1{,}55 = 10$ A und müssen daher den oben angegebenen Gleichstrommotor verwenden.

Die Gegenspannung $u_{3\,m}$ setzt sich aus der inneren Motorspannung $u_{31\,m}$ und der Brennspannung $u_{32\,b}$ zusammen:

$$u_{3\,m} = u_{31\,m} + u_{32\,b} = 220 + 18 = 238 \text{ Volt}.$$

Dabei lassen wir zunächst den Spannungsabfall an den ohmschen Widerständen außer acht, der auch beim normal betriebenen Motor die innere Gegenspannung herabsetzt. Damit ergibt sich die notwendige Transformatorspannung aus $\frac{u_{3\,m}}{u_{2\,e}} = 0{,}5$ zu $u_{2\,e} = 476$ V. Ebenso ergibt sich aus dem zu $\frac{u_{3\,m}}{u_{2\,e}} = 0{,}5$ nach Kurvenblatt 8 zugehörigen Wert

$\frac{i_{2eA}}{i_{2m}} = 0{,}5$, daß der Kurzschlußstrom $i_{2eA} = \frac{i_{2m}}{\left(\frac{i_{2m}}{i_{2eA}}\right)} = \frac{6{,}4}{0{,}5} = 12{,}8$ A sein muß bzw. der gesamte induktive Widerstand:

$$\omega L_2 + \omega L_3 = \frac{u_{2e}}{i_{2eA}} = \frac{476}{12{,}8} = 37{,}2 \text{ Ohm}$$

Da die Ankerinduktivität bereits $\omega L_3 = 9{,}4$ Ohm hat, muß die zusätzliche Vordrossel noch 27,8 Ohm aufweisen. Da der Spitzenwert des Stromes mit $\frac{i_{2h}}{i_{2m}} = 2{,}8$, $i_{2h} = 6{,}4 \cdot 2{,}8 = 17{,}9$ A wird, hat die Drossel eine Typenleistung von:

$$\frac{1}{2} i_{2e} \cdot \frac{i_{2h} \cdot \omega L_2}{\sqrt{2}} = \frac{1}{2} \cdot 10 \cdot \frac{18 \cdot 27{,}8}{\sqrt{2}} = 1{,}77 \cdot 10^3 \text{ VA}$$

Für die Drossel ist ein Strom $i_{2e} = 10$ A und eine Spannung $\frac{i_{2h} \cdot \omega L_2}{\sqrt{2}} = 354$ V sowie ein induktiver Widerstand $\omega L_2 = 27{,}8$ Ohm vorzuschreiben. Da bei 10 A und 354 V der induktive Widerstand 35,4 Ohm betragen würde, so muß durch Luftspaltvergrößerung die Induktivität entsprechend herabgesetzt werden.

Da der Primärstrom des Transformators nur geschätzt werden kann infolge des Ausgleichsmagnetisierungsstromes, der ihn zu einem Wechselstrom ergänzt, kann die Typenleistung des Transformators nur annähernd bestimmt werden zu:

$$\frac{1}{2}(i_{1e} + i_{2e})\, u_{2e} \approx \frac{1}{2} \cdot (\sqrt{2} + 1)\, i_{2e} \cdot u_{2e} = 5{,}75 \cdot 10^3 \text{ VA}$$

(Übersetzungsverhältnis 1 : 1).

Wir müssen noch den Einfluß des Drossel- und Transformatorwiderstandes abschätzen. Wenn wir 4% Kupferverluste annehmen, ergibt sich:

$$(i_{2e})^2 \cdot R_{\text{Drossel}} = 0{,}04 \cdot 1{,}77 \cdot 10^3$$

$$R_{\text{Drossel}} = 0{,}7 \text{ Ohm}$$

$$[(\sqrt{2} + 1)\, i_{2e}]^2 \cdot R_{\text{Trafo}} \approx 0{,}04 \cdot 5{,}75 \cdot 10^3$$

$$R_{\text{Trafo}} \approx 0{,}4 \text{ Ohm}$$

Dabei ist der gesamte Transformatorwiderstand auf der Sekundärseite liegend gedacht, was berechtigt ist, da der primäre Spannungsabfall des Ausgleichsmagnetisierungsstromes zeitlich vorwiegend in der sekundären Stromlücke auftritt. Mit dem Ankerwiderstand von 1,75 Ohm zusammen haben wir einen Gesamtwiderstand von 2,85 Ohm, an dem ein mittlerer Spannungsabfall von $i_{3m} \cdot 2{,}85 = 6{,}4 \cdot 2{,}85 = 18$ V auftritt, der eine

Absenkung der inneren Gegenspannung und damit der Drehzahl um etwa $\frac{18,0}{220} \cdot 100 = 8,2\%$ verursachen wird.

Die bisherige Rechnung bezieht sich auf den Arbeitspunkt bei höchster Drehzahl, zu dem nach Kurvenblatt 8 auf der Grenzkurve ein Zündwinkel von $z = 20^0$ mit $\frac{u_{3m}}{u_{2e}} = 0,5$ gehört. Wenn der Motor im Stillstand eingeschaltet wird, müssen wir damit rechnen, daß der mittlere Strom kurzzeitig auf etwa den 2,6fachen ansteigt (Kurvenblatt 8: $\frac{u_{3m}}{u_{2e}} = 0$, $z = 20^0$, Kennlinie fehlt, so daß die zugehörige Kennlinie zwischen der für $z = 30$ und $z = 0$ liegt). Dabei haben wir einen Spitzenwert des Stromes von:

$$i_{2hK} = \frac{i_{2hK}}{i_{2mK}} \cdot i_{2mK} = 2,1 \cdot (2,6 \cdot 6,4) = 35 \text{ A}$$

zu erwarten; der Spitzenfaktor $\frac{i_{2hK}}{i_{2mK}} = 2,1$ kann aus Blatt 2 zu $z = 20^0$ entnommen werden. Dieser Spitzenwert ist bei Auswahl eines Glühkathoden-Stromrichters zu berücksichtigen. Kurvenblatt 8 zeigt uns weiter, daß der Zündwinkel bei Regelung bis zum Stillstand mit konstantem mittlerem Strom zwischen $z = 20^0$ und $z = 90^0$ veränderlich sein muß. Für den Stillstand können wir aus Kurvenblatt 2 zu $z = 90^0$ die Werte entnehmen:

$$\frac{i_{2e}}{i_{2m}} = 1,55 \text{ und } \frac{i_{2h}}{i_{2m}} = 3,15$$

d. h. es tritt nur eine geringe Erhöhung des Spitzenfaktors auf. Für Rechts- und Linkslauf muß je ein einphasiger Stromrichter vorgesehen werden.

Wir wollen vergleichsweise kurz betrachten, welchen Vorteil die Verwendung einer Zweiphasenschaltung mit Kathodendrossel hat, abgesehen von dem höheren Stromrichteraufwand. Wir wählen Sternzickzackschaltung Zahlentafel 3 Nr. 4. Dafür ist die Gleichrichterspannung im Leerlauf:

$$\frac{(u_{33\,m\,L})_{\alpha=0}}{u_{2e}} = 0,9$$

Diese Spannung ist gleich der Gegenspannung im Leerlauf:

$$(u_{33\,m\,L})_{\alpha=0} = u_{31\,m} + u_{32\,b} = 238 \text{ V}$$

Somit wird die Transformatorspannung: $u_{2e} = 265$ V.

Wenn wir eine Drossel gleicher Typenleistung wie vorher verwenden, können wir mit einem induktiven Widerstand rechnen von:

$$\omega L_3 \approx 2 \frac{1{,}76 \cdot 10^3}{i_{3m}^2} = 86\,\text{Ohm},$$

da der Strom praktisch ein reiner Gleichstrom wird. Die überlagerte Wechselspannung in der Gleichrichterspannung ist am größten bei Stillstand des Motors. Wir haben dann nach Blatt 30 mit einer Wechselspannung doppelter Netzfrequenz von

$$\frac{(u_{33\,e})_2}{(u_{33\,m\,L})_{a=0}} = 0{,}95 \text{ d. h. } (u_{33\,e})_2 = 238 \cdot 0{,}95 = 226\,\text{V}$$

zu rechnen. Diese hat einen überlagerten Wechselstrom zur Folge von:

$$\sqrt{i_{3\,e}^2 - i_{3\,m}^2} \approx \frac{226}{86 + 15} = 2{,}24\,\text{A},$$

wenn wir die höher frequenten Anteile vernachlässigen und die Ankerinduktivität des Motors mit 15 Ohm einsetzen, da wir jetzt einen kleineren Motor wählen können. Dieser Wechselstrom hat nur einen unwesentlichen Einfluß auf den Effektivwert:

$$i_{3\,e} = \sqrt{(6{,}4)^2 + (2{,}24)^2} = 6{,}8\,\text{A}$$

Die Typenleistung des Transformators ist in diesem Falle:

$$(u_{33\,m\,L})_{a=0} \cdot i_{3\,m} \cdot \frac{l_{\text{Trafo}}}{(u_{33\,m\,L})_{a=0} \cdot i_{3\,m}} = 238 \cdot 6{,}4 \cdot 1{,}34 = 2{,}05 \cdot 10^3\,\text{VA}$$

also etwa $1/3$ der notwendigen Typenleistung in der Einphasenschaltung.

Der Spannungsabfall ist vorwiegend durch die ohmschen Widerstände bedingt. Der Umschaltvorgang der Anodenströme ist zu vernachlässigen, da etwa 4% ohmschem Spannungsabfall nur 0,7% induktiver Spannungsabfall im Transformator dieser Leistung gegenübersteht. Um den ohmschen Transformatorwiderstand abzuschätzen, müssen wir berücksichtigen, daß die 3×2-Wicklungen mit Cu-Querschnitten im Verhältnis $\sqrt{2} : 1 : 1$ ausgeführt werden. Somit ergibt sich für die Transformatorwiderstände:

$$2\,i_{1\,e}^2 R_1 + 4\,i_{2\,e}^2 \cdot R_2 = 0{,}04 \cdot 2{,}05 \cdot 10^3$$

$$2\,R_1 + 2\,R_2 = \frac{0{,}04 \cdot 2{,}05 \cdot 10^3}{(6{,}8)^2 + \left(\frac{2 \cdot 6{,}8}{\sqrt{2}}\right)^2} = 0{,}6\,\text{Ohm}$$

Der Drosselwiderstand ist abzuschätzen mit:

$$(i_{3e})^2 \cdot R_{\text{Drossel}} = 0{,}04 \cdot 176 \cdot 10^3$$

$$R_{\text{Drossel}} = 1{,}5\,\text{Ohm}$$

Somit ist der gesamte ohmsche Widerstand einschließlich etwa 1,1 Ohm Ankerwiderstand:

$$0{,}59 + 1{,}5 + 1{,}1 = 3{,}19\,\text{Ohm}.$$

Um den entsprechenden Spannungsabfall von $3{,}19 \cdot 6{,}4 = 20$ V auszugleichen, kann die Transformatorspannung erhöht werden.

Wir sehen aus der Gegenüberstellung der beiden Schaltungen, daß die Zweiphasenschaltung wesentlich günstiger ist, so daß die Einphasenschaltung nur den Vorzug geringeren Aufwandes an Stromrichtern hat.

2. Doppel-Dreiphasengleichrichter mit Primärdrossel zur Speisung einer Kinobogenlampe.

Gegeben: Bogenlampe für 90 A und 50 V. Zulässiger Kurzschlußstrom beim Zünden des Bogens $1{,}5 \cdot 90 = 135$ A.

Gesucht: Transformator, Vordrossel, Saugdrossel.

Kinogleichrichter können zwei gegensätzliche Betriebseigenschaften haben:

1. Der Gleichrichter hat geringe innere Widerstände und liefert eine möglichst lastunabhängige Spannung und dient meist zur Versorgung der beiden Bildwerfer eines Kinos, die sich gegenseitig ablösen und während der kurzen Übergangszeit zugleich brennen. Dabei wird vor jede Lampe ein ohmscher Widerstand geschaltet. Man erhält dann eine fallende Kennlinie für die Spannung hinter dem Widerstand in Abhängigkeit vom Strom, die die fallende Kennlinie der Bogenlampenspannung im Betriebspunkt schneidet. Dadurch wird ein stabiler Betriebspunkt erzwungen. Der Nachteil dieser Betriebsart besteht in der Verlustleistung, die der ohmsche Widerstand verbraucht.

2. Der Gleichrichter wird mit Vordrossel ausgerüstet und hat von vornherein eine fallende Spannungs-Stromkennlinie, die im Betriebspunkt die Lichtbogenspannungskennlinie schneidet. In diesem Falle muß für jeden Bildwerfer ein gesonderter Gleichrichter vorgesehen werden. Ein Gleichrichter dieser Art sei für das vorliegende Beispiel gewählt.

Die Doppel-Dreiphasen- und Sechsphasengleichrichter sind mit Rücksicht auf flimmerfreien Betrieb dem Zweiphasengleichrichter und ganz besonders dem Dreiphasengleichrichter überlegen. Die Zweiphasengleichrichter haben so hohen überlagerten Wechselstrom, daß ein Betrieb ohne große Glättungsdrossel nicht möglich ist.

Beim Dreiphasengleichrichter besteht ein ungünstiger Zusammenhang zwischen Bildwechselzahl und der Frequenz der ersten Oberschwingung im Kathodenstrom, so daß die mittlere Helligkeit des Bildes je Blendenöffnung unzulässig schwankt und daher die erste Oberschwingung durch eine große Glättungsdrossel unterdrückt werden muß. Außerdem sind die Kennlinien der Zwei- und Dreiphasenschaltung mit großer Kathodendrossel (Kurvenblatt 16 und 17) weniger für Bogenlampen geeignet wie die der Sechsphasen- und Doppel-Dreiphasenschaltung ohne Kathodendrossel (Kurvenblatt 14 und 14a). Insbesondere die Doppel-Dreiphasenschaltung hat den Vorzug kleiner Typenleistung des Transformators, während die Typenleistung der Saugdrossel nicht ins Gewicht fällt. Daher wird diese Schaltung, deren Kennlinie Kurvenblatt 14a zeigt, der Berechnung zugrunde gelegt. Der Betriebspunkt auf der Kennlinie wird durch das Verhältnis von Kurzschlußstrom zu Betriebsstrom festgelegt:

$$\frac{i_{3\,m\,K}}{i_{3\,m}} = \frac{i_{2\,m\,K}}{i_{2\,m}} = 1{,}5$$

Da nach Kurvenblatt 14a $\frac{i_{2mK}}{i_{2\,e\,A}} = 0{,}45$ ist, so wird damit $\frac{i_{2\,m}}{i_{2\,e\,A}} = \frac{0{,}45}{1{,}5} = 0{,}3$. Dazu gehört eine verhältnismäßige Gegenspannung:

$$\frac{u_{33\,m}}{u_{2\,e\,L}} = \frac{u_{31\,m} + u_{32\,b}}{u_{2\,e\,L}} = 0{,}76$$

Mit einer Brennspannung des Stromrichters von $u_{32\,b} = 12$ V und einer Lichtbogenspannung von $u_{31\,m} = 50$ V finden wir daraus eine sekundäre Transformatorspannung von:

$$u_{2\,e\,L} = \frac{50 + 12}{0{,}76} = 81{,}5 \text{ V}$$

Aus $\frac{i_{2\,m}}{i_{2\,e\,A}} = 0{,}3$ folgt, mit $i_{2\,m} = \frac{i_{3\,m}}{2 \times 3} = \frac{90}{6} = 15$ A der Wechselkurzschlußstrom:

$$i_{2\,e\,A} = \frac{15}{0{,}3} = 50 \text{ A}$$

Dieser Strom legt den induktiven Widerstand der Vordrossel fest, wenn wir nach Zahlentafel 2, Nr. 11, primäre Dreiecksschaltung mit Drosselspulen vor den Wicklungen wählen, um den Gleichrichter gegebenenfalls auch in Sternschaltung zu betreiben.

$$i_{2\,e\,A} = \frac{u_{2\,e\,L}}{\omega L_1}, \quad \omega L_1 = 1{,}63 \text{ Ohm}$$

Dabei ist das Übersetzungsverhältnis des Transformators 1 : 1. Nachdem so die Hauptdaten festliegen, wollen wir die Ströme und die Typenleistung im einzelnen berechnen. Nach Kurvenblatt 14a gilt für den sekundären Transformatorstrom:

$$\frac{i_{2\,e}}{i_{2\,m}} = 1{,}4 \quad i_{2\,e} = 1{,}4 \cdot 15 = 21{,}2 \text{ A}$$

Der Primärstrom hat nach Zahlentafel 2 den Effektivwert:

$$i_{1e} = \sqrt{2}\, i_{2e} = \sqrt{2} \cdot 21{,}2 = 30 \text{ A}$$

Die Typenleistung des Transformators ergibt sich damit zu:

$$\frac{6\,u_{2eL} \cdot i_{2e} + 3\,u_{2eL} \cdot i_{1e}}{2} = 8{,}8 \cdot 10^3 \text{ VA}$$

Da nun der Transformator betriebsmäßig mit einer geringeren Spannung betrieben wird infolge des Spannungsabfalles an der Vordrossel, kann der Transformator von vornherein für eine kleinere Spannung bemessen werden. Dadurch steigt der Magnetisierungsstrom im Leerlauf an, der aber durch die Vordrossel begrenzt wird. Man setzt die Spannung um soviel herab, daß gerade die zulässigen Eisen- und Cu-Verluste im Leerlauf nicht überschritten werden, was nur erfahrungsgemäß festzulegen ist.

Die Primärdrossel erhält einen Strom und eine Spannung, wie sie uns das Oszillogramm der Abb. 59a zeigt. Ihre Typenleistung wird nach Gl. (62) und Zahlentafel 2 berechnet:

$$\frac{i_{12e} \cdot 3 \cdot i_{22h}}{2\sqrt{2}}\,\omega L_1 = \frac{30 \cdot 3 \cdot (3 \cdot 15)}{2\sqrt{2}} \cdot 1{,}63 = 2{,}3 \cdot 10^3 \text{ VA}$$

$$\frac{i_{22h}}{i_{2m}} = 3 \text{ aus Kurvenblatt 14a}$$

Die Primärdrossel ist so reichlich zu bemessen, daß durch Luftspaltveränderung der induktive Widerstand geändert werden kann, um den Betriebspunkt des Gleichrichters genau einzustellen.

Schließlich ist noch die Saugdrossel zu berechnen. Ihre Scheinleistung im Bereich der 180°-Stromführungsdauer wurde auf S. 105 angegeben zu:

$$\frac{i_{3m}}{2} \cdot u_e = \frac{i_{3m}}{2} \cdot \frac{u_{33m}}{3} = \frac{90}{2} \cdot \frac{62}{3} = 930 \text{ VA}$$

Da die Saugdrosselspannung dreifacher Netzfrequenz rechteckige Form hat mit dem Formfaktor 1, ist nach Kurvenblatt 27 die Netzfrequenzspannung um den Faktor 0,8 kleiner, wenn wir das von der Eisensorte bestimmte Verhältnis der Eisenverluste bei Netzfrequenz $(v)_1 = 0{,}2$ annehmen. Danach beträgt die Typenleistung $960 \cdot 0{,}8 = 768$ VA, und für die Saugdrossel ist ein Strom von $\frac{i_{3m}}{2} = 45$ A und eine Spannung $(u_e)_1 = 20{,}6 \cdot 0{,}8 = 16{,}5$ V je Wicklung bei Netzfrequenz vorgeschrieben.

3. Doppel-Dreiphasengleichrichter zur Speisung eines Gleichstromnetzes.

Es soll eine Gleichrichterschaltung zur Versorgung eines Gleichstromnetzes mit $u_{31m} = 2 \cdot 240$ V und $i_{3m} = 800$ A aus einem Drehstromnetz mit 6000 V berechnet werden. Die Anlage ist in zwei Einheiten mit je 400 A zu unterteilen, die gemeinsam oder einzeln in Betrieb genommen werden. Es sind mit der Gittersteuerung $\pm$ 7% Spannungsschwankungen des Drehstromnetzes und der Spannungsabfall in der Anlage selbst auszuregeln. Für die Verbraucherspannung ist eine überlagerte Wechselspannung von 0,5% zugelassen.

Die Anlage wird mit zwei Glasgefäßen für 400 A auszurüsten sein. Wir sehen zunächst von der Parallelschaltung ab und berechnen die Anlage für 800 A. Außerdem setzen wir voraus, daß der Nullpunkt durch einen Maschinensatz gebildet wird, so daß der Gleichrichter für 480 V zu berechnen ist. Es wird Doppel-Dreiphasenschaltung gewählt.

Wir gehen davon aus, daß bei tiefster Netzspannung und höchster Belastung der Gleichrichter voll ausgesteuert ist ($\alpha = 0$). Für diesen Fall ist nach Gl. (296) die innere Gleichrichterspannung im Leerlauf $(u_{33\,m\,L})_{\alpha=0}$, deren Größe die Typenleistung des Transformators festlegt, anzusetzen:

$$(u_{33\,m\,L})_{\alpha=0} = \frac{u_{31\,m} + u_{32\,b} + i_{3\,m} \cdot R_3}{1 - \dfrac{\Delta\, u_{33\,m}}{(u_{33\,m\,L})_{\alpha=0}}} = \frac{480 + 18 + i_{3\,m} \cdot R_3}{1 - \dfrac{\Delta\, u_{33\,m}}{(u_{33\,m\,L})_{\alpha=0}}}$$

Der ohmsche Kathodenzweigwiderstand R_3 soll den Widerstand von Saugdrossel und Kathodendrossel enthalten, die wir zunächst nicht kennen.

Es fehlt außerdem zur Berechnung der verhältnismäßige Spannungsabfall der Gleichrichterspannung, $\dfrac{\Delta\, u_{33\,m}}{(u_{33\,m\,L})_{\alpha=0}}$, der seinerseits nach Gl. (296) von den prozentualen Kupferverlusten und der Umschaltzeit abhängt. Um diese zu berechnen, genügt es, die Transformatorleistung ungefähr zu kennen. Wir vernachlässigen daher in erster Näherung die Spannungsabfälle und finden dann:

$$l_{\text{Trafo}} \approx i_{3\,m} \cdot (u_{33\,m\,L})_{\alpha=0} \cdot \left[\frac{l_{\text{Trafo}}}{(u_{33\,m\,L})_{\alpha=0} \cdot i_{3\,m}}\right]$$
$$\approx 800 \cdot (480 + 18)\,[1{,}26] = 502 \cdot 10^3 \text{ VA}$$

Den dritten Faktor entnehmen wir Zahlentafel 3.

Diese Leistung erhöht sich noch, wenn wir die Spannungsschwankungen berücksichtigen, um den Faktor $\dfrac{1{,}07}{0{,}93}$, denn wir sind ja von tiefster Netzspannuhg ausgegangen:

$$l_{\text{Trafo}} \approx 502 \cdot 10^3 \cdot \frac{1{,}07}{0{,}93} = 580 \cdot 10^3 \text{ VA}$$

Gleichrichtertransformatoren dieser Größenordnung haben etwa 1,2% Cu-Verluste ($l_{\text{Cu}} = 0{,}012 \cdot l_{\text{Trafo}}$) und 5% Kurzschlußspannung[1] $\left(\dfrac{i_{0\,e}}{i_{0\,e\,A}} = 0{,}05\right)$ bei einer Phasennacheilung des Kurzschlußstromes von $\varphi_{0\,A} = 74^0$.

[1]) Die Kurzschlußspannung des Gleichrichtertransformators liegt höher als die des normalen Transformators.

Zu diesen Werten entnehmen wir Gl. (225) den für die Umschaltung der Anodenströme maßgebenden Wert:

$$\frac{\left(\frac{i_{3\,m}}{2}\right)}{i_{2\,e\,V}} = \sqrt{2}\,\frac{i_{0\,e}}{i_{0\,e\,A}} = 0{,}07$$

Hierzu würden wir Kurvenblatt 23 eine Umschaltzeit von $\ddot{u} = 17{,}5^0$ entnehmen. Es ist aber nun zu bedenken, daß bei tiefster Netzspannung der Kurzschlußstrom $i_{2\,e\,V}$ entsprechend zurückgeht und daher dieser Wert auf $0{,}07 \cdot \frac{1{,}07}{0{,}93} = 0{,}08$ ansteigt und daher $\ddot{u} = 18{,}5^0$ wird. Damit läßt sich nun nach Gl. (296) der vhg. Spannungsabfall berechnen zu:

$$\frac{\Delta\, u_{33\,m}}{(u_{33\,m\,L})_{\alpha=0}} \approx \frac{l_{\mathrm{Cu}\,\%}}{100}\left[\frac{l_{\mathrm{Trafo}}}{i_{3\,m}\cdot(u_{33\,m\,L})_{\alpha=0}}\right]\cdot\left[\frac{\frac{2\,\pi}{P}-\frac{\ddot{u}}{2}}{\frac{2\,\pi}{P}} + \right.$$

$$\left. + \frac{\frac{\ddot{u}}{2}}{\frac{2\,\pi}{P}}\,\frac{\Delta\, u_{2\,(1)}}{(\Delta\, u_{33\,m})_{\ddot{u}=0}}\right] + \frac{1}{2}\,[\cos\alpha - \cos(\alpha + \ddot{u})]$$

$$= \frac{1{,}2}{100}\cdot[1{,}26]\left(\frac{1{,}07}{0{,}93}\right)\left[\frac{120 - \frac{18{,}5}{2}}{120}\right] +$$

$$+ \frac{1}{2}\,[1 - \cos 18{,}5] = 0{,}016 + 0{,}026 = 0{,}042$$

Das zweite Glied in der zweiten eckigen Klammer ist in diesem Fall nach Zahlentafel 3 Null; der Faktor $\left(\frac{1{,}07}{0{,}93}\right)$ berücksichtigt die erhöhte Trafoleistung.

Wenn in der Ausgangsgleichung die Spannungsabfälle an Saugdrossel- und Kathodendrosselwiderstand zunächst außer acht bleiben, so läßt sich mit diesem Wert die innere Gleichrichterspannung in erster Näherung bestimmen:

$$(u_{33\,m\,L})_{\alpha=0} \approx \frac{480 + 18}{1 - 0{,}042} = 520\ \mathrm{V}$$

Für die Trafotypenleistung ergibt sich damit auch eine bessere Näherung:

$$l_{\mathrm{Trafo}} \approx \frac{580\cdot 10^3}{1 - 0{,}042} = 605\cdot 10^3\ \mathrm{VA}$$

Die Spannungsabfälle an Saugdrossel und Kathodendrossel sind abzuschätzen, aus deren Typenleistung, die wir nunmehr berechnen wollen. Beide hängen ab vom Aussteuerungsgrad des Gleichrichters. Wir sind bei der Berechnung von der tiefsten Netzspannung ausgegangen. Diese kann entsprechend dem Faktor $\frac{1{,}07}{0{,}93}$ ansteigen. Entsprechend steigt auch die innere Leerlaufgleichrichterspannung an. Diese muß aber so weit heruntergesteuert werden, daß bei Leerlauf die Gleichung gilt[2]):

$$(u_{33\,m\,L})_{a=0} \cdot \frac{1{,}07}{0{,}93} \cdot \cos \alpha = u_{31\,m} + u_{32\,b}$$

Daraus errechnet sich die niedrigste Aussteuerung in erster Näherung mit dem Näherungswert für $(u_{33\,m\,L})_{a=0}$ zu:

$$\cos \alpha \approx \frac{480 \cdot 18}{520 \cdot \frac{1{,}07}{0{,}93}} = 0{,}83$$

Außerdem ergibt sich nach Zahlentafel 3 für die sekundäre Transformatorspannung:

$$u_{2\,e} = \frac{(u_{33\,m\,L})_{a=0}}{1{,}17} \cdot \frac{1{,}07}{0{,}93} = \frac{520}{1{,}17} \cdot \frac{1{,}07}{0{,}93} = 512 \text{ V}$$

bei höchster Netzspannung. Dabei ist auch die Beanspruchung der Saugdrossel am größten. Aus Kurvenblatt 28 entnehmen wir für die effektive Saugdrosselspannung mit $\cos \alpha = 0{,}83$, $\frac{u_e}{u_{2\,e}} = 0{,}43$ bei $ü = 0$, damit wird diese Spannung:

$$u_e = 512 \cdot 0{,}43 = 220 \text{ V}$$

Die Umschaltzeit $ü$ hat bei dieser Aussteuerung nur wenig Einfluß auf die Saugdrosselspannung, außerdem ist $ü$ bei höchster Netzspannung und tiefter Aussteuerung sehr zurückgegangen. Das bestimmende Stromverhältnis hat jetzt den Wert 0,07, wozu wir mit $\cos \alpha = 0{,}83$ und $\varphi_{0\,A} = 74^0$ aus Kurvenblatt 23 einen Wert $ü = 3$ bis $4{,}5^0$ entnehmen, der keinen Einfluß auf die Saugdrosselspannung hat. Wir erhalten also eine Scheinleistung der Saugdrossel von:

$$\frac{i_{3\,m}}{2} \cdot u_e = 400 \cdot 220 = 88 \cdot 10^3 \text{ VA}$$

Es ist dies zugleich die Typenleistung bei 3facher Netzfrequenz. Die Leistung bzw. Spannung der Saugdrossel bei Netzfrequenz ist nach Kurvenblatt 27 um den Faktor 0,75 zu verringern, wenn wir das von der Eisensorte bestimmte Verhältnis der Eisenverluste bei Netzfrequenz $(v)_1 = 0{,}2$ annehmen und den Formfaktor $(\xi)_a \approx 1{,}08$ Kurvenblatt 28 entnehmen. Damit wird die Saugdrossel- bzw. Saugtransformator-Typenleistung bei Netzfrequenz $= 0{,}75 \cdot 88 \cdot 10^3 = 66 \cdot 10^3$ VA und für die Drossel ist eine Netzfrequenzspannung:

$$(u_e)_1 = u_{2\,e} \cdot 0{,}43 \cdot 0{,}75 = 165 \text{ V}$$

und ein Strom $\frac{i_{3m}}{2} = 400$ A je Wicklung vorzuschreiben. Wenn wir bei einem Saugtransformator dieser Größe mit 2% Cu-Verlusten rechnen, erhalten wir für den ohmschen Widerstand der Drossel:

$$2 \cdot R_{33} \cdot \left(\frac{i_{3m}}{2}\right)^2 = 0{,}02 \cdot 66 \cdot 10^3$$

$$R_{33} = 0{,}0041 \text{ Ohm}$$

je Wicklung. Dem entspricht ein Spannungsabfall von

$$\frac{i_{3m}}{2} \cdot R_{33} = 400 \cdot 0{,}0041 = 1{,}6 \text{ V}$$

Der notwendige induktive Widerstand der Saugdrossel ist nach Gl. (300), wenn wir den Strom bei Erreichung der Doppeldreiphasenbetriebsweise mit $(i_{3m})_{P \to 2 \times 3} = 0{,}05\, i_{3m}$ annehmen:

$$\omega L_{33} = \frac{\sqrt{2}\; u_{2e} \sin\alpha}{0{,}05\, i_{3m}} = \frac{\sqrt{2}\; 512 \cdot 0{,}556}{0{,}05 \cdot 800} = 10 \text{ Ohm}$$

für beide Wicklungen in Reihe

Die Typenleistung der Kathodendrossel können wir nur abschätzen. Wir nehmen an, daß die verlangte Welligkeit der Ausgangsspannung durch parallelgeschaltete, abgestimmte Saugzweige erreicht wird. Diese bestehen aus einer Reihenschaltung von Induktivität und Kapazität, die auf eine der vorkommenden Oberschwingungen im Strom abgestimmt sind und für diese einen geringen Resonanzwiderstand darstellen. Dann ist der Spannungsabfall dieser Oberschwingung klein und liegt vorwiegend an der Kathodendrossel. Wir legen die Größe der Drossel unabhängig davon durch die Bedingung fest, daß der Kathodenstrom bis zu 5% des Vollaststromes lückenlos sein soll, d. h. $(i_{3m})_{\min} = 0{,}05 \cdot i_{3m}$ ist.

Nach Gl. (191) und (195) findet man für die notwendige Größe der Kathodendrossel:

$$\left[\frac{i_3 - i_{3m}}{\frac{u_{2e}}{\omega L_3}}\right]_t = \sqrt{1 - \cos^2\alpha} \cdot 0{,}125 = 0{,}07$$

$$\omega L_3 > 0{,}07 \cdot \frac{u_{2e}}{(i_{3m})_{\min}} = \frac{0{,}07\,\frac{512}{1{,}35} \cdot 1{,}17}{0{,}05 \cdot 800} = 0{,}78 \text{ Ohm}$$

Die tatsächliche Transformatorspannung muß hier entsprechend der in der Doppeldreiphasenschaltung am Kathodenzweig erscheinenden Sechsphasen-Gleichrichterspannung umgerechnet werden.

Wir erhalten damit die Typenleistung der Drossel annähernd zu:

$$\frac{(i_{3m}) \cdot i_{3m} \cdot \omega L_3}{2\sqrt{2}} = \frac{800^2 \cdot 0{,}78}{2\sqrt{2}} = 176 \cdot 10^3 \text{ VA}$$

(auf die genaue Berechnung der Kathodendrossel unter Berücksichtigung der Abnahme des induktiven Widerstandes bei kleinen überlagerten Wechselströmen, ebenso auch auf die Berechnung der Siebkreise soll hier nicht eingegangen werden).

Wenn die Drossel 1,4% Cu-Verluste hat, ergibt sich für ihren ohmschen Widerstand:

$$(i_{3m})^2 \cdot R_{31} = 0{,}014 \cdot 176 \cdot 10^3$$

$$R_{31} = \frac{0{,}014 \cdot 176 \cdot 10^3}{800^2} = 0{,}0040 \text{ Ohm},$$

und dem entspricht ein zusätzlicher Spannungsabfall von:

$$800 \cdot 0{,}004 = 3{,}2 \text{ V}.$$

Wir haben daher insgesamt an Saugdrossel und Kathodendrossel noch einen zusätzlichen Spannungsabfall von $i_{3m} \cdot R_3 = 4{,}8$ V zu berücksichtigen. Gegenüber der Spannung von 498 V in der Ausgangsgleichung bedeutet dies eine Steigerung aller pannungen entsprechend dem Faktor $1 + \frac{4{,}8}{498} = 1{,}01$, und die Rechnung muß mit den neuen Spannungen wiederholt werden. Erfahrungsgemäß setzt man von vornherein etwa 1% Spannungsabfall an Saugdrossel und Kathodendrossel ein.

Der Gesamtstrom von 800 A soll auf zwei Gefäße aufgeteilt werden. Dies geschieht durch Parallelschalten der beiden Gefäße unter Einschalten von Anodendrosseln. Diese können entweder getrennt voneinander sein, oder es werden die Drosseln, die zu parallel arbeitenden Anoden gehören, miteinander verkettet. Die Verkettung kann bspw. so ausgeführt werden, daß einer Einphasendrossel mit Mittelanzapfung dort der Strom vom Transformator zugeführt wird und an den beiden Enden zu den Anoden abfließt. Wenn beide Anoden gleichmäßig Strom führen, tritt kein Spannungsabfall an der Drossel auf, da die Amperewindungen beider Seiten einander entgegenwirken. Zündet nur eine Anode, so erhält die andere als Anodenspannung die Brennspannung zuzüglich des Gesamtspannungsabfalls an der Drossel, da die zugehörigen Kathoden miteinander verbunden sind. Dieser Spannungsabfall wird verursacht durch den Umschaltstrom, der über die zuerst stromführende Anode fließt. Wenn wir uns die inneren Transformatorwiderstände anodenseitig zusammengefaßt denken, so können wir auch sagen, daß die Transformatorspannung sich auf die Anodeninduktivität der führenden Anode und die inneren Widerstände aufteilt. Diese Überlegungen führen zur Festlegung des induktiven Widerstandes der Anodendrosseln im Verhältnis zu den inneren Transformatorwiderständen, wenn ein bestimmter Spannungsabfall gefordert wird.

Bei getrennten Anodendrosseln bewirken diese eine Verringerung des Umschaltstromes, Vergrößerung der Umschaltzeit, und damit Erhöhung des Spannungsabfalles. Dies ist aus der erhöhten Kurzschlußspannung der Anlage zu berechnen. Bei verketteten Anodendrosseln ist nur dann eine Erhöhung des Spannungsabfalls zu beachten, wenn nur ein Gefäß eingeschaltet ist. Dieses wird aber dadurch ausgeglichen, daß bei halbem Strom der übrige Spannungsabfall auf etwa die Hälfte zurückgeht.

Wir wollen für unser Beispiel verkettete Anodendrosseln nehmen und für die Parallelarbeit fordern, daß die Zündverhältnisse eines Dreiphasengleichrichters mit 100 V sekundärer Transformatorspannung erreicht werden. Dann gilt für die Induktivität einer Wicklungshälfte der Anodendrossel:

$$2\,(i_{2eV} \cdot \omega L) = 100 \cdot \sqrt{3}$$

Denn bei einem Dreiphasengleichrichter ist die Anodenspannung im Zündzeitpunkt gleich dem Augenblickswert der verketteten Spannung, und hier erhält die nachfolgende Anode den Augenblickswert der vollen Drosselspannung, das ist die doppelte Spannung einer Wicklung.

Aus $\dfrac{\left(\dfrac{i_{3m}}{2}\right)}{i_{2eV}} = 0{,}08$ errechnen wir einen Kurzschlußstrom $i_{2eV} =$ 5000 A. Dieser Strom wird jetzt durch die zusätzliche Induktivität auf $5000 \cdot \dfrac{512 - 100}{512} = 4020$ herabgesetzt, wenn wir für diese Überschlagsrechnung die inneren Transformatorwiderstände als rein induktiv ansehen. Damit ergibt sich für den Drosselwiderstand je Wicklung:

$$\omega L = \frac{100 \cdot \sqrt{3}}{2 \cdot 4020} = 0{,}021 \text{ Ohm}$$

Die Drossel wird mit dem halben Vollaststrom normal magnetisch beansprucht, da je ein Gefäß auch allein betrieben werden soll; es ergibt sich daraus die Typenleistung der Drossel:

$$i_{2e} \cdot \frac{i_{2h}}{\sqrt{2}} \cdot \omega L = \frac{400}{\sqrt{3}} \cdot \frac{200}{\sqrt{2}} \cdot 0{,}02 = 0{,}65 \cdot 10^3 \text{ VA}$$

Der Verschiebungsfaktor $\cos \varphi_0$ der Anlage liegt bei höchster Netzspannung und geringster Aussteuerung am ungünstigsten. Mit einer Umschaltzeit von $ü = 3 \div 4{,}5^0$ und mit $\cos \alpha = 0{,}83$ wird nach Gl. (254)

$$\cos \varphi_0 \approx \cos\left(\alpha + \frac{ü}{2}\right) = 0{,}825 \div 0{,}815$$

Bei voller Aussteuerung benutzen wir zur Berechnung von φ_0 die Gl. (257) bei vorwiegend induktiven Transformatorwiderständen und erhalten:

$$(\operatorname{tg} \varphi_0)_{\alpha=0} \approx \frac{2\,ü - \sin 2\,ü}{1 - \cos 2\,ü} = \frac{2 \cdot 18{,}5 \cdot \dfrac{\pi}{180} - \sin 2 \cdot 18{,}5}{1 - \cos 2 \cdot 18{,}5} \approx 0{,}212$$

$$(\cos \varphi_0)_{\alpha=0} \approx 0{,}98$$

Dieser Wert wird erniedrigt durch den Einfluß des Magnetisierungsstromes des Transformators.

Der Leistungsfaktor λ ist nach S. 189 um den Verzerrungsfaktor v kleiner, der ohne Berücksichtigung von $ü$ nach Zahlentafel 4 den Wert $(v)_{ü=0} = \frac{(i_{0\,e})_1}{i_{0\,e}} = 0{,}955$ hat. Abgesehen von $ü$ ergibt sich für den Netzstrom, der bei Sternschaltung mit dem Primärstrom übereinstimmt, nach Zahlentafel 3 und 4

$$\frac{i_{0\,e}}{i_{3\,m}} = \frac{1}{\sqrt{6}}, \quad i_{0\,e} = 327 \text{ A}$$

$$\frac{(i_{0\,e})_1}{i_{3\,m}} = 0{,}39, \quad (i_{0\,e})_1 = 312 \text{ A}$$

Aus Zahlentafel 3 entnehmen wir zur Bestimmung des Einflusses von $ü$ auf $i_{0\,e}$ den Zahlenwert $K_o = 3$. Mit $ü = 3 \div 4{,}5$ ergibt sich nach Kurvenblatt 24, wenn wir bei $\cos\alpha = 0{,}83$ die Näherung gradlinigen Stromanstieges benutzen $\left(F(ü, \alpha) = \frac{ü}{6\pi}\right)$ für die Stromänderung:

$$\frac{\Delta\, i_{0\,e}}{i_{0\,e}} \approx 0{,}05 \div 0{,}01 \text{ bzw. } \frac{(i_{0\,e})_{ü \neq 0}}{(i_{0\,e})_{ü=0}} = 0{,}995 \div 0{,}99$$

Bei voller Aussteuerung steigt der Einfluß mit $ü = 18{,}5^0$ auf

$$\frac{\Delta\, i_{0\,e}}{i_{0\,e}} \approx 0{,}02 \text{ bzw. } \frac{(i_{0\,e})_{ü \neq 0}}{(i_{0\,e})_{ü=0}} = 0{,}98$$

unter der Benutzung der Kurve für $\varphi = \frac{\pi}{2}$, $\cos\alpha = 1$. Der Einfluß von $ü$ auf $(i_{0\,e})_1$ kann nach Gl. (254) und (257) berechnet werden zu:

$$\cos\alpha = 0{,}83, \quad ü = 3 \div 4{,}5 \quad \frac{\left((i_{0\,e})_1\right)_{ü \neq 0}}{\left((i_{0\,e})_1\right)_{ü=0}} \approx 1$$

$$\cos\alpha = 1, \quad ü = 18{,}5^0 \quad \frac{\left((i_{0\,e})_1\right)_{ü \neq 0}}{\left((i_{0\,e})_1\right)_{ü=0}} \approx \frac{1}{2}\,\frac{1 + 0{,}948}{0{,}98} = 0{,}995$$

Diese Zahlen zeigen uns, daß der Einfluß von $ü$ sehr klein ist und nur bei voller Aussteuerung Bedeutung hat und hierfür den Verzerrungsfaktor $(v)_{ü=0} = 0{,}955$ heraufsetzt auf:

$$v = (v)_{ü=0} \cdot \frac{0{,}995}{0{,}98} = 0{,}975$$

Damit wird der Leistungsfaktor bei voller Aussteuerung:

$$\cos\alpha = 1, \quad \lambda = v \cdot \cos\varphi_0 = 0{,}975 \cdot 0{,}98 = 0{,}955$$

und bei geringster Aussteuerung

$$\cos\alpha = 0{,}83, \quad \lambda = v \cdot \cos\varphi_0 = 0{,}955 \cdot 0{,}82 = 0{,}782$$

Die Form des Netzstromes für $\ddot{u} = 0$ zeigt uns Abb. 101; Gl. (278) gibt uns dafür die vollständige Gleichung, Gl. (276) den Einfluß der Umschaltzeit auf die einzelnen Oberschwingungen für die Näherung gradlinigen Stromanstieges. Die Kenntnis der Oberschwingungen ist meist erst bei sehr großen Leistungen von Interesse.

Schließlich ist noch der Kurzschlußstrom nach Zahlentafel 5 zu berechnen. Dazu muß der Wechselkurzschlußstrom bei dreiphasigem sekundärem Kurzschluß berechnet werden aus:

$$\frac{\dfrac{i_{3m}}{2}}{i_{2eV}} = 0{,}07 \quad \text{und} \quad \frac{i_{2eA}}{i_{2eV}} = \frac{2}{\sqrt{3}} \quad \text{nach Zahlentafel 3}$$

zu $i_{2eA} = 6600$ A bei höchster Netzspannung. Der sechsphasige Kurzschlußstrom ist dann etwa $i_{2eA(1:6)} \approx 3300$ A. Nach Zahlentafel 5 ergibt sich dann bei voller Aussteuerung ein mittlerer Kurzschlußstrom je Anode von:

$$i_{2mK} = \frac{i_{2mK}}{i_{2eA(1:6)}} \cdot i_{2eA(1:6)} \approx (1{,}21 \div 0{,}95)\,3300 \text{ A}$$

$$= 4000 \div 3150 \text{ A}$$

bzw. insgesamt:

$$i_{3mK} \approx 24000 \div 19000 \text{ A}$$

Der kleinere Wert gilt für den Fall, daß die Kurzschlußstrombegrenzung vorwiegend bei primärseitigen und je Schenkel verketteten sekundärseitigen Streuinduktivitäten liegt; das kann hier erfahrungsgemäß vorausgesetzt werden. Wir haben dann mit mindestens dem 24fachen Kurzschlußstrom zu rechnen, der durch die Brennspannung und ohmsche Spannungsabfälle im Kathodenzweig, die zusammen als restliche Gegenspannung angesehen werden können, nach Kurvenblatt 18 und durch die Aussteuerung nach Kurvenblatt 29 nur wenig herabgesetzt werden wird.

Ist ein bestimmter Kurzschlußstrom vorgeschrieben, bspw. nicht höher als der zehnfache Normalstrom, so muß von vornherein eine Primärdrossel vorgesehen werden. Mit $i_{2mK} = 10 \cdot i_{2m}$ und $\dfrac{i_{2mK}}{i_{2eA}} = 0{,}475$ nach Zahlentafel 5 ist der Anodenkurzschlußstrom gegeben zu:

$$i_{2eA} = \frac{i_{2mK}}{\left(\dfrac{i_{2mK}}{i_{2eA}}\right)} = \frac{10 \cdot i_{2m}}{0{,}475} = \frac{10 \cdot \dfrac{800}{6}}{0{,}475} = 2800 \text{ A}$$

und damit ein netzseitiger Kurzschlußstrom für das Übersetzungsverhältnis 1 : 1 von:

$$i_{0\,e\,A} = i_{2\,e\,A} \cdot \frac{i_{0\,e\,A}}{i_{2\,e\,A}} = 2800 \cdot 1 = 2800 \text{ A}$$

mit $\frac{i_{0\,e\,A}}{i_{2\,e\,A}} = 1$ nach Zahlentafel 3. Da der Netzstrom bei Normallast $i_{0\,e} = 327$ A beträgt, ergibt sich daraus für die verhältnismäßige Kurzschlußspannung, übereinstimmend mit dem Stromverhältnis:

$$\frac{i_{0\,e}}{i_{0\,e\,A}} = \frac{327}{2800} = 0{,}117$$

Da der Transformator allein nur eine vhg. Kurzschlußspannung von 0,05 hat, so muß der vhg. Spannungsabfall der Primärdrossel bei der Kurzschlußmessung $\frac{i_{0\,e\,A} \cdot \omega L_0}{u_{0\,e}} = 0{,}117 - 0{,}05 = 0{,}067$ betragen. Hierdurch wird die Größe der Drossel bestimmt. Wir berechnen mit der erhöhten Kurzschlußspannung von 11,7% die innere Gleichrichterspannung und damit $u_{0\,e}$ nach dem Vorbild des vorstehenden Rechnungsganges. Dabei sind die Kennlinien für rein induktive innere Widerstände $(\varphi =$ zu benutzen. Ist der Gleichrichterschaltung noch ein Transformator vorgeschaltet, der außerdem noch andere Verbraucher zu speisen hat, so trägt dessen innerer Widerstand zur Kurzschlußbegrenzung bei. Ist der innere Widerstand vorwiegend induktiv, so kann seine prozentuale Kurzschlußspannung verkleinert im Verhältnis des geforderten Netzkurzschlußstromes der Anlage, $i_{0\,e\,A}$, zum Kurzschlußstrom des Vortransformators, von dem Wert 0,067, dem vhg. Spannungsabfall der Vordrossel, abgezogen werden, wodurch sich die Drosselleistung erniedrigt. Für unser Beispiel ergeben sich, abgesehen davon, mit $\frac{i_{0\,e}}{i_{0\,e\,A}} = 0{,}117$ folgende Werte:

$$\frac{\left(\frac{i_{3\,m}}{2}\right)}{i_{2\,e\,V}} = 0{,}165 \cdot \frac{1{,}07}{0{,}93} = 0{,}19$$

$$ü = 30{,}5^0 \quad \frac{\Delta\, u_{33\,m}}{(u_{33\,m\,L})_{\alpha\,=\,0}} = 0{,}0152 + 0{,}067 = 0{,}082$$

$$(u_{33\,m\,L})_{\alpha\,=\,0} = 543 \text{ V}, \quad u_{2\,e} = u_{0\,e} = 534 \text{ V}$$

$$\omega L_0 = 0{,}11 \text{ Ohm}$$

Die Drossel muß für einen Normalstrom von $i_{0\,e} = 327$ A bemessen werden, darf aber beim Kurzschlußstrom von $i_{0\,e\,A} = 2800$ A noch nicht übersättigt sein. Erfahrungsgemäß wählt man unter diesen Bedingungen zweckmäßig drei einzelne Luftdrosselspulen, deren induktiver Widerstand unabhängig von der Belastung ist.

Beim Übersetzungsverhältnis 1 : 1 aller Wicklungen ist bei Stern-Doppelsternschaltung die primäre Transformatorphasenspannung gleich der sekundären, $u_{1e} = u_{2e} = 512$ V bei höchster Netzspannung. Die höchste Netzphasenspannung beträgt tatsächlich $\frac{6000}{\sqrt{3}} \cdot 1{,}07 = 3700$ V, wenn die mittlere verkettete Netzspannung 6000 V beträgt. Somit muß der Primärstrom und Netzstrom im Verhältnis $\frac{512}{3700}$ umgerechnet werden.

Die drei Anwendungsbeispiele veranschaulichen die Verwendbarkeit der Kennlinien und Zahlentafeln zur praktischen Berechnung von Gleichrichterschaltungen. Da allen Kennlinien und Zahlenwerten vereinfachende Voraussetzungen zugrunde liegen, die praktisch meist nicht vollständig erfüllt werden, ist es notwendig, alle Meßwerte an ausgeführten Gleichrichterschaltungen in der gleichen Form von Verhältniswerten, wie auch in den Kennlinien, in diese einzutragen. Man kommt dann zu praktischen Kennlinien, die eine genauere Berechnung ermöglichen und die Abweichung der rechnerischen Kennlinien von den praktischen Meßwerten übersichtlich zeigen.

K. Zahlentafeln und Kurvenblätter.

Erklärung der Bezeichnungen.

$u_{0\,e}$	Effektive Netzphasenspannung.
$u_{1\,e}$	» primäre Transformatorspannung.
$u_{2\,e}$	» sekundäre Transformatorspannung.
$u_{2\,e\,L}$	» sekundäre Transformatorspannung im Leerlauf.
$u_{31\,m}$	Gegenspannung.
$u_{32\,b}$	Mittlere Brennspannung.
$u_{3\,m} = u_{31\,m} + u_{32\,b}$	Ideelle Gegenspannung.
$u_{33\,m}$	Mittlere innere Gleichrichterspannung = Mittlere Spannung zwischen Kathode und Trafosternpunkt zuzüglich der mittleren Brennspannung.
$u_{33\,m\,L}$	Mittlere innere Gleichrichterspannung im Leerlauf.
$\Delta u_{33\,m}$	Abfall der mittleren inneren Gleichrichterspannung bei Belastung.
$(\Delta u_{33\,m})_{\ddot{u}=0}$ oder $_{\ddot{u}\neq 0}$	Abfall der mittleren inneren Gleichrichterspannung bei Belastung ohne oder mit Berücksichtigung des Umschaltvorganges der Anodenströme.
$\Delta u_{2(1)}$	Abfall der sekundären Transformatorspannung, solange die voreilende Phasenspannung im Gleichrichterbetrieb belastet ist.
$i_{0\,e}$	Effektiver Netzstrom.
$i_{0\,e\,A}$	» Netzstrom im Kurzschluß wie für $i_{2\,e\,A}$.
$i_{1\,e}$	» primärer Transformatorstrom.
$i_{2\,e}$	» Anodenstrom = sekundärer Transformatorstrom.
$i_{2\,e\,A}$	» Anodenkurzschlußstrom = sekundärer Transformatorkurzschlußstrom bei Kurzschluß wie bei Messung der Kurzschlußspannung nach VDE 0555 (vgl. S. 171).
$i_{2\,e\,V}$	» Anodenkurzschlußstrom = sekundärer Transformatorkurzschlußstrom bei Kurzschluß aufeinanderfolgender Anoden bzw. der verketteten Spannung.
$i_{2\,m}$	Mittlerer Anodenstrom.
$i_{2\,h}$	Höchster Augenblickswert des Anodenstromes.
$i_{3\,m}$	Mittlerer Kathodenstrom.
$(i_3 - i_{3\,m})_t$	Negativer Spitzenwert des überlagerten Wechselstromes im Kathodenstrom.
$i_{3\,e}$	Effektiver Kathodenstrom.
R_1 bzw. R_2	Primärer bzw. sekundärer ohmscher Transformatorwiderstand je Wicklung.
R_3	Ohmscher Widerstand im Kathodenzweig.
ωL_0	Induktiver Widerstand der netzseitigen Vordrossel.
ωL_1	» » » primärseitigen Vordrossel.
ωL_2	» » » sekundärseitigen Vordrossel.
ωL_3	» » » Kathodenzweigdrossel.
ωL_{33}	» » » Saugdrossel bei Anschluß beider Wicklungen in Reihe.
β	Brenndauer.
P	Phasenzahl.
α	Zündverzögerungswinkel.
z	Zündwinkel.

Zahlentafel 1.

Stromverteilung in Gleichrichtertransformatoren.

Schaltung	Nr.	Transformator-Schaltung[1])	Nach Abb. Nr.	Bezeichnung nach VDE 0555	Primärstrom	Netzstrom	Stromsumme eines Schenkels
I. Zweiphasen-Gleichrichter	1	(Manteltrafo)	27		$i_1 = i_{22} - i_{21}$	$i_0 = i_{22} - i_{21}$	0
	2	Stern — Stern	28		$i_{12} = \frac{1}{2}(i_{22} - i_{21})$	$i_0 = \frac{1}{2}(i_{22} - i_{21})$	$-\frac{1}{2}(i_{22} + i_{21})$
	3	Ring — Stern	29		$i_{12} = i_{22} - i_{22m}$	$i_0 = i_{22} - i_{21}$	$-i_{2m}$
	4	Stern — Zickzack	33		$i_{12} = i_{22} - i_{21}$	$i_0 = i_{22} - i_{21}$	0
	5	Ring — Zickzack	34		$i_{12} = i_{22} - i_{21}$	$i_0 = 2(i_{22} - i_{21})$	0
II. Dreiphasen-Gleichrichter	6	Stern — Stern	35	A_2	$i_{12} = \frac{2}{3} i_{22} - \frac{1}{3}(i_{21} + i_{23})$	$i_{02} = \frac{2}{3} i_{22} - \frac{1}{3}(i_{21} + i_{23})$	$-\frac{1}{3}(i_{21} + i_{22} + i_{23})$
	7	Dreieck — Stern	36	D_1	$i_{12} = i_{22} - i_{2m}$	$i_{02} = i_{22} - i_{21}$	$-i_{2m}$
	8	Stern — Zickzack	37	D_3	$i_{12} = i_{22} - i_{21}$	$i_{02} = i_{22} - i_{21}$	0
	9	Dreieck — Zickzack	98	A_3	$i_{12} = i_{22} - i_{23}$	$i_{02} = 2 i_{22} - i_{21} - i_{23}$	0
III. Doppeldreiphasengleichrichter	10	Stern — Doppelstern	38	F_2	$i_{12} = i_{22} - i_{26}$	$i_{02} = i_{22} - i_{26}$	0
	11	Dreieck-Doppelstern	—	G_2	$i_{12} = i_{22} - i_{26}$	$i_{02} = i_{22} + i_{25} - i_{21} - i_{26}$	0
IV. Sechsphasengleichrichter	12	Dreieck — Stern	40	F_1	$i_{12} = i_{22} - i_{26}$	$i_{02} = i_{22} + i_{25} - i_{21} - i_{26}$	0
	13	Stern — Gabelstern	41	F_3	$i_{12} = i_{22} + i_{25} - i_{26} - i_{21}$	$i_{02} = i_{22} + i_{25} - i_{21} - i_{26}$	0
	14	Dreieck-Gabelstern	98	G_3	$i_{12} = i_{22} + i_{24} - i_{23} - i_{26}$	$i_{02} = 2 i_{22} + i_{24} + i_{25} - 2 i_{26} - i_{21} - i_{23}$	0

[1]) Alle Wicklungen stehen im Windungsverhältnis 1 : 1

Zahlentafel 2. **Primärströme und maßgebende Stromwerte für die magnetische Beanspruchung der Drossel von Gleichrichterschaltungen mit Primärdrossel.** $\left(\frac{i_{1e}}{i_{2e}}\right.$ gilt auch für Schaltungen mit Sekundärdrosseln.$\left.\right)$

Schaltung	Nr.	Trafoschaltung[1])	Nach Abb. Nr.	$\frac{u_{2e}}{u_{1e}}$	$\frac{u_{0e}}{u_{1e}}$	$L_3 = 0$: $\frac{i_{1e}}{i_{2e}}$	$L_3 = 0$: i_{0h} oder $\frac{1}{3}(2i_{12}-i_{11}-i_{13})_h$	$L_3 = \infty$: $\frac{i_{1e}}{i_{2e}}$	$L_3 = \infty$: i_{0h} oder $\frac{1}{3}(2i_{12}-i_{11}-i_{13})_h$
I. Zweiphasen-Gleichrichter	1	(Manteltrafo)	27	1	1	$\sqrt{2}$	i_{2h}	$2\cdot\sqrt{1-\left(\frac{i_{2m}}{i_{2e}}\right)^2}$	i_{2h}
	2	Stern — Stern	28	1	2	$\frac{1}{2}\sqrt{2}$	$\frac{i_{2h}}{2}$	$\frac{1}{2}\cdot\sqrt{1-\left(\frac{i_{2m}}{i_{2e}}\right)^2}$	$\frac{i_{2h}}{2}$
	3	Ring — Stern	29	1	1	$\sqrt{1-\left(\frac{i_{2m}}{i_{2e}}\right)^2}$	i_{2h}	$1\cdot\sqrt{1-\left(\frac{i_{2m}}{i_{2e}}\right)^2}$	i_{2h}
	4	Stern — Zickzack	33	2	2	$\sqrt{2}$	i_{2h}	$2\cdot\sqrt{1-\left(\frac{i_{2m}}{i_{2e}}\right)^2}$	i_{2h}
	5	Ring — Zickzack	34	2	1	$\sqrt{2}$	$2\, i_{2h}$	$2\cdot\sqrt{1-\left(\frac{i_{2m}}{i_{2e}}\right)^2}$	$2\cdot i_{2h}$
II. Dreiphasen-Gleichrichter	6	Stern — Stern	35	1	1	—	—	$1\cdot\sqrt{1-\left(\frac{i_{2m}}{i_{2e}}\right)^2}$	$i_{2h}-i_{2m}$
	7	Dreieck — Stern[2])	36	1	$\frac{1}{\sqrt{3}}$	$\sqrt{1-\left(\frac{i_{2m}}{i_{2e}}\right)^2}$	—	$1\cdot\sqrt{1-\left(\frac{i_{2m}}{i_{2e}}\right)^2}$	$i_{2h}-i_{2m}$
III. Doppel-Dreiphasen-Gleichrichter	10	Stern — Doppelstern	38	1	1	$\sqrt{2}$	i_{2h}	—	—
	11	Dreieck — Doppelstern[2])	—	1	$\frac{1}{\sqrt{3}}$	$\sqrt{2}$	i_{2h}	—	—
IV. Sechsphasen-Gleichrichter	12	Dreieck — Stern[2])	40	1	$\frac{1}{\sqrt{3}}$	$\sqrt{2}$	—	$\sqrt{2}$	—

[1]) Alle Wicklungen stehen im Windungverhältnis 1:1. [2]) Primärdrossel vor den Wicklungen.

Zahlen-

Zur Berechnung der effektiven Ströme und des mittleren Spannungs-

Schaltung	Nr.	Trafoschaltung[1])	Nach Abb. Nr.	Nach VDE 0555	$\frac{u_{2e}}{u_{1e}}$	$\alpha = 0$, $\frac{(u_{33\,mL})}{u_{2e}}$	$\alpha = 0$, $\frac{l_{Trafo}}{(u_{33\,mL} \times i_{3m})}$	$\frac{i_{0e}}{i_{2m}}$
I. Zweiphasen-Gleichrichter	1	Manteltrafo	27	—	1	0,9	1,34	1
	2	Stern-Stern	28	—	1	»	»	$\frac{1}{2}$
	3	Ring-Stern	29	—	1	»	»	1
	4	Stern-Zickzack	33	—	2	»	»	1
	5	Ring-Zickzack	34	—	2	»	»	2
II. Dreiphasen-Gleichrichter	6	Stern-Stern	35	A_2	1	1,17	1,35	$\frac{\sqrt{2}}{3}$
	7	Dreieck-Stern	36	D_1	1	»	»	$\frac{\sqrt{2}}{\sqrt{3}}$
	8	Stern-Zickzack	37	D_3	$\sqrt{3}$	»	1,46	$\frac{\sqrt{2}}{\sqrt{3}}$
	9	Dreieck-Zickzack	98	A_3	$\sqrt{3}$	»	»	$\sqrt{2}$
III. Doppel-Dreiphasen-Gleichrichter	10	Stern-Doppelstern	38	F_2	1	»	1,26	$\frac{1}{\sqrt{6}}$
	11	Dreieck-Doppelstern	—	G_2	1	»	»	$\frac{1}{\sqrt{2}}$
IV. Sechs-phasen-Gleichrichter	12	Dreieck-Stern	40	F_1	1	1,35	1,55	$\frac{\sqrt{2}}{\sqrt{3}}$
	13	Stern-Gabelstern	41	F_3	$\sqrt{3}$	»	1,42	$\frac{\sqrt{2}}{\sqrt{3}}$
	14	Dreieck-Gabelstern	98	G_3	$\sqrt{3}$	»	»	$\sqrt{2}$

[1]) Alle Wicklungen stehen im Windungsverhältnis 1 : 1.

tafel 3.

abfalles in Gleichrichterschaltungen mit großer Kathodendrossel.

Vgl. Abb. Nr.	K_0	$\frac{i_{1e}}{i_{3m}}$	K_1	$\frac{i_{2e}}{i_{3m}}$	K_2	$\frac{(\Delta u_{33m})_{ü=0}}{i_{3m}}$	$\frac{\Delta u_{2(1)}}{i_{3m}}$	$\frac{\Delta u_{2(1)}}{(\Delta u_{33m})_{ü=0}}$	$\frac{i_{0eA}}{i_{2eA}}$	$\frac{i_{2eA}}{i_{2eV}}$
	4	1	4	$\frac{1}{\sqrt{2}}$	2	$R_1 + R_2$	$-R_1$	$-0{,}55$	2	1
	»	$\frac{1}{2}$	»	»	»	$\frac{1}{2} R_1 + R_2$	$-\frac{1}{2} R_1$	»	1	»
	»	$\frac{1}{2}$	»	»	»	$\frac{1}{2} R_1 + R_2$	$-\frac{1}{2} R_1$	»	2	»
	»	1	»	»	»	$2 R_1 + 2 R_2$	$-2 R_1$	»	2	»
	»	1	»	»	»	$2 R_1 + 2 R_2$	$-2 R_1$	»	4	»
99	$\frac{9}{2}$	$\frac{\sqrt{2}}{3}$	$\frac{9}{2}$	$\frac{1}{\sqrt{3}}$	3	$\frac{2}{3} R_1 + R_2$	$-\frac{1}{3} R_1$	$-0{,}3$	1	$\frac{2}{\sqrt{3}}$
100	»	$\frac{\sqrt{2}}{3}$	»	»	»	$\frac{2}{3} R_1 + R_2$	$-\frac{1}{3} R_1$	»	$\sqrt{3}$	»
100	»	$\frac{\sqrt{2}}{\sqrt{3}}$	»	»	»	$2 R_1 + 2 R_2$	$-R_1$	»	$\sqrt{3}$	»
99	»	$\frac{\sqrt{2}}{\sqrt{3}}$	»	»	»	$2 R_1 + 2 R_2$	$-R_1$	»	3	»
101	3	$\frac{1}{\sqrt{6}}$	3	$\frac{1}{2\sqrt{3}}$	»	$\frac{1}{2} R_1 + \frac{1}{2} R_2$	0	0	1	»
102	»	$\frac{1}{\sqrt{6}}$	»	»	»	$\frac{1}{2} R_1 + \frac{1}{2} R_2$	0	»	$\sqrt{3}$	»
101	»	$\frac{1}{\sqrt{3}}$	6	$\frac{1}{\sqrt{6}}$	6	$R_1 + R_2$	0	»	$\sqrt{3}$	2
101	»	$\frac{\sqrt{2}}{\sqrt{3}}$	3	»	»	$2 R_1 + 2 R_2$	—	—	$\sqrt{3}$	$\left(\frac{2}{3}\right)$
102	»	$\frac{\sqrt{2}}{\sqrt{3}}$	»	»	»	$2 R_1 + 2 R_2$	—	—	3	(»)

Zahlen-

Zusammensetzung der Netzoberschwingungen aus

		Nr.	Transformator-Schaltung	Netzstrom und Vektorbild in Abb.	$\frac{(i_{0e})_1}{i_{3m}}$	$\frac{(i_{0e})_1}{i_{0e}}$
I. Dreiphasen-Gleichrichter Schaltgruppe A	A_2	6	Stern-Stern	99	0,39	0,827
	A_3	9	Dreieck-Zickzack	99	1,17	0,827
Schaltgruppe D	D_1	7	Dreieck-Stern	100	0,676	0,827
	D_3	8	Stern-Zickzack	100	0,676	0,827
II. Doppeldreiphasen und Sechsphasen-Gleichrichter Schaltgruppe F	F_1	12	Dreieck-Stern	101	0,78	0,955
	F_2	10	Stern-Doppelstern	101	0,39	0,955
	F_3	13	Stern-Gabelstern	101	0,78	0,955
Schaltgruppe G	G_2	11	Dreieck-Doppelstern	102	0,676	0,955
	G_3	14	Dreieck-Gabelstern	102	1,35	0,955

tafel 4.

den Oberschwingungen des Sekundärstromes.

$i_{02} =$	$\dfrac{(i_{02})_n}{\sqrt{2}\,(i_{2e})_n} =$
$^2/_3\, i_{22} - {}^1/_3\, i_{21} - {}^1/_3\, i_{23} = (i_{22} - i_{2m})$	$\sin n\omega t$
$2\, i_{22} - i_{21} - i_{23} = 3(i_{22} - i_{2m})$	$3 \sin n\omega t$
$i_{22} - i_{21}$	$\sin n\omega t - \sin\left(n\omega t + \dfrac{n \cdot 2\pi}{P}\right)$ $= \sqrt{3} \sin\left(n\omega t \pm \dfrac{\pi}{6}\right)$
$i_{22} - i_{21}$	$\sin n\omega t - \sin\left(n\omega t + n \cdot \dfrac{2\pi}{P}\right)$ $= \sqrt{3} \sin\left(n\omega t \mp \dfrac{\pi}{6}\right)$
$i_{22} + i_{25} - i_{26} - i_{21}$	$\sin n\omega t + \sin\left(n\omega t - n \cdot \dfrac{2\pi}{P}\right)$ $- \sin(n\omega t - n\pi) - \sin\left(n\omega t - n \cdot \dfrac{2\pi}{P} - n\pi\right)$ $= 2\sqrt{3} \sin\left(n\omega t \pm \dfrac{\pi}{6}\right)$
$i_{22} - i_{26}$	$\sin n\omega t - \sin(n\omega t - n\pi) = 2 \sin n\omega t$
$i_{22} + i_{25} - i_{26} - i_{21}$	$\sin n\omega t + \sin\left(n\omega t - n \cdot \dfrac{2\pi}{P}\right)$ $- \sin(n\omega t - n\pi) - \sin\left(n\omega t - n \cdot \dfrac{2\pi}{P} - n\pi\right)$ $= 2\sqrt{3} \sin\left(n\omega t \pm \dfrac{\pi}{6}\right)$
$i_{22} + i_{25} - i_{26} - i_{21}$	$\sin n\omega t + \sin\left(n\omega t - n \cdot \dfrac{2\pi}{P}\right)$ $- \sin(n\omega t - n\pi) - \sin\left(n\omega t - n \cdot \dfrac{2\pi}{P} - n\pi\right)$ $= 2\sqrt{3} \sin\left(n\omega t \pm \dfrac{\pi}{6}\right)$
$2 i_{22} + i_{24} + i_{25} - 2 i_{26} - i_{23} - i_{21}$	$2 \sin n\omega t + \sin\left(n\omega t + n \cdot \dfrac{2\pi}{P}\right)$ $+ \sin\left(n\omega t - n \cdot \dfrac{2\pi}{P}\right) - 2 \sin(n\omega t - n\pi)$ $- \sin\left(n\omega t + n \cdot \dfrac{2\pi}{P} - n\pi\right)$ $- \sin\left(n\omega t - n \cdot \dfrac{2\pi}{P} - n\pi\right) = 6 \sin n\omega t$

Zahlentafel 5.

Kurzschlußwerte mehrphasiger Gleichrichter bei rein induktiven inneren Widerständen.

Phasenzahl	Kurzschlußwerte	mit großer Kathodendrossel				ohne Kathodendrossel			
		ungesteuert		voll ausgesteuert		ungesteuert		voll ausgesteuert	
		U	V	U	V	U	V	U	V
2	$\frac{i_{2mK}}{i_{2eA}}$	$\sqrt{2}$	$\sqrt{2}$	$\sqrt{2}$	$\sqrt{2}$	$\sqrt{2}$	0,9	$\sqrt{2}$	0,9
	Blatt Nr.	16	16	16	16	11	12	11	12
	β_K	360	360	360	360	360	180	360	180
3	$\frac{i_{2mK}}{i_{2eA}}$	$\sqrt{2}$	$\sqrt{2}$	1,21	1,21	$\sqrt{2}$	1,17	1,21	1,17
	Blatt Nr.	17	17	—	—	11	13	—	13
	β_K	360	360	300	300	360	240	300	240
2×3	$\frac{i_{2mK}}{i_{2eA(1\div6)}}$	$\sqrt{2}$	0,85	1,21	0,85	$\sqrt{2}$	0,9	1,21	0,9
	Blatt Nr.	—	18	—	18	11	14a	—	14a
	β_K	360	240	300	240	360	180	300	180
6	$\frac{i_{2mK}}{i_{2eA(1\div6)}}$	$\sqrt{2}$	0,82	0,81	0,82	$\sqrt{2}$	·0,78	0,85	0,78
	Blatt Nr.	—	19	—	19	11	14	—	14
	β_K	360	180	240	180	360	120	240	120
6	$\frac{i_{2mK}}{i_{2eA(1\div6)}}$	1,22 [1])	0,85 [2])	1,08 [1])	0,85 [2])	1,22 [1])	0,9 [2])	1,09 [1])	0,9 [2])
	Blatt Nr.	—	—	—	—	—	12	—	12
	β_K	300°	240°	240°	240°	300°	180°	240°	180°

[1]) Gilt für sekundäre Gabelschaltung mit gemeinsamer Streuinduktivität der Ausgangswicklungen eines Schenkels, die gleich der der inneren Wicklungen ist.

[2]) Gilt für sekundäre Sternschaltung mit gemeinsamer Streuinduktivität der Wicklungen eines Schenkels.

U = Anodenseitig unverkettete Induktivitäten.

V = Anodenseitig verkettete Induktivitäten oder primärseitige Induktivitäten.

i_{2mK} = Mittlerer Anodenstrom im Kurzschluß.

i_{2eA} = Effektiver Sekundärstrom bei Kurzschluß des Transformators wie bei Messung der Kurzschlußspannung (Vgl. S. 171).

$i_{2eA(1\div6)}$ = Effektiver Sekundärstrom bei sechphasigem Kurzschluß des Transformators.

β_K = Brenndauer des Anodenstromes im Kurzschluß.

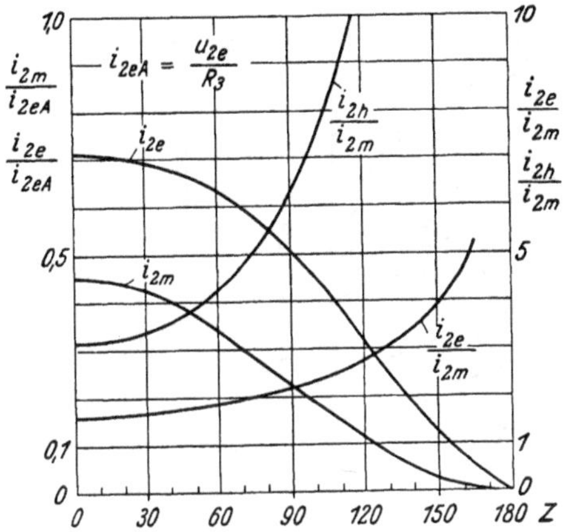

Blatt 1. Stromwerte der einphasigen Stromrichterschaltung bei ohmscher Belastung nach Abb. 2a abhängig vom Zündwinkel.

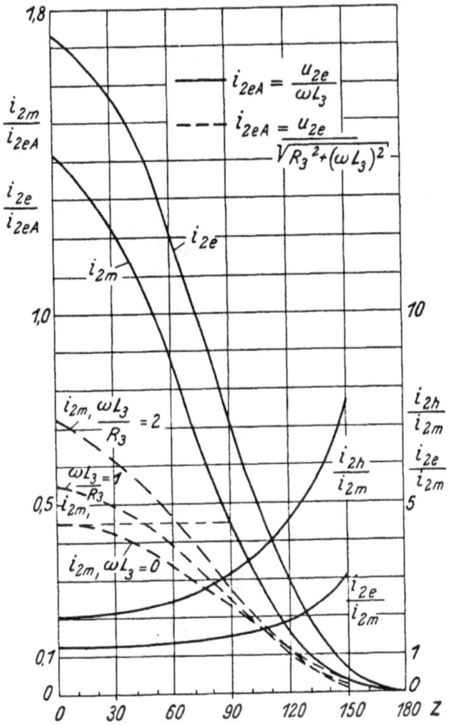

Blatt 2. Stromwerte der einphasigen Stromrichterschaltung bei induktiver und induktiv-ohmscher Belastung nach Abb. 4a und 6a abhängig vom Zündwinkel.

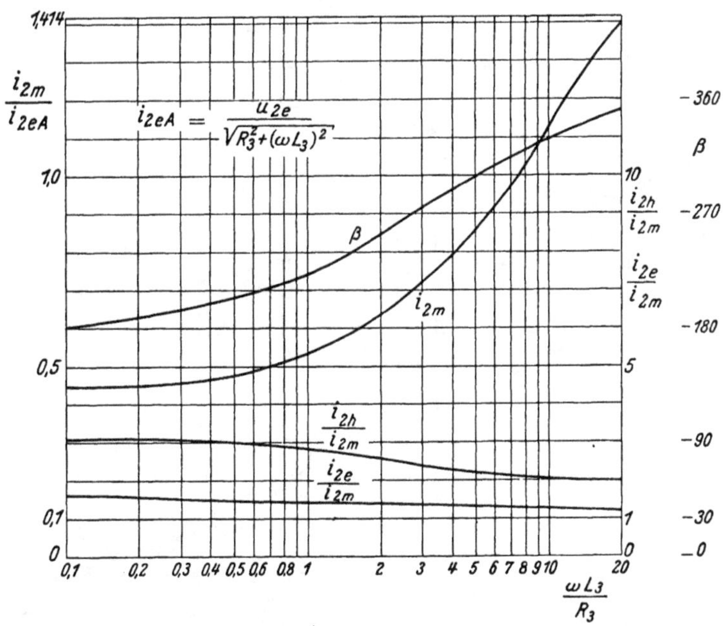

Blatt 3. Stromwerte der einphasigen Stromrichterschaltung bei induktiv-ohmscher Belastung nach Abb. 6a abhängig vom Widerstandsverhältnis für Zündwinkel Null.

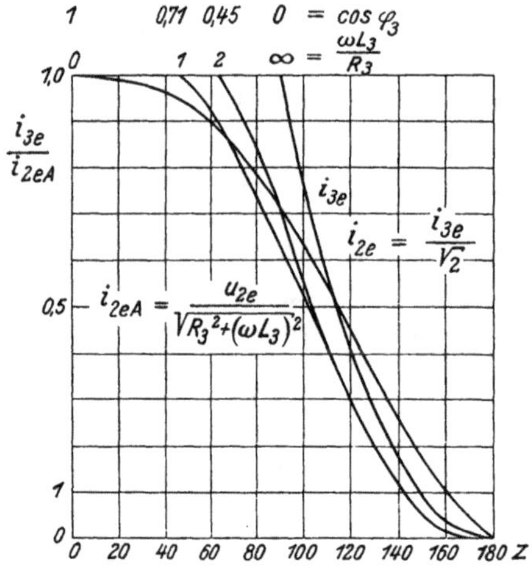

Blatt 4. Der effektive Strom der einphasigen Stromrichterschaltung bei induktiv-ohmscher Belastung nach Abb. 6 b abhängig vom Zündwinkel.

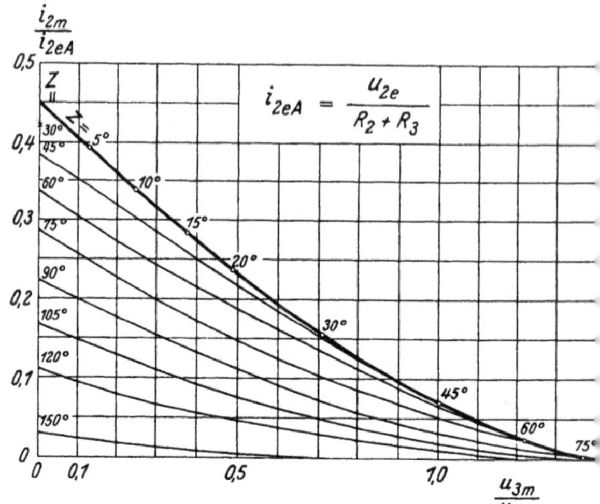

Blatt 5. Mittlerer Strom des gesteuerten Einphasengleichrichters bei ohmscher Strombegrenzung nach Abb. 8 mit $L_2 = 0$, $L_3 = 0$ für verschiedene Zündwinkel abhängig von der Gegenspannung.

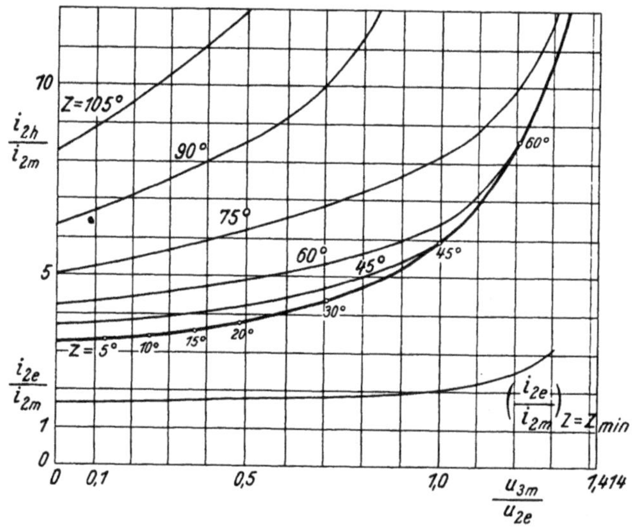

Blatt 6. Höchstwert und Effektivwert des Stromes des Einphasengleichrichters bei ohmscher Strombegrenzung nach Abb. 8 mit $L_2 = 0$ und $L_3 = 0$ abhängi von der Gegenspannung.

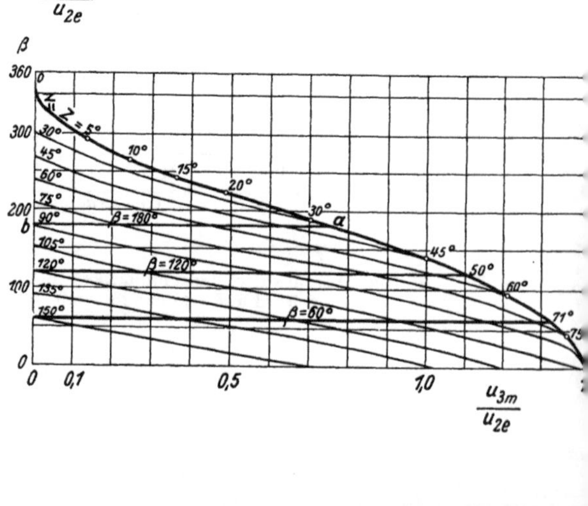

Blatt 7. Stromführungsdauer des gesteuerten Einphasengleichrichters bei induktiver Strombegrenzung nach Abb. 8 mit $R_2 = 0$, $R_3 = 0$ abhängig von der Gegenspannung.

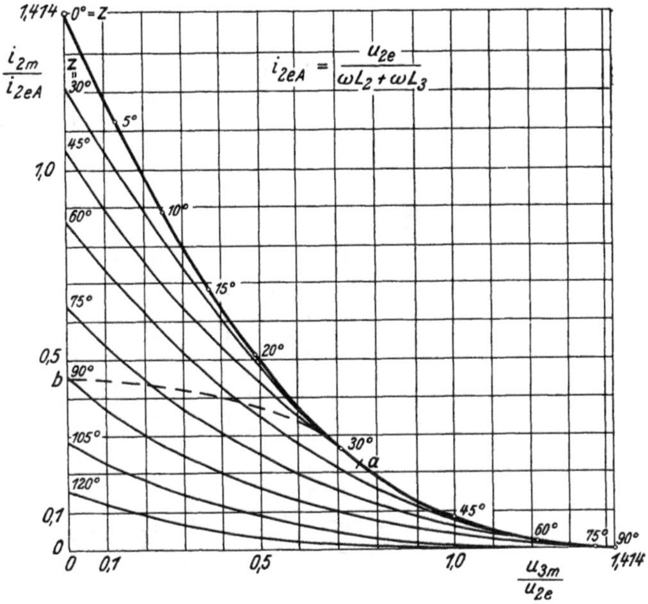

Blatt 8. Mittlerer Strom des gesteuerten Einphasengleichrichters bei induktiver Strombegrenzung nach Abb. 8 mit $R_2 = 0$, $R_3 = 0$ abhängig von der Gegenspannung.

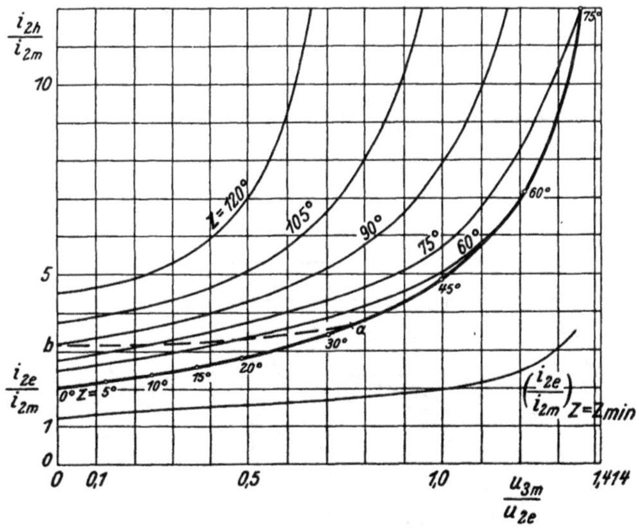

Blatt 9. Höchstwert und Effektivwert des Stromes des Einphasengleichrichters nach Abb. 8 mit $R_2 = 0, R_3 = 0$ bei induktiver Strombegrenzung abhängig von der Gegenspannung.

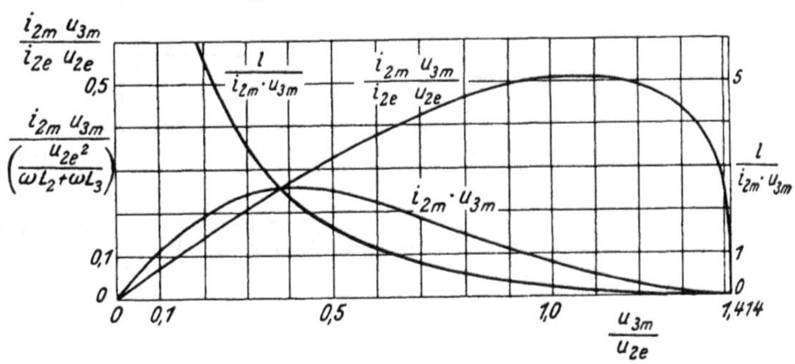

Blatt 10. Leistungsabgabe des ungesteuerten Einphasengleichrichters bei induktiver Strombegrenzung nach Abb. 8 mit $R_2 = 0$, $R_3 = 0$ sowie Ausnutzungsfaktor des Transformators und verhältnismäßige Typenleistung der Gesamtinduktivität abhängig von der Gegenspannung.

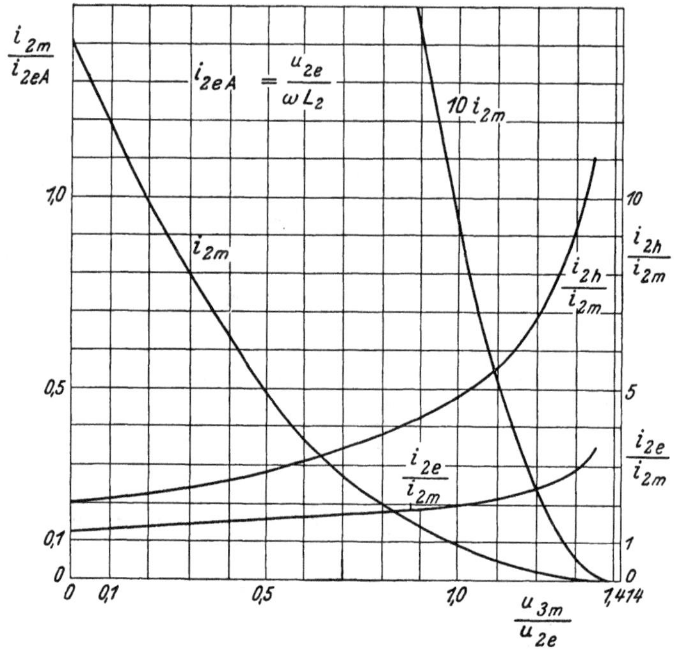

Blatt 11. Anodenstromwerte ungesteuerter Mehrphasengleichrichter mit getrennten Anodendrosseln nach Art der Abb. 17 abhängig von der Gegenspannung.

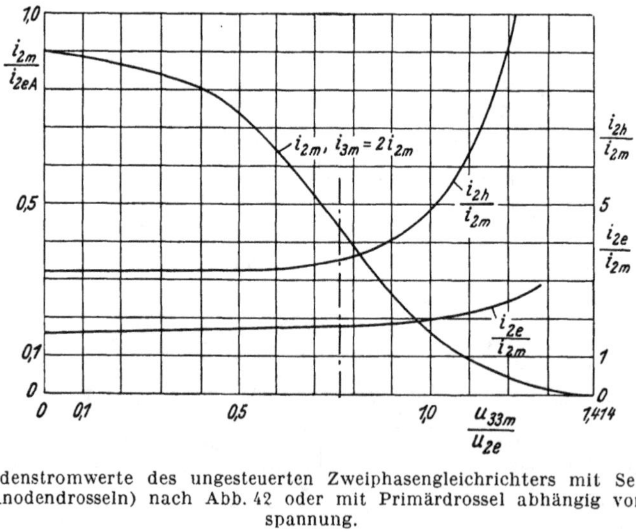

Blatt 12. Anodenstromwerte des ungesteuerten Zweiphasengleichrichters mit Sekundärdrossel (verketteten Anodendrosseln) nach Abb. 42 oder mit Primärdrossel abhängig von der Gegenspannung.

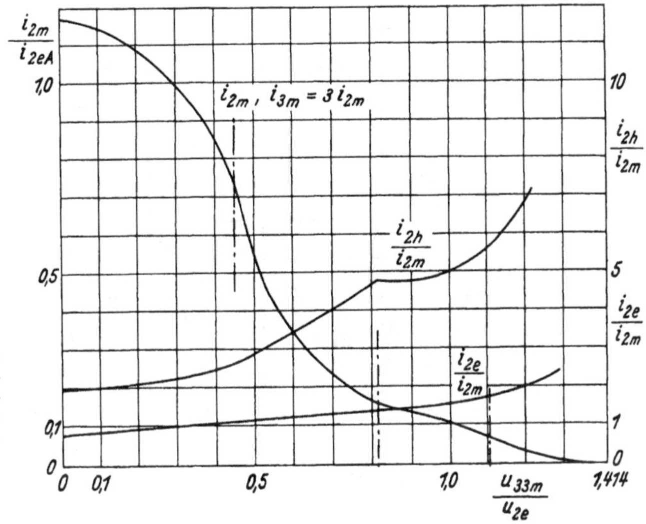

Blatt 13. Anodenstromwerte des ungesteuerten Dreiphasengleichrichters mit Sekundärdrossel nach Abb. 44 oder mit Primärdrossel abhängig von der Gegenspannung.

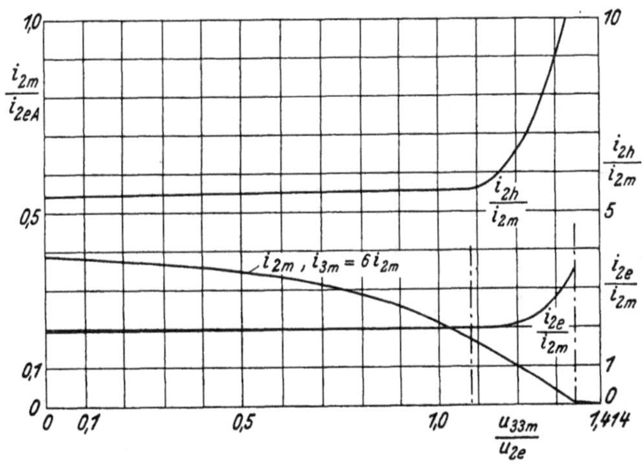

Blatt 14. Anodenstromwerte des ungesteuerten Sechsphasengleichrichters mit Sekundärdrossel nach Abb. 53 oder Primärdrossel abhängig von der Gegenspannung.

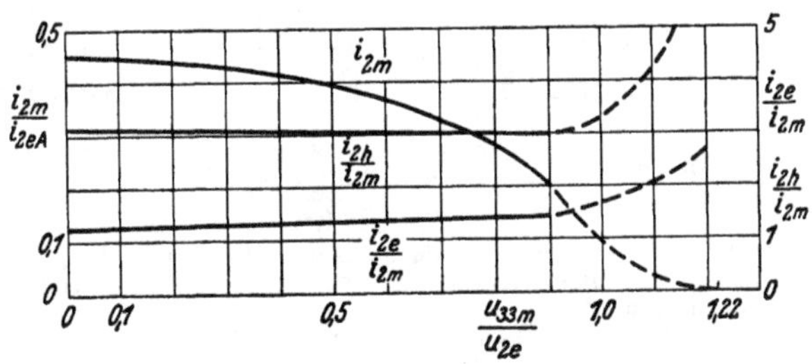

Blatt 14a. Anodenstromwerte des ungesteuerten Doppel-Dreiphasengleichrichters mit Sekundärdrossel nach Abb. 58 oder Primärdrossel abhängig von der Gegenspannung.

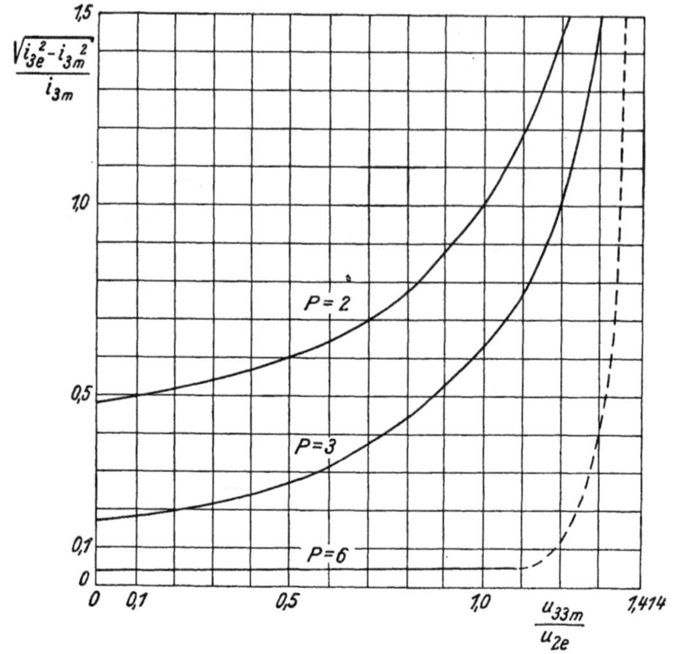

Blatt 15. Der überlagerte Wechselkathodenstrom des ungesteuerten zwei-, drei- und sechsphasigen Gleichrichters mit Sekundär- oder Primärdrossel abhängig von der Gegenspannung.

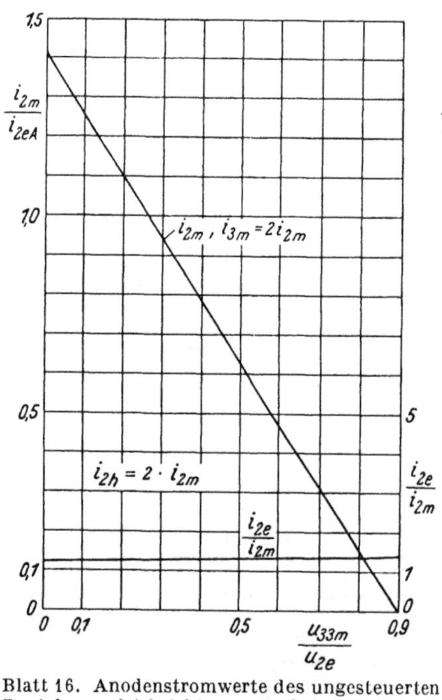

Blatt 16. Anodenstromwerte des ungesteuerten Zweiphasengleichrichters mit Sekundärdrossel nach Abb. 61 oder Primärdrossel und großer Kathodendrossel abhängig von der Gleichrichterspannung.

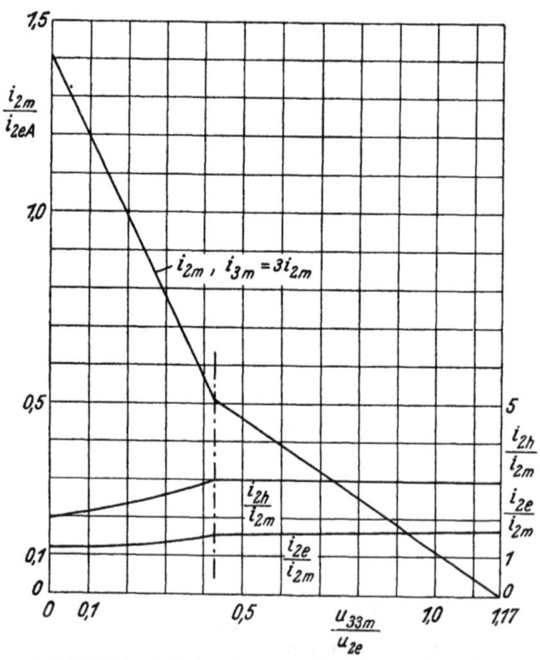

Blatt 17. Anodenstromwerte des ungesteuerten Dreiphasengleichrichters mit Sekundärdrossel nach Abb. 64 oder Primärdrossel und großer Kathodendrossel abhängig von der Gleichrichterspannung.

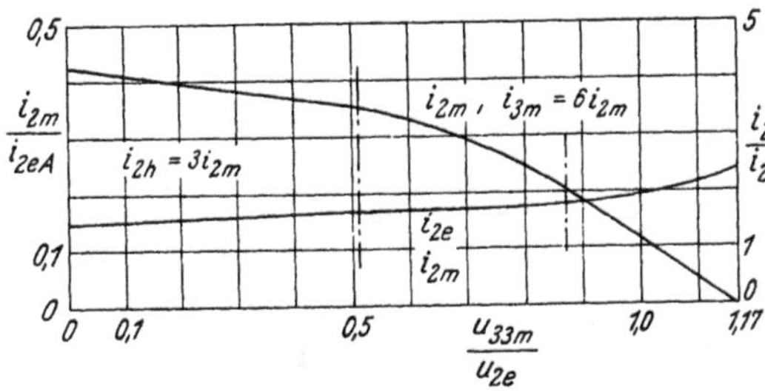

Blatt 18. Anodenstromwerte des ungesteuerten Doppel-Dreiphasengleichrichters mit Sekundärdrossel nach Abb. 70 oder Primärdrossel und großer Kathodendrossel abhängig von der Gleichrichterspannung.

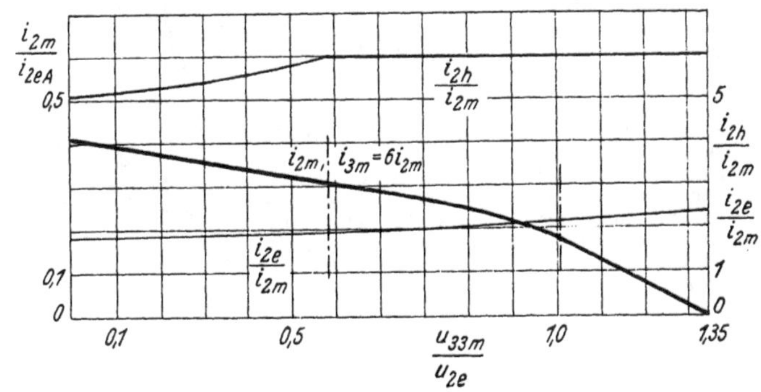

Blatt 19. Anodenstromwerte des ungesteuerten Sechsphasengleichrichters mit Sekundärdrossel nach Abb. 76 oder Primärdrossel und großer Kathodendrossel abhängig von der Gleichrichterspannung.

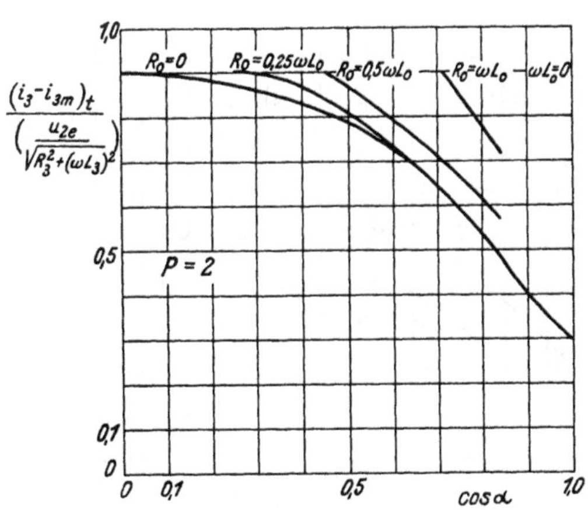

Blatt 20.

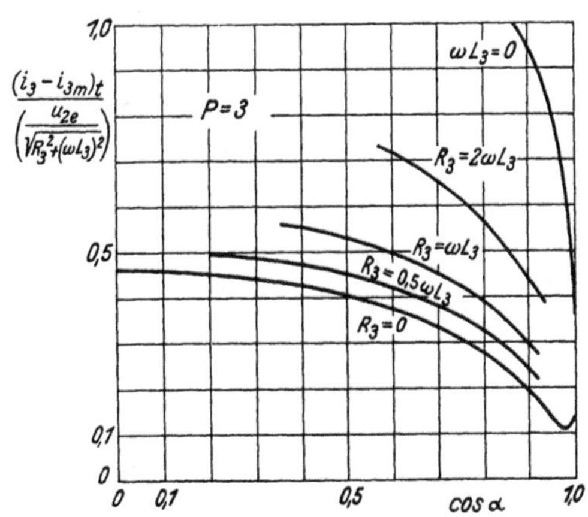

Blatt 21.

Blatt 20, 21, 22. Gleichstrom an der Grenze des lückenlosen Bereiches beim gesteuerten zwei-, drei- und sechsphasigen Gleichrichter mit Kathodendrossel abhängig von der Aussteuerung für verschiedene Widerstandsverhältnisse im Kathodenzweig.

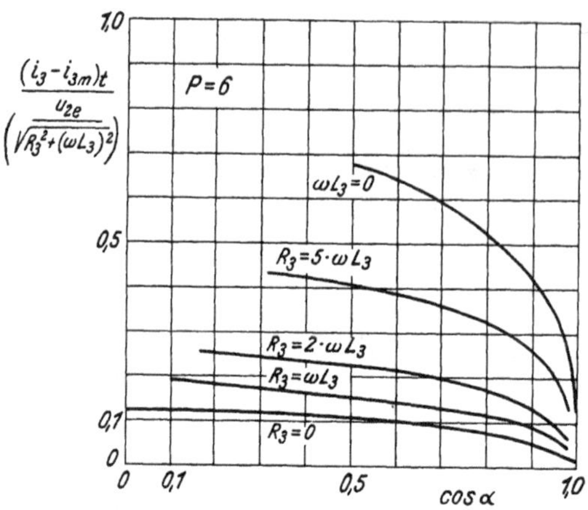

Blatt 22.

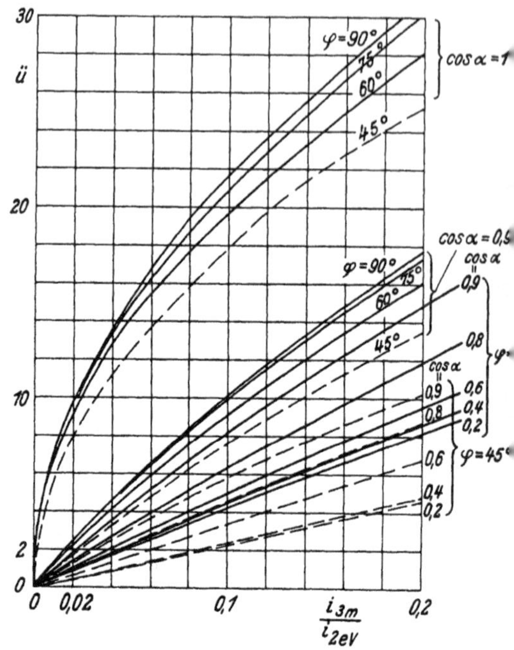

Blatt 23. Die Umschaltzeit $ü$ des gesteuerten Gleichrichters mit großer Kathodendrossel abhängig vom mittleren Kathodenstrom für verschiedene Aussteuerung $\cos\alpha$ und verschiedene Phasenverschiebungen φ, des Kurzschlußstromes i_{2V}, bei Kurzschluß der verketteten Transformatorspannung. $\left(\frac{i_{3m}}{i_{2eV}}\text{ nach Gl. (225)}\right)$.

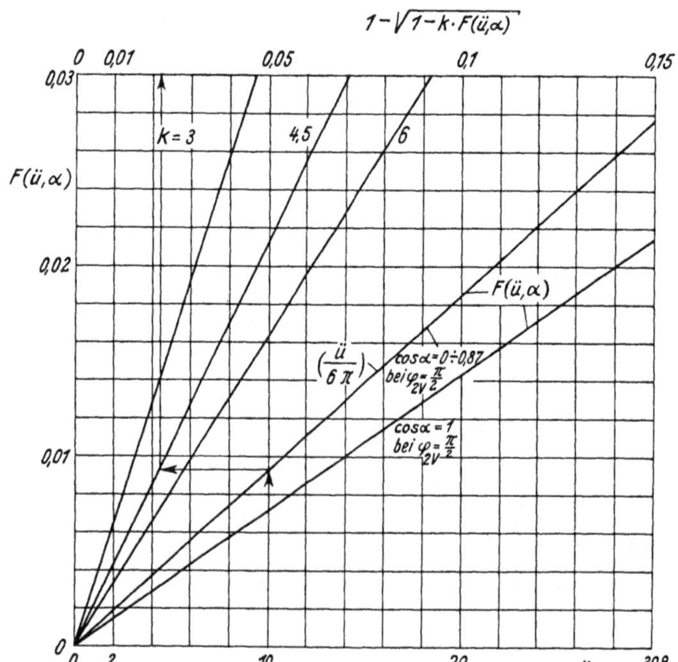

Blatt 24. Zur Berechnung der Abnahme des effektiven Anodenstromes nach Gl. (242) unter Berücksichtigung der Umschaltzeit $ü$. (K nach Zahlentafel 3.)

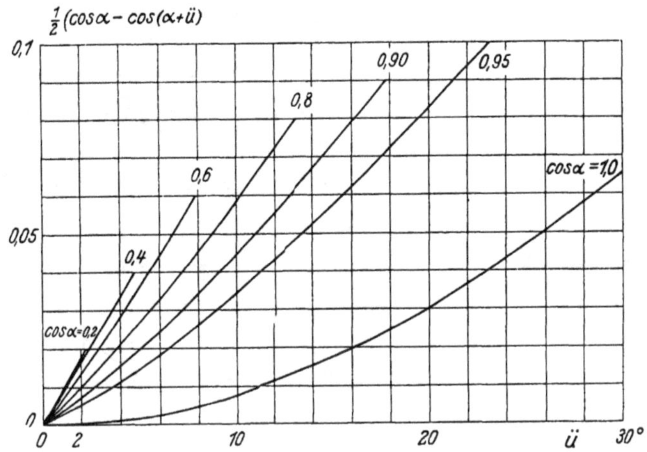

Blatt 25. Zur Berechnung des mittleren Spannungsabfalls des gesteuerten Gleichrichters mit großer Kathodendrossel nach Gl. (296).

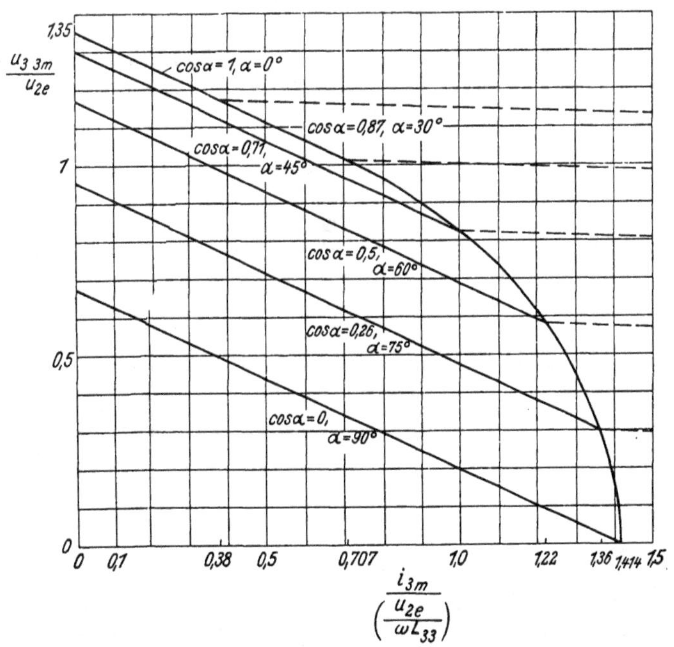

Blatt 26. Die mittlere Gleichrichterspannung der Doppeldreiphasenschaltung abhängig vom Strom beim Übergang von Sechsphasen- auf Doppel-Dreiphasenbetriebsweise für verschiedene Aussteuerungen.

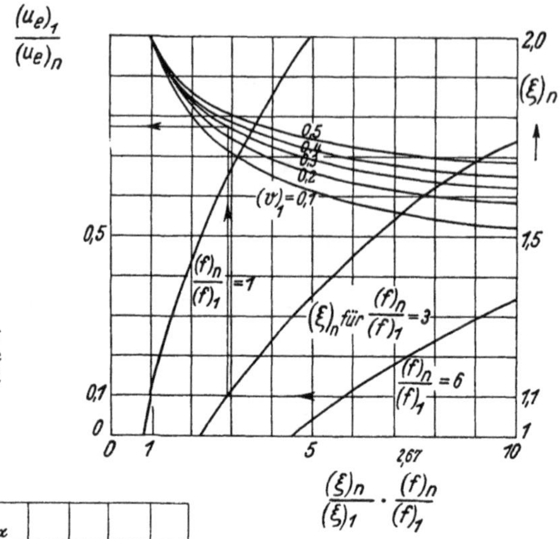

Blatt 27. Zur Bestimmung der entsprechenden Spannung bei Netzfrequenz, $(u_e)_1$, einer Saugdrossel in der Doppel-Dreiphasenschaltung, die die höher frequente Spannung $(u_e)_n$ mit dem Formfaktor $(\xi)_n$ aufweist.

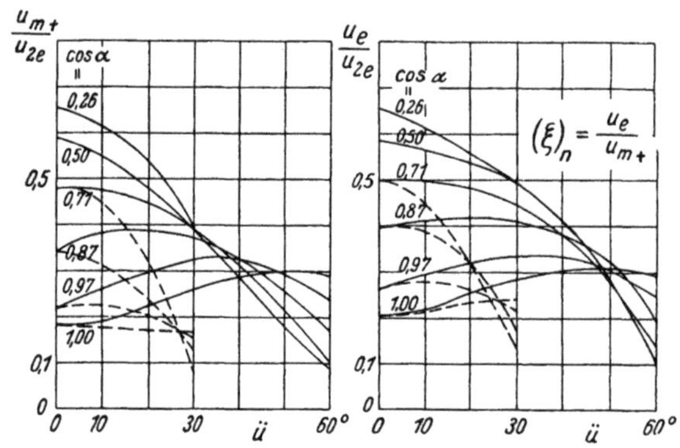

Blatt 28. Mittlere Spannung je Halbwelle und effektive Spannung einer Saugdrosselwicklung, u_{m+} und u_e, abhängig von der Umschaltzeit $ü$ für verschiedene Aussteuerungen.

Formfaktor $(\xi)_n = \frac{u_e}{u_{m+}}$.

Angezogen: $P = 2 \times 3$

Gestrichelt: $P = 4 \times 3$

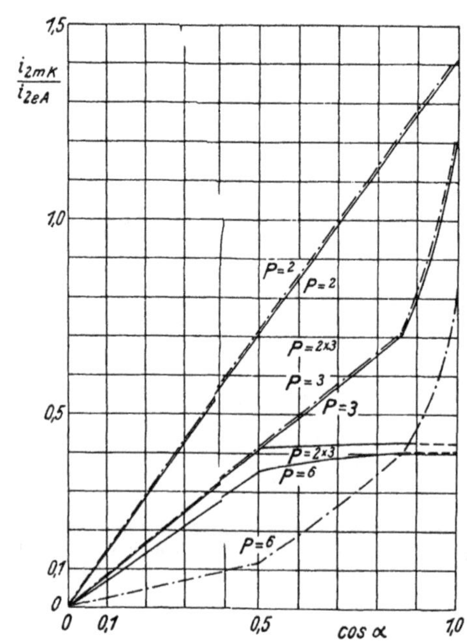

Blatt 29. Mittlerer Anodenstrom bei Kurzschluß der Gleichstromseite abhängig von der Aussteuerung für verschiedene Phasenzahlen. Große Kathodendrossel. Gestrichelte Kurven: Kurzschlußstrombegrenzung liegt vorwiegend in unverketteten anodenseitigen Induktivitäten. Ausgezogene Kurven: Kurzschlußstrombegrenzung liegt in verketteten anodenseitigen oder primärseitigen Induktivitäten.

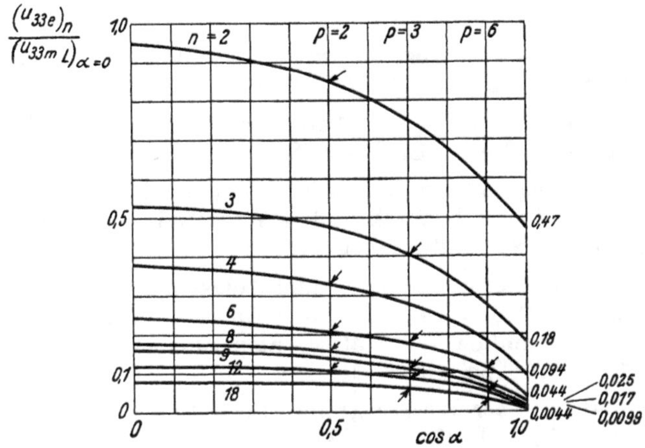

Blatt 30. Oberschwingungen $(u_{33e})_n$ der Gleichrichterspannung zu Beginn des lückenlosen Kathodenstromes abhängig von der Aussteuerung. n = Ordnungszahl, Vielfaches der Netzfrequenz. Unter der Angabe der Phasenzahl P sind die zugehörigen Kurven angestrichen.

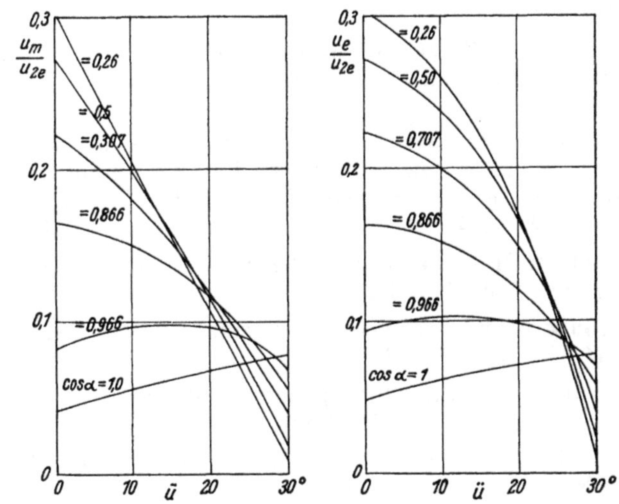

Blatt 31. Mittlere Spannung je Halbwelle, u_{m+}, und effektive Spannung, u_e, einer Saugdrosselwicklung der dritten Drossel in der Viermal-Dreiphasenschaltung abhängig von der Umschaltzeit $\ddot{u}$ für verschiedene Aussteuerungen. Formfaktor $(\xi)_n = \frac{u_e}{u_{m+}}$.

Rechnung mit Operatoren nach Oliver Heaviside. Ihre Anwendung in Technik und Physik. Von E. J. **Berg.** Deutsche Bearbeitung von Dr.-Ing. Otto Gramisch und Dipl.-Ing. Hans Tropper. 198 S., 65 Abb. Gr.-8⁰. 1932 In Leinen 12.—

Transformatoren mit Stufenregelung unter Last. Von Karl **Bölte** und Rudolf **Küchler.** 182 S., 159 Abb. Gr.-8⁰. 1938 In Leinen 9.60

Die Trockengleichrichter. Theorie, Aufbau und Anwendung. Von Ing. Karl **Maier.** 313 S., 313 Abb. Gr.-8⁰. 1938 In Leinen 18.—

Stromrichter unter besonderer Berücksichtigung der Quecksilberdampf-Großgleichrichter. Von D. K. **Marti** und H. **Winograd.** Bearbeitet von Dr.-Ing. O. Gramisch. 405 S., 279 Abb. Gr.-8⁰. 1933 22.—

Die Technik selbsttätiger Steuerungen und Anlagen. Neuzeitliche schaltungstechnische Mittel und Verfahren, ihre Anwendung auf den Gebieten der Verriegelungen und der selbsttätigen Steuerungen. Von Dipl.-Ing. G. **Meiners.** 225 S., 144 Abb. Gr.-8⁰. 1936 12.—

Die Ortskurventheorie der Wechselstromtechnik. Von Dr.-Ing. Günther **Oberdorfer.** 88 S., 52 Abb. Gr.-8⁰. 1934 4.50

Quecksilberdampf-Gleichrichter, Wirkungsweise, Konstruktion und Schaltung. Von D. C. **Prince** und F. B. **Vogdes.** Deutsche Ausgabe, bearbeitet von Dr.-Ing. O. Gramisch. 199 S., 172 Abb. Gr.-8⁰. 1931 In Leinen 13.50

Elektromagnetische Grundbegriffe. Ihre Entwicklung und ihre einfachsten technischen Anwendungen. Von Prof. W. O. **Schumann.** 220 S., 197 Abb. Gr.-8⁰. 1931 11.—

Hochspannungsleitungen. Grundlagen und Methoden zur praktischen Berechnung von Leitungen von Prof. Dr.-Ing. A. **Schwaiger.** 148 S., 75 Abb., 4 Zahlentaf. 8⁰. 1931 6.30

Der Schutzbereich von Blitzableitern. Neue Regeln für den Bau von Blitz-Fangvorrichtungen. Von Prof. Dr.-Ing. A. **Schwaiger.** 115 S., 27 Abb. 8⁰. 1938 5.—

Die Technik der Fernwirkanlagen. Fernüberwachungs- und Fernbetätigungseinrichtungen für den elektr. Kraftwerks- und Bahnbetrieb, für Gas-, Wasser- und andere Versorgungsbetriebe. Von Dr.-Ing. W. **Stäblein.** 302 S., 172 Abb. Gr.-8⁰. 1934 In Leinen 15.—

Kurzschlußströme in Drehstromnetzen. Berechnung und Begrenzung. Von Dr.-Ing. M. **Walter.** 2. Aufl., 167 S., 124 Abb. Gr.-8⁰. 1938 In Leinen 8.80

Der Selektivschutz nach dem Widerstandsprinzip. Von Dr.-Ing. M. **Walter.** 172 S., 144 Abb. Gr.-8⁰. 1933 8.50

Selektivschutzeinrichtungen für Hochspannungsanlagen mit Anleitung zu ihrer Projektierung. Von Obering. M. **Walter.** 134 S., 77 Abb. Gr.-8⁰. 1929 6.30

Der Erdschluß in Hochspannungsnetzen. Von Ing. Hans **Weber.** 107 S., 86 Abb. Gr.-8⁰. 1936 5.80

R. OLDENBOURG · MÜNCHEN 1 UND BERLIN

www.ingramcontent.com/pod-product-compliance
Lightning Source LLC
LaVergne TN
LVHW060625300926
849162LV00008B/1712